The Beginning of Infinity:
Explanations that Transform the World

无穷的开始

世界进步的本源（第2版）

［英］戴维·多伊奇（David Deutsch）/ 著

王艳红 张韵 / 译　王艳红 / 审校

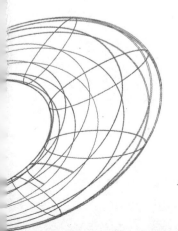

人 民 邮 电 出 版 社

北 京

图书在版编目（ＣＩＰ）数据

无穷的开始：世界进步的本源 ／（英）戴维·多伊
奇（David Deutsch）著；王艳红，张韵译. -- 2版. --
北京：人民邮电出版社，2019.5
（科学新经典文丛）
ISBN 978-7-115-50509-5

Ⅰ．①无… Ⅱ．①戴… ②王… ③张… Ⅲ．①科学观
－研究 Ⅳ．①G301

中国版本图书馆CIP数据核字(2018)第300041号

版 权 声 明

◆ 著　　　　[英]戴维·多伊奇（David Deutsch）

译　　　　王艳红　张　韵

审　　校　　王艳红

责任编辑　　刘　朋

责任印制　　陈　犇

◆ 人民邮电出版社出版发行　　北京市丰台区成寿寺路 11 号
邮编　100164　 电子邮件　315@ptpress.com.cn
网址　http://www.ptpress.com.cn
天津画中画印刷有限公司印刷

◆ 开本：880×1230　1/32
印张：17　　　　　　　　　2019 年 5 月第 2 版
字数：394 千字　　　　　　2025 年 10 月天津第 34 次印刷
著作权合同登记号　图字：01-2012-1204 号

定价：75.00 元

读者服务热线：(010)81055410　印装质量热线：(010)81055316
反盗版热线：(010)81055315

内容提要

  《无穷的开始：世界进步的本源（第2版）》是一次大胆的、包罗万象的智力探险。戴维·多伊奇是《真实世界的脉络》一书广受好评的作者，他探索那些使我们理解现实世界怎样运转的重大问题。《真实世界的脉络》描述了我们当前知识中最深刻的4条支线——进化、量子物理学、知识和运算，以及它们带来的世界观。《无穷的开始：世界进步的本源（第2版）》将这种世界观应用于许多不同的话题和未解问题，涉及自由意志、创造力与自然规律、人类的未来与起源、现实与表象、解释与无穷。

  多伊奇秉持坚定的理性和乐观态度，对人类选择、科学解释和文化进化的性质得出了惊人的新结论。他的立场并非来自充满希望的格言，而来自关于现实世界怎样运转的事实。他的核心结论是，"解释"在宇宙中有着基础性的地位。解释的范围和造成改变的能力是无穷无尽的。它们唯一的创造者——诸如人类这样能够思考的生物——是宇宙万物中最重要的实体。一切事物都在理性的延伸范围内，不仅是科学和数字，还有道德哲学、政治哲学和美学。在通用物理规律允许的情况下，进步没有限制。

  这是一本改变思维模式的书，必定会成为同类书籍之中的经典之作。

致　谢

我要感谢我的朋友和同事萨拉·菲茨克拉里奇、艾伦·福雷斯特、赫伯特·佛罗伊登海姆、戴维·约翰逊·戴维斯、保罗·塔本登，特别是埃利欧·坦普尔和我的副编辑鲍勃·达文波特。感谢他们阅读了我这本书的初稿，并提出了许多更正和改进意见。还要感谢那些阅读过并提出有益建议的朋友们，他们是欧米·塞伦、阿图尔·埃克特、迈克尔·戈尔丁、艾伦·格雷芬、鲁替·里根、西蒙·桑德斯和卢力·塔内特。

我还要感谢帮我画插图的画家尼克·洛克伍德、汤米·罗宾和卢力·塔内特，他们为我画的解释插图比我原来希望的还要精确。

被好解释改变的世界观（代序）

袁　越[1]

非虚构类书籍大致可以分成三类，第一类告诉你一些你以前不知道的事情，第二类教会你一些你以前不具备的技能，第三类能够改变你的一些陈旧甚至错误的世界观。

多伊奇的这本《无穷的开始：世界进步的本源（第2版）》无疑属于第三类。

在我的个人阅读历史中，属于第三类的书并不多，道金斯的《自私的基因》和戴蒙德的《枪炮、病菌与钢铁》是其中两本对我影响比较大的。但是，现在的我已经不再迷信这两本书了，因为我在阅读和旅行的过程中发现了越来越多的新证据，证明道金斯和戴蒙德当初的一些观点是不正确的，起码是值得商榷的。

我自己的这个世界观转变本身就验证了多伊奇在《无穷的开始：世界进步的本源（第2版）》一书中提出的一条关于这个世界的终极定律：它永远在变，没有尽头。当人类终于开始自由探索并相互学习、相互借鉴之后，我们对这个世界的认知就好像一束从手电筒中射出去的光，从此开始了一段没有终点的旅程。

那个起点，就是无穷的开始，The Beginning of Infinity。多伊奇相信，

我们人类已经按下了手电筒的开关，通向无穷的旅程已经开始了，我们的未来将是不可预知的，拥有无限多种可能性。

为了证明这一点，多伊奇需要从头开始，去构建一套完整而又统一的理论。考虑到他本人是一位很有成就的理论物理学家，解释世界是他的天职，他拥有这样的野心也就毫不奇怪了。这本书就是他经过多年思考之后交出的答卷，他把结论写在了副标题里，这就是英文版的"改变世界的解释"（Explanations that Transform the World）。这句话翻译成中文有点儿拗口，所以中文版的副标题改成了"世界进步的本源"，算是意译吧。

这个英文版副标题也可以翻译成"解释改变世界"。简单来说，多伊奇认为这个世界的进步是通过"寻求好解释"这个过程来实现的，"好解释"也是区分好科学和坏科学的唯一标准。关于"什么是真正的科学"这个问题，以前曾经有过很多不同的理论，最常见的就是理科生们挂在嘴边的"可证伪理论"。但多伊奇认为这并不是好科学的终极定义，很多科学理论并不是非得要通过实验验证才能成立，只要它是个好解释，那它就属于科学的范畴。

这是个革命性的理论，本身就需要解释。多伊奇在本书的第1章里提纲挈领地解释了什么是"好解释"，但这个解释充满了各种复杂概念，估计很多人读完后仍然一头雾水。不过大家不用着急，因为多伊奇在接下来的章节里把这套理论和思维方式用在了一个个具体的案例上，相信大家在读完这些案例后会对多伊奇的理论多一分理解。

这些案例对我也有很大的启发，先举一个最简单的例子：相信很多人都看到过这样的说法，那就是地球是人类的摇篮，地球上的自然环境是人类赖以生存的基础，所以我们要敬畏大自然，保护大自然。多伊奇用很多事实证明，地球环境其实非常严苛，并不适合人类生存，我们运用自己的智慧将其改造成了适合人类居住的环境，所以我们根本不必敬畏大自然。当然了，保护大自然还是必要的，两者不矛盾。

再举一个稍微复杂一点儿的例子：很多人都听说过霍金对于人类的警告，他建议我们应该尽可能地保持低调，以防被银河系里的其他智慧生物发现。刘慈欣在他那本流行一时的《三体》里也表达了类似的看法，因为他相信宇宙是个弱肉强食的世界，遵循黑暗森林法则。多伊奇在这本书里用令人信服的证据解释了为什么这个说法是毫无道理的，属于超自然信仰的范畴。相信这套理论的人就是一群盲目悲观者，他们的眼光太短浅了。

这样的案例还有很多，最后再举一例：最近人工智能很火，阿法狗的横空出世把很多悲观之人吓破了胆，Siri 和小冰的出现也让另外一些围观群众相信美好未来指日可待。但在多伊奇看来，虽然人工智能超越人类是必然会发生的事情，但起码现在还差得远，因为我们尚未搞清智能的本质。阿法狗不具备通用性，不能算是真正的人工智能，而图灵测试也是过时的标准，并不能用来判断到底什么是人工智能，这一点和现有计算机的计算能力无关。

以上列举的这三个案例涉及生物学、天文学、物理学、计算机科学和神经科学等诸多领域，说明多伊奇是个兴趣极为广泛的人。事实上，他写这本书的目的绝不仅仅是想提出一个全新的科学哲学理论，而是试图找到一个万有理论，用来解释人类社会的方方面面。这本书不但包括人类的进化史和科学史，甚至连人类的文化史都有所涉及。比如，多伊奇用这套理论完美地解释了民主制度的核心要素，那一章极为精彩。

依我之见，多伊奇之所以要发明一个万有理论，其核心目的就是试图解释下面这个事实，那就是人类改变世界的能力多年来一直进展缓慢，但从启蒙时代开始突然加速，至今未停。

在多伊奇看来，造成上述结果的原因就在于"寻求好解释"才是人类社会进步的终极动力，而这个过程需要具备两个必要条件，一个是创造力，另一个是接受批评，两者缺一不可。启蒙时代是人类历史上第一次两个条件同时具备的时代，无穷由此开始。

从某种意义上说，多伊奇的这套理论就是达尔文自然选择学说的延伸。创造力相当于自然变异，为人类社会提供了各种各样的解释。批评就相当于自然选择，无数新解释通过批评而被筛选，并在这一过程中不断改进，使得人类对这个世界的解释变得越来越好。

插一句：我为什么一直认为达尔文是有史以来最伟大的科学家？就是因为他提出的"自然选择学说"是一个具有无限延伸性的学说，几乎可以用来解释一切，包括多伊奇提出的这套理论在内。

最后需要提醒各位读者，这本书门槛较高，你需要对一些基本概念，比如经验主义、进化论、自然选择学说、量子力学、相对论和迷米（Meme）理论等都有一些了解，否则读起来会比较困难。尤其是那些习惯了网络阅读的年轻人，你们会觉得这本书和你熟悉的网络文字很不一样。这一点毫不奇怪，因为当今世界属于那些情商高的网红，不属于智商高的知识分子。今天的普罗大众对界面友好的渴望超过了对知识本身的渴求，这一现象非常值得担忧。

无数案例证明，真正有营养的阅读都是困难的，如果你能克服这些困难，那么你将会获得无与伦比的收获，因为你的世界观将被一些更好的解释所改变。

引　言

进步，既要快得足以引起人们的注意，又要稳定得足以持续很多代人的时间，这样的进步在我们这个物种的历史上只发生过一次。它大约始于科学革命，现在仍在继续之中。这次进步的内容不仅包括人类对科学的理解加深，还包括在技术、政治体制、道德观念、艺术以及人类福利的各个方面的改善。

每当进步产生，总会有一些有影响的学者出来否认这些进步，断言它们不是真正的进步，否认它值得拥有，甚至否认进步的概念是有意义的。他们本该懂得更多。在虚假的解释与真实的解释之间，在长期无法解决问题与成功解决问题之间，在错误与正确之间，丑陋与美丽之间，痛苦与缓解痛苦之间，确实存在客观差异，因而停滞不前与进步之间也完全存在这种差异。

在这本书中我要论述，所有的进步，无论是理论上的还是实践上的，都来自人类的一种活动：寻求我称之为好解释的东西。不过这种追求是人类独有的，其有效性也是最客观的、宇宙层面上关于现实的一个基本事实，也就是说，它遵循那些确实是好解释的自然界普遍规律。宇宙与人类之间的这种简单关系，暗示了人在宇宙万物中的核心地位。

进步究竟是必定会走到尽头（不管是毁于灾难还是在某种程度上完成），还是无穷无尽？答案是后者。这种无界性就是本书标题所指的"无穷"。解释这一点，并探讨在什么条件下能产生进步、什么条件下不能产生进步，需要遍历几乎所有的科学和哲学的基本领域。从每个领域中我们都了解到，虽然进步不一定有结束，但它必然有开端：一个起因，或一个导致进步开始的事件，或一个使进步产生并蓬勃发展的必要条件。每一个这样的开端，都是从该领域的角度来看的"无穷的开始"。很多这样的开端在表面上似乎并无关联，但它们都是现实的同一个属性的某个方面，我称该属性为**那个**无穷的开始。

目　　录 ▌

第1章 解释的延伸

> 这一切的背后是一种理念，如此简单，如此美丽，以至于当我们在十年、一个世纪或一千年后领悟它时，全都会互相说，哪里还会有其他可能呢？
>
> ——约翰·阿奇博尔德·惠勒：《纽约科学院年报》，480（1986）

对于人的肉眼来说，太阳系以外的宇宙，就是成千上万个在夜空中闪闪发亮的小光点，以及银河那暗淡缥缈的条痕。但是如果你问天文学家那到底是什么，他们不会说什么光点和条痕，而会谈起恒星：直径达数百万千米、距我们许多光年之遥、由炽热气体组成的球体。他们还会告诉你，太阳就是一颗典型的恒星，它之所以看上去与其他恒星不一样，仅仅是因为它离我们比较近——尽管仍然远在1.5亿千米之外。虽然恒星与我们的距离远到无法想象，但我们可以确信，我们知道它们靠什么发光。天文学家会告诉你，恒星由**嬗变**所释放的核能驱动，嬗变是一种化学元素转变成另一种化学元素的过程，在恒星里主要是由氢转化成氦。

某些类型的嬗变也在地球上自发地进行着，以放射性物质衰变的形式进行。该现象由物理学家弗雷德里克·索迪和欧内斯特·卢瑟福在1901年首次证实，[1]但嬗变这一概念本身非常古老。许多世纪以来，炼金术士们梦想着把铁或铅之类的"贱金属"变成黄金。当然，对于怎样才能达到这一目的，他们的理论连门都没有摸到，自然也从未能成功。但20世纪的科学家们做到了，恒星在超新星爆发的过程中也做到了。贱金属变成黄金可以由恒星完成，也可以由那些懂得星星为何发光的聪明人完成，除此之外在宇宙中别无他法。

说到银河，人们会告诉你，尽管它看上去虚无缥缈，却是我们可以用肉眼看到的最大物体：一个拥有数千亿颗恒星的**星系**，恒星靠相互之间的引力跨越数十万光年的距离联结在一起。我们是从内部观看银河系的，因为我们自己就是银河系的一部分。人们还会告诉你，虽然夜空看上去如此安详平静，大体上保持不变，但实际上宇宙里翻涌着剧烈的活动。仅仅一颗典型的恒星，每秒都会把上百万吨的质量转变为能量，而每**克**质量转换时所释放出的能量就相当于一颗原子弹。人们会告诉你，在当前最强大的望远镜——它们能看到的星系数量比银河系里的恒星数量还要多——的观测范围内，每秒钟都会有几次超新星爆发，每次爆发的短促光亮都要超过它所在星系全部恒星亮度的总和。我们不知道太阳系外哪里有生命和智慧（如果真的有的话），所以也无从知晓这样的大爆炸会造成什么样的惨剧。但是我们可以确定，超新星爆发会摧毁可能环绕其运行的所有行星，荡涤行星上可能存在的一切生命——包括任何智慧生命，除非他们拥有远远超出我们的技

---

[1] 两人在1901年至1903年间合作研究放射性，于1901年在实验中发现放射性钍能自发转变成镭。据称，当时索迪说："卢瑟福，这是嬗变！"卢瑟福回答说："看在上帝的份儿上，别说这是嬗变，他们会把我们当成炼金术士砍头的！"——译注

术。因为仅仅是超新星爆发时释放出的中微子辐射就可以杀人于几十亿千米之外，就算将这整段距离都用铅板挡上也无济于事。不过，我们的存在却要归功于超新星：组成人体和地球的大部分元素，都是通过超新星爆发的嬗变合成出来的。

还有比超新星爆发更神奇的现象。2008 年 3 月，在地球轨道上运行的一台伽马射线望远镜探测到了一次"伽马射线暴"类型的爆炸，它发生在 75 亿光年之外，这个距离大约是跨越半个已知宇宙。这次爆炸可能是一颗恒星坍缩形成黑洞（一种引力大到连光都无法从其内部逃逸出来的物体）时产生的，亮度超过 100 万颗超新星，甚至从地球上用肉眼就应该可以看到——尽管由于非常暗淡且只有短短的几秒钟，不太可能真的有人看到过。而超新星爆发的持续时间比较长，一般会在几个月时间里慢慢暗下去，这使得望远镜发明以前的天文学家也有机会观察到银河系中的一些超新星爆发。

还有一类宇宙怪物是称为**类星体**的巨大发光体。它们离我们非常遥远，无法用肉眼看到。它们比超新星更亮，其亮度能一次持续数百万年之久。类星体的能源来自星系中心的巨大黑洞，整颗的恒星正在坠入黑洞之中，因潮汐效应被撕裂成碎片，一个大的类星体每天都会吸入好几颗恒星。极强的磁场形成通道，将一部分引力能以高能粒子流的形式释放出来，点亮周围的气体，其能量相当于 1 万亿个太阳。

黑洞内部（有去无回、被称为"视界"的表面以内）的情形更为极端，时空结构在那里都被肢解得七零八落。这一切都发生在一个不断膨胀着的宇宙里，它起始于大约 140 亿年前的一次涵盖一切的爆发——宇宙大爆炸。同宇宙大爆炸的威力相比，我前面描述的所有奇观都顿时黯然失色，微不足道。整个宇宙只不过是一个大得多的实体——多重宇宙的一个小碎片，这个实体里有着无数个这样的宇宙。

现实世界不仅比原先看起来更庞大，变动更剧烈，其细节、多样性和偶然性也要丰富得多。但所有这一切全都遵循优美的物理规律，我们已在某种程度上理解了这些规律。我不知道哪一点更让人感到敬畏：是现象本身，还是我们已经对现象有如此之多的了解。

我们**怎样**去了解？科学最了不起的地方之一，在于以下两者之间的反差：我们最优秀的理论的宽广的适用范围和巨大的威力，与我们创造理论所用的不保险的狭隘手段。从来没有人到过恒星的表面，更不用说探访过它的中心——发生嬗变、产出能量的地方。然而我们看着天上那些冷冰冰的光点时，就**知道**我们正在看那些遥远的核能炉白热的表面。实际上，这些体验无非是我们的大脑对眼睛送来的电脉冲的反应。眼睛只能觉察到当时它们接收到的光，这些光是从很远的地方、在很久以前发出的，除了发光之外还发生了许多别的事，此类事实不是我们用眼睛看到的，只能通过理论得知。

科学理论就是各种各样的**解释**：关于自然界里有什么东西以及它们怎样运作的主张。这些理论是从哪里来的呢？在科学史上的大部分时间里，人们错误地相信，理论是从人类的感觉证据"推演"出来的——哲学上称之为**经验主义**，见图 1-1。

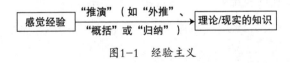

图1-1　经验主义

举个例子，哲学家约翰·洛克在 1689 年写道，人的头脑就像一张"白纸"，感觉经验在上面书写，我们所有关于现实世界的知识都是这样得来的。另一种关于经验主义的说法是：人只能通过观察手段从"自然之书"

中**读**到知识。不管在哪种说法中，发现知识的人都是知识的被动接收者，而不是创造者。

但是，事实上，科学理论并不是"推演"而来的。我们并非从自然中读到它们，更不是自然把它们写到我们的头脑里。它们就是一些猜想——大胆的推测。人的头脑对现有观点进行重组、合并、修改和增添，希望在原有基础上做出改进，从而创造出理论。我们出生时并不是"白纸"，而是带着与生俱来的期望和意向，以及通过思考和经验对其做出改进的先天能力。经验对于科学研究的确是必不可少的，但它的作用却同经验主义者所说的大相径庭。它不是推演出理论的源泉，其主要作用是用于挑选已经提出的猜想，这就是从"从经验中学习"的意义所在。

不过，这一点始终没有得到正确的理解，直到 20 世纪中叶通过哲学家卡尔·波普尔的工作才有所改变。所以在历史上，是经验主义首先为我们今天所知的实验科学提供了一个貌似有理的辩护。经验主义的哲学家批评和抵制传统的知识获取方法，比如遵从圣书和古代典籍的权威，服从祭司和学者之类的权威人物，或是相信传统习俗、经验法则和道听途说。经验主义还同一个相反的、生命力意外地强的观念相抵触，后者认为感觉只不过是错误的源泉，应当忽略。经验主义在获取新知识方面是乐观的，与中世纪的宿命论相反，宿命论认为，所有应该知道的重要的事情，人们都已经知道了。因此，虽然经验主义有关科学知识从哪里来的观念大错特错，但它在哲学上和科学史上都向前迈进了一大步。然而，怀疑论者（友善或非友善的）从一开始就提出的问题仍旧没有得到解答：怎么可能从**已经**经历过的事物"推演"出关于未曾**经历**过的事物的知识呢？什么样的思考才能构建两者之间的合理推演？没有人会期望凭一张地球地图推导出火星**地理学**，那么我们为什么要期待可以通过地球上的实验来了解火星上的**物理学**？很明显，仅凭逻辑推理是做不到的，因为这里有一个逻辑缺口：对描述一系列实验的陈述进行再多的演绎推理，也得不出任何超出这些实验之外的结论。

传统智慧认为，关键在于**重复**：如果人反复在相似条件下得到相似的经验，就理当"外推"或"概括"出该现象模式，并预测这种模式将持续下去。打个比方，我们为什么预期太阳明天早上会升起来呢？因为在过去（理论上是这样），只要我们观看早晨的天空，就会看到太阳升起来。由此我们理当"推演"出这样的理论：在相似条件下我们将始终得到这种经验，或者可能将如此。这个预测每应验一次，考虑到它从未出错，它将始终应验的可能性就应当增加一点。这样，人就应该可以根据过去获取有关未来的更可靠认知，并根据特例获取有关普遍规律的更可靠认知。这种方法称为"归纳原则"或"归纳法"，认为科学理论通过这种方法获取的学说称为**归纳主义**。为了填补逻辑上的缺口，有些归纳主义者设想，存在一条自然原则——"归纳原则"——使得归纳推理可能成真。此类观念的一种普遍形式是"未来将与过去相似"，此外还有"远处的会与眼前的相似"，"未曾看见的会与已看见的相似"等。

但是，从来没有人能提出一个"归纳原则"的公式，可在实践中用于根据经验提出科学理论。在历史上，针对归纳主义的批评家把攻击重点集中在上述失败以及无法填补的逻辑缺口上。但这类批评对归纳主义过于宽容了，因为它回避其中两个最重要的错误观念。

首先，归纳主义声称它能够解释科学怎样获取**关于经验的预测**。但是我们大部分的理论知识都不是这样得来的。科学解释是针对现实的，通常并不包含任何人的亲身体验。天体物理学与**我们**（我们仰望天空时会看到些什么）根本无关，而是研究恒星是什么：它们的结构如何，它们靠什么发光，它们是如何形成的，这一切所遵循的物理学普遍规律是什么。大部分这类现象从来没有人看到过：没有人体验过10亿年或1光年，宇宙大爆炸时没有人在场，没有人能摸到物理定律——除非是通过理论在头脑里捉摸。我们所有关于事物**看起来**将怎样的预测，都是从关于事物**是**怎样的解释中演绎出来的。因此，归纳主义甚至无法解答，我们怎么能仅凭天上的小光点来了解恒星和宇宙是怎么一回事。

　　归纳主义中第二个最重要的错误观念是，认为科学理论是预测"未来将与过去相似"、"未曾看见的会与已看见的相似"等（或者"可能"会相似）。但是在现实中，未来与过去并不相似，未曾看见的事物同已经看见的事物也很不同。自然科学经常会预测——并且实现——一些与以前我们所经历过的事物都特别不同的现象。几千年来人们都梦想着飞上天，但他们体验到的除了掉下来还是掉下来。后来他们发现了有关飞行的正确的解释性理论，然后飞上了天——顺序是这样的。在1945年以前，人类从来没有看到过核裂变（原子弹）爆炸，在宇宙的历史上大概也从未发生过这种爆炸。[1] 然而，人们精确地预测到了首次这样的爆炸，以及产生该爆炸的条件——这可不是从未来将与过去相似的假定中得出来的。甚至归纳主义最喜欢的例子——日出也不一定是每隔24小时看到一次：在环绕地球的轨道上可能每90分钟看到一次，也可能永远看不到。早在任何人进行环地球飞行之前，人们就通过理

---

[1]　1945年7月16日，美国进行了世界上第一次核爆炸实验。在自然界中，放射性元素衰变可能引发核裂变，但很可能不存在裂变式核爆炸。——译注

论知道了这一点。

所有这些情况下，就遵循相同自然基本规律而言，未来的确仍然"与过去相似"，但指出这一点无助于为归纳主义辩护。因为这只不过是一句空话：与未来和过去有关的**任何**所谓的自然规律（真也罢假也罢），都断言未来和过去因共同遵循这一规律而彼此"相似"。所以，这样的"归纳原则"无法用来从经验或其他东西中推演出任何理论或预测。

即使在日常生活中，我们也很清楚地知道未来与过去不同，并会有选择地预期哪些领域的经验会重复出现。在2000年之前，我上千次地经历过这样的情况：如果一本日历得到妥善保管（并且使用标准的公历系统），日历就会显示年份以"19"开始。不过在1999年12月31日午夜，我预期会在每一本这样的日历上看到年份以"20"开始。我还预期到，要过17000年，才会有人在这样的前提下再次经历"19"。无论是我还是其他人，此前都不曾经观测到这样一个"20"，也不曾观测过这样长的间隔，但我们的解释性理论让我们这样去预期，我们也正是这样预期的。

正如哲学家赫拉克利特所说："从来没有人可以两次踏入同一条河流，因为河不再是同一条河，人也不再是同一个人。"所以，当我们记得在"相同"的情况下"反复"看到日出时，是在心照不宣地依赖解释性理论告诉自己，我们经验中的变量的哪些组合应当解释成现实中"重复出现"的现象，哪些是局部或无关的。比如，几何和光学理论告诉我们，不要希望在阴天看到日出，尽管在云层后面未被观察的地方太阳确实正在升起。只有通过那些解释性理论，我们才会知道，在这样的日子里看不到太阳，并不是一种太阳未曾升起的经验。同样地，理论告诉我们，如果在镜子里、视频中或虚拟现实游戏中看到日出，不等于看到两次日出。这种观念正是，经历重现本身并不是一种感觉经验，而是一个理论。

归纳主义不过如此。而且，鉴于归纳主义是错误的，经验主义也就是错误的了。因为如果人不能依据经验进行预测，当然也不能做出解释。发现一种新的解释，本质上是一种创造性的行为。要把天空中的光点解释成白热的、直径数百万千米的球体，必须先对这类球体有一个概念。接下来，就必须去解释它们为什么看上去那么小，那么冷冰冰的，看上去绕着我们做着步调一致的运动，而不会掉下来。这样的想法不会自发产生，也无法根据任何事物机械推演而得：它们必须是猜出来的——随后可以接受批评和检验。在某种意义上，看见光点在我们的脑中“书写”了某种东西，但所写的并不是解释，仅仅是光点而已。自然也不是一本书：人可能耗尽一生——或生生世世——努力“阅读”天空中的光点，结果还是对它们到底是什么一无所知。

在历史上，情形就是这样的。好几千年以来，观察天空最仔细的人们相信，恒星是一些发光体，镶嵌在中空、旋转、以地球为中心的“天球”上（或者是天球上的孔洞，天国的光从中透过来）。地心说（以地球为中心的）宇宙观很像是从经验中直接推演出来的，并得到了一再确认：任何人只要一抬头就可以“直接观察”到这个天球，星星都保持在它们相应的位置上，而且正如理论所预测的那样固定着。可实际情况是，太阳系是**日心的**——以太阳而非地球为中心，地球也并非静止不动，而是进行着复杂的运动。虽然我们起初通过观察星星注意到它们每天的转动，但这根本不是星星的属性，而是地球的属性，以及跟着地球一起转动的观察者们的属性。这是感觉的欺骗性的一个典型例证：无论是看上去还是在感觉上，地球在我们的脚下都是不动的，虽然它确实在转动。至于天球，虽然在光天化日之下看得见（就是天空），但它根本就不存在。

感觉的欺骗性对经验主义来说永远是一个问题——因此，对科学来说似乎也是个问题。经验主义者最好的辩护词是，感觉本身不具备欺骗性，误导我们的只是我们对现象的错误观念。确实如此——但这仅仅是因为我们的感觉本身什么也不会说。只有我们的解释会说话，而解释是很容易出错的。但是对科学来说，真正的关键是我们的解释性理论（其中包含上述解释）可以通过推测、批评和测试来**改进**。

经验主义从来就没有达到把科学从权威中解放出来的目标。它否定了传统权威的合法性，这是有益的。但很不幸，他们做到这一点是通过树立另外两个错误的权威：感觉经验，以及某种虚构的"推演"过程，比如归纳，人们幻想用这样的过程来从经验提取理论。

认为知识需要权威使其真实可靠，这样的错误观念可以追溯到古代，如今仍然十分流行。直到今天，大多数关于知识的哲学课都教导说，知识是某种**确证的真实信念**，"确证"指根据知识的某种权威来源或检验标准来说是正确的（或者至少是"概然的"）。这样，"我们怎样去**了解**……？"就转化成"我们根据哪些权威断言……？"后面这个问题是一种妄想，它浪费掉的哲学家的时间和精力可能比其他任何观念都多。它把对真理的追寻变成了对确定性（一种感觉）或认可（一种社会地位）的追寻。这种错误观念称为**证明主义**。

与此相反的主张称为**易谬主义**，它认为并不存在权威的知识来源，也不存在任何可靠手段能证明观念是真实的或概然的。对于信奉知识是确证的真实信念这一理论的人来说，这种认知是绝望或玩世不恭的起因，因为对他们来说，这意味着得到知识是不可能实现的。但我们中间有些人认为，创造知识意味着更好地理解现实中存在什么事物、它们实际上如何运作、为何如此，对这些人来说，易谬主义正是做到这一点的方法之一。易谬主义者认为，就算是他们最好、最重要的解释性理论，在真理之外也包含着谬误，因此他们随时准备着努力修正理论以做到更好。相反，证明主义的逻辑是寻求（以及典型地相信已经找到了）确保观念**不发生**变化的方法。此外，易谬主义的逻辑是，人不仅要试图修正过去的错误观念，还希望在未来能发现那些迄今还没有人质疑或认为有问题的错误观念，并且改变它们。因此，易谬主义（不仅仅是拒绝权威）是知识开启无限增长之路的关键——无穷的开始。

对权威的追求使经验主义者贬低乃至丑化**猜想**，而猜想是我们所有理论的真正源泉。因为如果感觉是知识的唯一来源，那么错误（或至少是可以避免的错误）只可能是由于对来源本身添加了些什么、减去了些什么或是由曲解造成的。因此，经验主义者相信，除了拒绝古代的权威和传统，科学家还应该抑制或忽略他们可能有的任何**新**想法，除非是那些从经验中正确"推演"出来的想法。就像阿瑟·柯南·道尔笔下的侦探夏洛克·福尔摩斯在短篇小说《波希米亚丑闻》中所说的，"在得到事实之前就加以推测，是最大的错误。"

但这种观念本身就是最大的错误。在用理论解释事实之前，我们是不知道任何事实的。正如波普尔指出的，所有的观察都是**理论负载的**[1]，从而可能出错，像我们所有的理论一样。想一想从我们的感觉器官传到大脑的神经信号。它们根本就不会提供直接或未经污染的现实体验，甚至它们的真面目——电活动的火花——都从未有人体验过。在很大程度上，我们也不曾体验过它们到底在**哪里**——在我们的脑子里。相反，我

[1] 这个词是哲学家诺伍德·罗素·汉森创造出来的。——原注

们将它们置于大脑之外的现实之中。我们并非只看到蓝色，而是看到上方蓝色的天空；不只是感到疼痛，而是觉得头疼或胃疼。大脑把这些解释——"头"、"胃"和"上方"——附加在我们脑内发生的真实事件之上。我们的感觉器官本身，以及所有我们在其输出内容之上有意识或无意识地附加的解释，都是出了名地靠不住——天球理论就是证据，以及所有的视觉错觉和魔术。它们全都是理论的解释：猜想。

柯南·道尔在《博斯库姆溪谷奇案》中更接近真实，在这个故事里，他让福尔摩斯说"现场证据"（没有人证的事件的证据）是"很靠不住的……它好像可以直截了当地证明某一种情况，但如果你稍稍改变一下看法，那你就可能会发现它同样好像可以明确无误地证实截然不同的另一种情况……没有比明显的事实更容易让人上当的了"。这种情况也同样适用于科学发现，从而再次引出那个问题：我们怎样去了解？如果我们所有的理论都来自自身，是我们头脑中的猜测，并且只能通过经验来亲自检验，它们怎么可能包含如此广泛而准确的知识，描述着我们从未经历过的现实？

我不是在问科学知识来自或依赖于哪些权威。我的意思是，严格地说，针对现实世界的那些比以往更正确、更详细的解释，是通过什么样的过程体现在我们的大脑中的？我们是怎样知道一颗遥远恒星中心的亚原子粒子通过嬗变进行的反应？就算是从恒星到达我们的仪器的微弱光线，也是嬗变发生之处 100 万千米之上、恒星表面的发光气体所发出的。我们是怎样知道宇宙大爆炸之后最初几秒钟里火球的状况？大爆炸会立即摧毁任何生灵或科学仪器。我们又是怎样去了解我们完全没有办法测量的未来？我们怎样以相当程度的信心去预测一种新的芯片设计方式是否奏效，或者一种新药是否能治疗某种疾病，即使这些东西此前从未出现过？

在人类历史的大部分时间里，我们不知道怎样去做任何这类事情。人们不去设计什么芯片或药物，甚至什么车轮。成千上万代的祖先仰望夜空，在那里好奇星星是什么——它们由什么组成，是什么让它们发光，它们彼此之间的关系，它们和我们的关系——对这些感到好奇是理所当然的。他们使用的眼睛和大脑，在解剖学上与现代天文学家的眼睛和大脑没有显著差异。可是，他们什么也没弄明白。在其他的知识领域里，情形也是一样的。不是缺乏尝试，而是缺乏思考。人们在观察世界，试图去了解它——但几乎都是徒劳。他们偶尔发现了表象的一些简单模式，但当他们试图发现这些表象背后的真实情况时，几乎完全失败。

我觉得，就像今天一样，大多数人只是偶尔好奇一下这类问题——在关注他们更狭隘的事务之余。然而这些狭隘的关注**也**包含着对认知的渴求——并不是仅仅出于纯粹的好奇心。他们希望知道，如何保障食物供给；如何能在劳累时可以去休息，但不会有饥饿的风险；如何可以更温暖、凉爽、安全和少些痛苦——在生活中的各个方面，他们都希望知道如何取得改善。但是，在人类个体的一生这样的时间尺度上，他们几乎从来没有做到过。诸如火、衣服、石器和青铜之类的发明太罕见了，以至于从个人观点来看，世界从来没有改善过。有时人们甚至（以某种神奇的预见力）认识到，于实践中取得进步，要**依靠**在理解天空中令人迷惑的现象方面取得进步。他们甚至对这两者之间的联系提出了神话之类的猜想，认为这些神话令人信服，足以主导他们的生活——可是这跟真理毫不相干。总之，他们想要创造知识，从而取得进步，但是，他们不知道应该怎样去做。

从我们这个物种最初的史前到文明的黎明，在复杂程度方面历经缓慢得难以察觉的增长——其间几经反复——直到几个世纪以前，情形一直都是这样。然后，一种做出发现并寻求解释的强大的新模式诞生了，后来人们称之为**科学**。这次诞生称为**科学革命**，因为它几乎立刻就成功地以可观的速度创造知识，从那以后这速度一直在加快。

究竟是什么东西发生了改变？是什么让科学有效地理解现实世界，而此前所有的方法都失败了？人们做了些什么前所未有的事，使得情形得以改善？当科学刚刚开始取得成功，就有人开始问这个问题，对此有许多相互矛盾的答案。有些答案包含真理，但在我看来，没有一个触及问题的核心。为了解释我所给出的答案，下面我要先讲一点背景。

科学革命是一次更广泛的思想革命的一部分，这次思想革命就是**启蒙运动**，它带动了其他领域里的进展，特别是在道德、政治哲学和社会体制的进展方面。不幸的是，"启蒙运动"一词被历史学家和哲学家用来表示各种不同的趋势，其中有一些互相对立得很厉害。我用这个词来指什么，后面会谈到。它是"无穷的开始"的几个方面之一，也是本书的主题之一。不过，有一点是所有关于启蒙运动的观念都认同的：这是一场反叛，是专门针对知识权威的反叛。

拒绝知识权威，不仅仅是一个抽象分析的问题。它是进步的必要条件。因为在启蒙运动之前，人们普遍认为一切能够发现的重要东西都已经发现了，奉祀在古代典籍和传统观念之类的权威来源之中。有些来源确实包含了一些真正的知识，但它们是与许多谬误一道以教条的形式确立的。所以当时的情况是，所有人对普遍相信的知识来源其实什么也不懂，他们号称懂得的东西大部分是错误的。因此，进步取决于学习如何拒绝权威。这就是为什么英国皇家学会（最早的科学学术团体，于1660

年在伦敦成立）把"Nullius in verba"作为自己的座右铭，大意是"不要相信任何人的话"。

然而，对权威的反叛本身并不能真正改变什么。历史上人们曾多次反叛权威，但很少产生出任何持久的好处，通常的结局只不过是新权威取代了老权威。要实现知识的持续快速增长，需要的是**批评的传统**。在启蒙运动之前，这样的传统非常罕见：通常，传统的要点就是保持事物不变。

因此，启蒙运动是人们寻求知识的革命：尽量**不依赖权威**。正是在这种背景下，经验主义——主张仅仅依靠感觉来获取知识——扮演了非常有益的历史角色，尽管它在科学如何运作的概念上存在根本错误，甚至本身也有权威性质。

这种批评的传统，其成果之一是诞生了一套方法准则，认为科学理论必须是**可检验的**（虽然一开始并没有明确这样讲）。也就是说，理论必须做出预测，如果理论是错的，其预测就会与某些可能的观测结果互相矛盾。因此，虽然科学理论不是从经验中得来的，却可以用经验来检验——通过观察或实验进行检验。例如，在发现放射性之前，化学家们认为（并在无数的实验中确认过）嬗变是不可能的。卢瑟福和索迪大胆地猜测，铀能自发嬗变成其他元素。然后，他们证明密封容器中的铀能产生镭元素，推翻了当时流行的理论，带来科学的进步。他们之所以能做到这一点，是因为先前的理论是可检验的：可以通过镭的存在来检验。相反，认为所有物质都由土、气、火、水等元素组成的古老理论是不可检验的，因为它不具备任何检验这些元素存在的方法。它永远不可能被实验推翻，从而永远不会——也从来未曾——通过实验得到改善。启蒙运动在根本上是一场哲学变革。

物理学家伽利略也许是最先了解到实验检验的重要性的人，他将这类检验称为 cimenti，意思是"通过实验的考验"。实验检验与其他形式的实验和观察截然不同，后者更容易被错误理解为"阅读自然之书"。可检验性作为科学方法的决定性特征，现已被普遍接受。波普尔将其称为科学与非科学之间的"分界标准"。

不过，可检验性不可能是科学革命的决定性因素。与人们通常说的不同，可检验的预测一直都普遍存在。每一条制造燧石刀片或点燃篝火的经验法则都是可检验的。每个宣称下星期二太阳会熄灭的预备先知都有一套可检验的理论，每个预感"今晚是我的幸运之夜——我能感觉到"的赌徒也有。那么，科学中有而先知和赌徒的可检验理论所没有的、那种使进步成为可能的关键成分是什么？

可检验性不足以起到决定性作用的原因是：预测本身不是也不可能是科学的目标。想象一群观众在看魔术表演，他们面临的问题与科学问题有着相同的逻辑。尽管自然界里不存在有意欺骗我们的戏法，但这两种情况下我们感到费解的根本原因是一样的：表象不会自我解释。如果一个魔术的解释在表象中显而易见，它就不算是魔术。如果物理现象的解释在表象中显而易见，经验主义就是正确的，也就不需要什么科学了。

问题不在于预测魔术的表象。例如，我可以预测，如果魔术师看上去把不同的球放在不同的杯子下面，这些杯子随后看上去将是空的。我也可以预测，如果魔术师看上去把一个人锯成了两截，稍后这个人将毫发无损地出现在舞台上。这些都是可检验的预测。我可能经历许多魔术表演，每次看到我的预言都得到应验。但这根本就与魔术技巧是什么的问题无关，更不要说解答这个问题。解答问题需要一个解释：对于造成表象的现实的一种说明。

有些人可能只是欣赏魔术，而根本就不想知道背后的技巧。同样地，在 20 世纪，大部分哲学家和许多科学家接受了科学没有能力发现任何真实情况的观点。他们从经验主义出发得出了一个必然结论（这个结论吓坏了早期的经验主义者）：除了预言预测的结果，科学并不能做得更多，它也绝不应该声称自己能够描述带来这些结果的现实。这种观点称为**工具主义**，它从根本上否认了我称为"解释"的东西能够存在。这一观念至今仍然非常有影响力。在某些领域（如统计分析）中"解释"这个词是指预测，因而一个数学公式被说成是用来"解释"一组实验数据的。"现实"的意思仅仅是指**观测数据**，公式的宗旨是得出与其近似的结果。这样，能用来描述有关现实的假设的术语，大概只剩下"有用的虚构"。

工具主义是否认**实在论**的许多手段之一。实在论是一种符合常识并且正确的观点：现实世界确实存在，并且可以通过理性调查来了解。一旦否认这一点，就可以得出这样的逻辑蕴涵：所有关于现实的主张都等同于神话，客观意义上没有哪一种比其他的更强。这就是**相对主义**，认为特定领域内的陈述不存在客观对错，至多只能够相对于某种文化或其他武断标准来评判。

就算不提把科学贬低成一堆人类经验的陈述这种哲学上的恶行，工具主义自身也是没有意义的，因为根本就不存在什么纯粹预测、无关解释的理论。如果不使用一套相当复杂的解释框架，就连最简单的预测也做不出。例如，有关魔术的预测仅仅适用于魔术，这就是解释性信息，它告诉我的东西之一就是不要把这些预测"外推"到其他场合，不管它们在预测魔术时多么成功。因此，我知道不要去预测锯子通常对人体无害；同时我还预测，如果把一个球放在杯子下面，它们将一直待在那里。

魔术以及魔术与其他场合的差别，这些概念是大家所熟知的，而且没有什么问题——以至于我们很容易忘记，魔术依赖于实质性的解释理论，这类理论描述我们的感觉如何运作、固体物质和光的行为以及微妙的文化细节。为人们所熟知并且无异议的知识是**背景知识**。如果某个预测理论的解释性内容仅由背景知识构成，该理论就是一条**经验法则**。由于我们通常把背景知识当作理所当然，经验法则看起来可能像是不带解释性的预测，但这永远只是错觉。

经验法则为什么有效，永远都存在解释，不管我们是否知道这个解释。否认自然的某些规律性存在解释，就相当于相信"那不是魔术，而是真实的魔法"之类的超自然论调。此外，一条经验法则**失效**时，也永远存在解释，因为经验法则都是狭隘的，只涉及很窄范围内的熟悉场合。因此，如果杯子和球的魔术中出现了某种新特征，我所说的经验法则就很容易做出错误的预测。例如，我没办法根据这条经验法则判断，如果用的不是球而是点燃的蜡烛，这个魔术是不是还能变得成。而如果我对于魔术技巧有一个解释，就能判断出来。

对于总结经验法则，解释也是至关重要的：如果我的脑子里没有大量解释性信息，我就不可能做出关于魔术的预测，在对魔术技巧做出特定解释之前，就已经有这些信息了。例如，只有依靠解释，我才能够从自己有关这个魔术的体验中提炼出"**杯子和球**"的概念，而不是"**红色和蓝色**"的概念，尽管我每次看到的魔术里杯子都是红色的，球都是蓝色的。

实验检验的本质是，对问题至少有两套看上去可行的理论，它们做出互相矛盾的预测，可通过实验来甄别。正如互相矛盾的预测是进行实验和观察的理由，在更广泛的意义上，**互相矛盾的观点**是进行所有理性思考和探索的理由。比方说，如果我们对某个事物感到好奇，就表示我们相信自己现有的观念不能准确地把握或解释它。因此，我们拥有某种**标准**，我们最好的现有解释没能达到这个标准。这种标准和现有解释就是互相矛盾的观点。我把我们体验到互相矛盾的观点的情形称为**问题**。

魔术的例子显示了观察怎样给科学提出问题——一如既往地依赖先验的解释性理论。因为一个魔术只有使我们觉得**某些已发生的事**是**不应该发生的**，才能成为魔术。这两者都有赖于我们提出针对经验的大量解释性理论。这就是为什么成年人看起来很神奇的魔术对小孩来说可能很无趣，因为小孩还没有学会做出这个魔术所依赖的预期。就算是对魔术技巧缺乏好奇心的观众，也能察觉它**确实是**魔术，原因仅仅在于他们带进观众席的解释性理论。**解决**问题意味着提出一种不包含矛盾的解释。

同样地，如果人们事先没有不受支撑的东西会掉下来、灯需要燃料而燃料会耗尽之类的预期（它们属于解释），就不会有人好奇星星是什么，这些预期与对实际所见事物的阐释（它们也属于解释）之间存在矛盾。人们看到的是星星永远闪耀，并且不会掉下来。在这一情形下，错的是那些阐释：星星确实在自由落体，并且确实需要燃料。但要弄明白为什么会这样，需要很多很多猜想、批评和检验。

问题也可能完全通过理论产生，无需观察。例如，如果某个理论做出了我们预期之外的预测，问题就产生了。预期也是理论。同样地，如果事物的**实际**运作方式（根据我们的最好解释）与**应当的**运作方式不同，也就是说与根据有关它们将怎样运作的现有标准推断出的运作方式不同，问题就产生了。这涵盖了"问题"一词所有的普通含义，从不愉快的（例如阿波罗 13 号任务报告的"休斯敦，我们这里出问题了"[1]）到愉快的，正如波普尔所写的：

> 我认为，就此而言，通往科学——或哲学的路只有一条：遇到一个问题，看到它的美并且爱上它；同它结婚，幸福地生活在一起，直到死亡将你们分开——除非你遇到另一个更让人着迷的问题，或者找到答案，你确实应当去找。但即使真的找到答案，你可能会惊喜地发现一个由迷人但可能很麻烦的子问题组成的大家庭……

> ——《实在论和科学的目标》（1983）

除了被检验的解释，实验检验还涉及许多其他先验解释，诸如关于测量仪器如何运作的理论。在预期某个科学理论正确的人看来，推翻理论与魔术有着相同的逻辑——唯一的区别是，魔术师通常无法利用未知的自然法则来完成魔术。

由于理论可能互相矛盾，而现实中不存在矛盾，每个问题都意味着我们的知识必定有缺陷或不足。我们的错误观念可能与所观察的事实有关，也可能与我们对现象的认知有关，或二者兼而有之。例如，只有当我们对于"必定"会发生的事存在错误观念时，魔术才能给我们提出问题，这种错误观念意味着，我们用来解释眼前现象的知识存在缺陷。对于精通魔术学问的专家，个中奥妙可能显而易见——就算专家本人并没有亲眼看到魔术，只是听某个被魔术欺骗的人对其进行

---

[1] 阿波罗13号是美国宇航局于1970年执行的一次载人登月任务，在前往月球途中，飞船服务舱氧气罐爆炸，使飞船严重损坏。三名宇航员以登月舱为救生艇，成功返回地球。"休斯敦，我们这里出问题了"是宇航员在事故发生后向休斯敦地面指挥中心报告情况时的喊话。——译注

了一番错误描述。这是科学解释的另一种常见情形：如果人拥有错误观念，与预期矛盾的观察可能会（也可能不会）促使他做出进一步的猜想，但在他拥有更好的观念之前，再多的观察也无法**纠正**错误观念。相反，如果人有了正确的观念，就算数据里充满错误，也可以对现象做出解释。再说，"数据"（"已知事物"）这个词有误导性。修正"数据"，即把其中一部分作为错误的剔除掉，与科学发现时时相伴。甚至，在理论告诉我们去寻找什么、怎样寻找和为什么寻找之前，是没有办法得到关键"数据"的。

从来没有一个新魔术是与现有魔术完全无关的。就像新的科学理论一样，新魔术是通过对现有魔术进行创造性的修改、重排和组合得来的。它需要物体怎样运作、观众怎样表现以及现有的魔术怎样进行等种种先验知识。那么最早的魔术从哪里来？它们应该是对那些原本不是魔术的想法（例如认真地把东西藏起来）进行改造而来的。同样地，最早的科学观点从哪里来？在科学诞生之前，有着经验法则、解释性假说以及神话，从而存在充足的原始材料供批评、猜想和检验。在这些东西产生之前，有我们与生俱来的假设和预想：我们生来就拥有某些观念，以及通过改变观念取得进展的能力。此外，还有文化行为的模式，对此我将在第 15 章详谈。

但是，就算是**可检验的解释性理论**，也不是造成停滞与进步之间的差异的关键所在。因为这类理论一直以来也十分普遍。想一想，比方说，古希腊的神话怎样解释每年冬季的到来。很久以前，冥王哈迪斯绑架并强暴了春天女神普西芬尼。后来，普西芬尼的母亲、大地和农业女神得墨忒耳同他谈妥了释放她女儿的契约，规定普西芬尼要嫁给哈迪斯，并吃下一粒神奇的种子，迫使她必须一年一度去探访他。每当普西芬尼离开母亲去履行这项义务时，得墨忒耳就会很伤心，命令世界变得冷漠凄凉，什么都不能生长。

虽然这只是个神话，而且完全是虚构的，但它确实包含了某种对季节变换的解释：它是一种主张，描述使我们体验到冬天的现实。它也是绝对可检验的：如果冬天是得墨忒耳定期的哀愁所致，那么地球上所有的地方都必定在同一时间经历冬天。因此，如果古希腊人知道，在他们认为得墨忒耳最悲伤的时候，澳大利亚正经历着温暖的生长季节，就应该可以推断出，他们关于季节的解释是错误的。

然而，在许多世纪的历程中，神话被修改或被其他神话所取代，新神话却从来都没能更接近事实真相。为什么呢？想想在这一解释中，普西芬尼神话里的特定因素扮演了何种角色。例如，神祇们提供了影响大规模现象所需的**力量**（得墨忒耳控制天气，哈迪斯和他的神奇种子控制普西芬尼，从而影响得墨忒耳）。但是，为什么是这些神而不是其他的神呢？在北欧神话中，四季变化是由春天之神弗雷在与寒冷和黑暗力量的永恒战争中变幻无常的运势造成的。弗雷取胜时，大地就温暖；而当他失败时，大地就变得寒冷。

这个神话与普西芬尼神话一样对季节做出了解释。它在解释天气的随机性方面要强一点儿，但在解释季节的规律性方面更差，因为真正的战争并不会这么有规律地跌宕起伏（除非起伏是季节本身导致的）。在普西芬尼神话里，结婚契约和神奇种子的作用是解释规律性。但是，为什么是一粒神奇种子而不是其他任何种类的魔法呢？为什么是婚姻探访契约使她每年重复某个行为，而不是其他原因呢？举例来说，这里有一个变种解释也适合这一情况：普西芬尼并没被放出来——她是逃出来的。每年的春季，当她的能力达到顶点时，就对哈迪斯进行复仇，袭击冥界并用春天的气息使所有的洞窟凉爽下来。洞窟里被驱散的热空气上升到人类世界，造成夏季。得墨忒耳庆祝普西芬尼的复仇和逃跑的周年纪念日，命令植物生长来装点大地。这个神话能与原来的版本一样解释同样的观察结果，并且是可检验的（事实上被推翻了）。但其中有关现实的断言与原来的神话有显著差异，在许多方面截然相反。

除了冬天每年到来一次这个最低限度的预测之外，故事中的每个其他细节都一样容易改变。所以，尽管这个神话是被编出来解释季节的，但它只是表面上适合这一目的。当神话的作者想着有什么事能让女神每年都做一次时，他不是大叫"我发现了！必定是用一粒神奇种子强制执行的婚姻契约"。他之所以做出这个选择——以及他身为作者做出的大量其他选择，是出于文化和艺术的原因，完全不是因为冬天的属性。他可能还试图用隐喻来解释人性的诸多方面——但在此我只关心这个神话解释**季节**的能力，在这方面甚至连作者都无法否认，所有细节都可以由无数其他内容同等替代。

对于现实中发生了什么导致季节更替，普西芬尼和弗雷的神话断言了完全不相容的东西。然而，我猜，从来没有人在对其中一个神话的可取之处与另一个进行比较之后将其作为结论采信，因为完全没有办法区分它们。如果我们忽略两则神话里所有那些容易被替代的内容，两者就只剩下相同的核心解释：**是神在作为**。尽管弗雷作为春天之神与普西芬尼非常不同，他的战斗与她的婚姻探访也非常不同，但这些不同的属性在两则神话各自对季节为何更替的解释中，都没有起到任何作用。因此，它们没有提供选择一个解释而放弃另一个的任何理由。

这些神话容易被改写的原因是，它们的细节与现象本身的细节根本没有关系。特地假设一个婚姻契约，一粒神奇种子，普西芬尼、哈迪斯和得墨忒耳——或弗雷之类的神祇，完全没有摸到冬天为何到来这个问题的边。只要有更多各式各样的理论能对它们试图解释的现象进行同等描述，就没有理由偏爱它们中间的某一个胜于其他，因此特别宣扬其中一个是不合理的做法。

对季节更替的这些神话解释，其根本缺陷在于可以随意做出巨大改动。这就是为什么编造神话通常并不是理解世界的有效途径。不管神话是否可检验，情况都是如此，因为只要可以轻易改变解释而不改变预测，就可以同样轻易地按需要做出不同的预测。例如，如果古希腊人**真的**发现了季节在北半球和南半球是不一样的，那么就有一大堆在这则神话的基础上稍加改动、与观察结果一致的版本可供挑选。其中一个版本可以说，得墨忒耳难过的时候，把温暖从**她**身边撵走，温暖就得跑到别的地方去——跑到南半球去了。同样地，对普西芬尼的解释稍作改变，就可以同样好地解释有着绿色彩虹的季节、每星期变换一次的季节、不定时变换的季节或者永不变换的季节。同样，对于迷信的赌徒或预言世界末日的先知来说，当他们的理论与经验相矛盾时，他们确实会换一个新理论；但是他们的隐含解释很糟糕，因而很容易在不改变解释的实质的情况下，把新的经验容纳进去。没有好解释性理论，他们只有重新解释预兆，或选择一个新日期，做出本质上相同的预测。在这种情况下，检验某个理论，若被推翻就放弃它，并不会在理解世界方面取得进步。如果一个解释可以轻松地解释特定领域的任何东西，实际上就等于什么也没解释。

一般来说，当理论像我所说的那样容易改变时，实验检验对于纠正错误几乎毫无用处。我称这些理论为**坏解释**。理论被实验证明为错误，把理论改成其他的坏解释，<u>丝毫不能</u>使理论的持有者更加接近事实。

因为解释在科学中起着核心作用，而且可检验性在坏解释的情况下毫无用处，我本人倾向于把神话、迷信和类似理论称作非科学的，即使它们能做出可检验的假设。不过使用什么术语都无所谓，只要它不会导致你仅仅因为可检验就得出结论说，普西芬尼的神话、先知的世界末日理论和赌徒的妄想含有某些有价值的东西。人也不能仅凭愿意放弃一个被推翻的理论就能够进步，而必须寻求对相关现象做出更好解释。这才是科学的思考框架。

正如物理学家理查德·费曼所说："科学是让我们学会防止自我欺骗的东西。"轻易接受可变的解释，能确保赌徒和先知们在无论发生什么事的情况下，都能够继续欺骗自己。他们拒绝面对那些表明他们对实体世界的认知不正确的证据，就像接受了不可检验的理论一样彻底。

我认为，追求好解释不仅是科学的基本原则，也是整个启蒙运动的基本原则。正是这一特征将这些追求知识的方法与所有其他方法区别开来，它还蕴涵着我在前面讨论过的取得科学进步的所有其他条件：它显示，仅有预测是不够的，这一点不太重要；稍微重要一点的是，它带来对权威的反叛，因为如果我们根据权威接受某一理论，就表示我们也将根据权威接受许多不同的理论。因此，它意味着我们需要批评的传统。它还提出了一个方法原则——**真实的标准**，意思是我们应当而且仅仅应当在某个特定的东西包含了我们对事物的最佳解释时，得出结论说这个东西是真实的。

尽管启蒙运动和科学革命的先驱们并没有这样说，但寻求好解释当时是（现在仍是）那个时代的精神。他们就是这样开始思考，就是这样开始做起来，首次有系统地做起来。正是这一点使得各方面取得进步的速度发生了翻天覆地的改变。

早在启蒙运动之前，就有人在寻求好解释。事实上，我在这里的讨论表明，所有的进步，不管是那时的还是现在的，都是因为有这样的人才能实现。但在大多数的时间里，他们无法接触到批评的传统，而只有经过批评的传统，别人才能传承他们的思想，所以他们没能留下什么东西让我们去发现。我们确实知道，在某些狭窄领域（如几何学）里，偶尔存在过寻求好解释的传统，甚至是短暂的批评的传统——微型启蒙运动，但它们惨遭扼杀，我将在第 9 章里谈到。不过，整个思考者群体的价值观和思维方式突然发生重大转变，导致知识的创造得以持续并且加速，这样的转变在历史上只发生过一次。追求好解释所带来的价值观，包括容忍异见、对变化持开放态度、怀疑教条主义和权威，以及从个人和整个文化的角度都渴求进步，催生了一整套政治、道德、经济和思想文化，大致就是现在被称为"西方"的那一部分。这一丰富多彩的文化所带来的进步，回过头来又推广了这些价值观——虽然它们还远未得到全面贯彻，就像我将在第 15 章讨论的那样。

现在我们来看看对季节的真正解释。地球的自转轴相对于它绕太阳公转的轨道平面是倾斜的，如图 1-2 所示。每年有一半的时间，北半球朝太阳倾斜，南半球则偏离太阳；另外半年情形正好相反。每当太阳光垂直照射某个半球（从而为每个单位面积的表面提供更多的热量），就会斜照另外一个半球（提供的热量较少）。

图1-2　对季节的真正解释（注意，此图不是实际比例）

这是一个好解释——很难改变，因为所有的细节有实际作用。比如，我们知道——并且可以用与季节体验无关的方法去检验——向远离辐射热的方向倾斜的表面，其变热的程度比朝着辐射热方向倾斜的表面要小；空间中旋转的球体总是指向恒定的方向。我们还能用几何学、热学和力学理论来解释为什么会这样。而且，在解释一年的不同时间里太阳出现在离地平线多高的地方时，也涉及同样的倾斜。相反，在普西芬尼的神话里，世界的寒冷是得墨忒耳的悲伤所致——但人们悲伤时通常并不会使周围变冷，除了冬天的来临本身，我们也没有办法知道得墨忒耳是不是**正在**伤心，或者她是不是真的能让世界变冷。在地轴倾斜的解释中，我们不能用月亮来替代太阳，因为月亮在天上的位置并不是每年重复一次，而且让地球变热的阳光对这个解释是必不可少的。我们也不能随便往里面塞太阳神对此感觉如何的故事，因为如果冬季的正确解释在于地—日运动的几何学，那么谁对此感觉如何是全无关系的；如果这个解释里有某种缺陷，关于谁对此感觉如何的任何故事都不会让它变正确。

地轴倾斜理论还预测，季节在两个半球是不一样的。所以，如果发现两个半球季节相同，这一理论就会被推翻，就像普西芬尼和弗雷的神话被相反的观察结果推翻一样。但区别在于，如果地轴倾斜理论被推翻，其支持者就无处可逃了。他们没有办法轻松地对此理论作一下修改就让倾斜的地轴导致全球各地的季节相同。需要提出全新的理论。这正是好解释对科学至关重要的原因：只有在一个理论是好解释——很难改变——的时候，它是否可检验才有意义。坏解释不管是否可检验，都一样无用。

大多数有关神话与科学之间差异的讨论，都过分强调可检验性的问题——好像古希腊人最大的错误是没有派远征探险队到南半球去观察季节似的。但事实是，他们永远都不会想到这样一支探险队能提供关于季节的证据，除非他们事先已经猜到两个半球的季节有可能不同——并且这种猜想很难改变（只有作为好解释的一部分时才会这样）。如果他们的猜想**容易**改变，他们可能还是会省下船票待在家里，检验唱约德尔调 [1] 可以阻止冬天来临这种容易检验的理论。

只要没有比普西芬尼神话更好的解释，他们就无需进行检验。如果他们曾经寻求好解释，应该会立即着手在神话的基础上进行改善，而不作检验。我们现在就是这样做的。我们并不会去检验每一个可检验的理论，只检验我们觉得是好解释的那些理论。绝大多数错误的理论无需任何实验就可以直接排除，就是因为它们是坏解释，如果没有这个事实，科学就不可能存在。

好解释往往惊人地简单或优雅——我将在第 14 章中讨论这一点。而且，一个解释成为坏解释的常见方式之一，就是带有多余的特征或随意性，有时把这些东西去掉就能得到一个好解释。这导致人们产生了一种称为"奥卡姆剃刀"（得名于 14 世纪的哲学家威廉·奥卡姆，但这一观念可以追溯到古代）的错误观念，认为始终应该寻求"最简单的解释"。它的一种表述是"不要增加超出必要的假设"。然而，有很多假设十分简单但很容易改变（例如"得墨忒耳导致冬天来临"）。而且，按照定义来说，"超出必要"的假设使理论成为坏理论，但对于理论中的"必要"到底指什么，存在许多错误的观点。例如，工具主义认为解释本身是不必要的，许多其他坏的科学哲学也这么认为，对此我将在第 12 章中进

---

[1] 约德尔调是一种特殊的歌唱形式，源于瑞士阿尔卑斯山区。它运用真假声两种唱法迅速交替的方式歌唱，婉转高亢，被牧民用于呼唤牛羊，或与山间其他人远距离交流。——译注

行讨论。

当一个以前认为的好解释被新观察证明不正确时，它就不再是一个好解释，因为问题扩展到把这些观察包括进去了。所以，理论被实验推翻时就放弃掉，这种标准科学方法是由对好解释的需求催生的。最好的解释是那些受现有知识约束最强的解释——包含其他的好解释以及与待解释的现象有关的其他知识。这就是为什么通过了严格检验的可检验解释成为了极好解释，后者又是可检验原则推动科学知识增长的原因。

猜想是创造性想象力的产品。但想象本身的问题是，编造虚构故事比构建真理容易得多。正如我曾提到的，历史上人类对于在更广泛的现实层面上对经验进行解释的尝试，几乎全都是虚构，以神话、教条和错误常识的形式存在着——可检验原则不足以发现这些错误。但对好解释的追寻完成了任务：创造谬误很容易，产生之后很容易改变；发现好解释很难，但发现的过程越难，发现之后就越难改变。解释性科学为之奋斗的终极目标，可以用本章开头惠勒的引言来很好地描述："这一切的背后是一种理念，如此简单，如此美丽，以至于当我们在十年、一个世纪或一千年后领悟它时，全都会互相说，**哪里还会有其他可能呢？**"。现在我们能看到，以解释为基础的科学观念怎样回答前面我提的问题：我们怎么会这么了解现实中**不熟悉**的那些方面？

让我们把自己当成一个古老的天文学家，正在思考地轴倾斜造成四季的解释。为了简单起见，我们假设你已经接受了日心说。所以你可能是，比方说出生在萨摩斯岛的阿里斯塔克斯，是他在公元前3世纪提出了最早的日心说观点。

虽然你知道地球是球体，但你对地球上位于埃塞俄比亚以南或设得

兰群岛 [1] 以北的任何地方都没有概念。你不知道有大西洋或太平洋；对你来说，已知的世界只包括欧洲、北非和亚洲的部分地区，还有附近的沿海水域。然而，根据地轴倾斜造成季节的理论，你可以预测已知世界之外前所未闻的地方的天气。这类预测有些很平凡，可能被误认为是归纳出来的：你预测，朝东或朝西走，不管走多远，都会体验到相同的季节在每年相同的时间出现（虽然日出和日落的时间会随经度逐渐发生变化）。但你还会做出一些违反直觉的预测：只要从设得兰群岛再往北走一点儿，就会到达一个冰冻的地区，那里的一个白天持续六个月，一个夜晚持续六个月；如果从埃塞俄比亚再往南走，会先到达一个没有季节的地区，继续往南又会到达一个有季节的地区，但季节与你所知道的世界完全相反。你从未到过离地中海里你居住的岛屿几百千米之外的地方，从未体验过与地中海不同的季节。你从未读到或听说过与你所经历的季节相反的季节，但你知道它们。

如果你宁愿不知道这些会怎样？你可能不喜欢这些预测。你的朋友和同事可能会嘲笑这些预测。**你可以尝试去修改解释**让它不要做出这样的预测，同时又不破坏它与观测结果的一致性，以及与其他那些你找不到好的替代品的观念的一致性。你会失败。这就是一个好解释给你带来的：让你更难欺骗自己。

例如，你可能会把理论改成这样："在已知的世界里，季节在一年中发生的时间是地轴理论预测的那样；在地球上的所有其他地方，季节**也**发生在一年中的那些时间里。"这个理论可以正确地预测你所知的所有证据，而且跟你真正的理论一样可检验。但是，为了否认地轴倾斜理论对遥远地方的预测，你必须否认它对现实中所有地区的描述。修改后

---

[1] 设得兰群岛是苏格兰最北端的一个群岛。——译注

的理论不再是一个对季节的解释，只不过是一个（所谓的）经验法则。因此，否认原始解释描述了那些你缺乏证据的地区里季节发生的真正原因，也将迫使你否认它描述了你家乡岛屿上季节发生的真正原因。

为了方便讨论起见，假设地轴倾斜理论是你自己提出的。它是你的猜想，你自己的独创。但由于它是一个好解释——很难改变，它就不是你能修改的了。它拥有自主的意义和自主的适用领域。你不能把它的预测局限在你挑选的地区里。不管你喜欢还是不喜欢，它都要做出有关对你已知和未知地方的预测，预测你想到的或没有想到的东西。其他恒星—行星系里有着类似轨道的倾斜行星肯定也有季节性的冷暖变化——遥远星系里的行星，很久以前就被摧毁、我们永远也观察不到的行星，尚未诞生的行星。可以说，理论从它在大脑中有限的起源之地——这个大脑只受到一颗行星上一个半球的一小片区域里零碎证据的影响——延伸到了无穷。解释的这种**延伸**是"无穷的开始"的另一个含义。它是部分理论的一种能力，即这些理论可以解决的问题超出了它们被提出来用于解决的问题的范围。

地轴倾斜理论就是一个例子：它最初被提出来只是为了解释太阳每年的仰角变化。结合少量热学知识和旋转物体知识，它就解释了季节。而且，它在没有作任何进一步修改的情况下，就解释了为什么季节在两个半球不一样，为什么热带地区没有季节，为什么在极地地区夏天的午夜阳光普照——这三种现象，它的创造者很可能想都没有想过。

解释的延伸不是"归纳原则"。这个原则并不是解释的创建者用来获取解释或证明解释的东西，它根本就不是创造过程的一部分。我们只是在有了解释之后才发现它——有时是很久以后。所以，根本就用不着"外推"、"归纳"或其他所谓的方法来"推演"出理论。实际情形完全背道而驰：对季节的解释之所以能远远延伸到理论创建者的经验之外，正是因为它**不**需要外推。作为一个解释，它自身的性质决定了，在创造者第一次想到这个理论的时候，它就已经适用于我们这颗星球的另一个半球，适用于整个太阳系、其他的恒星系，和其他的时间。

因此，解释的延伸既不是一个额外的假设，也不是一个可以去掉的假设。它是由解释的内容本身来决定的。一个解释越好，它的延伸范围就界定得越严格——因为一个解释越难改变，就越难创建出仍然是一个解释但有着不同延伸范围的变种，不管这个范围是更大还是更小。我们预期万有引力定律在火星上同在地球上一样，因为关于引力的可靠解释我们只知道一个——爱因斯坦的广义相对论，它是一个通用理论。但我们并不指望火星的**地图**与地球的地图相似，因为我们关于地球外貌的理论尽管也是非常好的解释，但不能延伸到其他天体的外貌。总之，正是解释性的理论告诉我们，一种情形的哪些方面能够"外推"到其他情形（这样的方面通常极少）。

对于非解释形式的知识——经验法则，以及为了生物适应性而蕴涵在基因里的知识，谈论延伸也是有意义的。因此，正如我此前所说，我那个关于杯子和球魔术的经验法则，其延伸范围是特定的一类魔术；但如果没有关于法则为何有效的解释，我就没法知道到底是哪一类。

那些不追求好解释的旧思想方式，不容许任何修正错误和错误观念的方法存在，例如科学。改进发生得太少，以至于大多数人从未经历过。观念长期保持不变。作为坏解释，就算是其中最好的，其延伸范围也通常极小，因而十分脆弱，超出其传统的应用范围就靠不住，往往在范围内也如此。当观念真的发生改变时，也很少会变得更好；碰巧变得更好时，其延伸范围也很少会扩大。科学的诞生，以及更广大范围内我所

说的启蒙运动的诞生，是这个停滞、狭隘的观念系统的终结。它开启了
人类史的当今时代，在持续、快速地产出延伸范围不断扩大的知识方面，
这个时代是独一无二的。许多人疑惑，这种情形能持续多久？它是否有
天然界限？或者，这是不是无穷的开始——也就是说，这些方法是否拥
有继续产出知识的无限潜力？启蒙运动扫除了所有用来在事物体系中赋
予人类特殊重要地位的神话，代表这项事业提出潜力无限这么了不起（即
使只是可能这么了不起）的主张，似乎是自相矛盾的。因为，人类的理
性和创造力推动了启蒙运动，如果这些能力是无限的，人类难道不应该
拥有重要地位吗？

　　然而，正如我在本章开头提到过的，黄金只能由恒星和智慧生物创
造出来。如果你在宇宙中任何一个地方发现了一块金子，就可以确信历
史上那里要么有过超新星，要么有过拥有解释的智慧生物。如果你在宇
宙中任何地方发现了解释，就知道这里必定有过智慧生物。仅有超新星
是不够的。

　　但是——这又怎么样？金子对**我们**很重要，但它对宇宙万物并无重
要意义。解释对我们很重要：我们需要解释才能生存。但在脑内看起来
十分细微的物理过程中，是否有某种对宇宙万物有重要意义的、与解释
有关的东西存在？在对表象和现实进行一些思考之后，我将在第 3 章中
重点讨论这一问题。

术　语

　　解释——关于现实中存在什么事物、其行为如何、怎样运作、为何
会如此等的陈述。

　　延伸——部分解释的一种能力，这些解释可以解决的问题超出了它

们被提出来用于解决的问题的范围。

创造力——创造新解释的能力。

经验主义——一种错误观念，认为我们所有的知识都来自感觉经验。

理论负载——不存在"原始"经验。我们对世界的所有经验都经过了意识和潜意识的层层解释。

归纳主义——一种错误观念，认为科学理论是通过对重复的经验进行概括或外推来获取的，一个理论被观察结果证实的次数越多，就越可靠。

归纳法——一种并不存在的"获取"过程，参见上一条。

归纳原则——认为"未来将同过去相似"的观念，与认为这一原则可断言未来所有事物的错误观念相结合。

实在论——一种观念，认为现实世界确实存在、有关现实世界的知识也存在。

相对主义——一种错误观念，认为特定领域内的陈述不存在客观对错，至多只能够相对于某种文化或其他武断标准来评判。

工具主义——一种错误观念，认为科学无法描述现实，只能预测观测结果。

证明主义——一种错误观念，认为知识只有经某种来源或标准证明才是正确的。

易谬主义——认为并不存在权威的知识来源，也不存在任何可靠的手段能用来证明观念是真实的或概然的。

背景知识——为人们所熟知并且无异议的知识。

经验法则——"纯粹预测的理论"（其解释性内容全是背景知识）。

问题——当观念与经验之间有矛盾时，就产生了问题。

好/坏解释——一种解释，很难/容易改变并仍然能说明它声称能说明的事物。

启蒙运动——一种追求知识的方法（的开端），这种方法通过批评的传统寻求好解释，而不是寻求对权威的依赖。

微型启蒙运动——一段短暂的批评的传统。

理性——试图通过寻求好解释来解决问题；通过对现有观念及新设想提出批评，来积极寻求修正错误。

西方——围绕启蒙运动关于科学、理性和自由的价值观发展起来的一套政治、道德、经济和思想文化。

"无穷的开始"在本章的意义

——某些解释的延伸范围达到无穷的事实。

——某些解释的通用延伸。

——启蒙运动。

——批评的传统。

——猜想：一切知识的起源。

——关于如何取得进步的发现：科学，科学革命，对好解释的追求，西方的政治原则。

——易谬主义。

小　结

表象是有欺骗性的。但我们对于导致这些表象的、广大而陌生的现实，以及支配现实的优雅、普适的法则拥有大量的知识。这些知识包含解释，即关于表象之下的事实及其行为的断言。在我们这个物种的历史上，大多数时候我们在创造此类知识方面毫无建树。

知识从何而来？经验主义说，我们从感觉经验中推演出知识。这种观点是错的。理论的真正源头是猜想，知识的真正源头是随批评而修改的猜想。我们对现有观点进行重组、合并、修改和增添，希望在原有基础上做出改进，从而创造出理论。实验和观测的功能是在现有理论中做出选择，并不是作为新理论的来源。我们通过解释性理论对经验进行解释，但真正的解释并不是显而易见的。易谬主义让我们不要寻求权威，而是承认我们可能一直在犯错，并努力纠正错误。我们通过寻求好解释来做到这一点，好解释是难以改变的，改变细节会毁掉整个解释。这才是科学革命的决定性因素，也是启蒙运动其他领域取得独特、迅速、持续的进步的决定性因素，而实验检验不是。启蒙运动是对权威的反叛，它与大多数此类反叛都不同，并不试图为理论寻求权威证明，而是建立了一种批评的传统。由此产生的一些观念有着极大的延伸范围：它们能够解释的东西，比它们被创建出来用于解释的东西更多。解释的延伸是一种内在属性，不是经验主义和归纳主义所说的那种由我们提出的假设。

接下来我要就表象和现实、解释和无穷进行更多讨论。

第2章 更接近现实

　　星系是大得令人难以置信的物体。从这个意义上说，恒星也是大得令人难以置信的物体。我们自己的星球也是。从内部的复杂性和人类思想的延伸范围而言，人类的大脑也是难以置信地巨大。一个星系团里可能有成千上万个星系，星系团的尺寸可能数以百万光年计。"成千上万个星系"这个词组说出来非常容易，但要费一点时间才能在脑子里体会到它的真实情形。

　　我第一次被这个概念震惊到，是在我刚开始念研究生时。一些同学向我展示他们当时在做的工作：用**显微镜**观察星系团。天文学家就是这样研究**帕洛马巡天星图** [1] 的，它是一套星空照片，总共 1874 张，形式为玻璃板负片，恒星和星系在上面呈现为白色背景中的暗影。

　　他们装好了这样一块玻璃板让我看。我将显微镜的目镜聚焦，看到了图 2-1 所示的画面。

---

[1] 1948年至1958年间，在美国国家地理学会赞助下，美国加利福尼亚州帕洛马天文台执行了一项大规模光学巡天观测，用122厘米口径的施密特反射望远镜针对北半球的天空进行观测，灵敏度达到人类肉眼视力极限的100万倍，其成果就是帕洛马巡天星图。——译注

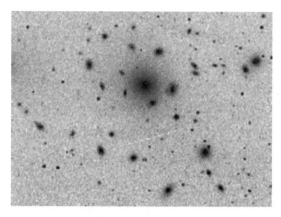

图2-1　后发座星系团

　　图中模模糊糊的东西是星系，边缘清晰的黑点是银河系里的恒星，那些星系比这些恒星离我们远成千上万倍。这些同学的工作是将星系排列在显微镜目镜的十字叉丝上，按下按钮，记录星系的位置。我自己试了一下——只是为了好玩，因为我并不具备进行正式测量的资质。很快我就发现，这真的不像我想的那么容易。其中原因之一是，哪些是星系、哪些仅仅是恒星或其他前景物体，并不总是显而易见的。有些星系很容易辨认：比如，恒星从来不会自转，也不会明显呈椭圆形。但有些形状非常暗淡，很难分辨它们的边缘是否清晰。有些星系看上去很小、暗淡并且呈圆形。有些星系的一部分被其他物体遮蔽。如今，这样的测量是由计算机使用先进的模式匹配算法来完成的。但在那时，人们只能仔细查看每一个对象，利用边缘的模糊程度之类的线索——虽然有些天体的边缘本来就是模糊的，比如银河系里的超新星残骸。在这里人们用的是经验法则。

　　人们怎样去检验这样一条经验法则？其中一种方法是随机选择一片天空，对它拍一张清晰度更高的照片，使得识别其中的星系比较容易。

然后将识别结果与经验法则的判断结果进行比较。如果两者有差异，经验法则就不准确。如果不存在差异，还是不能确定。永远都不可能做到确信无疑，这是理所当然的。

我对自己所看到的东西的尺度深感惊异，但这是不对的。有些人在宇宙的尺度面前感觉沮丧，因为这让他们觉得自己无足轻重。还有些人在感到自己无足轻重之后**如释重负**，这就更糟糕了。不管哪种情况，这种感觉都是错误的。因为宇宙很大而觉得自己无足轻重，这个逻辑就相当于因为自己不是一头或一群奶牛而感觉不对。宇宙不是用来把我们比下去的，它是我们的家，我们的资源。宇宙越大越好。

不过，接下来还有星系团在哲学上的意义。当我把十字叉丝从一个不起眼的星系移到另一个、在猜测是各星系中心的位置按下按钮时，一些异想天开的想法出现在我的脑海里。我在想着，我会不会成为第一个也是最后一个有意识地注意某个特定星系的人类。我只花了几秒钟去看这个模糊的对象，但它承载了与我所知的一切都有关联的意义。它里面有数以十亿计的行星，每颗行星都是一个世界。每颗行星都有自己独特的历史——日出和日落，暴风雨和季节变换，有的有着大陆、海洋、地震和河流。其中是否有一些世界拥有生命？那里有天文学家吗？除非有着极其悠久和先进的文明，否则他们永远走不出自己的星系，也就没有办法像我那样看到他们的星系是什么样子——尽管他们可能从理论上知道是什么样子。他们中间是否有人正看着银河系，对我们发出同样的疑问？如果是这样，那他们所看到的银河系，是它在地球上最高级的生命形式是鱼的时候的样子。[1]

如今用来给星系编制目录的计算机，可能比研究生做得更好，也可

---

[1] 作者所想的星系离我们很远，银河系在几亿年前发出的光现在才到达那里。——译注

能做得更差，但它们的运算结果一定不会包含这样的反思体验。我提到这一点，是因为我经常听人把科研说得很单调乏味，认为它基本上是不动脑子的苦役。发明家托马斯·爱迪生曾经说过："我的发明中没有一项是偶然得来的。我看到一种需求值得去满足，就会一次又一次地尝试，直到达到目的。这可以归结为百分之一的灵感和百分之九十九的汗水。"有人认为理论研究也是如此，其中"汗水"阶段指据称缺乏创造性的工作，如进行代数运算，或把算法转变成计算机程序。但事实是，计算机或机器人能不用脑子完成工作，并不表示科学家做这些工作时不用脑子。计算机下棋不用脑子，只是穷尽力量去计算所有可能的走法带来的后果；人类执行看上去相同的功能时，用的却是完全不同的途径：富有创意和乐趣的思考。给星系编制目录的计算机程序可能就是那些研究生写的，他们把自己学到的东西提取成易于重现的算法。这意味着他们在完成工作的过程中应当学到了东西，而计算机在完成工作时什么也不会学到。然而更重要的是，我觉得爱迪生曲解了自己的经验。就算失败的尝试也是有乐趣的。人在进行重复实验时，如果思考着实验要检验的观点和要调查的现实，就不能算是一种重复。那个星系项目的目标是发现"暗物质"（参见下一章）是否确实存在，它完成了任务。如果爱迪生，或者那些研究生，或者随便哪位科研人员，在做出发现的"汗水"阶段真的是不用脑子干活，他们会错过大部分的乐趣——这也是"百分之一的灵感"的巨大威力。

我碰到了一个特别模糊不清的图像，就问让我参与这项工作的同学们："这是一个星系还是一颗恒星？"

答复是："都不是，这只是感光剂上的一个缺陷。"

思维的急剧换挡把我逗乐了。本来我进行了一番宏大猜测，思考自己看到的东西有何深意，结果发现对这个特定目标来说什么也不是：突然之间，图像里没有了天文学家，没有了河流和地震，它们全都消逝在想象的烟雾里。我把所看到的东西的质量高估了 10^{50} 倍。我以为是自己看过的最大物体、最遥远时空的东西，其实只是一臂距离之内的一个微小斑点，不用显微镜就几乎看不见。人是多么容易、多么彻底地被误导啊！

不过，等一下。我到底有没有看到过星系？所有其他的斑点，实质上都是微小的银污斑[1]。如果我因为其中一个斑点与其他的太像而搞错了它的**起因**，为什么会是一个这么大的错误？

因为实验科学里的错误**正是**对事物起因的误解。就像准确的观测一样，这是一个理论问题。在自然界里，仅凭人类感官能察觉的东西太少了。大多数事物要么发生得太快或太慢，要么太大、太小或太遥远，要么隐藏在不透明的障碍背后，要么机制与影响我们进化的准则相差太大。但在某些情况下，我们可以借助观察仪器使这些现象变得可以觉察。

我们觉得这些仪器使我们更接近现实了——就像我看着那个星系团时的感觉。不过从纯物理的角度而言，它们只是让我们离现实更远。我可以仰望夜空，朝着那个星系团的方向看，它与我的眼睛之间除了几克空气之外什么也没有——但我什么都不会看到。我可以在它和自己之间加上一台望远镜，说不定就能看到它了。看星图底片时，我在它和自己之间加上了一台望远镜、一部相机、一间照片处理实验室、另外一部相机（用来给玻璃底片制作副本）、一辆卡车（用来把底片运到我所在的

---

[1] 光线使卤化银感光剂变成黑色的，所以星系在底片上的影像就是银形成的斑点。
——译注

大学），还有一台显微镜。所有这些设备挡在中间，可以让我把这个星系团看得更清楚。

现在的天文学家从来不仰望星空（除了也许在业余时间里会看看），基本上也不通过望远镜观察天空。许多望远镜根本没有适合人眼的目镜，还有许多望远镜连可见光都探测不到。取而代之的是，用仪器探测看不见的信号，然后将它们数字化、记录下来、同其他数据相结合，由计算机处理和分析。在此基础上可能绘制出图像——也许是"假彩色的"，用来显示无线电波或其他辐射，或展现更加间接地推断出来的属性，比如温度或成分。许多情况下并不绘制遥远天体的图像，而只得出数据表、图形和图表，影响天文学家感官的只有这些工序的结果。

每多一层这种物理隔离，就需要更高层次的理论，以将感知结果与现实联系起来。天文学家乔斯林·贝尔[1]发现脉冲星（一种极其致密的恒星，有规律地爆发出无线电波）时，她看到的东西如图2-2所示。

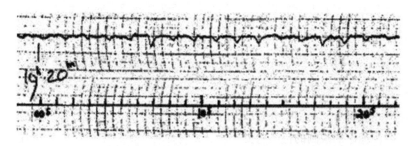

图2-2　从第一颗已知的脉冲星得到的射电望远镜记录

只有通过复杂的理论解释链，她才能从纸上抖动的线条里"看到"深空之中一个威力巨大的、正在脉动的天体，并认识到这是一种前所未

---

[1]　乔斯林·贝尔（1943—），英国天文学家。1967年7月，她在星表记录上发现了一个有规律的脉冲信号，该信号起初被人们认为是外星智慧生命发出的信息，后来被证实来自一颗脉冲星。这是20世纪最重要的天文学发现之一。——译注

见的星体。

我们对远离日常经验的现象了解得越深，解释链就越长，每个新增的环节都需要更多的理论。解释链上任何地方出现一个意外或被误解的现象，就可能使接下来的感觉经验产生任意误导的效果，很多时候，事情确实这样发生了。然而，随着时间的推移，科学提炼出来的结论变得前所未有地真实。对好解释的追寻过程能纠正错误、偏见和误导性观念，填补空白。当我们像费曼说的那样不断学习怎样避免自我欺骗时，所能获得的东西就是以上这些。

天文望远镜装有自动追踪机制，不断调整方向以抵消地球自转的影响；有些计算机不断改变望远镜反射镜的形状，以抵消地球大气的闪光。因此，通过这样的望远镜观察，恒星就不会像过去一代又一代的观察者们所看到的那样闪烁，或在天空中移动。那些都只是表象，也就是狭隘的错误，与恒星的真实情形毫无关系。这类望远镜的光学器件的主要功能，就是减少恒星很稀少、暗淡、闪烁和移动着之类的假象。望远镜的其他特征，以及其他科学仪器的特征，也都是如此：人与观察对象之间的每一个间接层，都会通过与其相关的理论纠正错误、消除幻象、抑制误导性观念的影响、填补空白。真正准确的观测总是这样非常不直接的，这看上去之所以有点儿奇怪，大约是出于经验主义者关于"纯粹的"、不依赖理论的观测的错误观念。但事实是，取得进步有赖于在我们进行观测**之前**就运用很多知识。

所以，我确实是在看着星系。通过银斑点观察星系，与通过虹膜上的影像观察花园并无不同。在所有情况下，说我们真正观察了某种给定的事物，意思都是我们对这一事物准确地赋予了证据（最终都是我们脑子里的证据）。科学真理里包含着理论与物理现实之间的这种对应。

运行庞大的粒子加速器的科学家，同样是通过看着像素和墨水、数字和图像来观察核子和夸克之类亚原子粒子的微观现实。还有的科学家操作电子显微镜，用电子束轰击细胞，这些细胞像渡渡鸟[1]一样死得不能再死、经过染色、用液氮急速冷却、放置在真空里——但科学家就能由此得知**活**细胞是什么样的。世界上存在这样一些事物，当我们观察它们时，它们能准确呈现出位于别的地方、构成与它们差异很大的事物的表象及其他属性，这实在太奇妙了。我们的感官系统也是这样的物体，因为在我们观察事物时，只有它们直接影响着我们的大脑。

这类科学仪器是稀少且精细易损的物质结合体。只要按错了显微镜控制面板上的一个键，或往计算机里输入了一个错误代码，就可能导致这整个极其复杂的人造物变得什么也揭示不了，除了展现它们本身之外。如果你不制造科学仪器，而把原材料组合成其他随便什么样子，情形也是一样：你盯着它们，结果除了它们本身之外什么也看不到。

解释性的理论告诉我们怎样去制造这些仪器，以及如何正确地操作这些仪器，来完成这个奇迹。与魔术相反，这些仪器欺骗我们的感官，使我们看到真实的事物。通过我在第1章里谈到的方法论原则，我们的思想在且仅在某个特定事物符合我们关于某些事物的最好解释时，会得出结论认为这个事物是真实的。从物理上说，所有这些过程就是，地球上的人类挖出铁矿石和沙子之类的原材料，把它们（仍然在地球上）重组成为复杂物体，如射电望远镜、计算机和显示屏，然后不再仰望天空，而是看着这些物体。现在他们的**眼睛**注视着触手可及的人造物体，但他们的**思想**专注于许多光年外的陌生实体和过程。

---

[1] 渡渡鸟是毛里求斯岛上一种不会飞的鸟，于16世纪初被发现，不到200年时间里就因人类捕杀而灭绝。这是记载中第一种因人类活动而灭绝的物种，是最著名的已灭绝动物之一。——译注

有时，天文学家也像他们的祖先一样，仍旧注视着小光点——不过不是在看天空，而是在看计算机显示器。有时他们看着数字或图表。但是在所有情形下，他们都是在检视身边的事物：显示屏上的像素、纸上的墨水等。这些东西在物理上与恒星相差甚远：它们比恒星小得多，不由核动力和引力支配，不能进行元素嬗变或创造生命，不曾存在了数十亿年。但当天文学家看着这些东西的时候，它们就是恒星。

小　结

科学仪器使我们更接近现实，尽管在纯物理的角度上它们让我们离现实更远，这看上去似乎有点儿怪。但不管怎样，我们对什么东西都不是直接观察的。所有的观察都是理论负载的。同样地，每当我们犯错，它都是对某种事物的解释里的错误。这就是为什么表象会具有欺骗性，也是为什么我们以及我们的仪器能够防止这种欺骗。知识的增长包含着对理论中的错误观念进行修正。爱迪生说研究是百分之一的灵感和百分之九十九的汗水，但这种说法存在误导，因为即使是计算机和其他机器做起来不带创造性的工作，人类也能对其赋予创造性。所以，科学并非不用脑子的苦役、以做出发现的难得时刻为补偿：苦役本身可以有创造性和乐趣，就像发现新解释一样。

那么，这样的创造性——以及乐趣——能无限持续下去吗？

第3章　思想的火花

对于超出日常生活经验的现实，大部分的古代描述不仅是错误的，而且有着一个与现代描述截然不同的特征：它们是**以人类为中心的**。也就是说，它们的核心是人类，以及更广泛意义上的**人**——有意图、有着与人类相似的思想的实体。这些古代描述里有着强大的超自然人物，例如神祇。于是，冬天源于某人的悲伤，丰收源于某人的慷慨，自然灾难源于某人的愤怒，如此这般。这类解释通常涉及宇宙层面上很重要的人物，他们关注着人类的举动，或对人类有意图。地心说还将人类置于宇宙的物理中心。这两种人类中心主义——解释上的和几何上的——互相使对方看起来更可信，结果，启蒙运动之前的思想比我们现今能轻易想象到的更加以人类为中心。

一个值得注意的例外是几何学本身，特别是由古希腊数学家欧几里得开发出来的系统。它那涉及点与线等非人格实体的优美公理和推理方式，后来激发了许多启蒙运动先驱的灵感。但在此之前，它对于流行的世界观影响不大。例如，大多数的天文学家同时也是占星家：尽管他们在研究中运用复杂的几何学，却相信星星能预言地球上的政治事件和个人活动。

在人们对世界的运作方式有任何了解之前，尝试用有目的、与人类相似的想法和行为来解释物理现象，可能曾经是一种合理的做法。毕竟，就算到今天，我们也还是这样去解释大部分日常体验：如果一件珠宝从紧锁的保险柜里神秘消失了，我们会寻求人类水平的解释，比如说弄错了，或者被偷走了（或者有些时候是变魔术），而不是去寻找新的物理规律。但这种以人类为中心的方法从来不曾对人类事务以外的东西给出过什么好解释。对整个物质世界而言，它是个非常错误的想法。我们现在知道，夜空中的恒星和行星的运行模式对人类事务没有什么影响。我们知道人类并不位于宇宙的中心——而且宇宙根本就没有一个几何中心。我们还知道，虽然我描述的某些规模巨大的天体物理现象曾经在我们的过去扮演重要角色，但我们对它们从来就不曾重要过。如果狭隘理论不足以解释一种现象，或者该现象存在于许多其他现象的解释里，我们就称这一现象为**重要**的（或者**基础**的）。这样一来，人类及其愿望和行动似乎对整个宇宙极端不重要。

以人类为中心的错误观念在其他基础科学领域里也被推翻了：我们现在的物理知识，是用与欧几里得的点和线一样非人格化的实体来表达的，例如基本粒子、力和时空，后者是一个有三维空间和一维时间的四维连续统。这些实体相互之间的影响，不是用感觉或意图之类的东西来解释，而是用表述自然法则的数学方程来解释。在生物学上，人们一度认为生物是由某种超自然人物设计出来的，必定包含某种特殊成分，或说"至关重要的法则"，使它们表现得具有明显的目的性。但生物科学通过化学反应、基因和进化之类的非人格事物找到了新的解释模式。于是我们知道，包括人类在内的生物，与石头和恒星包含同样的成分、遵循同样的规律，不是由什么人设计出来的。现代科学完全不用看不见的人物的想法和意图来解释物理现象，而认为我们自己的想法和意图是大脑里看不见（但并不是没有办法看到）的微小物理过程的集合体。

放弃以人类为中心的理论，所得的收获非常丰硕，这对更大范围的思想史是如此重要，以至于**反人类中心主义**越来越被提升到普适法则的地位，它有时被称为"平庸原则"，其主张是：**人类（在宇宙万物中）完全不重要**。如物理学家史蒂芬·霍金所说，人类"只是一个典型星系外缘绕着一颗典型恒星运转的一颗典型行星上的一堆化学渣滓"。"在宇宙万物中"这个附带条件是必需的，因为根据化学渣滓们应用于自身的价值观（如道德观），他们的确显然有着特殊的重要性。但平庸原则认为，所有这类价值观本身都是以人类为中心的：它们只能对"化学渣滓"们的行为进行解释，而这类行为本身是不重要的。

把一个人自己的癖好、所熟悉的环境或个人观察（例如夜空的旋转）当作正在观察的事物的客观属性，把经验法则（例如预测每天的日出）当作普遍规律，这样的错误是非常容易犯的。我把这类错误称为**狭隘主义**。

以人类为中心的错误就是狭隘主义的例证，但并非所有的狭隘主义都是以人类为中心的。例如，预测季节在世界各地都一样，是一个狭隘的错误，但不是一个以人类为中心的错误：它并不是从人的角度去解释季节。

另一个与人类处境有关的重要观念，有时被戏剧性地称为**宇宙飞船地球号**。想象一艘"世代飞船"，它的旅途是那么长久，很多代的乘客一辈子都生活在旅途中。已有人提出用这一手段去殖民其他恒星系统。在宇宙飞船地球号的观念中，世代飞船比喻**生物圈**——由地球上所有生物以及它们的栖息地构成的系统。乘客就代表着地球上所有的人类。飞船外的宇宙环境极其恶劣，但飞船内部是一个庞大、复杂的生命支持系统，能够给乘客提供使他们繁荣发展所需要的一切。像这艘飞船一样，生物圈能回收所有废物，利用它巨大的核电厂（太阳），完全自给自足。

正如飞船的生命支持系统是设计出来供养乘客的，生物圈也有着"设计的表象"：（飞船的比喻声称）生物圈看上去高度适合供养我们，因为我们通过进化适应了**它**。但它的能力是有限的：如果我们使它超载，它就会崩溃，不管超载原因是人口太多，还是人们采用了与进化出来的生活方式（生物圈"设计"出来支持的方式）过于不同的方式。就像飞船上的乘客一样，我们不会有第二次机会：如果我们的生活方式变得过于粗心或挥霍，就会毁掉我们的生命支持系统，无处可去。

宇宙飞船地球号的比喻和平庸原则，这两种说法都在有科学头脑的人中间得到了广泛的接受——成了众所周知的道理。尽管事实是，乍看起来这两种观念在某种意义上背道而驰：平庸原则强调地球和它的化学渣滓是多么**典型**（在其存在甚为平凡的意义上），而宇宙飞船地球号强调它们有多么**不典型**（在独特地彼此适应的意义上）。但如果用广泛的哲学方法对这两种观念进行解释（通常也就是这样解释的），两者就很容易殊途同归。它们都认为自己纠正了同样一些狭隘错误观念，诸如我们对地球生活的体验在宇宙中有代表性，地球广阔、静止并且永世长存。相反，它们都强调说，地球非常渺小，而且寿命短暂。两者都反对傲慢：平庸原则反对启蒙运动之前的傲慢，这种傲慢认为我们在世界上很重要；宇宙飞船地球号反对启蒙运动的傲慢，这种傲慢是立志掌控世界。两者都包含同一个道德元素：我们**不应该**认为自己很重要，我们**不应该**指望世界无限度地屈服于我们的掠夺。

这样一来，这两种观念产生了丰富的概念框架，可以为一整套世界观提供信息。然而，就像我接下来要解释的那样，它们都是错的，甚至在直白的实际意义上就是错的。而在更广泛的意义上，它们实在太具误导性了，以至于如果你想要找点格言来刻在石头上，或者每天吃早饭之前念诵一下，选择这两种观点的反面要好得多。也就是说，事实真相是：

人在宇宙万物中**是**重要的；

地球生物圈**不适合**支持人类生活。

重新考虑一下霍金的说法。确实，我们处在一个典型星系里绕着一颗典型恒星运转的一颗（有点儿）典型的行星上。但我们绝不是宇宙中的典型物质。原因之一是，据认为宇宙中约 80% 的物质是不可见的"暗物质"，既不发光也不吸收光。我们现在只能通过暗物质对星系的间接引力影响来探测到它。只有余下的 20% 的物质，才是我们狭隘地称为"普通物质"的东西，其特点是会持续发光。通常我们并不认为自己在发光，但这又是我们的感官局限导致的一种狭隘错误观念：我们发出辐射热（即红外线），也发出微弱到眼睛看不到的可见光。

像我们自己、我们的行星和恒星一样致密的物质集合，也不是典型的，虽然数量庞大。这样的物质集合是孤立、罕见的现象，宇宙的绝大部分是真空（加上辐射和暗物质）。我们之所以对普通物质很熟悉，只是因为我们由普通物质组成，并且处在大量普通物质集合附近这么一个非典型的位置上。

而且，我们是普通物质的罕见形式。普通物质最常见的形式是等离子体（原子电离成带电的部分），通常会发出明亮的可见光，因为它们位于炽热的恒星内部。我们这些化学渣滓主要发出红外线，因为体内有液体和复杂化学分子，而这些物质只能存在于低得多的温度范围里。

宇宙中弥漫着微波辐射——大爆炸的余晖，其温度大约是 2.7 开，即比可能的最低温度——绝对零度高 2.7 摄氏度，或比水的冰点低 270 摄氏度。只有在极不寻常的情况下，才能达到比这些微波更低的温度。宇宙中已知事物的温度没有比 1 开更低的——除了在地球上的某些物理实验室里。人们在实验室中获得了低于 10 亿分之一开的创纪录低温。在这样的超低温度下，普通物质不再发光。通过这种方法在地球上得到的"不发光的普通物质"，在整个宇宙中都是极端怪异的一种东西。而且，物理学家造出来的冰箱内部也许是宇宙中最冷最黑暗的地方。一点儿都不典型。

宇宙中一个典型的地方应该像什么样子？容我假设你正在地球上读这本书。用你心灵的眼睛，垂直向上几百千米，就来到了稍微典型一点的空间环境中。但太阳仍然在加热和照耀着你，你的视野仍然有一半被地球上的固体、液体和渣滓占据，一个典型的地方是不会有这些东西的。就这样，再往相同的方向推进数万亿千米。现在你所在的位置离太阳是如此遥远，以至于它看起来同其他恒星一样。这个地方更寒冷，更加黑暗和空旷，看不到渣滓。但这儿也不算典型：你仍然在银河系内部，而宇宙里大多数地方没有星系。继续前进直到你远离银河系——比如说，离地球十万光年。在这个距离上，就算用人类所造的最强力望远镜也看不到地球。但银河系仍然占据着你眼中的大部分天空。要到达宇宙中一个典型的地方，你必须把自己想象得比这里还要远至少一千倍，到星系之间的深空里去。

那里是什么样子？设想把整个空间抽象地划分成许多像太阳系那么大的立方体，从其中一个典型的立方体观察出去，天空会是一片漆黑。最近的恒星也远到这样的程度：如果它产生超新星爆发，而且爆发的光芒到达时你盯着它看，还是什么都看不见。宇宙就是这么大、这么黑。而且它非常寒冷：在它那 2.7 开的背景温度下，除了氦之外，所有的已知的物质都会冻结（据认为氦在绝对零度时也能保持液态，除非施加高压）。

宇宙还非常空旷：里面的原子密度不到每立方米一个，恒星之间的空间里的原子密度也比它大一百万倍，而后者又比人类技术迄今达到的最好真空状态里的原子稀少得多。在星系之间的空间里，几乎所有的原子都是氢或氦，所以不会发生化学反应。那里不会进化出生命或智能。什么也不会改变，什么也不会发生。下一个、下下一个立方体也是如此。朝任意方向连续查看一百万个立方体，情形都是一样的。

寒冷，黑暗，空旷。这种荒凉得难以想象的环境，正是宇宙的典型模样——它从另外一个衡量尺度上表明，在简单的物理意义上，地球和它的化学渣滓是多么地非典型。这种渣滓对宇宙究竟有何重要之处，此问题很快就会把我们带回到星系之间的空间。但首先让我们回到地球上，想一想宇宙飞船地球号这个比喻的简单物理版本。

有一点是很正确的：如果明天地球表面的物理条件以天体物理学的标准来说发生哪怕是一丁点儿改变，就不会有人能在这里无防护地生存，就像生命支持系统坏了会使他们无法在飞船上生存。不过我这会儿是在英格兰的牛津写下这段话，这里的冬夜同样经常冷得足以冻死任何未受到衣服或其他技术保护的人。因此，星系际空间杀死我只用几秒钟，原始状态的牛津郡大概要花几个小时——只有在最勉强的意义上，才能认为后者能够"支持生命"。如今的牛津郡确实有生命支持系统，但并非由生物圈提供，而是由人类建造的。这个系统包括衣服、房屋、农场、医院、电网、下水系统，等等。原始状态的整个地球生物圈，基本上都同样不能让一个无防护的人活多久。称其为人类的死亡之地，要比称其为生命支持系统准确得多。即使是我们这个物种进化出来的地方——东非大裂谷[1]，也并不比原始状态的牛津郡好多少。与想象中的飞船上的生命支持系统不同，东非大裂谷缺乏安全的水供应，没有医疗设备和舒适的住宅，充满了掠食者、寄生虫和病原体。它经常使"乘客"受伤、中毒、浑身湿透、挨饿和生病，大多数人因此而死。

这个本该仁慈友好的生物圈，对居住在其中的其他生物也同样苛刻：很少有生物个体能舒舒服服地活着，或者活到老死。这并不是偶然的：绝大多数物种的绝大多数群体都生活在灾难和死亡的边缘。情况必定会是这样，因为不管是出于什么原因（例如食物供应增加，或竞争者或掠食者灭绝），一旦某个地方某个小群体的生活变得轻松一点儿，群体就会扩大。于是其他资源因消耗增加而枯竭，群体中越来越多的成员不得不开拓更边缘的栖息地，利用更差的资源，等等。此过程将继续进行下去，直到群体扩大带来的坏处完全抵消了有利变化带来的好处。也就是说，饥饿、疲劳、被捕食、过度拥挤及所有其他自然过程导致个体大批伤残或死亡，出生率又变得只是勉强能跟上后者的速度。

这才是进化使生物去适应的情形，才是地球生物圈"看起来适合"供养生物的生活方式。只有通过持续地忽视、伤害、致残和杀死生物个体，生物圈才可能达到稳定——而且只是暂时的稳定。因此，把生物圈比喻成飞船或生命支持系统是非常不合适的：人类设计生命支持系统时，是要用现有资源向使用者提供最大可能的舒适、安全和长寿，可生物圈没有这样的优先目标。

---

[1]　东非大裂谷是非洲东部的一个绵延数千千米的巨大断裂带，据认为是人类进化的摇篮。大裂谷区域出土了大量原始人类化石，包括著名的南方古猿"露西"。——译注

生物圈也不是**物种**的保存者。进化除了对个体残酷得臭名昭著，还不断地灭绝整个物种。自从地球上有生命以来，平均每年约有 10 个物种灭绝（这个数字只是一个非常粗略的估计），在古生物学家称为"大灭绝事件"的相对短暂时期里，灭绝速度比平时高得多。物种产生的速度总体上只是略高于灭绝速度，净效果是，地球上曾经存在过的物种绝大多数（约 99.9%）都灭绝了。遗传证据显示，我们的物种至少有一次险遭灭绝。有几个与我们亲缘关系很近的物种已经灭绝了。值得注意的是，消灭它们的正是"生命支持系统"——通过自然灾害、其他物种的进化和气候变化等手段。我们这些表兄弟并不是因为改变生活方式或使生物圈不堪重负而招致灭绝：相反，它们正是因为**按照**进化出来的方式生活着，才会被消灭掉的。根据宇宙飞船地球号的比喻，生物圈"支持"着他们的这种生活方式。

就算这样说，还是夸大了生物圈适合人类栖居的程度。第一个在牛津所在的纬度住下来的人（实际上来自一个与我们有亲缘关系的物种，可能是尼安德特人 [1]），完全是因为懂得与工具、武器、火和衣服有关的知识才得以做到这一点。知识一代代传下来，靠的不是遗传，而是文化。那些生活在东非大裂谷的前人类祖先也使用这类知识，我们这个物种肯定在诞生的时候就已经依赖这些知识生存了。作为例证，请注意，如果我尝试在原始状态的东非大裂谷生活，很快就会死去：我不具备必需的知识。从那以后，曾经有过诸如懂得怎样在亚马孙丛林生存而不懂怎样在北极圈生存的人类群体，也有过与之相反的人类群体。因此，这类知

[1] 尼安德特人是一种已灭绝的旧石器时代人类，于6万年至3.5万年前生活在欧亚大陆，与现代人类（智人）血缘很近。据认为他们拥有先进的工具、语言、复杂的社会群体、丰富的文化。智人的祖先是否曾与尼安德特人杂交，是一个有争议的研究课题。——译注

识并不通过遗传继承。它由人类思想创造，由人类文化保存和传播。

今天，地球的"人类生命支持系统"的全部能力，几乎都不是**为**我们提供的，而是**由**我们利用创造新知识的能力提供的。如今居住在东非大裂谷的人过着比早期人类舒服得多的生活，人数也多得多，靠的是有关工具、农耕和卫生的知识。地球的确向我们提供了生存所需的原材料——就像太阳提供能量、超新星提供元素。但一堆原材料远远不等于生命支持系统，把前者转变成后者需要知识，而生物进化从来不曾提供足够的知识让我们生存，更不用说繁荣发展。在这个方面，我们与几乎其他所有的物种都不同。其他物种确实拥有自己所需要的一切知识，通过基因编码在他们脑中。这些知识也确实由进化提供——在相关意义上，"由生物圈提供"。因此，它们的生活环境表面上的确像是为他们设计的生命支持系统，尽管只是在我所说的非常有限的意义上。但生物圈向人类提供生命支持系统的程度，并不比它向我们提供射电望远镜的程度更高。

所以，生物圈是无法支持人类生活的。从一开始，就只有人类知识才使得这颗行星勉强可供人类居住。而且从那个时候以来，我们的生命支持系统的能力（在人口数量和生活的安全舒适程度两方面）得到的极大增强，完全归功于人类知识的创造。如果说我们是在一艘"宇宙飞船"上，则我们绝不仅仅是它的乘客，也不是（人们经常说的）管家，甚至也不是维修人员：我们是设计者和制造者。在人类创造出这些设计之前，它并不是一艘运载工具，而只是一堆危险的原材料。

"乘客"的比喻在另一种意义上也是错误的。它暗示，曾经有段时间，人类的生活毫无问题：他们就像乘客一样，有人给他们提供一切，不用为了生存和发展而亲自去解决一连串的问题。但事实上，即使有着文化知识的助益，我们的祖先还是不断地面临着绝望的问题，比如下一顿饭从哪里来，通常他们只是很勉强地解决了这些问题，或者死掉。这就是为什么老年人的化石数量极少。

因此，宇宙飞船地球号这个比喻的道德元素有些自相矛盾：它把人类塑造成接受了礼物却不知感恩的形象，而事实上他们从来没收到过这份礼物。这个比喻还把所有其他物种塑造成在飞船的生命支持系统中起到道德正面作用的角色，人类是唯一的反派演员。但是，人类是生物圈的一部分，他们所谓的不道德行为与所有其他物种在好年景的行为完全相同——除了一点：只有人类在试图减轻他们的这种反应对子孙后代和其他物种的影响。

平庸原则也是自相矛盾的。由于它从各种形式的狭隘错误观念中专门挑出人类中心主义来谴责，它本身就是以人类为中心的。此外，它声称所有的价值判断都是以人类为中心的，但它自己经常使用带有价值观的术语，比如"傲慢"，"渣滓而已"，还有"平庸"这个词本身。这些贬低要按谁的价值观去理解？傲慢作为一种批评有何意义？而且，就算持有傲慢的意见在道德上是错误的，道德也仅指化学渣滓的内在组织，它怎么可能像平庸原则声称的那样，告诉我们渣滓**以外**的世界是怎样组织的？

不管在什么情况下，傲慢都不是人们接受人类中心主义解释的原因。它只不过是一个狭隘的错误，而且本来是个颇为合理的错误。傲慢也不是使人们长久无法认识到自身错误的原因：他们**什么**都认识不到，因为不知道怎样去寻求好解释。某种意义上，他们全部的问题就是还不**够**傲慢：太容易地假定世界对他们来说本质上不可认知。

认为人类曾经有一个毫无问题的时代，这种错误观念以黄金时代和伊甸园的形式呈现在古代神话中。**恩典**（上帝所赐的福祉）和**天意**（上帝秉此赐予人类所需）等神学概念也与此有关。为了将这个据称毫无问题的过去与自身不那么愉快的生活体验联系在一起，神话作者们必须加进某种发生在过去的转变，例如天意决定减少支持时发生的堕落。在宇宙飞船地球号的比喻中，堕落往往迫在眉睫或已经到来。

　　平庸原则包含了类似的错误观念。考虑进化生物学家理查德·道金斯所说的以下观点：人类的属性，与所有其他生物的属性一样，是在原始环境中自然选择下进化出来的。所以，我们的感官适应于探测水果的颜色和气味、掠食者的声音之类的信号：能够探测到这些事物，使我们的祖先有更多机会活下去繁殖后代。但道金斯指出，出于同样的理由，进化没有浪费我们的资源去探测与我们的生存全无关系的现象。例如，我们没办法用肉眼区分大多数恒星的颜色。我们的夜视能力非常差并且不能分辨颜色，因为我们的祖先里没有足够多的人因这种能力限制而死亡、从而增强该能力的进化压力。因此，道金斯认为——他在此诉诸平庸原则——在这方面没有理由期望我们的大脑与眼睛有何不同：它们进化出来是为了处理生物圈里经常发生的、范围很狭窄的一些现象，这些现象大致发生在尺寸、时间、能量等因素的人类尺度上。宇宙中的大多数现象发生在比这大得多或小得多的尺度上。有些现象会立刻杀死我们，还有些永远也不会影响到早期人类的生活。因此，就像我们的感官无法**探测**到中微子或类星体，或宇宙万物中的绝大多数其他重要现象，也没有理由期待我们的大脑能**理解**这些东西。就大脑对这些东西已经理解到的程度而言，我们很幸运——但不应该指望幸运能长期持续。因此，道金斯赞同此前的进化生物学家约翰·霍尔丹的观点，后者认为“宇宙不仅比我们想象的更不可思议，而且比我们**能**想象到的更不可思议”。

　　这是平庸原则的一个惊人——并且自相矛盾的——结果：它认为，

人类所有的能力，包括创造新解释这样与众不同的能力，都必然是狭隘的。特别地，它意味着科学的进步无法超越由人类大脑的生物学界定的特定极限。我们必须预料到，或迟或早都会达到这个极限。在此之后，世界就不再有意义了（或说看上去是这样）。对于我在第 2 章末尾提出的问题——科学革命和更广泛的启蒙运动是否会成为无穷的开始，其答案应该是斩钉截铁的不会。科学尽管充斥着成功和灵感，但终将被证明是天然狭隘的——而且是以人类为中心的，这一点实在是讽刺。

平庸原则和宇宙飞船地球号的比喻就这样殊途同归了。它们都包含这样一个概念：一个微小的、对人类友好的泡泡，镶嵌在陌生而不合作的宇宙中。宇宙飞船地球号的比喻所说的泡泡是实体，指生物圈。平庸原则所说的泡泡主要是概念上的，标志着人类理解世界的能力极限。正如我们会看到的，这两个泡泡相互关联。在这两种看法中，人类中心主义在泡泡内部都是适用的：泡泡里的世界没有问题，独一无二地符合人类的期望和理解力。泡泡外面只有无法解决的问题。

道金斯更情愿它是别的样子，就像他写的那样：

我相信，与一个用变幻莫测的即兴魔术粉饰装点的宇宙相比，一个不在乎人类成见的有序宇宙，里面的所有事物都有解释，虽然我们要走很长的路才能发现解释，这样一个宇宙更加美丽、更加精彩。

——《解析彩虹》（1998）

一个"有序"（可解释）的宇宙确实更美丽（见第 14 章）——尽管认为宇宙要"不在乎人类成见"才能有序的假设是一个与平庸原则有关的错误观念。

任何认为世界**不可解释**的假设都只会带来极坏的解释，因为一个不可解释的宇宙将与一个"用变幻莫测的即兴魔术粉饰装点"的宇宙无法区分：从定义上来说，对于泡泡外面的世界，不管什么假设都不会成为比"那里由宙斯统治"或任何类似的神话或幻想更好的解释。

而且，由于泡泡外部影响着我们对内部的解释（要不然我们没有它也行），内部也就不是真的可解释。只有我们小心翼翼避免提出某些特定的问题，泡泡里面才会看起来可解释。这就像启蒙运动之前的思想领域将人间与天国区别对待，两种方式之间有着可怕的相似。它是平庸原则的一个内在矛盾：迫使我们回到一个陈旧的、以人类为中心的、前科学的世界概念中，与平庸原则的动机背道而驰。

平庸原则和宇宙飞船地球号的比喻，在有关**延伸**的主张上是共通的：它们都认为，人类独特的存在方式——即解决问题、创造知识、改造周围世界的方式——的延伸是有边界的。它们还认为，这个边界离人类能力已经到达的地方没有多远。平庸原则认为，试图超出这个范围会招致失败，宇宙飞船地球号的比喻则认为会导致灾难。

此外，这两种观念本质上都依赖于同一个主张，就是说，如果这样的极限不存在，就无法解释人类大脑为什么能一直有效地适应超出其进化条件之外的东西。地球上产生过数以万亿计的适应性，为什么某个适应性有着无限的延伸，而所有其他的适应性都只能在这个微小、无足轻重、非典型的生物圈内延伸？好吧，所有的延伸都有一个解释。但如果对人类大脑的这种特性**确实**存在解释会怎样？如果这个解释与进化或生物圈毫不相干又会怎样？

设想有一群鸟，它们这个物种是在一个岛上进化出来的，偶然飞到了另一个岛上。它们的翅膀和眼睛仍能正常工作。这是适应性的延伸的一个例证，是可以解释的。其解释的核心是，翅膀和眼睛利用了物理学（分别为空气动力学和光学）的普遍规律。虽然利用得并不完美，但以这些规律界定的标准而言，两个岛上的大气和光照条件足够相似，可以让这些适应性在两个岛上都能工作。

因此，这些鸟儿或许完全能够飞到水平方向上许多千米以外的其他岛上，但如果把它们往上方运送哪怕是几千米，翅膀就会停止工作，因为那里的空气太稀薄了。它们与生俱来的关于怎样飞行的知识，在太高的地方会失效。再往上一点，它们的眼睛和其他器官也会停止工作，这些东西的设计同样没有那么大的延伸范围：所有脊椎动物的眼睛都充满液态水，而水在同温层的温度下会结冰，在真空中会沸腾。还有不那么戏剧性的情况：如果这些鸟儿没有很好的夜视能力，却来到一个唯一合适的猎物是夜行动物的岛上，它们可能也会死掉。出于同样的原因，生物适应性对于其**故乡**环境变迁的延伸也是有限的，这会导致灭绝，事实也确实如此。

如果这些鸟儿的适应性有着范围足够大的延伸，使这个物种能在新岛上生存下来，它们将在这里形成一个群体。在随后的一代代里，对新岛适应得更好一点的突变体，其后代数量会比平均数多一点，因此进化将调整这个群体，使其拥有在此处生活的更准确知识。人类的祖先物种就是这样开拓新的居住地、采用新的生活方式。但在我们这个物种进化出来的时候，我们那些已经完全是人类的祖先，正通过文化知识的进化以快千万倍的速度做着同样的事。由于他们还不懂得怎样进行科学研究，他们的知识只比生物知识宽广那么一点点，由经验法则组成。因此，虽然他们取得进步的速度与生物进化相比算是很快，但与启蒙运动使我们习以为常的速度相比，是非常缓慢的。

启蒙运动以来，技术的进步完全依赖于解释性知识的创造。几千年来人们梦想着飞上月亮，但只有等到牛顿那些关于力和动量等不可见实体的理论问世，人们才开始理解，飞上月亮需要些什么。

解释世界与**控制**世界之间的关系看上去越来越密切，这绝不是偶然的，而是世界深层结构的一部分。考虑一下所有可以想象的现实物质转变。其中有些从未发生过（比如超光速通信），因为违反自然法则；有些自发地进行着（比如恒星从原始氢中诞生）；有些（比如把空气和水转变成树，或把原材料转变成射电望远镜）是可能发生的，但只有在必需的知识已经具备（体现在基因里或脑子里）之后才能发生。可能的情况就是这些了。也就是说，在给定的时间、给定的资源或其他条件下，每一种假定的物质转变都只可能是以下情形之一：

——不可能发生，因为被自然法则所禁止；

——可以发生，在有正确知识的情况下。

之所以存在这种重要的二元划分，是因为如果某些转换无论用什么样的知识都无法从技术上实现，则该事实本身就是一种可检验的常规现象。但自然界中所有的常规现象都是有解释的，因此对这一规律的解释本身就是一条自然法则，或者自然法则的推论。于是这再一次说明，如果有适当的知识，所有不被自然法则禁止的事物都是可以实现的。

解释性知识与技术之间的这种根本联系，是霍尔丹和道金斯的"宇宙比我们能想象到的更不可思议"这一观点的错误所在——也是为什么人类适应性的延伸的确与生物圈里的其他适应性有着不同的特征。能够创造和运用解释性知识，使人获得了一种改变自然的能力，这种能力不像其他所有的适应性那样从根本上受狭隘因素限制，而仅受普遍规律限制。这就是解释性理论——以及人在宇宙层面上的重要性，接下来我把人定义为能够创造解释性知识的实体。

对于地球上每一个其他物种，只要列出其适应性所依赖的所有资源和环境条件的清单，就可以判断出这些适应性的延伸范围。原则上这可以通过研究生物的 DNA 分子来判断——因为这些分子里（以称为“碱基”的小分子团序列的形式）编码着该生物所有的遗传信息。正如道金斯指出的：

> 基因库是通过世世代代祖先的自然选择刻画切削而成的，以适应 [特定的] 环境。理论上，一个知识渊博的动物学家，有了完整的基因组副本 [一个生物体的全套基因]，就应该能够重建刻画该基因组的环境状况。在这个意义上，DNA 是一套对祖先环境的描述。
>
> ——阿特·伍尔夫《生机勃勃的荒野》[1]，米歇尔·A. 吉尔德斯 编（2000）

准确地说，“知识渊博的动物学家”只能够重建出该生物的祖先环境里能产生选择压力的那些方面——如存在什么类型的猎物，什么样的行为能抓住猎物，什么样的化学物质能消化猎物，等等。这些都是环境中的常规现象。基因组包含描述它们的编码，因此明确指定了该生物体能够生存的环境。例如，所有的灵长类动物都需要维生素 C，没有它，它们就会患上坏血病而死亡，但灵长类动物的基因并不包含如何合成维生素 C 的知识。所以，任何非人类灵长类动物只要长时间生活在不提供维生素 C 的环境里，都会死亡。任何忽视这一事实的描述，都会高估这些物种的延伸范围。人类也是灵长类动物，但**他们**的延伸范围与哪些环境能提供维生素 C 无关。人类可以创造和运用新知识，即通过农业或化学工厂用多种原料合成出维生素 C 的知识。而且，在大多数环境里，人类都能为自己发现为了生存而**需要**做的事，这与维生素 C 问题在本质上是一样的。

同样，人类是否能完全在生物圈之外（比如说在月球上）生活，并

---

[1]　阿特·伍尔夫是美国一位著名的自然摄影师，《生机勃勃的荒野》是他的一部摄影作品集，其中图片配有道金斯等多位生物学家的文章。——译注

不依赖于人类生物化学的古怪特性。正如人类如今可以（通过农业和工厂）每星期使超过 1 吨的维生素 C 出现在牛津郡，他们也可以在月球上做到同样的事。对于可供呼吸的空气、水、舒适的温度，以及其他所有狭隘需求，情况也是一样。只要有正确的知识，这些需求都可以通过转化其他资源得到满足。即使只凭现今的技术，都有可能在月球上建立一个自给自足的殖民地，供电来自阳光，回收废物，并从月球本身获得原材料。氧元素在月球上很丰富，以金属氧化物形式存在于月球岩石里。许多其他元素也很容易提取出来。有些元素在月球上很罕见，因此在实际操作上可能会由地球供应，但原则上，如果这个殖民地发送机器人空间飞行器从小行星上开采这些元素，或者通过嬗变来制造这些元素，就可以完全不依赖地球。

我特地指明**机器人**空间飞行器，是因为所有的技术知识最终都能通过自动化设备实现。这是"百分之一的灵感和百分之九十九的汗水"对进步如何发生的描述有误导性的另一个原因：**"汗水"阶段可以是自动化的**——就像识别天文照片上的星系的任务一样。技术越先进，灵感和自动化之间的距离就越短。月球殖民地上的情形越是这样，居住在那里所需的人力就越少。最终月球殖民者们会认为空气是理所当然的，就像现在生活在牛津郡的人认为，打开自来水龙头就会有水流出来是理所当然的。如果这两个群体中的任何一个缺乏正确的知识，他们的环境很快就会把他们杀死。

我们习惯性地认为地球适宜栖居，而月球是一个荒凉、遥远的死亡之地。但是，祖先们眼中的牛津郡应该跟我们眼中的月球一样危险，而且具有讽刺性的是，如今的我也是这么看待原始时代的东非大裂谷的。在人类这个特殊案例中，适宜栖居的环境与死亡之地之间的差异，取决于人们创造出了什么样的知识。一旦在月球殖民地上运用了足够多的知识，殖民者们就可以将思想和精力用于创造更多的知识，很快殖民地将不再仅仅是一个殖民地，而是真正的家园。到那时，没有人会再把月球当成边缘栖息地，它与地球"自然"环境之间的差异，不会比目前在我们看来牛津郡与东非大裂谷作为居住地的差异更大。

运用知识实现自动的物质转换，这种能力并不是人类独有的。它是所有生物赖以生存的基本方法：每一个细胞都是一个化学工厂。人类和其他物种之间的差异，在于人类所运用的知识类型（解释性知识而不是经验法则）以及创造知识的方法（猜想和批评的传统，而不是基因的变异和选择）。正是这两个差异，导致所有其他生物都只能在适合它们栖息的特定环境中活动，而人类可以把生物圈这样**不宜**栖居的环境转变成自身的生命支持系统。而且，身为物质转换的工厂，所有其他生物都是把固定类型的资源转变成更多像自身这样的生物体，而人类的身体（包括大脑）可以**把任意事物转换成任意事物**，只要自然法则允许。他们是"通用建造者"。

人类生存条件的这种通用性，属于一种更广泛的现象，我将在第6章讨论该现象。地球上的任何其他物种都不具备同样的特性。不过，鉴于这是创造解释性知识的能力带来的结果，宇宙中可能存在的其他人都应当有着同样的特性。自然法则所提供的资源转换机会是通用的，而所有具备通用延伸范围的实体，其延伸范围应该是一样的。

我们已经知道，除人类以外，还有几个物种有能力拥有文化知识。例如，有的猿能发现砸开坚果的新方法，并将这一知识传递给其他的猿。正如我将在第16章中讨论的那样，这类知识的存在，暗示了猿类怎样进化成人。但这与本章的内容无关，因为这些生物都不能创造或运用解释性知识。这些生物的文化知识本质上与遗传知识相同，确实只有很小、天生有限的延伸范围。它们不是通用建造者，而是高度专业化的。对它们来说，霍尔丹和道金斯的观点是正确的：世界比它们能想象到的更不可思议。

在某些环境中，人类兴旺发展的最有效方法可能是改变自身的基因。事实上，我们已经在目前的环境中做着这样的改变，以消除在历史上曾经夺走许多生命的疾病。有人反对这种做法，认为基因改变了的人类（实质上）就不再是人类。这是一个拟人化的错误观念。人类唯一特别重要的事物（不管是在宇宙万物之中，还是按任何其他理性的人类标尺），是我们创造新解释的能力，这一点与其他所有人相同。如果你因事故失去一段肢体，你仍然是个人，只有在失去脑子时才不能算是人了。改变我们的基因以改善生活，并促成更多的改善，与用衣服武装皮肤或用望远镜武装眼睛没有什么不同。

有人可能会疑惑，一般意义上的人，其延伸范围是否比人类的要大。比方说，假如技术的延伸范围确实是无限的，但只有两只手上各有两个对生拇指的生物才能做到，会怎么样？或者科学知识的延伸范围是无限的，但只有大脑是我们两倍大的生物才能做到，又会怎么样？但我们作为通用建造者的能力使这些问题跟获取维生素一样微不足道。如果进步在某种情况下需要每只手有两个拇指，那么结果并不取决于我们能否通过基因遗传到它们，而取决于我们能不能发现怎样制造每只手有两个拇指的机器人或手套，或者能不能改造自身以长出另一个拇指。如果进步需要比人脑更大的记忆容量或速度，那么结果取决于我们能否造出电脑来完成这项工作。这在技术上也已经是司空见惯的事情了。

天体物理学家马丁·里斯猜测，宇宙中"可能存在着其他形式的我们无法想象的生命和智慧。好像黑猩猩无法理解量子论，现实可能有一些方面远远超出了我们大脑的能力"。但情况不会是这样的。

因为，如果所谓的"能力"指的是更高的运算速度、更大的记忆容量，我们可以借助计算机来理解那些方面——就像我们借助笔和纸来理解世界已有好几百年。就像爱因斯坦所说的，"我的笔加上我，比我自己更聪明。"在运算技能方面，我们的计算机——以及大脑——已做到了通用延伸。但如果说的是我们**定性地**不能理解其他某些智慧所能理解的东西，我们的能力缺陷不能仅仅通过自动化来弥补，那么这又是一个世界不可解释的主张。事实上，它等同于诉诸超自然，带着此类诉求固有的所有武断性。因为，如果我们想要在自己对世界的看法中塞进某种只有超级人类才能理解的虚构世界，那何必费心去放弃普西芬尼的神话和她的众神呢？

因此，人类的延伸范围本质上与解释性知识本身的延伸范围相同。如果在一个环境中可以创造出一条没有尽头的解释性知识流，它就处在人类的延伸范围之内。这意味着，如果合适类型的知识以合适的实体在这样一个环境里体现出来，它就能使自身存在下去，并继续无限增长。真的会有这样的环境吗？这其实就是我在上一章结尾时所问的问题——**这样的创造力能无限持续吗？**对这个问题，宇宙飞船地球号的比喻想当然地给出了一个否定的答案。

问题归结起来就是：如果这样的环境能存在，那它最低限度应该具备什么样的物理特征？其一是能够获得**物质**。例如，从月岩中提取氧的技巧，取决于有氧化合物的存在。使用更高级的技术可以通过嬗变制取氧，但无论技术多么高级，都需要某种形式的原材料。而且，虽然物质可以回收利用，但要创造出一条没有尽头的解释性知识流，需要有物质的持续供应，一是为了补充不可避免的低效率，二是为了增加额外的记忆容量，来存储创造出来的新知识。

此外，许多必要的转换都需要**能量**：提出猜想、进行科学实验以及进行所有的制造过程，全都需要动力。物理规律限定了能量不可能无中生有，因此获得能源供应也是必需的。在一定程度上，能量和质量可以相互转化。例如，氢嬗变成其他任何元素，都会通过核聚变释放能量。能量还可以通过多种亚原子过程转变成物质（但我想象不出，在什么样的自然发生的情形下，这能成为获得物质的最佳途径）。

除了物质和能量，还有另外一个基本要求，即**证据**：用于检验科学理论的信息。在地球表面，证据十分丰富。我们开始检验牛顿定律是在 17 世纪，检验爱因斯坦的理论是在 20 世纪，但用于检验它们的证据——来自天空的光线——在此之前充斥球表面已有几十亿年，以后几十亿年还会继续这样。就算是今天，我们也只是刚刚开始研究这些证据：每个晴朗的夜晚，你的屋顶都可能被从天而降的证据击中，如果你知道要寻找什么以及怎样去寻找，就能获得诺贝尔奖。在化学方面，普遍存在的稳定元素在于地球表面或稍下方。生物学上，关于生命本质的丰富证据普遍存在于生物圈里——以及手边，就在我们自己的 DNA 里。据我们所知，所有基本的自然常数都可以在地球上测量。在地球生物圈里，有着无止境地大量创造知识所需的一切。

在月亮上也是如此。本质上，它与地球拥有相同的物质、能量和证据资源。局部细节上有差异，但是，生活在月球上的人类需要自己制造空气，这一事实并不比生活在地球上的人需要自己制造真空更了不起。两项任务都可以实现自动化，基本上不需要人类的努力或注意。同样，正如人类是通用建造者，**每个**寻找或转换资源的问题，都只不过是给定环境里限制知识创造的一个短暂因素。因此，一个环境要成为永无止境的知识创造的舞台，需要的东西只有物质、能量和证据。

虽然任何特定的问题都只是短暂因素，但为了生存和继续创造知识而去解决问题，这种状况是永恒的。前面我曾提到，人类从未有过毫无问题的时代。这一点同样适用于未来，如同适用于过去。在今天的地球上，就算只是为消除饥饿及其他可追溯到史前时代的极端人类痛苦，短期内也仍有无数问题需要解决。今后几十年，我们可能将面临这样的抉择：是对生物圈进行重大改造，还是让它保持不变，或者折中。不管做出哪个选择，这都将是一项在全球范围进行控制的工程，需要创造出大量科学和技术知识，以及关于怎样理性决策的知识（参见第 13 章）。在更大的时间尺度上，成问题的不仅仅是我们的舒适感、审美感受以及个体的痛苦，还有我们这个物种的存亡，一如既往。例如，目前在任何一个世纪内，地球都有千分之一的可能性遭到足够大的彗星或小行星撞击，足以杀死全人类中至少相当大的一部分。这意味着，今天在美国出生的孩子，死于天文事件的概率比死于车祸更高。两者都是极小概率事件，但除非创造出比现在拥有的多得多的科学技术知识，我们面对它们及其他无可避免的自然灾害都将毫无抵抗之力。也许还有更多迫在眉睫的真实威胁——参见第 9 章。

在月球上和太阳系中其他地方——并最终在其他恒星—行星系统中——建立自给自足的殖民地，对防止我们的物种灭绝或文明毁灭，将是一个很好的手段，因此在诸多手段中也是受到高度青睐的一种。正如霍金所说：

我不认为在未来的一千多年中人类还能生存，除非我们散布到太空里去。有太多的意外可能降临到一颗孤单行星上的生命头上。但我是一个乐观主义者。我们会到别的星星上去。

——《每日电讯报》，2001 年 10 月 16 日

但即使这样，也还远远不是毫无问题的状态。大多数人不仅仅满足于对**物种**的存续抱有信心：他们希望自己能生存下去。此外，同我们人类最早的祖先一样，他们想摆脱人身危险和痛苦。在未来，随着疾病和衰老等各种引起痛苦和死亡的因素先后得到处理和消除，人类的寿命增加，人们将担心更长远的风险。

事实上，人们的希望将永远不止于此：他们想要取得进步。因为除了生存威胁，还永远会有一些不那么凶险的问题：知识里我们希望解决的错误、差距、不一致和不足之处——特别重要的一点是，其中包括关于**想要什么**、为什么而奋斗的道德知识。人类的心灵寻求解释；我们现在知道怎样找到解释，但不会就此自行停止。伊甸园的神话里还有一个错误观念：所谓毫无问题的状态，生活起来将是**很好**的。有些神学家否认这一点，我赞成他们的意见：毫无问题是一种没有创造性思维的状态，它的另一个名字是死亡。

所有这些类型的问题（与生存有关的问题、与进步有关的问题、道德上的问题和纯粹由好奇心所驱动的问题）都是相互关联的。比如说，我们可以预期，我们应对生存威胁的能力将继续依赖于那些原本只是为了获得知识而创造出来的知识。我们还可以预期，有关目标和价值观的分歧将永远存在，原因之一是，道德解释在一定程度上取决于与现实世界有关的事实。例如，平庸原则和宇宙飞船地球号的道德立场，取决于现实世界在某种意义上不可解释，而我阐述了它在这一意义上必定是可解释的。

我们还会有永远解决不完的问题。解释越深入，带来的新问题就越多。情况必定是这样，只是因为不存在终极解释之类的东西：正如"这是上帝做的"永远是一个坏解释，任何其他声称是一切解释的基础的东西，也必定是坏的。它必定很容易改变，因为它无法回答这样的问题：为什么是这个基础而不是另外一个？仅凭它自身，什么也解释不了。在科学上是这样，在哲学上也是这样，特别是对**道德**哲学来说：乌托邦是不可能实现的，但这仅仅是因为我们的价值观和目标能够无限地改善。

因此，如果只有易谬主义，会在相当程度上低估知识创造过程容易出错的本性。知识创造不仅仅是**会**出错，而且错误是常见的、重要的、层出不穷的，纠错总会带来更多、更好的问题。因此，我先前建议刻在石头上的那句格言"地球生物圈**不适合**支持人类生活"，实际上是一条普遍得多的真理的一个特例。这条真理就是，对人类而言"**问题是不可避免的**"。让我们把**这句话**刻在石头上（见图 3-1）。

图3-1 问题是不可避免的

我们不可避免地要面对问题，但没有什么特定的问题是不可避免的。我们生存下来并且蓬勃发展，靠的就是在每个问题出现时解决它。而且，由于人类改造自然的能力只受物理规律限制，层出不穷的问题中没有哪一个会成为无法逾越的障碍。因此，一条与人类和现实世界有关、与前一条真理同等重要的补充真理就是，**问题是可以解决的**。我所说的"解决"，是指正确的知识可以解决问题。这当然不是说我们只凭愿望就可以拥有知识，而是指知识在原则上是可获得的。于是，让我们把这句话也刻在石头上（见图 3-2）。

图3-2 问题是可以解决的

进步既是可能实现的，也是值得追求的，这也许是启蒙运动的思想精髓。它推动了所有批评的传统，以及寻求好解释的原则。但它可以朝几乎对立的两个方向去解释，令人困惑的是，这两个方向都被称为"完美性"。其一是说，人类或人类社会能够达到所谓完美的状态——例如佛教或印度教的"极乐世界"，或者各式各样的政治乌托邦。另一种是说，每个能够达到的状态都是可以无限改善的。易谬主义排除了第一种，而偏爱第二种。不管是特定的人类生存条件还是通常的解释性知识，都不会达到完美，甚至不能接近完美。我们将永远处在无穷的**开始**。

这两种关于人类进步和完美性的诠释，在历史上产生了启蒙运动的两大分支。这两个分支虽然都有拒绝权威之类的属性，但在一些重要领域里大相径庭，以至于它们名字相同是一桩最大的不幸。赞成乌托邦的"启蒙运动"有时也被称为大陆（欧洲）启蒙运动，以区别于更加易谬的英国启蒙运动，后者开始得更早一些，并走了完全不同的路。（例如，参见历史学家罗伊·波特的《启蒙运动》一书。）用我的话来说，大陆启蒙运动认识到问题是可以解决的，但没有认识到问题是不可避免的；

英国启蒙运动对这两点都认识到了。请注意，这种分类是针对思想观念的，并非针对国家或思想家个人：不是所有启蒙运动思想家都完全属于其中某个分支，也不是某一分支的思想家都出生在该分支名称所指的地方。比如说，数学家兼哲学家孔多塞是法国人，但更大程度上属于我称为"英国"启蒙运动的那一支。而英国启蒙运动在20世纪最重要的支持者卡尔·波普尔生于奥地利。

　　大陆启蒙运动渴望完美状态，结果导致了思想上的教条主义、政治暴力和新形式的暴政，1789年的法国大革命以及随后的恐怖统治[1]就是样板。英国启蒙运动是逐渐发展的，并且了解人类容易出错的特性，它渴望着不会扼杀逐步持续的变化的制度，还热衷于前途无量的微小改善（例如，参见历史学家珍妮·厄格洛的《月光之子》[2]一书）。我相信，这才是在追求进步方面取得成功的运动，因此，本书中我所说的"启蒙运动"是指"英国"启蒙运动。

　　要探讨人类（或者人，或者进步）的终极延伸范围，我们不应该考虑地球和月球这种资源异常丰富的地方。让我们回到那个典型的地方。地球上充满了物质、能量和证据，而在星系际空间，所有这三种东西的供应量都低到不能再低。没有丰富的矿物质供应，没有庞大的核反应堆在头顶上提供免费能源，也没有来自天空的光或者多种多样的局部事件

---

[1] 法国大革命始于1789年5月的三级会议，持续了10年，其间法国经历了异常激烈的政治动荡。1791—1794年雅各宾派当政期间，以断头台大量处死异见者，因此又称恐怖统治时期。——译注

[2] 18世纪中叶，一个小型的知识精英团体在英国伯明翰成立，在满月时举行聚会，称为月光社。这个存在了数十年的非正式团体聚集了一些著名的工程师、科学家和实业家，包括蒸汽机的重要改良者瓦特、进化论提出者查尔斯·达尔文、发现氧气的化学家普里斯特利等。月光社成员在诸多不同领域取得成就，帮助催生了英国工业革命。《月光之子》描述的就是这段历史。——译注

提供自然法则的证据。它空旷、寒冷而黑暗。

真的是这样吗？其实，这又是一个狭隘的错误观念。以人类标准衡量，星系际空间确实很空。但每一个像太阳系那么大的立方体仍然包含超过 10 亿吨的物质，它们主要以电离氢的形式存在。要建造一个空间站，以及一个能创造没有尽头的知识流的科学家群体，10 亿吨物质绰绰有余——**如果**有人知道怎么去做的话。

今天的人类不知道该怎么去做。例如，首先要把氢元素嬗变成其他元素。从这样弥散的来源中收集氢，远远超出我们目前的能力。而且，虽然某些类型的嬗变在核工业中已经是常规流程，但我们还不知道怎样在工业规模上将氢嬗变成其他元素。目前，即使一个简单的核聚变反应堆，也超出了我们的技术能力。但是物理学家有信心认为，只要不是任何物理规律所禁止的，它将一如既往地只是一个知道怎样去做的问题。

毫无疑问，10 亿吨的空间站还没有大到足以能长久地蓬勃发展，空间站的居民会想要扩建它。不过这不会带来什么原则问题。一旦他们开始从自己所在的立方体里采集氢，就会有更多的氢从周围的空间飘过来，每年为这个立方体提供数以百万吨计的氢。（据认为，立方体里还存在质量更大的"暗物质"，不过我们不知道拿这东西能干什么有用的事，就让我们在这个思想实验里无视它好了。）

至于寒冷和缺乏可用的能源——如我所说，氢的嬗变释放出核聚变能。这将是一份规模庞大的电力供应，比今天地球上所有人的能耗总和还要高出若干数量级。所以说，这个立方体并不像狭隘的第一眼看上去那么缺乏资源。

这个空间站将如何获得关键的证据供应？使用由嬗变创造出来的元素，人们可以建造科学实验室，就像在计划中的月球基地上那样。在地球上，当化学处于萌芽阶段时，取得发现往往要靠在地球上东奔西走、去找到材料进行实验研究。但在空间站上，嬗变使这种方式过时了；空间站上的化学实验室能够合成任何化合物和任何元素。对基本粒子物理学也是这样：在这一领域，几乎任何东西都可以作为证据的来源，因为每一个原子都有可能是粒子的聚宝盆，正等着在有人（用粒子加速器）以足够大的力度敲打它、用正确的仪器观察它时展现自己。生物学方面，DNA 和其他所有的生化分子都可以合成和进行实验。此外，虽然进行生物学的田野调查十分困难（因为最近的自然生态系统都远在数百万光年之外），但人们可以在人造生态系统或虚拟现实的仿真环境中，创造出任意形式的生命来进行研究。至于天文学——那里的天空对人眼来说是漆黑一片，但观察者借助望远镜就会看到天空中充满星系，用目前设计的望远镜就行。更大的望远镜可以观察到星系里恒星的丰富细节，足以用来检验当今的天体物理学和宇宙学理论。

即使抛开那 10 亿吨物质，这个立方体里面也不是空的。里面充满了微弱的光，这些光里包含的证据数量惊人：足以绘制出一张清晰度达 10 千米的地图，里面包含所有邻近星系里的所有恒星、行星和卫星。为了完整地提取这些证据，望远镜必须利用一面像该立方体本身那么宽的反射镜，所需的物质至少跟制造一颗行星相当。但即使是这样，也没有超出可能性的范围，只要有着我们正在考虑的技术水平就能做到。为了收集到这么多物质，星际科学家撒网的区域只需延伸到立方体宽度的几千倍那么远，以星际标准而言，这只是一段微不足道的距离。但即使只用百万吨级的望远镜，他们也可以做很多天文学研究了。有着倾斜自转轴的行星每年会有季节变换，这个事实显而易见。通过行星的大气成分，可以探测到是否有哪颗行星存在生命。通过更精确的测量，可以检验有关行星上的生命（或智慧生物）的特性及历史的理论。在任何时刻，一个典型的立方体都在这样的细节水平上同时包含着超过一万亿颗恒星及其行星的证据。

而这仅仅是一个瞬间。所有这些类型的更多证据不断涌入立方体，因此，在那里天文学家可以像我们一样追踪天空中的变化。可见光只是电磁波谱中的一个波段，立方体还接收着其他所有波段的证据——伽马射线、X 射线，一直到微波背景辐射和无线电波，以及少量的宇宙粒子射线。总之，目前我们在地球上用来接收各种基础科学证据的所有渠道，在星系际空间几乎都能用上。

这些渠道运送的东西也大体相同：宇宙中不仅充满证据，而且**每个地方**都充满同样的证据。宇宙中所有的人，一旦懂得足够多、可以把自己从狭隘的障碍中解放出来，就在本质上面临着相同的机会。这是现实世界的一种根本统一，它比我此前所说的我们的环境与宇宙中的典型位置之间的所有不同之处更加重要：自然的基本规律如此统一，与此有关的证据如此普遍，理解与控制之间的联系如此紧密，以至于不管我们是在自己狭隘的故乡行星上，还是在一亿光年外的星系际空间里，都可以研究同样的科学，取得同样的进步。

因此，宇宙中的典型位置可以实现无止境的知识创造。其他所有类型的环境也是如此，因为它们拥有更多的物质和更多的能量，比星系际空间更容易获取证据。这个思想实验考虑了几乎所有可能出现的最坏情况。物理规律可能不允许在诸如类星体喷流之类的事物内部创造知识，也可能允许。但不管怎样，在整个宇宙中，知识友好是一条原则，没有例外。这个意思是，对**拥有相关知识的人**友好，不拥有相关知识的人只有死路一条。同样的原则从人类出现起就支配着东非大裂谷，并自那以来一直占据支配地位。

奇怪的是，我们的思想实验所设想的空间站，与宇宙飞船地球号比喻里的"世代飞船"是同一个东西——只除了一点，我们去掉了飞船上的居民从未改善过飞船状况这个错误假设。因此，想必他们早已解决了如何避免死亡的问题，"世代"对飞船的运作方式来说不再重要。回头看起来，在任何情况下，要戏剧化地表现人类生存条件是何等脆弱、对一个未经改变的生物圈何等依赖，世代飞船都是一个糟糕的选择，因为该主张与这样一艘飞船存在的可能性是矛盾的。如果有可能在太空中的一艘飞船上永久生活，用同样的技术在地球表面上永久生活的可能性会高得多——取得进步还会使这变得更容易。生物圈是否被破坏将毫无实质影响。不管生物圈是否能支持任何其他物种，它必定是可以容纳人——包括人类——在其中生活的，如果他们有合适知识的话。

现在我可以转而讨论知识和人在宇宙万物中的重要性了。

有很多事情都**显然**比人更加意义重大。空间和时间很重要，因为它们存在于几乎所有其他物理现象的解释中。同样，电子和原子很重要。人类在这个高贵的群体里似乎并无一席之地。我们的历史和政治，我们的科学、艺术和哲学，我们的愿望和道德价值——所有这些都是数十亿年前一次超新星爆发的微小副作用，也许明天就会被另一次这样的爆发摧毁。在宇宙万物中，超新星的重要程度也平平无奇。但看起来，似乎可以在完全不提到人或知识的情况下，去解释超新星的一切和其他所有的事物。

然而，这只不过是另一个狭隘的错误，其根源是我们当前处在一场只有几百年历史的启蒙运动中的非典型优势位置上。长期而言，人类可能会开拓其他恒星系统，通过增加知识来控制更强大的物理过程。如果人们竟然选择居住在一颗可能爆发的恒星附近，他们有充分的理由希望防止这样一场爆发——也许是通过从恒星中去掉一部分物质来做到。这样一项工程所费的能量，将比人类当前能控制的能量高出许多数量级，在技术上也先进得多。但它本质上是一项简单任务，完全不需要接近物理规律限定的极限。因此，如果有了合适的知识，这是可以做到的。事实上，照我们看来，宇宙其他地方的工程师已经把这种工作常规化。因此，说一般意义上超新星的属性与是否有人在场、他们懂得什么样的知识和想要做什么全无关系，这是不对的。

更一般地说，如果我们想要预测一颗恒星将会怎样，首先要猜测它附近是否有人，以及如果有的话，这些人可能拥有什么样的知识、想要达成什么目的。跳出我们的狭隘角度来看，没有人类的天体物理学理论是不完整的，就像缺少引力或核反应理论一样不完整。请注意，这个结论并不依赖于假设人类或什么别的物种**将要**开拓星系，并控制任何一颗超新星：认为他们不会这样做的假设，同样是一种关于知识的未来行为的理论。知识在宇宙中是一种重要现象，因为要进行任何天体物理学预测，几乎都必须就所讨论的现象附近是否会存在哪些特定类型的知识**表明立场**。因此，所有关于现实世界情况的解释都要提到知识和人，哪怕只是隐含地提到。

但是，知识的重要性不止于此。设想任意一个物理对象，例如一个恒星－行星系统，或一块微型硅芯片，考虑物理规律允许它进行的所有转换。例如，硅芯片可以被熔化并凝固成不同的形状，或转换成一块功能不同的芯片。恒星－行星系统可能因为其恒星变成超新星而毁灭，或者生命可能会在其中的一颗行星上进化出来，或者用嬗变或其他未来技术变成微处理器。所有情形下，能够自发地进行（即不需要任何知识参与）的转换类型，与可由希望转换发生的智慧生物人工实现的转换类型相比，都少得微不足道。因此，**几乎所有可能的物理现象**的解释，都与怎样运用知识来实现这些现象有关。如果你想解释一个物体怎样才可能达到 10 摄氏度或 100 万摄氏度的温度，你可以将其归结为自发过程，明确回避人的作用（尽管此类温度下的**大部分**过程仅能由人实现）。但如果要解释一个物体怎样才能冷却到绝对零度以上的百万分之一开，就不可避免地要详细解释人会怎么做。

知识的重要性还远远不止于此。用你心灵的眼睛继续旅行，从星系际空间的这个点移到至少十倍远处的另一个点上。这次我们的目的地是一个类星体的喷流内部。那里会是什么样子？实在很难用语言表达：有点像是近距离直面超新星爆发，一次爆发持续几百万年。在这种环境里，人体存活的时间得用皮秒来计量。正如我所说的，还不清楚物理规律是否允许那里孕育出知识，更不用说孕育出人类生命支持系统。它与我们的祖先环境要多不同就有多不同。解释它的物理规律，同存在于我们祖先的基因或文化里的经验法则毫无相似之处。但今天人类的大脑能相当详细地知道在那里正在发生什么。

不知何故，这个喷流产生数十亿年后，在宇宙的另一边，一个化学渣滓能知道它会做什么，对其行为做出预测，还能理解为什么。这意味着某个物理系统（比如一位天体物理学家的大脑）包含了关于另一个实体也就是这个喷流的精确运作模型。它不仅仅是一个表面图像（尽管其中确实包含这么一个图像），而是一个解释性理论，体现了同样的数学关系和因果结构。这就是科学知识。而且，其中一个结构与另一个结构的相似程度在稳定地增长着。这构成了知识的创造。在这里，彼此差异很大的物理对象，行为分别受不同的物理规律支配，却拥有同样的数学和因果结构，而且这一点随时间的推移变得更准确。在自然界中能够发生的所有物理过程中，只有知识的创造展现了这种根本上的统一。

在波多黎各的阿雷西博，有一台巨大的射电望远镜，它的许多用途之一是执行地外文明搜寻计划（SETI）[1]。在望远镜附近的一幢建筑物的办公室里，有一个小型家用冰箱。冰箱里有一瓶香槟，用软木塞密封着。考虑一下这个软木塞。

如果 SETI 项目完成任务，成功探测到地外智慧生命发来的无线电信号，这个软木塞会就会被从瓶子里取出来。因此，如果你仔细观察软木塞，有一天发现它从瓶子里跳出来，就能推断出有地外智慧生命存在。软木塞这个配置被实验者们称为"代理"：它是一个物理变量，可以作为测量另一个变量的手段。（所有科学测量都要用到一连串的代理。）因此，我们可以把整个阿雷西博天文台，包括其工作人员，以及那只瓶子和它的软木塞，当作一种探测遥远的人的科学仪器。

于是，这个不起眼的软木塞的行为特别难解释或预测。为了预测，你必须知道是不是真有人在从其他的恒星—行星系统发出无线电信号。为了解释这一点，就必须解释你是怎样了解那些人及其属性的。除了这些特定的知识（它依赖遥远恒星的行星上化学过程的微妙属性及其他事物），没有东西能够准确地解释或预测软木塞会不会跳出来，以及什么时候会跳出来。

SETI 仪器还经过特别精细的调节，以适应它的目的。它对近在几米之内、重达好几吨的人们完全不敏感，甚至对同一颗星球上重量数以千万吨计的人们也没反应，只探测绕其他恒星运转的行星上的人，而且这些人还得是无线电工程师。不论是在地球上还是在宇宙中，再没有其

---

[1]　SETI计划利用射电望远镜分析来自宇宙空间的电磁波，分析信号的规律性，希望从中找到地外文明发来的信息。——译注

他类型的现象能够灵敏地探测成百上千光年外的人在做什么，更不要说以如此之高的鉴别力去探测。

这之所以成为可能，部分是因为，在这么遥远的距离上，很少有东西能比这种类型的渣滓更显眼。具体来说，在恒星级别的距离上，我们现有最好的仪器能探测到的现象只有：（1）特别明亮的发光体，比如恒星（准确地说，只是其表面）；（2）遮挡视线、妨碍我们看这些明亮天体的一些天体；（3）特定类型知识的效果。我们能探测到特地为通信而设计的激光和无线电信号，能检测到行星大气中没有生命就不可能存在的成分。这些类型的知识，属于宇宙中最显眼的现象。

还要注意，SETI 仪器特别巧妙地适用于检测一些尚未被检测到的东西。生物进化不会产生这样的适应性，只有科学知识可以。这说明了为什么非解释性的知识无法做到通用。像所有的科学研究一样，SETI 项目猜想某种东西存在，并建造仪器去探测它。非解释性的系统无法跨越解释性假说能够跨越的鸿沟，去处理从未体验过的证据或并不存在的现象。这不仅仅适用于基础科学。工程师说，**如果**对设想中的桥加上如此这般的负载，桥就会坍塌。就算是桥还根本没有造出来、更不用说加上负载，这种论断也可能是正确的，并且极其有价值。

其他实验室里也保存着类似的香槟酒瓶。每个这种弹出的软木塞，都代表着发现了某种在宇宙万物中有重要意义的东西。因此，研究香槟瓶塞和其他代理的行为以观察人们在做什么，与研究**所有的**重要事物都是对等的。这表示，人类、人和知识不仅在客观上重要：它们是迄今自然界最重要的现象，是唯一有着如下特性的事物——不理解所有根本重要的事物就无法理解其行为。

最后，考虑一下环境自发（即在没有知识的情况下产生）的行为方式，与有了一点儿正确类型的知识之后的表现，两者之间存在的巨大差异。我们通常会认为一个月球殖民地源自地球，就算是在它已经实现自给自足之后也这么认为。但是，它到底有什么东西真的源自地球？长远来看，它里面所有的原子都将是源自月球（或小行星）的，利用的所有能量都源自太阳。只有一部分**知识**来自地球，而且，在完全与地球隔绝的假想情况下，这部分知识所占的比例会迅速缩小。实际上发生的事情是，月球被来自地球的物质改变了——起初只是最低限度的改变。带来变化的并不是物质，而是它编码的知识。作为对这些知识的响应，月球上的物质以一种新的、越来越广泛和复杂的方式进行了重组，开始创造出无止境的、一直在改进的解释流。一个无穷的开始。

同样，在星系际的思想实验中，我们想象着用知识"装填"一个典型的立方体，结果是星系际空间本身开始产生一条不断改进的解释流。请注意，一个经过转变的立方体与一个典型立方体在实质上有多么不同。一个典型立方体的质量与附近成百上千万个立体方中的任一个都差不多，在成百上千万年里，这个质量几乎没有变化。转变后的立方体比邻近的立方体质量更大，而且其质量在持续增加，因为其中的居民在系统地捕捉物质，用于体现知识。典型立方体的质量稀薄地散布在它的整个区域里，而转变后的立方体的大部分质量集中在其中央。典型立方体主要由氢组成，转变后的立方体包含所有的元素。典型立方体不产出任何能量；转变后的立方体以极高的速率将质量转化为能量。典型立方体里充满了证据，但绝大多数证据只是路过，没有任何一个能带来什么改变。转变后的立方体包含的证据更多，其中大多数是就地创造出来的，用不断改进的仪器进行着探测，带来迅速的改变。典型立方体不释放任何能量，转变后的立方体很可能在向宇宙空间广播解释。但也许最大的实质差异在于，就像所有能创造知识的系统一样，转变后的立方体能纠正错误，如果你试图改变或采集其中的物质，就会注意到这一点：它会反抗！

不过，看起来大多数环境还没有开始创造知识。除了在地球上或地球附近，我们还没有发现哪个环境能创造知识。而且，我们所看到的其他地方的情形，与知识创造已经广泛存在后应该出现的情形有着巨大差异。但宇宙还很年轻。一个目前还什么都不创造的环境，将来可能会创造。遥远未来的典型情况，可能会与现在的典型情况非常不同。

就像爆炸期待着火花，宇宙中有多得难以想象的环境正在那里等待，亘古永在，完全无所事事，或者盲目地产生证据并存储起来，或将证据倾泻到太空里。如果能得到合适的知识，几乎任何一个环境都有可能立即不可逆转地爆发出一些类型截然不同的物理活动：密集的知识创造，展现自然法则中固有的各种复杂性、通用性和延伸，将这个环境从现在典型的样子转变成未来典型的样子。如果我们愿意，我们就可以成为这个火花。

术　语

人——一种能创建解释性知识的实体。

以人类为中心的——把人类或人当作中心。

根本或重要的现象——一类现象，在许多现象的解释中扮演必不可少的角色，或者拥有与众不同的特征，需要以基础理论进行与众不同的解释。

平庸原则——"人类没有什么重要意义"。

狭隘主义——误将表象当成现实，或将局部的规律性当成通用规律。

宇宙飞船地球号——"生物圈是人类的生命支持系统"。

建造者——一种设备，能够在自身不发生净变化的情形下使其他物体发生转化。

通用建造者—— 一种建造者，只要有合适的信息，就可使任何原材料进行任何物理上可行的转换。

"无穷的开始"在本章的意义

——只要有合适的知识，就可以实现任何不被自然法则禁止的事。"问题是可以解决的"。

——"汗水"阶段总是可以自动化的。

——现实世界对知识是友好的。

——人是通用建造者。

——开始无止境地创造出解释。

——如果进行恰当的知识装填，就可创造出无止境的知识流的环境，即所有的环境。

——新解释带来新问题这一事实。

小　结

平庸原则和宇宙飞船地球号的观念有着不可弥补的狭隘和错误，与它们的动机恰恰相反。从我们所能做到的最不狭隘的角度出发，人是宇宙万物中最重要的实体。人并非由环境"支持"，而是通过创造知识来自我支持。一旦人有了合适的知识（实质上就是启蒙运动的知识），就可以触发无限的进步。

除了人的思想以外，唯一已知的能创造知识的过程是生物进化。它所创造的知识（不是通过人创造的）是天生受限制的、狭隘的。然而，它与人类的知识有密切的相似之处，其间的相似与差异是下一章的主题。

第4章 创　　造

　　人类大脑里的知识和生物适应性的知识，广义上说都是**进化**创造出来的：现有知识的变种，在选择作用下更替。对人类知识来说，变种是通过猜想产生的，选择则通过批评和实验进行。在生物圈里，变种由基因突变（随机变异）产生，自然选择青睐那些能提升生物体繁殖能力的变种，从而使这些基因变种在群体中散播开来。

　　一个基因**适应**一项特定功能，意味着很少有（如果有的话）微小变化能提高该基因执行这项功能的能力。有些变化可能不会给这种能力带来实质改变，大多数变化会使情况变得更糟。换句话说，好适应就像好解释一样，其特点是很难在发生改变后还能履行自己的职能。

　　人类大脑和 DNA 分子都有许多功能，但在其他功能之外，其一般用途是充当信息储存介质：它们原则上可以存储各种类型的信息。而且，它们各自进化出来去存储的两类信息，都拥有一种在宇宙层面上有着重要意义的属性：**一旦它们在合适环境中在物理上体现出来，就倾向于使自己保持这种状态。**这样的信息——我称之为**知识**——是很难产生的，除非通过进化或思想的纠错过程。

这两种知识之间也有重大区别。其一是，生物学知识是非解释性的，其延伸范围有限；解释性的人类知识可以拥有宽广甚至无限的延伸范围。另一个区别是，基因突变是随机的，而猜想可以为某种目标有意构建。不过，两类知识在基础逻辑上的共通之处很多，因而进化论与人类知识高度相关。尤其是，历史上关于生物进化的一些错误观念，与关于人类知识的一些错误观念是对应的。因此，在本章中，我将讲述一些这类错误观念，还有对生物适应性的实际解释，即现代达尔文进化论，有时称为"新达尔文主义"。

神创论

神创论认为，某一个或一些超自然人物设计并创造了所有的生物适应性。换句话说，"这是上帝干的。"正如我在第 1 章中解释的，这种形式的理论是坏解释。除非用很难改变的具体内容进行补充，否则这种理论完全根本没有触及问题本身——就好比"这是物理规律干的"不会让你获得诺贝尔奖，"这是魔术师干的"不能解开魔术的奥妙。

一项魔术在付诸表演以前，其发明者必定已经知道了它的解释。这项知识的起源就是这个魔术的起源。同样地，解释生物圈的问题，就是解释生物适应性所体现的知识怎样被创造出来的问题。特别是，任何生物的假定设计者，必定也创造出了关于这种生物怎样运作的知识。神创论因而面临着固有的两难境地：设计者到底是不是一个完整拥有这些知识的、"就是在那里"的纯粹超自然人物？（对生物圈来说）一个"就是在那里"的人物完全起不到解释作用，因为完全可以更省事地说，生物圈自己带着生物体中的全部知识"就那么出现了"。另一方面，只要神创论提供超自然人物怎样设计和创造生物圈的解释，不管在什么程度上解释，这样的人物就不再是超自然的，而只是看不到的。比方说，他们可能是地外文明。但这样一来，该理论就不成其为神创论了——除非它认为地外设计者本身有着自己的超自然设计者。

而且，生物适应性的设计者，根据定义来说应该有着自己的**意愿**，认为适应性就应该是现在的样子。但这一点与几乎所有神创论共同想象的设计者——即值得崇拜的神或众神——都很难保持一致，因为事实上，许多生物适应性都有着显然不理想的特征。例如，脊椎动物眼睛的神经"连线"和供血系统位于视网膜**前方**，会对进入眼睛的光线进行吸收和散射，降低成像质量。视神经穿越视网膜通向大脑的地方还存在着一个盲点。一些非脊椎动物（如乌贼）的眼睛有着相同的基础设计，却没有这样的设计缺陷。这些缺陷对眼睛的功效影响甚微，然而要点在于，这些缺陷与眼睛的功能性目的完全矛盾，因而也与该目的是神圣设计者的意愿这一观念有冲突。正如达尔文在《物种起源》中所说，"根据每一生物以及它的一切不同部分都是被特别创造出来的观点，带着毫无用处的鲜明印记的器官……竟会如此经常发生，是多么不可理解。"

甚至有**非功能性**设计的例子。例如，大多数动物都拥有合成维生素C的基因，但在包括人类的灵长类动物体内，该基因虽然明显存在，却是有缺陷的，它没有任何功能。这一点很难做出解释，除非说这个发育不全的特征是灵长类动物从非灵长类祖先那里继承下来的。也可以退一步说，所有这些明显蹩脚的设计特征，都有着尚未被发现的目的。但这是一个坏解释：它可以用来声称，**任何**设计蹩脚或非设计的实体都是完美设计出来的。

根据大多数宗教的说法，设计者的另一个假定特征是仁慈。但正如我在第 3 章中所说的，生物圈对它的居民而言并不舒适，比起一个仁慈的、甚或是勉强说得过去的人类设计师能设计出来的任何东西都要差得多。在神学背景下，这被称为"受难问题"或"邪恶问题"，经常被用来反驳上帝的存在。但这一点很容易洗刷。典型的辩护词是：也许超自然人物的道德与我们不同；或者我们的智力有限，不足以理解生物圈实际上多么道德。不过，在此我关心的不是上帝是否存在，只关心如何解释生物适应性。在这方面，神创论的这些辩护词与霍尔丹和道金斯的观点有着同样的致命缺陷："比我们**能**想象到的更不可思议"的世界，与"用魔法装扮粉饰"的世界无法区分。因此，这样的解释都是坏的。

神创论的核心缺陷是，对于适应性的知识怎样才能被创造出来，其解释要么缺失，要么超自然或不合逻辑。这一缺陷也是启蒙运动之前有关**人类**知识的权威观点的核心缺陷。某些情况下它们其实就是同一个理论，主张特定类型的知识（例如宇宙学知识，或道德知识及其他行为规范）是由超自然人物授予早期人类的。换句话说，社会的狭隘特征（例如政府中君主的存在，甚或宇宙中上帝的存在）受禁忌保护，或者被不加批判地认为是理所当然，以至于人们甚至没有意识到这是一些思想观念。我将在第 15 章中讨论此类观念及体制的**演变**。

在未来无止境地创造知识的前景，削弱了神创论的动力，因而与之存在冲突。最终，在我们觉得功能特别强大的计算机的帮助下，任何一个孩子都将能在视频游戏里设计一个比地球现有生物圈更好、更复杂、更美丽、也更道德的生物圈——或许是通过命令来达到这种状态，或许是通过创造出虚构的、比实际规律更有利于启蒙运动的物理规律。在这一点上，**我们**的生物圈的假想设计师不仅道德不高明，智力也不怎么样。后面这个特点可不那么容易洗刷。宗教将不再愿意宣称生物圈设计是其神灵的成就之一，就像现在他们不再把打雷归因于神灵一样。

自然发生论

自然发生指的是生物体并非作为其他生物体的后代而诞生，而完全从非生物的前体中产生——例如，老鼠从阴暗角落里的一堆破布中产生。几千年来，认为小动物一直都在这样自发地产生（在正常繁殖之外），是一种毫无疑问的传统智慧，直到19世纪还有人当真。随着动物学知识的增长，该观念的支持者们逐渐退让到更小的动物，直到最终争论被局限于我们现在称为微生物的东西——真菌和细菌等在营养丰富的介质上生长。对于这些生物，很难用实验推翻自然发生论。例如，实验不能在密封容器里进行，因为空气是自然发生的必要条件。但这一观点最终被生物学家路易·巴斯德在1859年用巧妙的实验推翻了，[1]这正是达尔文发表进化论的那一年。

但要说服科学家认为自然发生论是一个坏理论，根本就用不着实验。魔术不可能由真正的魔法实现，即不能由魔法师简单地命令事情发生，而必须由预先创造的知识来实现。同样，生物学家只要问：那堆破布怎么会得到如何构建一只老鼠的知识？这样的知识如何用来把破布变成老鼠？

对于自然发生有一个尝试性的解释，它是神学家希波的圣奥古斯丁（354 — 430）所支持的。这个解释认为，所有的生命都来自"种子"，

[1] 巴斯德用两个相反的实验证明，生命不能自发从培养液中产生，而空气中的尘埃里存在微生物。他用真空泵提取空气尘埃，从中繁殖出大量微生物。另一方面，他用未密封的曲颈瓶装上加热煮沸的培养液（弯曲瓶颈防止空气尘埃进入培养液），放在不通风的环境中，经过很长时间也不会产生微生物。——译注

有些种子由活的生物体携带，其他的遍布在地球上。两类种子都是在原初创世时创造的，在合适条件下都能发育成恰当物种的新个体。奥古斯丁机智地提出，这可以解释为什么挪亚方舟[1]不需要携带数量多到不可思议的动物：大洪水之后，大多数物种不用挪亚的帮助就能再生。不过，根据这一理论，生物体**不是**完全由非生物原料产生的。遍布各地的种子就是一种生命形式，就像真正的种子一样：它应当包含其生物的所有适应性知识。因此，奥古斯丁的理论就像他自己强调的那样，实际上是神创论的一种形式，而不是自然发生论。有些宗教将宇宙当成一种持续不断的超自然创造行为，在这样一个世界里，所有的自然发生都将归到神创论名下。

但是，如果我们坚持要好解释，就必须摒弃神创论，正如我前面所解释的。这样，就自然发生而言，它剩下的唯一可能是，也许物理规律就是允许它发生。例如，老鼠可能简单地在合适条件下**形成**，就像晶体、彩虹、龙卷风和类星体一样。

这在今天看起来很荒谬，因为人们现在已经弄清了生命的真实分子机制。但作为一个解释，这个理论本身有没有什么错误？彩虹之类的现象有着独特的外观，可以无限重复，不需要把信息从一种场合传递到另一种场合。晶体甚至有着与生命相似的行为：把晶体放在合适的溶液里，它会吸引更多适当类型的分子，使其排列形成更多相同的晶体。鉴于晶体和老鼠遵循同样的物理规律，为什么自然发生对前者是好解释，对后者却不是？具有讽刺意味的是，这个问题的答案来自一种本来用于替神创论辩护的主张——设计论。

---

[1]　《旧约·创世记》记载，上帝降下大洪水毁灭世界，事先命令义人挪亚制造一艘巨型方舟，携带各种飞禽走兽。——译注

设计论

几千年来，"设计论"都被用作证明上帝存在的经典"论据"，如下所述。世界的某些方面看上去像设计出来的，但并非由人类设计；由于"设计需要一个设计者"，必定有上帝存在。如我所说，这是一个坏解释，因为它根本没有触及创造此类设计的知识怎样才能创造出来的问题（"谁设计了设计者？"诸如此类）。但设计论也可以正确地运用，已知的对于设计论最早的一次运用由雅典哲学家苏格拉底进行，它就是正确的。这个问题是：假定神创造了世界，他们是否关心世界上发生了什么？苏格拉底的学生阿里斯托得摩斯认为他们不关心，另一位学生历史学家色诺芬回顾了苏格拉底的回答。

苏格拉底：因为我们的眼睛是娇嫩的，就有眼皮把它们挡上，要用它们时再打开……再有，我们的额头有眉毛做流苏，以防止头上的汗水伤害眼睛——还有，嘴巴设在近眼睛和鼻孔附近，作为我们所有供给的入口；而排出体外的物质令人不快，所以出口朝向后方，尽可能远离感官。我问你，当你看到这一切展示先见之明的东西，你还能怀疑它们是偶然产物还是设计出来的吗？

阿里斯托得摩斯：当然不！有鉴于此，它们似乎非常像一些聪明工匠的发明，对所有生物充满了爱。

苏格拉底：那么，植入人心中的生育本能，植入母亲心中的抚养幼儿的本能，植入幼儿心中的渴望生存、恐惧死亡的本能，又如何呢？

阿里斯托得摩斯：这些预备看上去也是某种发明，做出发明的人决定了世上应该有活物。

苏格拉底指出，生物的**设计表象**需要解释，他在这一点上是对的。

这不可能是"偶然产物"，尤其是因为它标志着知识的存在。这些知识是如何产生的？

然而，苏格拉底从来没有说明设计表象包含什么，以及为什么包含这些东西。晶体和彩虹有设计表象吗？太阳或者夏季有吗？它们与眉毛之类的生物适应性有多大不同？

"设计表象"里面到底是什么东西需要解释，这个问题由教士威廉·佩利首先提出。1802 年，在达尔文诞生之前，佩利在他的著作《**自然神学**》中发表了以下思想实验。他想象走过一片荒地，发现一块石头或一块手表。在两种情形下，他都在想象中思考这个物体是怎么来的，然后解释了为什么手表需要一种与石头的解释完全不同类型的解释。他说，据他所知，石头可能自古以来就在那里了。今天我们对地球历史有了更多了解，可以改而将石头归结于超新星、元素嬗变和冷却中的地壳。不过这与佩利的主张并无不同。他的着眼点在于：这样的描述可以解释石头是怎么来的，或手表的原材料是怎么来的，但永远不能解释手表本身是怎么来的。手表**不会**自古以来就在那里，也不会是在地球凝固的过程中形成的。与石头、彩虹和晶体不同，它无法通过自然发生从原材料中自我组装出来，它也**不是**一种原材料。但为什么？正像佩利问的那样："为什么适用于石头的答案不适用于手表？为什么这种答案在第二种情况下不像在第一种情况下那样值得采纳？"他知道为什么。因为手表不仅能**实现**某种目的，它还**适应**这一目的：

仅出于这个理由，而不是别的理由，注意，当我们检查手表时，我们看到（这些东西在石头里是不会被发现的）它的几个部件是为了实现某种目的而安置摆放在一起的，比如，它们经过仔细的排列和调整，以产生有规律的运动，指出一天里的时间。

没有人能抛开手表准确计时的目的去解释手表为什么是这样。像我在第 2 章中讨论过的望远镜一样，手表是一种罕见的物质配置。手表可以精确地计时，这并不是巧合；它很适合这项任务也不是巧合；它被组装成这种形式而非别的形式，就更不是巧合。因此，必须是有人设计了手表。在此佩利当然是在暗示，对一个活的生物体（比如老鼠）来说就更是如此了，它的"几个部件"都是为某种目的而建造的（并且看上去是设计出来的），例如眼睛里的晶状体有着与望远镜透镜相似的目的，用来聚焦光线在其视网膜上形成影像；而视网膜有着识别食物、危险等目的。

实际上，佩利不知道老鼠的整体目的（不过我们现在知道了——见下面讲到的"新达尔文主义"）。但仅仅是一只眼睛，就足以宣告佩利的成功。也就是说，与明显有目的的设计有关的证据，不仅在于所有部件都服务于这一目的，还在于，如果这些部件稍作改变，其服务能力就会减弱甚至消失。一个好设计是**很难改变**的：

> 如果不同部件的形状与原来不同，或大小与原来不同，或安装方式与原来不同，或排列顺序与原来不同，那么，要么机器根本无法产生运动，要么产生的运动没有一个能实现它现在所服务的用途。

仅仅对某个目的有用，但不难在做出改变的同时仍然服务于该目的，并不是适应性或设计的迹象。例如，太阳也可以用来计时，但它所有的特征经微小（甚或巨大）改变后，仍然能同样好地服务于这一目的。就像我们转化了地球上许多非适应性的原材料以达到目的，我们也发现了太阳的用途，而太阳完全不是为这些用途而被设计出来的，也不是适应于这些用途的。在这种情形下，知识完全处在我们以及我们的日晷里面，而不在太阳里面。但知识**确实**体现在手表和老鼠里面。

那么，所有这些知识是如何体现到这些东西里的呢？正如我所说，佩利能想出的解释只有一种。这是他的第一个错误：

我们认为这样的推断是不可避免的：手表必定有一个制造者——不存在没有设计者的设计、没有发明者的发明、未经选择的订购。不可能有安排却没有具备安排能力的事物、有与目的相关的从属和关系却没有能够提出目的的人、有适合某个目标的手段却不曾构思过这个目标，或没有适合构思目标的手段。安排、部件的布置、对达到某目的的手段的服从、仪器与用途的关系，都意味着智慧和心灵的参与。

我们现在知道，**可以**有"没有设计者的设计"，那就是并非由人创造的知识。某些类型的知识可以由进化创造，我很快会谈到这一点。但这并不是在批评佩利不了解一个尚未做出的发现——它是科学史上最伟大的发现之一。

然而，尽管佩利对**问题**内容的理解很准确，却不知为何没有意识到，他所提出的神创论方案并没有解决这个问题，这个方案甚至被他自己的论证排除掉了。佩利认为存在的终极设计者应当也是一个有目的的复杂实体，它显然不会比一只手表或者一个活的生物体更简单。因此，正如那以后的许多批评家注意到的，如果我们用"终极设计者"来替换上面佩利的话里的"手表"，就会迫使佩利"（无可避免地）推断……终极设计者必定有一个制造者"。由于这自相矛盾，经过佩利完善的设计论排除了终极设计者的存在。

请注意，这并不是关于上帝存在的一个反证，正像原来的观点不是上帝存在的证明。但它确实表明，在任何关于生物适应性的起源的好解释中，上帝都无法扮演神创论赋予他的角色。虽然这背离了佩利相信他已经实现的目标，但谁都无法选择我们的观点所蕴涵的意义。对于按他的标准有着设计表象的任何事物，他的论述全都适用。这一观点是对生物的特殊地位的一种阐述，并设置了一个基准，用来衡量知识负载的实体的解释要达到什么程度才算有意义，它对理解世界至关重要。

拉马克主义

在达尔文的进化论之前，人们已经在思索生物圈及其适应性是不是逐渐出现的。达尔文的祖父伊拉兹马斯·达尔文 (1731—1802)，一个坚定的启蒙运动者，也是他们中间的一员。他们称这一进程为"进化"，但这个词在当时的含义与它在今天的主要含义不同。**所有**逐渐改善的过程，不管机制如何，在当时都被称为"进化"。（这种用法至今仍用于非正式场合，并作为一个技术词汇使用，其中在理论物理领域，"进化"指用物理规律解释的任何形式的持续变化。）查尔斯·达尔文将他发现的过程称为"自然选择导致的进化"，使它与其他含义区别开来——尽管"变异和选择导致的进化"这个名字可能更好。

佩利如果在活着时听到这个词，他就很可能认识到，"自然选择导致的进化"是一个比简单的"进化"更具实质性的解释模式，因为后者未能解决他的问题，而前者解决了。**任何**关于改进的理论都会提出这样的问题：关于怎样进行这种改进的知识是怎样创造出来的？它是一开始就存在的吗？这样的理论是神创论。它是"就那么发生"的吗？这样的理论是自然发生论。

19 世纪早期，博物学家让—巴蒂斯特·拉马克提出了一种解答，如今被称为**拉马克主义**。其核心主张是，生物体在其一生中获得的改进可以遗传给后代。拉马克考虑的主要是生物器官、肢体等的改进，例如个体大量使用的肌肉会变得更大、更强健，而很少使用的肌肉会变弱。伊拉兹马斯·达尔文也独立想到了这种"用进废退"的解释。一个经典的拉马克式解释是，长颈鹿把树上低矮处的叶子吃光之后，会伸长脖子去吃高处的叶子，这将使它们的脖子变得长一点。其后代会继承这个特性，脖子也会长一点。经过很多代之后，脖子并不特别长的祖先就进化成了脖子很长的长颈鹿。拉马克还提出，改进受到一种朝复杂性更高的方向发展的倾向驱动，这种倾向是内置在自然法则里的。

后一点纯属胡说，因为并非任何复杂性都能为适应性的进化负责，必须是**知识**才行。因此，该理论的这一部分只不过是在引述自然发生论——来历不明的知识。拉马克对此可能不会在意，因为他像当时的许多思想家一样，把自然发生论的存在当作理所当然。他甚至明确地把这一点融入他的进化理论：他猜想，由于他的自然法则迫使一代代的生物体变成更复杂的形式，我们之所以还能看到简单生物，是因为它们在持续不断地自然发生。

曾经有人认为这个观点相当不错，但它与事实几乎全无相似之处。最显著的差异在于，现实中的进化适应性与单个生物体在一生中发生的变化完全不是同一种东西。前者涉及新知识的创造，后者只有在已经具备造成该变化的适应性之后才能出现。例如，肌肉的用进退废由一套精密的（知识负载的）基因调控，这只动物的远祖没有这些基因，拉马克主义无法解释基因里包含的知识是怎样创造出来的。

如果你缺乏维生素 C，你那有缺陷的维生素 C 合成基因并不会因此得到改进，除非也许你是遗传工程学家。把一只老虎放进一片栖息地，如果在这个环境里毛色使老虎更显眼而不是更隐蔽，老虎并不会采取行动改变皮毛的颜色，就算有改变也不会传给后代。这是因为，老虎体内没有什么东西"知道"毛皮的条纹是干什么用的。拉马克机制怎么能"知道"，毛皮上的条纹更多能略微改善老虎的食物供应？怎么能"知道"应该如何合成染料、分泌到毛皮上，以产生设计合理的条纹？

　　拉马克的根本错误与归纳法具有相同的逻辑。两者都假定，新知识（在两种情形中分别是适应性知识和科学理论）已经存在于经验中，或可以机械地从经验中得出。但真相永远是，知识必须**先**假设**再**检验。这正是达尔文理论所说的：首先，随机突变发生（它们并不考虑要解决什么问题），然后自然选择把那些不太擅长重现在子孙后代身上的基因变种剔除掉。

新达尔文主义

　　新达尔文主义的中心思想是，进化偏爱在群体中散布得最广的基因。这个理念的内涵比乍看上去要多得多，接下来我会解释。

　　对达尔文进化论的一个常见误解是，它会最大化"物种的利益"。这给自然界中明显的利他主义行为提供了貌似合理实则错误的解释，这些行为的例子包括父母牺牲性命保护幼仔，最强壮的动物在群体遭受袭击时守在外围——这些行为降低了它们拥有漫长愉快的一生或生育更多后代的机会。该理论据此认为，进化优化物种利益而不是个体利益。但实际上，进化并不优化它们中间的任何一种。

　　为了弄清楚为什么，考虑这样一个思想实验。想象在一个岛屿上，如果某一物种的鸟类在某个时候——比方说4月初——筑巢，它们的总数量将达到最大化。至于为什么某个特定的日子最优，涉及多种因素的权衡，如温度、掠食者的数量、获取食物和筑巢材料的容易程度等。假设一开始整个群体都拥有使它们在最佳时间筑巢的基因,这表示这些基因非常适应于群体里鸟类数量的最大化——也许可以称为"最大化物种的利益"。

现在设想,这种平衡被一只鸟体内的一个突变基因打乱了,该基因导致这只鸟筑巢的时间稍微早了一点——比方说在3月底。假设每当一只鸟筑好巢,该物种的其他行为基因就会自动使它从配偶那里获得所需的全部合作。于是这对鸟儿必定能在岛上最好的地点筑巢——从后代的生存来看,这是一个优势,很可能压倒提早筑巢的所有微小劣势。这样,下一代里就会有更多在3月份筑巢的鸟,并且它们也全都能找到出色的筑巢地点。这意味着,4月份筑巢的鸟儿里能找到优秀筑巢地点的比例比平常低,因为它们开始寻找筑巢地点时,最好的地点已经被占据了。此后几代,群体的平衡将不断向3月份筑巢的变种倾斜。如果拥有最佳筑巢地点的相对优势足够大,4月份筑巢的鸟儿甚至可能灭绝。如果4月份筑巢的基因作为突变再次出现,拥有该基因的鸟会没有后代,因为当它试图筑巢时,所有的筑巢地点都已经被占据了。

于是,我们想象的初始情形——有着最佳适应性的基因使群体最大化("使物种受益")——是不稳定的。会有进化压力使这个基因变得**不那么适应这一功能**。

在使种群里个体的数量减少(因为鸟儿不再在最佳时间筑巢)的意义上,这种变化损害了物种。它还可能对该物种造成了其他损失,如增加灭绝风险、降低物种扩散到其他栖息地的可能性等。所以,一个最佳适应的物种可能通过这种方式进化成一个不管从哪方面衡量都不那么"繁荣"的物种。

如果又有一个突变基因出现,使鸟在3月份更早的时候筑巢,同样的过程会再次发生，更早筑巢的基因接管优势地位，种群里个体的数量再次下降。进化会这样驱动筑巢时间不断向前推移，种群持续萎缩。当占据最佳筑巢地点给鸟类个体的后代数量带来的优势最终被提早筑巢带来的**劣**势所压倒，就会达到新的平衡。这个平衡状态可能与最开始对物种最优的状态相差很远。

一个与此有关的误解是，进化一直是**适应的**——也就是说，它总是造成进步，至少是使有用的功能产生某种程度的改进，从而起到优化的作用。人们经常用哲学家赫伯特·斯宾塞的话把这一点总结为"适者生存"，这句话还很不巧地被达尔文自己接受了。但是，正如上述思想实验说明的，事实并非如此。进化造成的改变不仅对这个鸟类物种有害，对每个鸟类个体也有害：不管选择哪个筑巢地点，它们要面对的生活都更艰难，因为筑巢的时间更早了。

因此，尽管进化论被提出来是为了解释生物圈里存在着的进步，但并不是所有的进化都造成进步，没有哪种（遗传的）进化会优化进步。

在这个过程中，这些鸟类的进化到底**取得**了什么成绩？它所优化的东西，并不是一个基因变种对其环境的功能适应性（这种属性想必会让佩利印象深刻），而是幸存的变种**在群体中扩散**的相对能力。4月份筑巢的基因无法再将自身传给下一代，尽管它在功能上是最好的变种。替代这个基因的早筑巢基因，其功能也许还过得去，但除了防止自身的其他变种复制之外，它对什么都不是**最适应**。从物种及其所有成员两方面看，这段进化历程带来的变化都是一场灾难。但进化并不"在乎"这些。它只青睐那些能在群体里传播最广的基因。

进化甚至可能青睐那些非但不是最优，还对物种及其所有个体整体上有害的基因。一个著名的例子是孔雀那色彩艳丽的大尾巴，据认为它会加大孔雀逃避掠食者的难度，从而削弱其生存能力，而且毫无实用功能。华丽尾羽的基因之所以能取得优势地位，是因为雌孔雀倾向于选择尾羽华丽的雄孔雀做配偶。为什么会有选择压力产生这种偏好？原因之一是，当雌孔雀同尾羽华丽的雄孔雀交配后，它的雄性后代就会有更华丽的尾羽，从而能找到更多配偶。另外一个原因可能是，一个能够长出色彩艳丽的庞大尾羽的个体更有可能是健康的。不管哪种情况，所有选择压力的净效果是，让华丽庞大尾羽的基因以及偏爱此类尾羽的基因在群体中散布开来。物种和个体都必须承受这个后果。

如果传播最广的基因给物种带来的劣势足够大，物种就会走向灭绝。生物进化里没有什么东西可以阻挡这种事发生。这样的情形在地球生命的历史上应该已经出现过许多次，发生在没有孔雀那么幸运的物种身上。道金斯将他阐述新达尔文主义的力作命名为《自私的基因》，就是为了强调指出，进化并不会特地促进物种或个体生物的"福利"。但正如他同时解释的，进化也不会促进基因的"福利"：它并不是让基因适应以较大数量生存，甚至根本不是让基因适应生存，而仅仅是让基因适应通过压倒与其竞争的基因来在群体中传播，尤其是压倒那些与它们略有差异的变种。

实际上，多数基因往往都会给物种和个体宿主带来一些功能上的好处，虽然并非最优，这完全是运气所致吗？并非如此。生物体是基因的奴隶或工具，被基因用来达成它们在群体中扩散的"目的"。（这个"目的"是佩利甚至达尔文都从未猜到的。）某种程度上，基因是通过保持奴隶生存和健康来获得压倒竞争对手的优势，就像人类奴隶主所做的那样。奴隶主并非为其劳工队伍在工作，也不是为了奴隶个人在工作：它完全是为达到自身的目标才蓄养奴隶，迫使他们繁殖。基因做着同样的事。

此外，还存在着延伸的现象：当某个基因里的知识刚好拥有延伸时，它会帮助个体在更广泛的环境里帮助自身，超越了扩散基因的严格要求。这就是为什么骡子虽然不能生育却能生存。因此，基因往往会给其物种和个体带来好处，经常成功地增加了它们自身的绝对数量，这并不奇怪。它们有时候的表现恰恰相反，也没有什么好奇怪的。但基因适应的是什么，也就是说它们在哪方面比自身几乎所有的变种做得更好，与物种、个体甚至基因自身的长期生存并无关系，仅仅是让自身比竞争对手复制得更多。

新达尔文主义和知识

新达尔文主义在根本层面上并不涉及生物。它的基础理念是**复制因子**[1]（任何会导致自身复制的事物）。例如，某个基因能带来消化特定类型食物的能力，它使生物在某些情况下能保持健康，否则就会虚弱或死亡。因此，它提升了这一生物在未来繁殖后代的机会，这些后代会继承并传播该基因的**副本**。

思想观念也可以成为复制因子。例如，一个好笑话就是一个复制因子：它停留在某个人的脑子里时，会有一种倾向促使这个人把它告诉给别人，从而把它复制到**他们的**脑子里。道金斯杜撰出"谜米"（与英文的"梦"押韵）这个术语来称呼能成为复制因子的观念。大多数观念并不是复制因子：它们并不会促使我们将其传递给他人。然而，能够长期

---

[1] 这个术语的含义与道金斯的稍有不同。他把任何得到复制的东西都称为复制因子，不管复制的原因是什么。我称为复制因子的东西，他称之为"积极复制因子"。——原注

存在的观念几乎都是谜米（或"谜米集合体"——相互作用的谜米的集合），例如语言、科学理论和宗教信仰，还有那些构成文化（例如英国化）的难以言传的思想状态，或演奏古典音乐的技巧。我将在第15章对谜米进行更多探讨。

对于新达尔文主义进化论的核心主张，最常见的表述是：一个会发生变异（例如通过不准确的复制发生）的复制因子群体，将被那些能比对手更好地复制自身的变种所掌控。这个深刻得令人惊异的真理经常受到批评，人们要么是说这太明显了不值一提，要么认为它是错的。究其原因，我觉得，虽然它的正确性不言而喻，但它不能不言而喻地成为对特定适应性的解释。我们的本能偏爱与功能和目的有关的解释：基因到底会为其宿主和物种做什么？而我们刚刚看到，基因通常并不会使这类功能达到最优。

因此，体现在基因里的知识，就是懂得如何损害对手来使自己得到复制的知识。基因**经常**通过赋予其生物体以有用的功能来做到这一点，在这种情形下，它们的知识就碰巧包含了与该功能有关的知识。功能则通过把环境中的规律性编码到基因中来实现，有时甚至会把与自然法则相近的经验法则编码进去，在这种情况下，基因就碰巧编码了这些知识。但对基因存在的核心解释在于，基因使自己比对手得到更多的复制。

非解释性的人类知识也能通过类似的途径进化：经验法则不会毫不走样地传给下一代的使用者，能长期存留下来的那些法则，未必是使表面上的功能达到最大化的法则。例如，用优美韵文来表述的法则，会比更精确但用词呆板乏味的法则更容易被人记住和重复。而且，人类的知识没有完全非解释性的，至少总会包含与现实有关的背景假设，经验法则的含义要放在这个背景之中去理解，而背景可能使一些错误的经验法则看上去合理。

解释性理论进化的机制更为复杂。传播和记忆中的偶然错误仍然在起作用，但作用要小得多。这是因为，就算不进行检验，好解释也很难改变，它在传播过程中出现的随机错误更容易被接收者察觉和纠正。解释性理论最重要的变异来源是创造性。例如，当人们试图理解从别人那里听来的某种观念时，通常会按照什么对自己最有意义、自己最想听到什么或害怕听到什么等方式去理解。这些意义是由听众或读者假设出来的，可能与述说者或作者的意愿有差别。而且，人们就算准确接收到解释，往往也想要对其进行改进：受自己的批评意见启发，进行创造性的修订。如果他们再把这个解释传递给别人，通常会试图传递自己认为有所改进的版本。

与基因不同的是，许多谜米每次复制时都会变成不同的物理形式。人们很少一字不差地复述他们听到的观念。有时候，观念还会从一种语言翻译成另一种语言，或在口头语和书面语之间转换，等等。而我们会说，整个过程中传播的是同一个观念——同一个谜米，这是十分正确的。因此，对多数谜米来说，真正的复制因子是抽象的，是知识本身。原则上基因也是如此：生物技术经常把基因转录到计算机的存储设备里，基因以另一种物理形式存储在其中。这些记录可以回译成 DNA 链，植入不同动物体内。这之所以没有成为一种通行的方式，唯一的原因是，复制原始基因有更简单的方法。但总有一天，珍稀物种的基因可以使自身被存储到计算机里，再植入另一个物种的细胞，从而使该珍稀物种免遭灭绝。我说"使自身被存储"，是因为生物技术学家不会无差别地记录所有的信息，而是只记录那些达到了诸如"某个珍稀物种的基因"之类标准的信息。通过这种方式引起生物技术学家的兴趣，这样的能力就是这些基因里包含的知识的部分延伸。

因此，人类的知识和生物适应性都是抽象的复制因子，这种信息形式一旦体现在合适的物理系统之中就倾向于保持不变，其大多数变种不会这样。

新达尔文主义从某种角度来说是不言而喻的，这一点经常使它遭到批评。例如，如果该理论**必定**是正确的，怎么才能对它进行检验？有一个答案（通常认为是霍尔丹提出的）是，如果能在寒武纪[1]地层的岩石里发现一只兔子的化石，就可以把该理论整个推翻。然而，这是一种误导。引入这样的观察取决于给定情形下有哪些解释可用。例如，对化石和地层的识别有时会出错，好解释必须在宣布"在寒武纪岩石里发现了兔子化石"之前把这类错误排除掉。

就算有了这样的解释，兔子所排除掉的东西也不是进化论本身，而只是关于地球生物史和地质过程的通行理论。比方说，假设那么一块史前大陆孤立于其他陆地，这块大陆上的进化速度是别处的几倍，由于趋同进化，在寒武纪有一种像兔子的生物在那里进化出来了。再假设这块大陆后来因一场灾变与其他陆地连接起来，这场灾变毁灭了这块大陆上绝大多数的生物，并将它们的化石深埋在地下。这种像兔子的生物是极少的幸存者之一，它在此后不久灭绝。就算有了寒武纪的兔子为证据，进化论仍然比创造论和拉马克主义之类的解释好无数倍，因为后两者对这只兔子代表的显而易见的知识从哪里来没有做出**任何**说明。

那么，到底有什么**能够**推翻达尔文进化论？是这样一类证据：根据能够找到的最好解释，它们显示知识可以由其他途径产生。举例来说，

---

[1]　寒武纪是距今约5.4亿年至4.9亿年前的一个地质年代，当时地球上的生物以海生无脊椎动物为主。哺乳动物要在近3亿年后的中生代才出现。——译注

如果发现一种生物仅仅（或者主要）发生有利突变，像拉马克主义或自然发生论所预测的一样，那达尔文主义的"随机变异"这个先决条件就会被推翻。如果发现有生物天生就拥有新的复杂适应性（不管是适应什么的），而其父母体内没有任何此类适应性的前体，那么达尔文主义的渐变预测或知识创造机制就会被推翻。如果某种生物天生拥有一种在今天有生存价值的复杂适应性，而其祖先面对的选择压力并不青睐这种适应性（比如发现并使用互联网天气预报来决定何时冬眠的能力），达尔文主义也会被推翻。届时将需要全新的解释。我们将面临与佩利和达尔文所面临的差不多的未解之谜，需要着手寻找有效的解释。

微　　调

物理学家布兰登·卡特在 1974 年计算发现，如果带电粒子之间的相互作用强度小上百分之几，行星就无法形成，宇宙中仅有的凝聚态天体将是恒星；如果大上百分之几，恒星就永远不会爆发，恒星外部就不会有氢和氦以外的元素存在。不管哪种情况，都不会有复杂的化学反应，想必也就不会有生命。

另一个例子：如果大爆炸时宇宙的初始膨胀率略高一点，就不会有恒星形成，宇宙中除了极其稀薄而且越来越稀薄的氢，什么也不会有。如果膨胀率略低一点，宇宙在大爆炸之后不久就会重新坍缩。对于其他一些并非由任何已知理论决定的物理常数，计算结果也是如此。对大多数——如果不是全部的话——物理常数来说，似乎是只要它们稍有不同，生命就不可能存在。

这是一个了不起的事实，甚至被引为证据来表明，这些常数是经过有意微调的，也就是说，是由某种超自然人物设计的。这是神论创和设计论的一种新形式，其基础是**物理规律**的设计表象。（考虑到神创论与进化论之争的历史，这实在太具讽刺性：该新观点认为，物理规律被设计出来，是为了创造一个受**达尔文进化论**支配的生物圈。）连哲学家安东尼·弗鲁都被说服，相信了超自然设计者的存在，他从前是一位热情的无神论鼓吹者。但他不应该被说服的。就像我接下来要解释的那样，这种微调按佩利的标准算不算设计表象都不清楚；就算它是，也不能改变诉诸超自然会得到坏解释的事实。在任何情形下，因为现行的科学解释有瑕疵或欠缺就赞成超自然解释，都纯属错误。正如我们在第 3 章中刻在石头上的格言，问题是不可避免的——总会有未解决的问题。但它们会解决的。尽管科学已经取得了许多伟大发现，但它仍然在进步，或者说正因为取得了伟大发现才会继续进步，因为发现本身会揭示更多问题。因此，物理学上存在一个未解决的问题，完全不能成为超自然解释的证据，就像存在一件未破解的罪案不能成为鬼魂作祟的证据。

有人干脆认为，微调根本就不需要解释，因为并没有好解释认为行星对生命形成至关重要。物理学家罗伯特·福沃德写了一篇出色的科幻小说《龙蛋》，其中假定信息可以通过中子星表面中子的相互作用来存储和处理，因而可以进化出生命和智慧。中子星是在引力作用下坍缩到直径仅几千米的恒星，它极其致密，以至于其中大多数物质都转变成了中子。我们不知道这种假想的中子模拟化学反应是否存在，也不知道如果物理规律稍有不同的话它是否能存在。我们也完全不知道不同的物理规律下是否有其他类型的环境允许生命诞生。（微调现象本身动摇了相似的物理规律应当会导致相似的环境这种观念。）

然而，无论微调是否构成设计表象，出于以下理由，它都是一个正当且重要的科学问题。如果事实是自然常数并非经过微调以便孕育生命，因为大多数有微小差异的变种仍然允许生命和智慧进化（尽管是在完全不同类型的环境里），那么这将成为一种未得到解释的自然规律性，是科学需要研究的问题。

如果物理规律就像看上去那样**的确**是经过微调的，那么有两种可能：要么这些规律是唯一能在现实世界（即宇宙）中实现的，要么存在着拥有不同规律的其他现实世界，即平行宇宙 [1]。对于前者，我们应当预期，对于物理规律为什么是这样，必定存在一个解释。它要么与生命的起源有关，要么无关。如果有关，就把我们带回佩利的问题：它将意味着，规律有着能创造生命的"设计表象"，但**没有**进化。如果该解释与生命存在无关，那就没有解释以下问题：既然规律的本来面目与生命无关，为什么它们经过了适合创造生命的微调。

如果有许多平行宇宙，各有各的物理规律，其中大部分不允许生命存在，那么观察到的微调现象就只是狭隘视角所致。只有在拥有天体物理学家的宇宙里，才会有人思考为什么物理常数看上去是经过微调的。这种解释称为"人择推理"。据称它遵从一条称为"弱人择原理"的原则，不过实际上根本不需要原则，只需要逻辑。（用"弱"这个限定词，是因为人们还提出了另外几种人择原理，超出了逻辑的范围，不过在此无需考虑它们。）

然而，经仔细检查可以发现，人择理论根本就无法完成解释任务。为了弄清楚为什么，让我们考虑物理学家丹尼斯·夏默的一种观点。

想象一下，将来有一天，理论学家对一个物理常数计算出，它在

---

[1]　这并不是我将在第11章中讨论的**量子**多重宇宙。那些宇宙全都遵从相同的物理规律，持续产生微小的相互作用。它们的推测成分也要少得多。——原注

什么样的取值范围内能使（合适的）天体物理学家出现的概率相当大。比方说这个范围是 137 到 138（真正的常数无疑不会是整数，但让我们把事情简单化）。他们还算出，该常数取值为该范围的中点即 137.5 时，天体物理学家出现的概率最高。

接下来，实验专家着手直接测量该常数，可能是在实验室里测量，也可能是通过天文观测进行。他们会预测什么？有趣的是，由人择解释可以立即推导出一个预测：观测值不会刚好是 137.5。因为假如是这样的话就不对头了。作为类比，想象一下，用飞镖靶的靶心区域代表这个能产生天体物理学家的取值范围，预测扎中靶心的一支典型飞镖会刚好扎在正中央，将是错误的。同样地，在能够发生此类测量（因为有天体物理学家存在）的绝大多数宇宙里，该常数不会刚好取中能产生物理学家的最优值；以靶心区的大小来衡量，该常数的取值与最优值的距离也不会特别近。

所以夏默的结论是，如果我们确实测量了这样一个物理常数，并发现它非常接近产生天体物理学家的最优值，这将从统计上推翻而不是证实有关其取值的人择解释。当然这个值**可能**就是一个巧合，但如果我们愿意接受在天文学上不太可能发生的巧合来当作解释，那么从一开始就不必为微调感到困惑——我们应该告诉佩利，荒地上的手表**可能**就是偶然形成的。

而且，天体物理学家相对说来不太可能出现在那些条件恶劣到难以允许天体物理学家存在的宇宙里。所以，如果我们在想象中把允许天体物理学家产生的所有取值排成一条线，那么人择解释会让我们预测，测量值将落在某个典型的点上，不会太靠近中央或两头。

然而——在此我们得出夏默的主要结论——如果有**多个**常数需要解

释，预测就完全变了。因为，尽管任一常数都不太可能靠近取值范围的边缘，但常数越多，其中至少有一个靠近边缘的可能性就越高。这可以用以下图示来说明，用线段、正方形、立方体……取代我们所说的靶心，可以一路想象下去，有多少经过微调的自然常数就有多少个维度。把"靠近边缘"定义成"与边缘的距离在总范围的 10% 以内"，在只有一个常数的情况下，如图 4-1 所示，有 20% 可能的取值靠近取值范围边缘，80%"远离边缘"。但如果有两个常数，取值要"远离边缘"就得满足两个约束条件，只有 64% 的概率能做到，有 36% 的概率靠近边缘。有 3 个常数，就几乎有一半的可能取值靠近边缘。有 100 个常数，就有超过 99.9999999% 的取值靠近边缘。

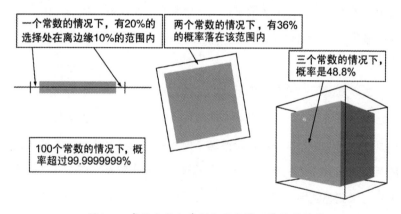

图4-1　常数个数与靠近取值边缘可能性的关系

不管人择推理对多常数取值的预测如何，该预测都只是勉强得以发生。

所以，涉及的常数越多，一个典型的**有**天体物理学家的宇宙就会越接近没有天体物理学家。我们并不知道到底有多少常数参与其中，但看上去有那么几个，在这种情况下，人择区域里的绝大多数宇宙都将靠近边缘。因此，夏默得出结论认为，人择解释预测，宇宙只是勉强能产生天体物理学家——与一个常数时的预测几乎完全相反。

乍看上去，这似乎转而解释了另一个重要的科学未解之谜，人称"费米问题"，因物理学家恩里科·费米而得名，据认为是他提出了**"他们在哪里？"**的疑问。地外文明在哪里？考虑到平庸原则，或者仅就我们对星系和宇宙的了解而言，都没有理由相信天体物理学家是我们这个星球独一无二的现象。据推测，在许多其他恒星—行星系统里有着与太阳系类似的条件，为什么其中不会有一些系统产生类似的结果呢？而且，考虑到恒星和星系形成的时间尺度，任何地外文明的技术发展状态都非常不可能与我们相似：更可能的是，要么比我们落后成百上千万年（也就是说根本没有技术），要么比我们先进成百上千万年。更先进的文明有充裕时间探索星系，或者至少是发射机器人空间探测器，或者发射信号。费米的问题在于，我们并没有发现任何这样的文明、探测器或信号。

人们对此提出了许多解释，但迄今还没有一个特别好的。受夏默的论点启发，对微调的人择解释似乎能干净利落地解决这个问题：我们宇宙中的物理常数只是勉强能够产生天体物理学家，那么这样的事只发生过一次也就不奇怪，因为它在同一个宇宙里独立地发生两次的概率低到接近于零。

不幸的是，这也是一个坏解释，因为侧重于基本**常数**是狭隘的做法：在（1）有着不同常数的"相同"物理规律与（2）有着不同的物理规律之间，并无实质区别。逻辑上可行的物理规律无穷无尽。如果这些规律都在真实宇宙中实现（麦克斯·泰格马克等宇宙学家就这么认为），那么统计上确定无疑，我们的宇宙正好处在能够产生天体物理学家的那一类宇宙的边缘。

根据费曼的一番论证（他将该论证用在一个与此略有不同的问题上），我们知道这是不可能的。考虑所有可能包含天体物理学家的那一类宇宙，思考大多数这类宇宙**还**包含什么。特别地，想象一个刚好能装下你的脑子的球体。如果你对解释微调有兴趣，你现在的大脑就算是为该目的而努力的一个"天体物理学家"。在所有包含天体物理学家的宇宙里，有许多都包含着这样一个球体，其内部结构与你的球体内部完全相同，包括你大脑的每个细节。但在绝大多数这些宇宙中，球体**外部**是混沌，接近随机状态，因为这种状态数量最多。典型的此类状态不仅是无定形的，而且非常炽热。因此，在大多数这样的宇宙中，接下来会发生的事就是，球体以外的混乱辐射会立即杀死你。在任何给定的时刻，我们将在一皮秒内被杀死的理论会被一皮秒后的观察所推翻，于是又出现了一个这样的理论。因此，它是一个很坏的解释——赌徒预感的极端版本。

对所有其他包含不止少数几个常数的微调的纯人择解释来说，情况也是如此：这样的解释预测，我们非常有可能处在一个天体物理学家只是勉强能够产生并且瞬间就会消亡的宇宙里。因此，它们也是坏解释。

另一方面，如果只存在一种**形式**的物理定律，不同的宇宙之间只有几个常数的取值不同，那么，不同形式的定律未能实现这个事实就是一种微调，人择解释对此并没有解释清楚。

认为所有逻辑上可能的物理规律都在不同宇宙中实现了，这种理论作为一个解释还有更严重的问题。正如我在第8章中将要说的那样，考虑这类无穷无尽的事物时，往往没有客观方法来"计数"或"测量"拥有某一种属性而不是另一种属性的宇宙到底有多少个。另一方面，在所有逻辑上可能的实体中，**能够理解自身**（就像我们所处的现实世界那样）的实体，在任何合理意义上都肯定是极少数。认为其中有这么一个世界"就那么出现了",没有任何解释,无疑只是一种自然发生论。

此外,逻辑上可能的物理规律描述的"宇宙",几乎全都与我们的宇宙大不相同,差异大到它们根本不适合参与这个讨论。例如,其中有无数个宇宙里面只有一头朝向各异的野牛,刚好存在 42 秒整。还有无数个宇宙里面有一头野牛和一个天体物理学家。但在一个没有恒星,没有科学仪器,也几乎没有证据的宇宙里,天体物理学家是什么? 在只有坏解释才正确的宇宙里,科学家或任何其他思考者是什么?

逻辑上可能的、包含天体物理学家的宇宙,几乎全都由作为坏解释的物理规律支配着。我们是否应该推测自己的宇宙也是不可解释的? 或者很有可能不可解释,但不知道有多大的可能性? 这样,基于"所有可能的规律"的人择观点又一次作为坏解释被排除了。

出于这些原因,我得出结论认为,人择推理很可能成为对明显的微调及其他观察结果的部分解释,但永远不会成为对于我们为何观察到一些现象的完整解释,这些现象用另外的方式看上去太具有目的性了,以至于无法将其解释为偶然。这需要用具体自然法则表述的具体解释。

读者可能已经注意到,我在本章中讨论的所有坏解释,在根本上都是相互关联的。对人择推理期待太高,或太在意拉马克主义怎样运作,就会走向自然发生论。把自然发生看得太认真,就会走向神创论——依此类推。这是因为它们全都讨论同一个潜在问题,并且都很容易改变。它们可以轻易地互换,或与其变种互换,而且它们作为解释来说也"太容易了":能同样地解释任何东西。但新达尔文主义得来不易,改变也不易。稍加改变,就会得到一个差得远的解释,就算是达尔文本人的错误观念也一样。你可以试着用它解释某种非达尔文的事物,例如在生物的父母体内没有前体的、全新的复杂适应性——你会完全想不出有什么变种能够具备这种特征。

人择解释试图用单独一次选择行动来说明有目的的结构（如经过微调的常数）。这与进化不同，并且不会有用。微调之谜的答案应当用一个解释来表述，后者能具体解释我们观察到的事物。就像惠勒所说的，它应该是"一种理念，如此简单，如此美丽……我们全都会互相说，哪里还会有其他可能呢？"换句话说，问题并不在于世界复杂到我们没有办法理解它为什么看起来是这样，而在于世界**简单到**我们还未能理解它。但这一点只有在事后才是显而易见的。

所有关于生物圈的坏解释，要么没能涉及适应性里的知识怎样创造出来这个问题，要么解释得很糟糕。也就是说，它们都低估了**创造**——而且具有讽刺性的是，对创造低估得最厉害的正是神创论。想一想：如果超自然创造者造出宇宙的那一刻，爱因斯坦、达尔文或其他任何伟大的科学家（看上去）刚刚完成了他们的主要发现，那么这一发现（以及此前所有的发现）的真正创造者并不是科学家，而是这个超自然人物。这样一个理论会否认唯一真正发生过的创造的存在，也就是在该科学家做出发现时确实发生过的那次创造。

而且它的确是创造。在做出一个发现之前，没有什么预测过程能够揭示该发现的内容是什么，或将带来什么。因为如果能够揭示的话，它就会成为发现本身了。科学发现是高度不可预测的，尽管它由物理规律决定。我将在下一章进一步讨论这个奇妙的事实。简单地说，这是由于解释存在着不同的"突现"层次。在这种情况下，科学（以及一般意义上的创造性思维）取得的成果是，**无中生有**的不可预测的解释。生物进化也是如此。没有其他过程能做到。

因此，神创论这个名字是误导的。它并不是一个解释知识如何通过创造产生的理论，而是相反：它否认存在知识创造，将知识的起源置于无解释的境地。神创论实际上是否认创造，其他错误解释也都是如此。

理解什么是生命以及生命是怎么来的，这个难题催生了一段奇怪的历史，其中充满错误观念、功亏一篑和反讽。这种反讽的最后一个是，新达尔文主义就像波普尔关于知识的理论那样，的的确确描述了创造；而与之竞争的理论，从神创论开始，都没有能做到这一点。

术 语

进化论（达尔文的）——知识通过交替发生的变异和选择被创造出来。

复制因子——能导致自身复制的实体。

新达尔文主义——作为复制因子理论的达尔文主义，不包含"适者生存"等错误观念。

谜米——能成为复制因子的思想观念。

谜米集合体——由能够互相帮助复制的谜米构成的群体。

自然发生论——生物体从非生命的前体中产生。

拉马克主义—— 一个错误的进化理论，其基础理念是，生物适应性是生物体在一生中获得并遗传给后代的改进。

微调——如果物理常数或物理法则略有不同，就不会有生命。

人择解释——"只有在包含智能观察者的宇宙中，才有人想知道所讨论的现象为什么会发生"。

"无穷的开始"在本章的意义

——进化。

——在更普遍的意义上，指知识创造。

小　结

　　生物适应性的进化与人类知识的创造有着深远的相似之处，但也存在重大差异。主要的相似之处是：基因和思想观念都是复制因子，知识和适应性都很难改变。主要差异是：人类知识可以是解释性的，并有着广阔的延伸范围；适应性不具备解释性，延伸范围很少超出它进化时所处的环境。对于生物进化的错误解释，可在对于人类知识增长的错误解释中找到对应。例如，拉马克主义对应归纳主义。威廉·佩利的设计论观点阐明了哪些东西有"设计表象"，哪些东西没有，从而说明了哪些东西不能仅用巧合来解释——也就是针对某一目的、加以改变的适应性。这种适应性的起源必须是知识的创造。生物进化并不会最大化物种、种群、个体乃至基因的利益，而只最大化基因在群体中传播的能力。不过，由于自然法则的通用性以及创造出来的知识的某些延伸，上述利益也可能实现。物理规律或常数的"微调"曾被用作设计论的现代形式。出于通常的原因，它诉诸超自然因素，因而不是好解释。但"人择"理论也是坏解释，此类理论将微调归因于对无穷多个不同宇宙的纯粹选择，它们是坏解释的一部分原因是，大多数逻辑上可能的物理规律本身就是坏解释。

第5章　抽象的现实

现代物理学基本理论在解释世界时，用的是一种相当违反直觉的方式。例如，大多数非物理学家认为，当你把手臂平伸时，就能**感受**到引力向下拉的力量，这是不言而喻的。但其实你感觉不到。令人惊奇的是，物理学最深奥的两个理论之一 ——爱因斯坦的广义相对论否认存在引力的力量。该理论认为，上述情况下唯一作用在你手臂上的力量，是你自己在努力往上抬，使它不断加速远离时空弯曲区域里最直的可能路径。我们另一个最深奥的理论——量子理论描述的现实更加违反直觉，我将在第 11 章中讨论该理论。为了理解这样的解释，物理学家必须学会用新方式思考日常事件。

这里的指导原则是，要一如既往地拒绝坏解释、偏爱好解释。对于什么是真实的、什么不是真实的，由该原则可推导出这样一种要求：如果我们在相关领域里的最好解释涉及某个实体，我们就必须认为该实体确实存在。而且，就像引力的力量那样，如果我们的最好解释否认它存在，那就不应该再认为它存在。

　　此外，用基础物理学来表述的话，日常活动**复杂**得惊人。如果你把一个电水壶装满水、打开开关，地球上所有的超级计算机加在一起，花上宇宙的年龄那么长的时间，也解不出预测壶里所有水分子行为的方程组——就算我们能够决定所有水分子的初始状态以及外界对它们的所有影响，情况也是如此，而后者本身就是一项棘手的任务。

　　幸运的是，有些复杂事务可以自己归结为更高层次的简单事务。例如，我们**能**在一定程度上精确预测壶里的水要多长时间会沸腾。要做到这一点，我们只需要知道几个很容易测量的物理量，比如水的质量、水壶发热元件的功率等。要达到更高的预测精度，我们可能还需要一些精细属性的信息，比如气泡成核位置的数量和类型。但这仍然是相对"高层次"的现象，由大量相互作用着的原子层次的现象组成。因此，有一类高层次现象（包括水的流动性、容器、发热元件、沸腾与气泡之间的关系）可以仅通过彼此来很好地解释，无需直接涉及原子层次或更低层次的任何事物。换句话说，所有的高层次现象都是**准自备**的，接近于完备。在更高的、准自备的层次上变得可解释，称为**突现**。

　　"突现"的现象是极少数。我们可以预测水烧到什么时候会沸腾，也知道沸腾的时候会形成气泡，但如果你要预测每个气泡的行为（或确切地说，每个气泡各种可能的运动的概率——见第11章），那就不走运了。更加不可行的，是预测水的无数微观属性，比如一段时间里受加热影响的电子数量是奇数还是偶数。

　　幸运的是，对于大多数这类属性，我们都没有兴趣去解释或预测，尽管事实上它们占绝对多数。其中原因是，它们完全不涉及我们对水感兴趣的方面，例如弄清楚水由什么组成，或者用水泡茶。为了泡茶，我们希望水是沸腾的，而不在乎沸腾的气泡是什么样。我们希望水量处于特定的最小值与最大值之间，而不在乎其中到底有多少个分子。我们可以针对这些目标取得进步，因为能用这些准自备的突现属性来描述它们，而我们对这些属性有很好的高层次解释。要理解水在宇宙万物中的作用，也不需要了解它的绝大多数微观细节，因为几乎所有这类细节都是狭隘的。

高层次物理量的行为，仅由其低层次成分的行为组成，后者的大部分细节被忽略。这曾导致一种广为传播的、关于突现和解释的错误观念，称为**还原论**。该信条认为，科学总是以还原的方式解释和预测事物，也就是说，将事物分解成组件来分析。科学的确经常这样做，比如我们利用原子间作用力遵守能量守恒定律这一事实来预测并解释，水壶如果不接电就没有办法把水烧开。但还原论要求不同层次的解释之间的关系**总是**这样，事实往往并不是这样。例如，我在《真实世界的脉络》中写道：

考虑伦敦议会广场上竖立的温斯顿·丘吉尔爵士塑像鼻尖上一个特定的铜原子。让我试着解释一下为什么这个铜原子会在这里。这是因为丘吉尔曾在附近的下议院担任首相，因为他的思想和领导为盟军在第二次世界大战中的胜利做出了贡献，因为给这样的人立像以示敬意是一种习俗；因为制作此类塑像的传统材料青铜里面含有铜，等等。这样，我们就通过有关思想、领导、战争和传统之类突现现象的极高层次理论，解释了一个极低层次的物理观察——特定地点一个特定铜原子的存在。

关于那个铜原子为什么在那里，除了我上面给出的解释，不应该存在其他的低层次解释，就算只是在原则上存在。按理说，一个还原式的"万用理论"原则上能够对这样一座塑像存在的可能性做出低层次预测，只要给定条件，比方说此前某个时候太阳系的状态。原则上它还能描述这座塑像可能会通过怎样的方式运到那里。但这样的描述和预测（当然极其之不可行）什么也不能解释。它们将只能描述每个铜原子的运动轨迹，包括离开铜矿、经过冶炼炉和雕塑家的工作室等。事实上，这样一个预测需要参考地球上所有原子的情况，这些原子参与种种事件，其中包括我们称之为第二次世界大战的复杂运动。但就算你有超人的脑力，能够跟上对这个铜原子所在地点的漫长预测，也还是不能说"对啦，现在我明白**为什么**它们在那里了"。你必须探究其中的**原因**，研究原子为什么会那样配置，为什么会有那样的运动轨迹使一个铜原子在这个位置沉积下来。进行这样的探究是一项创造性的工作，因为发现新解释始终是创造性的工作。你必须发现特定的原子配置方式会导致领导和战争之类的突现现象，这些现象通过高层次的解释理论彼此关联。只有了解这些理论之后，你才能理解为什么那个铜原子会在那里。

即使在物理学中，某些最基本的解释及其预测也不是还原论的。例如，热力学第二定律说，高层次的物理过程趋向于更大程度的无序。一个炒蛋永远不会通过搅拌变成没炒过的样子，也永远不会从平底锅中汲取能量推动自己朝上进入蛋壳，蛋壳也永远不会变回完整密封的样子。不过，如果你把炒蛋的过程拍成录像，清晰度高到能看清单个分子，然后倒着播放，在分子尺度上仔细检查任何一段，都只会看到分子严格遵循低层次物理规律运动和碰撞着。人们还不知道怎样从对单个原子的简单描述中推导出热力学第二定律，也不知道能不能推导出来。

没理由能够推导出来。还原论往往有一种道德寓意（科学在本质上**应该是**还原论的），这与我在第1章和第3章中批评过的工具主义和平庸原则都有关系。工具主义颇像还原论，只除了一点：它不仅仅是拒绝所有高层次解释，而是拒绝所有解释。平庸原则是一种温和形式的还原论，只拒绝与人有关的高层次解释。谈到有道德寓意的坏哲学信条这个话题，请容我添上整体论，它是还原论的某种反面翻版，认为唯一有效的解释（或至少是唯一重要的解释）在某种程度上都是整体而言的。整体论者通常像还原论者一样错误地认为科学**只能**（或者只应该）是还原论的，因此反对大部分科学。所有这些信条不合理的原因都是相同的：它们没有把理论是不是好解释作为支持或拒绝理论的理由。

如果一个高层次解释在逻辑上的确遵循低层次解释，就意味着高层次解释**蕴涵**了低层次解释的**某些内容**。这样，更多的高层次理论（前提是它们互相一致）会给低层次理论可能的内容加上越来越多的限制。因此，情况有可能是这样的：所有存在的高层次解释加在一起，就**蕴涵了**所有的低层次解释，反之亦然。或者可能是一些低层次解释、一些中间层次解释和一些高层次解释，加在一起就蕴涵了**所有的**解释。我猜应该是这样的。

因此，最终解决微调问题的一个可能途径是，某些高层次解释本身就是准确的自然法则。这种情形造成的微观结果，可能看上去是经过微调的。此类高层次解释的候选者之一是计算的通用性原则，我将在下一章讨论。另一个是可检验原则，理由是：在一个物理规律不允许检验者存在的世界里，规律也将禁止自身被检验。然而，这类原则当前的形式如果被视作物理规律，就是人类中心主义的，并且是武断的，因此会是坏解释。但也许有着更深入的版本，它们**确实是**好解释，与热力学第二定律之类的微观物理学很好地契合，现有原则只是对这些版本的近似。

任何情况下，突现现象对世界的可解释性都至关重要。人类在拥有解释性知识之前很久，就能够运用经验法则控制自然。经验法则有解释，这些解释与火和石头之类的突现现象中的高层次规律有关。在这之前很久，只有基因编码着经验法则，其中的知识也与突现现象有关。因此，突现是另一种无穷的开始：所有的知识创造都依赖于突现现象，并且实质上包含突现现象。

突现导致人们能够通过连续步骤逐渐取得发现，从而为科学方法提供了空间。在一连串不断改进的理论中，每个理论取得的部分成功，对应于现象中存在着每个理论能成功解释的一"层"——不过，这被证明存在部分误解。

连续的科学解释偶尔会用不一样的方式**解释**它们的预测，即使是在各个预测本身相同或相似的领域里。例如，爱因斯坦对行星运动的解释不只是纠正了牛顿的解释，它是完全不同的，否认了许多东西，包括否认牛顿解释的一些核心元素的存在，例如引力的力量和均匀流动的时间，牛顿正是根据这些概念来定义运动的。类似地，天文学家约翰内斯·开普勒的理论认为行星沿椭圆轨道运动，这不只是纠正了天球理论，而是否认了天球的存在。牛顿也没有用新的**形状**来替代开普勒的椭圆，而是用一套全新方式的定律来描述运动——利用瞬时速度和加速度之类无穷小定义的量。于是，关于行星运动的这些理论，每一个都忽略或否认了前一个理论用来解释事物的基本方法。

这一点曾被用来论述工具主义，如下所述。每个连续的理论都对前一个理论的**预测**做出了微小但精确的更正，因此在这个意义上是更好的理论。但是，由于每个理论的**解释**都舍弃了前一个理论的解释，那么前一个理论从一开始就不正确，因而不能认为这些连续的解释构成了有关现实的知识增长。从开普勒到牛顿，再到爱因斯坦，情况依次是：不需要力来解释行星轨道；一个遵循平方反比定律的力是形成每个轨道的原因；再一次不需要力来解释轨道。那么，牛顿的"引力的力量"（与他预测其影响的公式不同）怎么能成为人类知识的一项进展呢？

它能，并且确实是。其中原因在于，舍弃一个理论做出解释时所用的实体，并不等于舍弃整个解释。虽然引力的力量不存在，但确实存在某种**真实事物**（时空弯曲），它源自太阳，产生的作用大致遵从牛顿的平方反比定律，影响着天体的运动，包括看得见的天体和看不见的天体。牛顿理论还正确地解释了引力定律对地面物体和天体是相同的；对质量（物体抵抗加速作用的量度）和重量（阻止物体受地球引力作用下落所需要的力）作了新颖的区分；提出一个物体的引力效应取决于质量，而与密度或成分等属性无关。后来，爱因斯坦的理论不仅支持所有这些内容，还反过来解释了为什么。牛顿的理论也曾经能做出比此前的理论更精确的预测，因为它在描述事实真相方面比它们更正确。在此之前，甚至开普勒的解释也包含了正确解释的一些重要元素：行星轨道的确由自然法则决定；这些法则的确对所有行星都相同，包括地球在内；行星轨道的确与太阳有关；它们在数学和几何上都很相似；等等。根据每个连续理论提供的后见之明，我们不仅可以看到前一个理论在哪里做出了错误预测，也能看到它因为描述了现实的部分真相而做出的各种正确预测。所以，它所包含的真理在新理论中继续存在，正如爱因斯坦所说，"对任何物理理论来说，指明通往一种更复杂理论的道路，自己作为后者的一种极限情况继续存在，再没有比这更公平的命运了。"

正如我在第 1 章所解释的，认为理论的解释功能至高无上，并不是一种无意义的偏好。科学预测的功能完全依赖于它。而且，要在任何领域取得进步，需要经过创造性修改以猜想下一理论的，都是现有理论中的解释，而不是预测。而且，一个领域里的解释影响着我们对其他领域的理解。例如，如果有人认为魔术源于魔术师的超自然能力，这将影响他们对宇宙学（例如宇宙的起源，或者微调问题）和心理学（例如人的头脑怎样运作）理论等的判断。

顺便说一下，认为有关行星运动的各个连续理论做出的预测**的确**非常相似，可以说是一个错误观念。牛顿的预测用在桥梁建造方面确实很出色，运行全球定位系统（GPS）时也只是略微不准确，但在解释脉冲星、类星体或整个宇宙时就错得无可救药。要对这些全都做出正确的预测，就需要爱因斯坦那截然不同的解释。

连续的科学理论有如此大的不连续性，这在生物界并没有可比拟的事物：在一个进化着的物种里，每一代的优势品种仅仅与上一代的优势品种略有不同。然而，科学发现也是一个渐进的过程，只不过在科学上，所有的渐进，以及几乎所有对坏解释的批评和摒弃，都是在科学家的头脑里发生的。就像波普尔说的，"我们可以让我们的理论替我们而死。"

这种无须赌上性命就能批评理论的能力，还有另一个更重要的优势。在一个进化着的物种里，每一代生物的适应性都必须有足够的功能以保持生物存活，并在将自身传播到下一代的过程中通过它们遇到的所有考验。相反，指引科学家找到好解释的中间解释完全不需要站得住脚，对一般的创造性思维也是如此。这是解释性思想能够摆脱狭隘而生物进化和经验法则做不到这一点的根本原因。

这就是本章的主要议题：抽象。在第4章中我说过，知识的片段是抽象的复制因子，"使用"（因而**影响**）生物体和大脑，使自身得到复制。这是一个比我前面讲的突现层次更高层次的解释。它声称，某些抽象事物（即某些非物理的事物，如某个基因或理论里的知识）影响着某些物理事物。在现实中，这种情形里唯一发生的事情是，一组突现的实体（如基因或计算机）影响着其他实体，这已经是还原论所讨厌的。但抽象对更完整的解释至关重要。你明白，如果你的计算机下象棋击败了你，击败你的实际上是**程序**，而不是硅原子或者计算机之类。抽象的程序在物理上被实体化，体现为大批原子的高层次行为，但对计算机为何击败你的**解释**不可能避开程序本身。这个程序还在一条不同物理载体的长链上分毫不走样地被实体化，包括程序员脑中的神经元，你通过无线网下载程序时所用的无线电波，最终还有你计算机里的长期和短期存储器件的状态。这个实体化链条的细节，可能对解释程序怎样到达你这里有意义，但对解释它为何击败你没有意义。对于后一点，知识的内容（程序里的知识和你脑子里的知识）就是全部。这是一个解释，它不可避免地要提到抽象，因而这些抽象事物确实存在，并且确实按解释所要求的方式影响着物理对象。

这类解释对理解特定现象至关重要，计算机科学家道格拉斯·霍夫施塔特对此有一番很好的论述。他在其著作《我是一个奇异的循环》（2007）中，设想了一台由数以百万计的多米诺骨牌搭建的特殊计算机。就像多米诺骨牌通常用来玩的方式那样，这些牌竖立着，彼此靠近，只要一张牌倒下，就会撞到旁边的牌，导致整列牌都一块接一块倒下。但霍夫施塔特的多米诺骨牌是弹簧式的，被击倒后经过一段固定的时间，会重新站起来。这样，一块多米诺骨牌倒下时，就有一个由倒塌的牌组成的波或"信号"沿着倒下的方向在骨牌队列中传播，直到尽头或遇到一块已经倒下的牌。把这些多米诺骨牌组成一个带环路、分叉和会合的骨牌队列的网络，就可以让这些信号组合和相互作用，形成一个足够丰富的路线指令集，能让整个构造变成一台计算机：沿着骨牌队列传递的信号可以解读成二进制的"1"，没有信号是二进制的"0"，这些信号的相互作用能实现一套指令集，诸如"与"、"或"和"非"，用它们可进行任意计算。

其中一块多米诺骨牌被指定为"启动开关"，它被击倒时，多米诺骨牌计算机开始执行由其环路和骨牌队列实体化的程序。霍夫施塔特的思想实验中的程序用于计算一个给定的数是不是素数。在特定位置摆上一个骨牌队列，其中牌的数量与给定的数完全相等，就可以把这个数输入进去，然后触发"启动开关"。在网络里的其他地方，一块特定的骨牌会输出计算结果：只有在发现除数时它才倒下，显示输入的数不是素数。

霍夫施塔特设定输入值为641，这是一个素数，然后触发"启动开关"。频繁的运动在网络里回荡。所有641块输入骨牌在计算"读取"输入值时倒下，然后重新站起来，参与更多错综复杂的运动模式。整个过程很漫长，因为这是一种效率相当低下的计算方式——不过管用。

这时，霍夫施塔特设想有一个观察者在看着这些多米诺骨牌的表演，观察者不知道这个多米诺骨牌网络的功能，他注意到有一块特定的骨牌一直站立不倒，完全不受旁边经过的波浪起伏影响。

观察者指着［这块多米诺骨牌］好奇地问，"这块多米诺骨牌为什么从来都不倒？"

我们知道这块多米诺骨牌是用于输出的，但观察者不知道。霍夫施塔特继续想象：

让我来对比一下两种不同类型的可能答案。第一种答案——目光短浅到愚蠢的地步——是"因为它前面的那块从来不倒，你这笨蛋！"

或者，如果它有两块或更多相邻的牌，答案就是"因为它相邻的牌从来都不倒。"

可以肯定，到目前为止这个答案还是正确的，但没有多大用处。它只是把责任推卸给另一块多米诺骨牌。

　　事实上，人们可以把责任不断从一块多米诺骨牌推给另一块多米诺骨牌，提供更加详细的"愚蠢，但目前还算正确"的答案。最终，把责任推卸了数以十亿次（次数比多米诺骨牌的总数多得多，因为程序会"循环"），就会遇到第一块多米诺骨牌——"启动开关"。

　　此时，还原论（还原到高层次的物理学）的解释总结起来将是，"这块多米诺骨牌之所以不倒下，是因为触发'启动开关'导致的所有运动模式都不包含它"。但我们已经知道这一点了。我们根本不需要经历这个费劲的过程，就能跟刚才一样得出这个结论。而且它的正确性无可否认。但这不是我们想要的解释，因为它谈的是另一个问题—— 一个预测性的而非解释性的问题——也就是，如果第一块多米诺骨牌倒下，输出结果的那块骨牌**会不会倒**？而且这个问题是在错误的突现层次上发问。我们问的是：**为什么它不倒**？为了回答这个问题，霍夫施塔特随即采用了一种不同的解释模式，在恰当的突现层次上进行解释：

　　第二类答案是，"因为641是素数。"现在这个答案不仅同样正确（实际上它比第一个答案要中肯得多），而且有趣的是，它根本不必提到任何实物。不仅是关注重点向上移到了集体属性……这些属性还在某种程度上超越了有形实物，与纯抽象事物打交道，诸如数的素性。

　　霍夫施塔特总结说："这个例子的要点在于，对于为什么某些多米诺骨牌倒下而另一些不倒，641的素性是最好的解释，甚至可能是唯一的解释。"

　　只是略微纠正一下：基于物理学的解释**也是**正确的，多米诺骨牌的物理现象，对于解释为什么素数与骨牌的特定状态有关，也是至关重要的。但霍夫施塔特的论述确实表明，对骨牌倒下或不倒的任何完整解释都必须包含**素性**。因此，在抽象上这是对还原论的驳斥。因为素数理论并不是物理学的一部分。它针对的不是物理对象，而是有着无限集的抽象实体——例如数。

不幸的是，霍夫施塔特接下来否认自己的论点而去接受了还原论。这是为什么呢？

他这本书主要谈的是一种特殊的突现现象——心灵，或者说是他所说的"我"。他提出疑问，考虑到物理规律无所不包的特性，是否可以始终认为心灵**影响**着身体——使身体做一件事而不是另外一件事。这被称为心身问题。例如，我们经常用选择某个行动而不是另一个行动的方式来解释自己的行动，但我们的身体，包括大脑在内，完全受物理规律约束，并没有留下什么物理变量可以承载一个"我"去产生影响以进行这样的选择。霍夫施塔特追随哲学家丹尼尔·丹尼特的脚步，最终得出结论认为"我"是一个幻象。他总结说，心灵不能"推动身体"，因为"单靠物理规律足以决定（身体的）行为"。

这就是他的还原论。

但是，第一，物理规律也不能推动任何东西。它们只能解释和预测，而且并不是我们仅有的解释。"因为 641 是个素数（而且多米诺骨牌网络实现了一个素性检验算法）"，所以那块多米诺骨牌不倒，这个理论是一个极好的解释。它有什么不对？它并不违反物理规律。它解释的东西，比任何纯粹用物理规律进行的解释都多。据我们所知，它没有哪个变种能取得同样的效果。

第二，这样一种还原论的论述最终也会否认一个原子能"推动"（在"使其运动"的意义上）另一个原子，因为宇宙的初始状态加上运动规律，已经决定了宇宙在任何其他时间的状态。

第三，**原因**这个概念本身是突现而且抽象的。基本粒子的运动规律并不涉及原因，而且正如哲学家大卫·休谟所说的，我们不能察知因果关系，只能察知一系列事件。而且，运动规律是"保守"的，也就是说，它们不会丢失信息。这意味着，正如运动定律能在得知运动初始状态的情况下决定最终状态，也能在得知最终状态的情况下决定初始状态。因此，在这个层次的解释中，因果可以互换——而且不是我们谈到一个程序是一台计算机下象棋获胜的原因、一块多米诺骨牌不倒下是**因为** 641 是个素数时所说的那个意思。

对同一现象有着不同突现层次上的多个解释，其中并无矛盾。认为微观物理学的解释比突现的解释更加基本，是武断而且错误的。我们无法摆脱霍夫施塔特的 641 论证，也没有理由要摆脱它。世界可能是我们想要的样子，也可能不是，因为这个而拒绝好解释，等于把自己限制在狭隘的错误中。

因此，"因为 641 是个素数"这个答案确实解释了那块多米诺骨牌为何始终不倒。该答案依赖的素数理论并不是物理规律，也不是物理规律的近似。它涉及抽象概念以及抽象概念的无限集（例如"自然数"集合 1、2、3……其中省略号代表连续和无穷）。我们能了解所有自然数的集合之类的无穷大事物，其中没有什么神秘的地方。这只不过是个延伸范围的问题。将自己局限于"小自然数"的各种数论，必定充满了武断的限定条件、变通方案和未解决的问题，以至于它们是非常坏的解释，除非归纳为没有此类特别限制也能说得通的情形：无穷的情形。我将在第 8 章讨论各种各样的无穷。

在用突现物理量的理论去解释水壶里水的行为时，我们使用了抽象概念—— 一个忽略了大部分细节的"理想化"水壶模型，作为对真实物理系统的近似。但在用计算机来研究素数时，所做的是相反的事：我们用实物计算机作为对抽象计算机的近似，后者完美模拟素数。它与任何真实的计算机不同，永远不会出错，不需要维护，而且有着无限的存储能力，有无限的时间用来运行程序。

我们自己的头脑就像是计算机，能用来了解超越现实世界范围的事物，包括纯数学的抽象概念。这种理解抽象概念的能力，是人类的一种突现属性，曾让古雅典哲学家柏拉图极为困惑。他注意到，几何定理（如毕达哥拉斯定理）针对的是人类从未经验过的实体：没有粗细的完美直线，在完美平面上相交，形成完美的三角形。任何观察都不可能看到这样的东西。但人们了解它们——而且不只是肤浅地了解：在那时候，这类知识是人类所了解的最深奥的知识。它从何而来？柏拉图得出结论认为，这些知识——以及所有的人类知识——必定来自超自然。

这些知识不能通过观察获取，在这一点上他是正确的。但就算人类**当时**能观察到完美三角形（可以说现在能观察到，通过虚拟现实观察），也得不到这些知识。正如我在第 1 章中解释的，经验主义有许多致命缺点。但是，我们关于抽象概念的知识是从哪里来的，这一点并不神秘：与我们所有的知识一样，它来自猜想、批评和对好解释的追求。只有经验主义才会使科学以外的知识看起来无法获取，只有"确证的真实信念"这种错误观念才会使这类知识看起来不如科学理论"确证"。

正如我在第 1 章中所解释的，就算是在科学中，被摒弃的理论也几乎全是因为它们是坏解释而被摒弃，完全没有经过检验。实验检验只是科学所用的诸多批评手段之一，启蒙运动在将其他批评手段引入非科学领域方面也取得了进步。这样的进步之所以能实现，根本原因在于哲学问题的好解释跟科学上的好解释一样难以发现，而且批评对哲学跟对科学一样有效。

此外，经验在哲学中确实有一定作用——只不过不是它在科学的实验检验中所起的作用。它的首要作用是提出哲学**问题**。如果我们获取关于现实世界的知识并无困难，就不会有科学哲学。如果一开始没有怎样管理社会的问题，就不会有政治哲学之类的东西。（为避免误解，容我强调一下：经验只会通过使已存在的观念发生冲突来提出问题。它当然不会提出理论。）

在道德哲学方面，经验主义者和证明主义者的错误观念通常用这么一句格言来表达："不能从**事物是怎样**推导出**应该怎样做**"（启蒙运动哲学家大卫·休谟的话）。这意味着，不能从事实知识推导出道德理论。这个观点成了一种传统智慧，结果导致人们对道德产生了一种教条主义的绝望："不能从**事物是怎样**推导出**应该怎样做**，所以道德不可能因任何理由得到确证。"这只给我们留下两个选择：要么接受非理性，要么不作道德评价地活着。两者都容易使人做出道德上的错误选择，正如接受非理性或永不尝试解释现实世界会带来关于事实的错误理论（不仅仅是无知）。

你当然不能从**事物是怎样**推导出**应该怎样做**，但同样不能从**事物是怎样**推导出**事实理论**。科学不是这样做的。知识增长不是由追求确证信念的方法组成，而由寻求好解释组成。而且，尽管事实证明与道德格言在逻辑上彼此独立，事实和道德**解释**却不是彼此独立的。因此，事实知识可用于批评道德解释。

例如，在19世纪，如果一个美国奴隶写了一本畅销书，这件事不会在**逻辑**上否定"天意让黑人为奴隶"的主张。没有什么经验能否定这种主张，因为它是一个哲学理论，但这件事可能摧毁许多人赖以理解这一主张的解释。而且，如果这些人因此而无法找到让自己满意的解释，去弄懂为什么天意要让这位畅销书作者被迫做回奴隶，他们可能会质疑自己以前认同的说法：黑人到底是什么，人是什么，以及好人、好社会是什么，等等。

相反，鼓吹极其不道德教的教义的人，几乎全都相信与这些教义相关的事实性谎言。例如，2001年9月11日美国遭受袭击之后，全世界数以百万计的人相信这是美国政府或以色列特工部门干的。这是纯粹的事实误解，却带着道德错误的清楚印记，就像由纯无机材料组成的化石带着古代生物的印记一样。两者之间的联系在于解释。要捏造一个**道德**解释来说明为什么西方人应该被任意杀戮，就必须从**事实**上解释西方不是它假装的那样——而这就需要不加批判地接受阴谋论，否认历史，等等。

为了按照一套既定的价值观去理解道德，就需要也按特定的方式去理解某些事实，这种情况相当普遍。反过来也是如此：例如，就像哲学家雅各·布洛诺夫斯基指出的，成功做出真实的科学发现，需要遵循取得进步所需的所有价值观。科学家个人必须尊重真相和好解释，对思想观念和变化持开放态度。科学共同体（某种程度上是整个文明）必须重视宽容、诚实和争论的开放性等。

我们不应该对这些关联感到惊讶。真理在逻辑上一致，并且在结构上统一，我觉得不会有哪个真实解释会与其他真实解释全无关联。由于宇宙是可解释的，道德上正确的价值观应当以这种方式与真实的事实理论存在某种关联，道德上错误的价值观与虚假的理论之间也是如此。

道德哲学主要讨论接下来该怎么做的问题，更普遍地说是要过什么样的生活、想要什么样的世界。有些哲学家将"道德"一词限定于人应当怎样对待他人的问题。但这类问题与个人选择过什么样的生活之类的问题是相关的，这也是为什么我采用了内容更宽泛的定义。抛开术语不谈，如果你突然成为地球上最后一个人，你会思考自己想要什么样的生活。决定"什么让我最高兴我就做什么"不会给你什么提示，因为什么让你高兴取决于你对好生活是什么样子的道德判断，而不是反过来。

这也显示，还原论在哲学上没有价值。因为，如果我让你就生活目标给我提点建议，让我去做物理规律允许的事是没有意义的。不管怎样，我做的事都会是物理规律允许的。让我去做自己喜欢的事也没有意义，因为在决定了我想过什么样的生活、想要什么样的世界之前，我不会知道自己喜欢什么。由于我们的偏好至少在部分程度上是由我们的道德解释这么塑造出来的，完全用满足人们偏好的能力来定义对错就毫无意义。这种做法，是一种称为**功利主义**的颇有影响的道德哲学的具体表现，该哲学思想所扮演的角色与经验主义在科学哲学中扮演的角色相同：充当了反抗传统教条的自由源头，但本身的实在内容几乎不包含真理。

因此，接下来怎么做的问题是无法回避的。而且，在我们对这些问题的最好解释里，对与错有着明显的区别，因此我们必须认为这些区别真实存在。换句话说，对与错有客观差异，它们是客体与行为的真实属性。我将在第 14 章中谈到，在美学领域也是如此：存在着客观的美。

美、对与错、素性、无限集——它们都是客观存在的，但不是有形地存在。这是什么意思？它们当然都可以影响你——像霍夫施塔特的例子所显示的——但显然与物理对象影响你的方式不同。你不会在街上被其中任何一个绊倒。但是，两者的区别不像我们带着经验主义偏见的常识所认为的那么大。首先，被一个物理对象影响，意味着该物理对象的某些东西造成了改变，方式是通过物理规律（或者同样可以说，物理规律借助该对象造成了改变）。但因果关系与物理规律本身并不是物理对象。它们是抽象概念，我们对它们的知识，来源于我们最好的解释使用这些概念的事实，对其他所有抽象概念也是如此。进步取决于解释，因此，仅仅把世界想象成一连串事件、带着不明原因的规律性，意味着放弃进步。

抽象概念确实存在，这种说法并没有告诉我们它们**以什么方式**存在——例如，其中哪些是其他概念纯粹的突现方面，哪些与其他概念无关。如果物理规律不同，道德规律还会一样吗？如果它们是那些最好通过盲目服从权威来获取的知识，那科学家为了取得进步就必须回避我们认为是科学探索价值观的那些东西。我觉得道德要比这更自备，因此说这样的物理规律**不道德**是讲得通的，而且（如我在第4章中所说的）想象比现实物理规律更道德的物理规律也是有意义的。

思想观念延伸到抽象概念的世界，是观念所包含的知识的一个属性，而不是碰巧想到这个观念的头脑的属性。一个理论可能有无穷大的延伸范围，就算提出理论的人并没有意识到这一点。但是，人也是一个抽象概念。有那么一种无穷大的延伸范围，它是人所独有的：理解解释的能力的延伸范围。这种能力本身就是更广泛的**通用性**现象的一个例证——我将在下一章讲到这种现象。

术　语

突现的层次——现象的集合，可以很好地互相解释，无需分析其成分实体，如原子。

自然数——整数1、2、3等。

还原论——一种误解，认为科学必须或者应该始终通过分析其组成部分来解释事物（因此较高层次的解释不可能是基本解释）。

整体论——一种误解，认为所有重要的解释都是从整体角度来谈组成部分，而不是反过来。

道德哲学——讨论想要过什么样生活的问题。

"无穷的开始"在本章的意义

——突现现象的存在，以及它们能编码其他突现现象的知识这一事实。

——存在着接近真正解释的不同层次。

——理解解释的能力。

——解释能力，能通过"让我们的理论替我们而死"来摆脱狭隘主义。

小　结

还原论和整体论都是错误的。在现实中，各种解释不会组成以最低层次为最基本解释的等级体系。相反，任何层次的突现解释都可能是基本的。抽象的实体是真实的，并且在产生物理现象的过程中发挥作用。因果关系本身就是这样一个抽象概念。

第6章　向通用性跳转

最早的书写系统使用风格化的图片——"象形文字"——来代表词或概念。于是像⊙的符号代表"太阳"，仐代表"树"。但是没有哪个书写系统能让其口语里的**每一个**词都有一个对应的象形文字。为什么呢?

从一开始，人们就不打算这么做。书写有专门用途，如记录库存和纳税情况。后来，新用途需要更大的词汇量，但在此之前，文士们应当已经日益发现，在他们的书写系统里增加新的**规则**比增加新的象形文字更容易。例如，在某些系统中，如果一个词听起来像是两个或以上的其他词连着念，它就可以用这些词的象形文字来表现。如果英语用象形文字书写，我们就可以把"叛国罪"[1]一词写成仐⊙。这样并不能精确表现该词的发音(对于这一点，它实际的拼写方式其实也没有做到)，但很相似，足以让任何讲这种语言并且懂得规则的人理解。

有了这个创新，人们就没那么多动力去创造新的象形文字了——比如说用 🐟 来表示"叛国罪"。造这种字总是很烦人，倒不是因为设计令

---

[1]　英语中的"叛国罪"一词treason的发音接近于tree(树)和 sun(太阳)连着念。——译注

人难忘的象形文字很困难（虽然确实很困难），而是因为在使用这个字之前，你得把它的意思告诉所有的预期读者。这是很难做到的：如果很容易，那么从一开始就远不需要写那么多字。如果用前述规则来代替创造新字，效率会更高：任何文士都能写出⇧⊙，就算从没见过这个词的读者也能明白它的意思。

然而，该规则并不适用于所有的情况：它不能表现单音节的新词，还有许多其他词语。与现代书写系统相比，它看上去相当笨拙而且不够好。但是，它已经包含了某种重要的、任何纯象形文字系统都做不到的东西，那就是向书写系统里引入从未有人明确添加的词。这意味着它有延伸，而延伸总有解释。正如科学上一个简单的公式可能是大量事实的概括，一个容易记忆的简单规则也可能将许多新词引入书写系统，不过前提是它反映了某种潜在规律。这个例子里的规律是，在任何一种语言里，所有的词都由仅仅几十种"基本音"构成，在人类能够发出的范围很广的发音中，每种语言都选了一套不同的基本音。为什么？后面我会讨论这个问题。

一个书写系统的规则得到改进后，它可能跨过一个重要的门槛：对这种语言**通用**——即能够表现该语言的每一个词。例如，考虑我刚才讲的这条规则的如下变种：人们不用其他的词来造词，而是用其他词的**首音**来造词。例如，如果英语用象形文字书写，新规则将使"叛国罪"（treason）一词用"帐篷"（Tent）、"石头"（Rock）、"鹰"（Eagle）、"斑马"（Zebra）、"鼻子"（Nose）的象形文字来拼写。规则的这个微小改变，使这一书写系统变得通用。据认为最早的字母表就是从这样的规则中演变出来的。

通过规则实现的通用性，与完整列表（例如假想中完整的象形文字图表）有着不同的特性。区别之一在于，规则可以比列表简单得多。单个符号也可能更简单，因为数量更少。但区别不止于此。由于规则利用语言里的规律来运作，它其中就蕴涵了这些规律，因此包含的知识比列表更多。例如，字母表包含着词语怎样发音的知识，外国人可以用它来学习**说**这种语言，而象形文字至多只能用来学着写。规则还可以在不给书写系统增加复杂度的情况下容纳前缀和后缀之类的变形，从而使书面文本能够编码更多的句子语法。而且，基于字母表的书写系统覆盖的不止是其语言里的所有词语，而是所有**可能的**词语，尚未造出来的词语已经在其中有了一席之地。这样就不会出现每个新词都会暂时打破书写系统的情况，系统本身就能用来以简易、分散的方式造新词。

或者说，至少有过这样的可能。设想一下，如果造出第一个字母表的那位不知名文士知道他做出了有史以来最伟大的发现之一，该是多么美好。但他未必知道。就算知道，他也显然没能把自己的热情传递给很多人。因为事实结果是，古代人几乎没有运用过我刚才讲的这种通用性的威力，就算现成可用的时候也是这样。虽然许多社会都发明了象形文字书写系统，而且有时确实按我刚才所说的方式从中演化出了通用字母表，但从来没有迈出"显而易见"的下一步——即普遍采用字母表并放弃象形文字。字母表局限于特殊用途，如书写生僻词语或译写外国名称。一些历史学家相信，在人类历史上，**基于**字母表的书写系统，这样的概念只出现过一次——由腓尼基人的某些不知名前辈提出，而后腓尼基人将它在地中海一带传播开来，因此，所有基于字母表的书写系统，都要么源自腓尼基文字，要么受到了它的启发。然而，连腓尼基文字里也没有元音字母，削弱了我刚才提过的一些优势。

希腊人加上了元音字母。

　　有时人们会说，文士们刻意限制字母表的使用，因为他们担心一种太容易学习的系统会威胁他们的生计。但这或许是一种过于现代的牵强解读。我怀疑，不管是通用性的机遇还是陷阱，都从来没有人想到过，直到历史上很久以后。古代发明家们只在意他们面临的特定问题——书写特定的词语，为了解决这类问题，其中一位发明了一个碰巧具有通用性的规则。这样的态度看起来狭隘得难以置信，但那时候事情**就是**狭隘的。

　　而且，在早期历史的许多领域里，这种情况的确都反复出现：通用性实现的时候，它并不是首要目标，如果算是一个目标的话。系统为了适应某个狭隘目标而作的一个微小改变，刚好也使系统变得通用。这就是**向通用性跳转**。

　　就像书写一样，**数字**也可以追溯到文明初期。现在的数学家将**数**与**数字**区分开来，前者是抽象实体，后者是代表数的物理符号，不过数字是首先被发现的。数字从"计数符号"（丨、丨丨、丨丨丨、丨丨丨丨……）或石头之类的象征物演变而来，史前人类用这些东西来记录离散的实体，诸如动物和天数。如果有人从圈里放出一只山羊就做一个记号，回来一只山羊就划掉一个记号，那么，当所有的记号都被划掉时，所有的山羊都回来了。

　　这是一个通用标记系统。但是，正如突现是有层次的，通用性也有层次。标记之上的一层是计数，使用数字。人在标记山羊时只是想着"又一只，又一只，又一只"，计数时则是想着"四十，四十一，四十二……"

　　只有凭着后见之明，我们才能把计数符号当作一个数字系统，称为"一元"系统。就其本身而论，它并不实用。例如，用计数符号来表示数时，就算最简单的操作——如比较大小、算术计算甚至只是抄录，也要重复整个标记过程。如果你有 40 只山羊，卖出 20 只，并且对这两个数都做了标记，也还是要进行 20 次独立的删除操作，才能得到最新的记录。同样地，为了检查两个相当接近的数是否相等，需要对它们互相标记。因此，人们开始改进这一系统。最早的改进可能只是对计数符号进行分组，例如用 ⅡⅡⅡ ⅡⅡⅡ替代ⅠⅠⅠⅠⅠⅠⅠⅠⅠⅠ，这使算术计算和比较大小变得更容易，因为可以对整个组进行标记，并且一眼就能看出ⅡⅡⅡ ⅡⅡⅡ与ⅡⅡⅡ ⅡⅡⅡⅠ不相等。后来，标记分组又被简写符号代替：古罗马系统使用 I、V、X、Ⅴ、C、Ð 和 ⲟⲟ 分别代表一、五、十、五十、一百、五百和一千。（它们同我们现在的"罗马数字"不完全一样。）

所以，这是另一个通过逐步改进来解决特定的狭隘问题的故事。这一次还是没有人想追求更多的东西。虽然加入简单规则就可大大增强系统的威力，虽然罗马人确实偶尔会添加这样的规则，但他们既没有以通用性为目标，也没有实现通用性。在许多世纪的时间里，他们的系统规则是：

——把符号并排放置表示相加。（此规则是从计数符号系统那里继承下来的。）

——符号必须从左至右按递减顺序书写；以及

——只要有可能，相邻的符号都应当用其组合数值的符号替代。

（现今的"罗马数字"的减法规则是后来才出现的，如用 IV 代表 4。）第二条和第三条规则保证每个数都只有一种写法，这使比较大小变得更容易。否则，XIXIXIXIXIX 和 VXVXVXVXVXV 就都是有效数字，很难一眼看出它们代表同一个数。

这些规则利用通用的加法规律，使罗马数字系统拥有了超越标记符号系统的重要延伸，例如进行算术计算的能力。比方说，考虑 7(VII) 和 8(VIII) 两个数。规则告诉我们，将它们并排放置成 VIIVIII 等同于相加。然后，符号要按递减顺序写成 VVIIIIII。再然后，要用 X 来取代两个 V，用 V 取代 5 个 I。这样得到的结果是 XV，代表 15。在这个过程中出现了某种新鲜事物：一条关于 7、8 和 15 的抽象真理被发现了，并且得到了证明，其间没有任何人进行过任何计数或者标记。数通过表示它们的数字得到独立的操作。

我说进行算术计算的是**数字系统**，指的是字面上的意思。物理上实现上述变换的，当然是使用系统的人。但为了做到这一点，他们首先要将系统规则编码在头脑里，然后要像计算机执行程序那样执行规则。是程序在指导计算机的行动，而不是反过来。因此，我们称之为"使用罗马数字进行算术计算"的过程，也包括罗马数字系统**使用**我们进行算术计算。

罗马数字系统只有让人们这样去做，才得以存留下来——也就是说，使自身在罗马人身上一代又一代地复制下去：人们发现这个系统很有用，于是将它传给后代。就像我说过的，知识是这样一种信息，它在合适的环境里在物理上具象化时，倾向于使自身保持这种状态。

说罗马数字系统控制我们、使其自身得到复制和保存，这听起来似乎是把人类贬低成奴隶。但这是一种误解。人包含着抽象信息，包括独特的思想、理论、意愿、感觉和其他塑造"我"的心理状态。拒绝在发现罗马数字有用时被它们"控制"，就像是反对被自身的意愿控制。就此说来，试图摆脱（罗马数字的）奴役，本身就是一种被（自身意志所）奴役的行为。但事实上，当我服从那个构成我的程序（或说我服从物理规律）时，"服从"的含义与奴隶的服从不同。两种含义在不同的突现层次上解释事件。

与有些人说的不同，罗马数字也有着相当有效地做乘法和除法的方式。一艘船上装着 XX 个箱子，每个箱子用 V 乘 VII 的格栅装着罐子，人们就可以知道船上总共有 ÐCC 个罐子，无需任何人去进行冗长的计数，这个数字已经明示了计数结果。而且，人一眼就能看出，ÐCC 小于 ÐCCI。这样，不用标记和计数、独立地对数进行操作，为计算价格、工资、税收、利率等应用开启了大门。这也是一个概念上的发展，打开了通往未来进步的大门。不过，对于这些更复杂的应用，该系统并不通用。由于没有比 ∞（一千）更大的符号，两千以上的数全都以一串 ∞ 开始，跟以千为单位的计数符号没什么不同。一个数字里的这个符号越多，做算术计算时就越要倒回去做标记（把许多该符号一个个数过来）。

正如人们可以往古代书写系统里添加新的象形文字来升级词汇表，也可以往数字系统里添加符号来扩大适用范围。这件事已有人做了。但由此产生的系统仍然会有一个最大值符号，因此仍然不能成为无需标记进行算术计算的通用系统。

把算术从标记中解放出来的唯一方法，是利用有着通用延伸范围的规则。就像字母表一样，很小的一套基本规则和符号就够用了。如今我们普遍使用的通用系统有十个符号，即数位 0 到 9。它的通用性来源于这样一个规则：数位的值取决于它在数里的位置。例如，数位 2 单独写出来时代表二，但在 204 这个数里就代表二百。这样的"定位"系统需要"占位符"。例如 204 里的数位 0，它唯一的功能就是使 2 处在代表二百的位置上。

这一数字系统起源于印度，但不清楚是在什么时期出现的。有可能晚至公元 9 世纪，因为在此之前只有少数模糊不清的文件似乎显示人们在使用它。不管怎样，它在科学、数学、工程和贸易上的巨大潜力当时并没有得到广泛认识。大约在那个时候，阿拉伯学者们接受了这个数字系统，但直到一千年后它才在阿拉伯世界得到普遍使用。中世纪的欧洲也出现了这种对通用性缺乏热情的奇怪现象，公元 10 世纪有几位学者从阿拉伯人那里学到了印度数字（结果是误称其为"阿拉伯数字"），但情况又是这样：好几个世纪里这些数字都没有得到日常使用。

早在公元前 1900 年，古巴比伦人就发明了一个实际上是通用数字系统的东西，但他们大概也不关心其通用性——也根本就没有意识到这一点。这个系统是一个定位系统，但与印度数字系统比起来非常烦琐。它有 59 个"数位"，每个数位的写法都类似罗马数字系统里的一个数值。因此，用它来对日常生活中常见的数作算术计算，实际上比用罗马数字还要复杂。而且它没有表示零的符号，因而用空格作为占位符。它没有办法表示数值末尾的零，也没有相当于小数点的东西（这就好比在我们的系统里，200、20、2 和 0.2 都写成 2，只有通过上下文才能区分它们）。所有这些都表明，通用性不是这个系统的主要设计目标，就算通用性得到实现，也不受重视。

公元前 3 世纪，古希腊科学家和数学家阿基米德的一段非凡趣事，或许能使我们深入理解这种一再发生的古怪现象。阿基米德在天文学和纯数学方面的研究使他需要对很大的数进行演算，于是他发明了自己的数字系统。他从一个自己熟悉的希腊数字系统开始，这个系统与罗马数字系统相似，不过有一个代表 10000（一万）的最高值符号 M。该系统的范围因这样一条规则得到了扩展：写在 M 上面的数字表示该数字乘以 1 万。例如，表示二十的符号是 κ，四是 δ，所以二十四万

（240 000）可以写成$\overset{\kappa\delta}{\mathrm{M}}$。

如果人们允许用这个规则产生多层次的数字，例如$\overset{\kappa\delta}{\overset{\kappa\delta}{\mathrm{M}}}$意味着二十四亿，该系统就能具备通用性，但很显然他们从来也没有这样做。更令人惊讶的是，阿基米德也没有这样做。他的系统采取了另一种思路，类似于现代的"科学计数法"（用这种方法，两百万写作2×10^6），只是用亿的次方取代了十的次方。但是，他仍然要求指数（一亿需要自乘的次数）必须是一个现成的希腊数字——也就是说，它不太容易超过一亿。因此，这种构造数的方法在我们称为$10^{800000000}$的数之后就渐渐无能为力了。只要他不加上这个额外的规则，就会得到一个通用系统，虽然是一个笨拙得没有必要的系统。

即使在今天，也只有数学家需要大于$10^{800000000}$的数，而且这种情况很少。但是，这并不是阿基米德加上那条限制的原因，因为他没有就此止步。他在进一步探索数的概念时进行了又一次扩张，这次得到了一个更加庞大笨拙的系统，以$10^{800000000}$为底数。不过，这次他又只允许这个数的指数不超过800000000，从而产生了一个比$10^{64 \times 10^{17}}$大一些的人为限制。

究竟是为什么呢？在今天看来，阿基米德在他的数字系统里对哪些符号能用在哪些位置上加以限制，实在不合常理。这在数学上毫无理由。但是，如果阿基米德愿意允许他的规则在不带人为限制的情形下应用，他就能发明一个好得多的通用系统，只要从现成的希腊数字系统里把人为限制去掉即可。几年后，数学家阿波洛尼乌斯发明了另一个数字系统，出于同样的原因，他的系统也不具备通用性。好像古希腊世界的每个人都在故意回避通用性。

对于印度数字系统，数学家皮埃尔·西蒙·拉普拉斯（1749—

1827）写道："当我们想到，古代世界最伟大的智者中的两位——阿基米德和阿波洛尼乌斯都未能以他们的聪明才智取得这一成就，就应该体会到它有多么伟大。"但到底是他们没有发现，还是选择了避开？阿基米德应当知道，他连续用了两次的那套扩展数字系统的方法，可以无穷无尽地继续下去。但他也许怀疑，这样得来的数值不能表示人能合乎情理地想到的任何东西。确实，他做这件事的动机之一就是反驳一个当时是不言自明的真理的观点，即沙滩上的沙粒数量是数不清楚的。于是他用自己的系统来计算装满整个天球所需的沙粒数量。这显示，他本人以及整个古希腊文化可能根本没有抽象的数的概念，因此，对他们而言，数值只能代表物体——哪怕是想象中的物体。这种情况下，通用性会是一种很难把握的东西，更不要说追求了。也可能他只是觉得需要避免追求无穷的延伸，以便得到一个有说服力的事例。不管怎样，虽然在我们看起来阿基米德的系统一再"试图"向通用性跳转，但他显然不希望这样。

还有一个猜测成分更重的可能性。不管什么通用性，在狭隘问题希望它解决的事务之外，其最大益处是它对未来创新有用。创新是不可预测的。因此，要在发现通用性的时候看重它，人们要么必须看重抽象知识本身，要么预期抽象知识能带来不可预见的益处。在一个很少经历变革的社会里，这两种态度都是相当不自然的。但启蒙运动改变了这种状况，这场运动的思想精髓就是，**进步**值得拥有，并且可以得到。因而，通用性也是如此。

可能就是因为这样，启蒙运动使人们开始认为，狭隘主义和所有那些武断的例外及限制，本身是有问题的，而且不仅是在科学领域里有问题。为何法律要区别对待贵族与平民、奴隶与主人、女人与男人？启蒙运动哲学家洛克等人开始着手把政治制度从武断的规则和假设中解放出来。其他人试着从通用的道德解释里推导出道德准则，而不是仅仅武断地认为它们不证自明。因此，与关于物质和运动的通用理论一道，关于正义、合法性和道德的通用解释也出现了。所有这些情况下，人们都在把通用性当作一种本身值得拥有的特性来追求——甚至把它当成思想观念成立的必要条件，而不仅仅是解决狭隘问题的手段。

在启蒙运动早期历史中发挥过重要作用的一次"向通用性跳转"，是**活字印刷**的发明。活字由独立的金属块组成，每块雕刻一个字母。早期印刷对书写的简化，仅仅相当于罗马数字系统对标记的简化：每一页都雕在印版上，一次操作可以复制它上面所有的符号。但是，有了一套活字，其中每个字母都有许多份，就不需要更多的金属加工，只需要把活字拼成词语和句子。制造活字的人不需要知道这些字最终要用来印刷的文档的内容是什么，它是通用的。

即便如此，活字印刷术于11世纪在中国发明出来时，并没有带来多大的改变，可能是因为人们惯常地对通用性缺乏兴趣，也可能是因为中文书写系统使用了成千上万的象形字，这削弱了通用印刷系统的直接优势。但当它于15世纪在欧洲由印刷商约翰内斯·古腾堡用字母活字再次发明出来时，就触发了雪崩式的进步。

在此我们看到了一种向通用性跳转带来的典型转变：跳转之前，人们必须为每一份需要印刷的文档专门制造物体；跳转之后，人们定做（或专门制造，或设计）一个通用物体，在这一事例中是使用活字的印刷机。类似地，1801年约瑟夫·玛丽·雅卡尔发明了一种通用丝织机，现在称为雅卡尔织机。这种织机使人不再需要手工控制每一卷印花丝绸里的每一行针脚，而可以把既定图案编制在穿孔卡片里，指挥织机任意多次地织出该图案。

这类技术中最重要的是计算机，现在越来越多的技术依赖着它，它还在理论和哲学方面有着深远意义。向计算通用性的跳转**应该**在 19 世纪 20 年代发生，当时数学家查尔斯·巴贝奇设计出了一种装置，他称之为差分机，这是一个机械计算器，用齿轮代表十进制数字，每个齿轮可以嵌入十个位置之一。他原本的目标是狭隘的：将编制数学函数表的工作自动化，诸如对数表和余弦表，这些表在当时的航海和工程中大量使用。当时，这些表由称为"计算者"（computers，计算机一词的来源）的大批办事员编制，出了名地容易出错。差分机的错误较少，因为算术规则已经固化在它的硬件里了。为了用它打印出一个给定函数的表，只需要用简单操作根据该函数的定义对它编一次程。相反，人类"计算者"必须对每个表成千上万次地使用（或者说被使用）函数定义和一般算术规则，每一次都可能出现人为错误。

不幸的是，尽管巴贝奇倾注了自己的大量钱财以及英国政府为该项目投入的资金，但他是个很糟糕的组织者，从来也没有成功地造出一台差分机。但他的设计是合理的（除了少数微不足道的错误）。1991 年，伦敦科学博物馆的工程师多伦·斯瓦德领导的团队成功地完成了差分机的制作，使用的是巴贝奇时代可能达到的工程公差。

用今天的计算机甚至计算器的标准去衡量，差分机的功能极其有限。但它有可能存在的原因是，物理学产生的所有数学函数是有规律的，因此航海和工程产生的数学函数也是有规律的。这些函数称为解析函数，早在 1710 年，数学家布鲁克·泰勒就已经发现，这些函数可以仅仅通过重复的加法和乘法进行任意程度的近似。（此前人们已经知道一些特例，但向通用性的跳转是由泰勒证明的。）因此，为了解决计算少数需要制表的函数这种狭隘问题，巴贝奇造出了一个通用于解析函数计算的计算器。在他那与打字机类似的打印机上，还运用了活字印刷的通用性，如果没有这种通用性，打印表格的过程就无法完全自动化。

巴贝奇原本并没有计算通用性的概念。但是，差分机已经非常接近这一点——不在于它的计算能力，而在于物理构成。对它编程使其打印出一个特定的表，要对特定的齿轮进行初始化。巴贝奇最终认识到，这个编程阶段本身是可以自动化的：可以把设置参数预设在穿孔卡片里，就像雅卡尔织机那样，然后通过机械手段转移给齿轮。这不仅可以去掉剩下的错误来源，还能增强机器的功能。巴贝奇后来意识到，这台机器还可以打出新的穿孔卡片，以备自己日后使用，还能控制接下来要读取哪张卡片（比如说，根据齿轮的位置从一叠卡片里挑选），然后某种质变就会出现：向通用性跳转。

巴贝奇将改进后的机器称为**解析机**。他与他的同事——数学家洛夫莱斯伯爵夫人艾达知道，这种机器能够进行人类"计算者"能做的所有计算，不仅是算术，还可以进行代数计算、下象棋、作曲和处理图像等。它将是一种今天称为通用经典计算机的东西。（我将在第11章节讨论量子计算机时解释"经典"这个条件的意义，量子计算机在一个更高的通用性层次上运作。）

不管是他们还是此后一个多世纪里的任何人，都没有想到计算在今天最常见的用途，例如互联网、文字处理、数据库搜索和游戏。但他们的确预见到的另一个应用，那就是进行科学预测。解析机将是一个通用模拟器——只要有相关的物理规律，它能以任何想要的精度预测任何物理对象的行为。这是我在第3章中提到过的通用性，通过这种通用性，彼此不相似、由不同物理规律支配的物理对象（例如大脑与类星体）能表现出同样的数学关系。

　　巴贝奇和洛夫莱斯都是启蒙运动时期的人物，所以他们懂得，解析机的通用性将使它成为一项划时代的技术。然而，尽管他们做出了巨大努力，却只将热情传给了少数几个人，而这几个人没能将热情传给任何人。于是，解析机成了历史上一件悲剧性的憾事。要是他们寻找过其他实验方法，就可能发现，完美方案已经在等着他们：继电器（由电流控制的开关）。继电器是电磁学基础研究最早的应用之一，此时正将因为电报的技术革命而大规模制造。重新设计的解析机，使用电流的开与关来代表二进制数字，用继电器进行计算，将比巴贝奇的解析机更快，也更便宜、更容易制造。（二进制数在当时已经众所周知。数学家和哲学家戈特弗里德·威廉·莱布尼茨甚至早在 17 世纪就建议利用它们来做力学计算。）这样，计算机革命就能提早一个世纪发生。鉴于电报和印刷技术同时出现，互联网革命很可能随之到来。科幻小说作家威廉·吉布森和布鲁斯·斯特林在他们的小说《差分机》里，对这些可能的情形进行了激动人心的描绘。记者汤姆·斯丹迪奇在他的著作《维多利亚时代的互联网》中提出，早期电报系统在没有计算机的情况下，在接线员之间创造了一种类似互联网的现象，其中有着"黑客、网恋和网婚、聊天室、网络口水战……"

　　巴贝奇和洛夫莱斯还想到了通用计算机的另一种应用，该设想直到今天还未能实现，就是所谓的**人工智能**（AI）。由于人类大脑是服从物理规律的物理对象，并且由于解析机是一台通用模拟器，可以通过编程使它在各种意义上都按人类的方式思考（虽然非常缓慢，而且需要数量多得不现实的穿孔卡片）。然而，巴贝奇和洛夫莱斯否认解析机能做到这一点。洛夫莱斯认为"解析机不能创造任何东西。它能做到我们知道该如何让它去做的所有事情，能够遵循分析，但没有能力预见任何分析关系或事实"。

数学家和计算机科学先驱阿兰·图灵后来称这个错误为"洛夫莱斯夫人的异议"。问题不在于洛夫莱斯未能认识计算通用性的意义，而是她未能认识物理规律通用性的意义。当时的科学对大脑的物理特性几乎毫无了解，而且达尔文的进化论尚未发表，有关人类本性的超自然学说仍然非常盛行。对于今天仍然相信人工智能不可能实现的少数科学家和哲学家来说，立场更加不可调和。例如，哲学家约翰·塞尔从以下历史角度来看待人工智能问题：几个世纪以来，一些人试图以机械方式解释头脑，以当时最复杂的机器进行明喻和暗喻。一开始，人脑被说成像一套极其复杂的齿轮和杠杆，然后认为它像液压管，然后是蒸汽机，然后是电话交换机——现在我们最了不起的技术是计算机，人脑就被说成是计算机。塞尔说，这仍然不过是比喻而已，没有理由认为大脑像计算机比像蒸汽机更多一点。

但其实是有理由的。蒸汽机不是通用模拟器，而计算机是，因此预期计算机能做神经元能做的一切事，并不是比喻：据我们所知，这是物理规律的一个已知并且已被证明的性质。（而且，碰巧液压管也能做成通用经典计算机，齿轮和杠杆也可以，就像巴贝奇所说的那样。）

具有讽刺意义的是，洛夫莱斯的反对论点几乎与道格拉斯·霍夫施塔特对还原论的论述（见第 5 章）有着相同的逻辑——但是霍夫施塔特是当代最主要的人工智能可能性的**支持者**之一。这是因为他们两人作了一个相同的错误假设，认为低层次计算步骤不能叠加成更高层次的、能对事物产生影响的"我"。他们的区别在于，在由此导致的两难局面中作了相反的选择：洛夫莱斯选择了人工智能不可能实现的错误结论，而霍夫施塔特则选择了这种"我"不可能存在的错误结论。

由于巴贝奇既没能造出一台通用计算机，也没能说服别人去建造一台，所以等到第一台通用计算机建成时，已经过了整整一个世纪。在此期间发生的事更像是通用性的古代史：虽然甚至在巴贝奇放弃以前就有人造出了与差分机类似的计算仪器，解析机却几乎完全被忽视了，连数学家都忽视了它。

图灵在 1936 年提出了明确的通用经典计算机理论。他的动机并不是建造一台这样的计算机，而只是抽象地用该理论去研究数学证明的性质。几年之后第一批通用计算机建成时，仍然不是为了特地实现通用性而造出来的。它们是英国和美国在第二次世界大战期间为了特定的战时应用而建造的。英国的计算机名为"巨人"（图灵参与了它的建造），用于破译密码；美国的计算机 ENIAC 设计出来是为了解出大炮瞄准所需的方程。两者所用的技术都是电子真空管，它们的功能与继电器相似，但速度要快一百倍。同时，在德国，工程师康拉德·楚泽在用继电器制造一台可编程的计算器——就像巴贝奇本来可以做到的那样。这三台设备都有着通用计算机必需的技术特征，但没有一台是为此配置的。到头来，"巨人"除了破译密码从来没干过别的事，而且战争结束后大部分被拆除。楚泽的计算机被盟军的轰炸摧毁。但 ENIAC **确实**得以向通用性跳转：战争结束后，它应用于气象预报和氢弹项目等多个领域，而它根本不是为了这些领域而设计的。

自第二次世界大战以来，电子技术的历史一直由小型化主导，每一代新设备都使用更小的微型开关。大约在 1970 年，这些改进带来了一次向通用性的跳转，当时几家公司分别独立制造出微处理器，它是单独一块硅芯片上的通用经典计算机。从那时起，设计**任何**信息处理设备，都可以从一个微处理器着手，对它进行定制——即编程——来完成该设备需要的特定任务。今天，你家的洗衣机几乎都是由计算机控制的，它可以通过编程去进行天体物理计算或文字处理，只要有合适的输入—输出设备，以及足够的内存来存储必要的数据。

在这个意义上（也就是说，忽略速度、存储容量和输入–输出设备的问题），旧时代的人力"计算者"，老式蒸汽动力解析机与它的铃铛和哨子，第二次世界大战时房间那么大的真空管计算机，以及今天的超级计算机，都有着同样的计算功能，这是一个了不起的事实。

它们的另一个共同点是**数字化**：以物理变量离散值的形式对信息进行操作，例如电子开关的开或者关，齿轮处在十个位置中的一个上面。另一种类型的计算机——"模拟"计算机（如计算尺）以连续物理变量的形式表示信息，它曾经十分通行，但现在已经几乎没人用了。这是因为现代化的数字计算机可以通过编程来模仿任何模拟计算机，并且在几乎所有应用方面都比它们更强。数字计算机向通用性跳转，把模拟计算机甩在了后面。这是不可避免的，因为不存在通用模拟计算机这样的东西。

之所以不存在通用模拟计算机，是因为需要**纠错**：在漫长的计算中，诸如元件制造不完善、热胀冷缩、外界随机影响等因素导致的误差积累起来，会使模拟计算机偏离既定的计算路径。这听起来像是一个不重要或狭隘的理由，但事实完全相反。如果没有纠错，所有的信息处理乃至所有的知识创造都必定是有限的。纠错是无穷的开始。

例如，符号标记只有是数字化的才能够通用。试想一下，一些古代的牧羊人试图标记羊群的**长度**而不是数量。每只山羊离开羊圈时，牧羊人就放出一段与这只羊长度相同的绳子。然后，等山羊回圈时，就卷起这个长度的绳子。卷回整段长度，就表示所有的山羊都回来了。但是在实践中，由于测量误差的积累，结果总是至少会长一点或短一点。不管以什么样的精度去测量，这个"模拟标记"系统能够可靠地标记的山羊数量总有一个最大值。用这些"标记"进行的所有算术计算也是如此。每当代表几个不同羊群的几段绳子加在一起时，或者把一根绳子切断以便记录羊群的拆分时，都会产生误差。人们可以对每个操作重复多次然后取中间值，以减小误差的影响。但比较长度或复制长度这些操作本身只能以有限的精度进行，因而不能使每一步的误差积累率低于这个精度的水平。这就使得连续操作有次数上限，超出该限度，结果对特定目标而言就没有用了——这就是为什么模拟计算永远不可能通用。

我们需要的是这样一个系统，它认为误差理所当然会出现，但一旦出现就进行**纠正**——最低的信息处理突现层次上的"问题不可避免，但可以解决"。但是在模拟计算中，纠错会遇到一个基本的逻辑问题：没有办法一眼区分错误值与正确值，因为模拟计算的特征正是任何值都**有可能**是正确的。绳子的任何长度都可能是正确的长度。

局限于整数的计算就不同了。使用同样的绳子，我们可以用英寸整数倍的长度来表示整数。每操作一步，我们都把绳子剪短或加长到最接近的英寸数。例如，假设测量公差可以做到十分之一英寸，那么所有的错误都可以在每一步操作后被发现并排除，这样就排除了对连续步骤次数的限制。

因此，所有的通用计算机都是数字化的，它们全都用我上面所说的基本逻辑来纠错，虽然具体纠错方式千差万别。因此，对于齿轮所有可能朝向的角度构成的连续统，巴贝奇的计算机只赋予了它十个不同的含义。以这种方式使表述数字化，使轮齿能自动纠错：每一步过后，齿轮的朝向相对于十个理想位置的任何偏移，都会随着轮齿嵌合而修正到最近的那个理想位置上。对角度的整个连续统赋予含义，名义上能使每个齿轮表达更多（无限）的信息，但实际上，信息不能可靠地读取就等于没有存储。

幸运的是，信息必须数字化处理这个限制并不会减损数字计算机的通用性——也不会减损物理规律的通用性。假如用英寸的整数倍来衡量山羊数量不足以完成某个特定用途，可以用十分之一英寸的整数倍，或者十亿分之一英寸的整数倍。对其他所有用途也是一样：物理规律决定了，任何物理对象（包括任何其他计算机）的行为，都能由一台通用数字计算机以任何想要的精度进行模拟。这不过是一个用足够精细的离散变量网格来对连续变量进行近似的问题。

由于纠错必不可少，**所有**向通用性的跳转都发生在数字化系统中。这就是为什么口头语言用一套有限的基础音来构词：如果用模拟方式，口语就没法理解了。不管人说什么，都没法重复，甚至没法记住。这样，通用书写系统没办法准确表达声调之类的模拟信息也就不重要了。根本就没有什么能够准确表达这种东西。出于同样的理由，发音本身只能表达有限的含义。例如，人类只能区别大约 7 种不同的音量，标准乐谱对这一点有大略的反映，用约 7 种不同的符号标记音量（例如 p、mf、f 等）。而且，出于同样的理由，说话者也只能用每种发音**意指**有限的含义。

在各种不同的向通用性跳转事例之间，另一个引人注目的关联是，它们都发生在地球上。事实上，所有已知的这类跳转都是在人类主持下进行的——除了一次我尚未谈到的跳转，它是所有其他历史上出现过的跳转的基础，发生在生命进化早期。

如今的生物体里的基因，通过一条复杂而且非常曲折的化学路径来复制自身。在多数物种里，基因起到模板的作用，用来形成一种类似的分子——RNA 的片段。RNA 随即充当程序，指导合成构成机体的化学物质，特别是作为**催化剂**的酶。催化剂是某种建造者，它促使其他化学物质发生变化，而自身保持不变。这些催化剂进而控制所有化学物质的生产，调节机体功能，从而定义了生物体本身，关键是包括复制 DNA 的过程。这个错综复杂的机制是怎么进化出来的，在此并不重要，但为了说得明确一点儿，让我来大致描述一种可能性。

大约 40 亿年前，地球表面冷却到足以让液态水凝结之后不久，海洋被火山、陨石撞击、风暴和比今天强烈得多的潮汐（因为当时月亮比现在要近）搅动着，而且在化学上非常活跃，许多种类的分子不断地形成和转变，有些反应是自发的，有些是在催化剂作用下发生的。有一种这样的催化剂刚好催化产生了形成它自身所需的某些分子。这种催化剂不是活物，但它是生命的第一个迹象。

它还没有演化成一种有明确针对性的催化剂，因此也加快了其他一些化学物质的生产，包括自身的变种。那些与其他变种相比最擅长促进自身生产（并且抑制自身消亡）的分子变得越来越多。它们还促进了自身变种的建造，进化因此得以继续进行。

渐渐地，这些催化剂促进自身生产的功能变得足够强大和专门化，足以使它们被称为复制因子。进化产生了使自身更快速、可靠地复制的复制因子。

不同的复制因子开始结合成群体，群体里的每个成员都专门从事一套复杂化学反应中的一部分，净效应是形成整个群体的更多副本。这样一个群体就是一个原始的生命体。在这时，生命还处于一个与非通用印刷机或罗马数字有点相似的阶段：情况不再是每个复制因子各顾各，但也还没有出现经过定制和编程以生产特定物质的通用系统。

最成功的复制因子可能应该是 RNA 分子。它们有自己的催化性能，取决于组成它的分子（或碱基，与 DNA 的碱基类似）的精确序列。结果，复制过程变得越来越不像简单的催化，而更像编程——通过一种以碱基为字母表的语言或说遗传代码进行。

基因是一种复制因子，可以理解成遗传代码中的指令。基因组是由互相依赖对方进行复制的多个基因组成的群体。复制一个基因组的过程称为一个活的生物体。因此，遗传代码也是详细描述生物体的语言。在某个时候，系统切换到 DNA 构成的复制因子，它比 RNA 更稳定，因而更适合用来存储大量信息。

接下来发生的事，其熟悉程度可能掩盖了它的非凡与神秘。起初，遗传密码及其翻译机制与生物体内的其他东西共同进化。但在某个时候，虽然生物体还在继续进化，遗传密码却停止了进化。当时，这个系统只编码原始的单细胞生物，没有更复杂的东西。然而，此后直到今天，地球上所有的生物不仅都以 DNA 复制因子为基础，而且使用完全相同的碱基字母表，这些碱基组成三个碱基的"词语"，只在"词语"的含义上有微小区别。

这意味着，如果把遗传密码当作一种描述生物体的语言，它表现出了惊人的延伸。它进化出来只是为了描述没有神经系统、不能移动或施力、没有内脏和感官的生物，这类生物的全部生活内容就是合成自身的结构组分，然后一分为二。然而，同样一种语言在今天描述了导致无数多细胞行为的硬件和软件，这些行为包括奔跑、飞翔、呼吸、交配、识别掠食者和猎物，前面所说的生物体完全不具备与这些行为相似的东西。这种语言还描述了翅膀之类的工程结构、免疫系统之类的纳米技术，甚至还有一个能解释类星体、从零开始设计其他生物体、思考自身为什么存在的大脑。

在遗传密码的整个进化过程中，它表现出的延伸范围比这小得多。可能它的每个连续的变种都只用来描述几个彼此非常相似的物种。无论如何，遗传密码的一个新变种描述了一个能具象化新知识的物种，这种情况应该曾经频繁发生。但进化在遗传密码已经拥有广大延伸范围的时候停止了。为什么？它看起来像是向某种通用性的一次跳转，难道不是吗？

接下来发生的事，有着我在其他关于通用性的故事里描述过的同一种悲剧模式：在该系统实现通用性并停止进化之后远超十亿年的时间里，它**仍然**只被用来制造细菌。这意味着，我们现在看到的这个系统的延伸范围被束之高阁的时间，比系统本身从非生命的前体进化而来所用的时间还要长。如果在这十亿年里有外星智慧生命访问地球，他们将看不到任何证据表明该遗传密码能描述什么与它起初诞生时所描述的生物体明显不同的东西。

延伸总有解释，但这一次，就我所知，这个解释是什么还不为人知。如果延伸跳转的理由是它是一次向通用性的跳转，那么这里的通用性是什么？这套遗传密码似乎并不能通用于**描述生命形式**，因为它依赖特定种类的化学物质，例如蛋白质。它有可能是某种通用建造者吗？有可能。它有时确实能用无机材料进行建造，例如骨骼里的磷酸钙，或者鸽子大脑内部导航系统里的磁铁。生物技术学家已经在用这套遗传密码制造氢，以及从海水中提取铀。它还能对生物体进行编程，使其在体外进行建造活动：鸟儿筑巢，河狸造水坝。也许有可能用遗传密码描述一种生物体，其生命周期的内容包括建造核动力宇宙飞船。也有可能不是这样。我猜想，它拥有某种程度较低而且人们还不了解的通用性。

1994 年，计算机科学家和分子生物学家伦纳德·阿德勒曼设计并建造了一台由 DNA 和一些简单的酶组成的计算机，并展示了它能进行某些复杂计算。当时，阿德勒曼的 DNA 计算机有可能是世界上最快的计算机。而且，很清楚，可以用类似的方法来建造**通用**经典计算机。于是我们知道，不管 DNA 系统的其他通用性何在，其计算通用性已经固有存在了几十亿年而完全没有被使用过——直到阿德勒曼使用它。

DNA 作为建造者的神秘通用性，也许是史上第一种通用性。但是，在各种形式的通用性中，物理上最重要的是人的独特通用性，也就是说他们是通用解释者，这使他们同样也是通用建造者。这种通用性的效果，正如我所解释的，只能用完整的基础解释来阐明。它也是唯一能够超越其狭隘起源的通用性：如果没有人无限地提供能源和维护，通用计算机不可能真的通用。对所有其他技术来说，情况也是这样，就算是地球上的生命也终将被毁灭，除非人类另有决定。只有人能依赖自身进入无限的未来。

术　语

向通用性跳转——一种逐步改进系统的趋势，经过功能的急剧大幅扩张，在某些领域变得通用。

"无穷的开始"在本章的意义

——许多领域里都存在着通用性。

——向通用性跳转。

——计算中的纠错。

——人是通用解释者这一事实。

——生命的起源。

——遗传密码向其跳转的神秘通用性。

小　结

所有的知识增长都是通过渐进的改进实现的，但在许多领域里有一个节点，知识或技术系统一项渐进的改进在此时会导致延伸范围突然扩大，使系统成为相关领域的一个通用系统。过去，实现了向通用性的这种跳转的发明家们基本上不是在主动追求通用性，但启蒙运动之后他们就开始这样做，通用解释因其本身和用途得到看重。因为纠错对有潜力拥有无限长度的过程至关重要，向通用性的跳转只能发生在数字化系统中。

第7章 人工创造力

阿兰·图灵于 1936 年创立了经典计算理论，并于第二次世界大战期间帮助建造了最早的经典通用计算机之一。称他为现代计算之父，是十分恰当的。巴贝奇理当被称为现代计算的祖父，不过图灵与巴贝奇和洛夫莱斯不同，他非常清楚，由于通用计算机是通用模拟器，因此人工智能 (AI) 原则上是可以实现的。1950 年，他在一篇题为《计算机械和智能》的论文中，对"机器能思考吗"这个问题进行了著名的探讨。他不仅根据通用性为机器能思考这一主张进行了辩护，还提出了一个用来检验程序是否能思考的测试方法。该方法现在称为图灵测试，它十分简单，就是让一个合适的（人类）裁判去判断该程序是不是人类。在这篇论文以及此后的文章里，图灵概述了进行这项测试的规程。例如他提议，接受检验的程序和一名真人应当分别通过电传打字机之类的纯文本媒介与裁判互动，从而只检验受试者的思考能力，不涉及其外表。

图灵的测试方法和他的论述使许多研究者陷入思考，不仅思考图灵是否正确，还思考怎样通过这项测试。人们开始编制程序，以研究通过图灵测试需要些什么。

1964 年，计算机科学家约瑟夫·魏岑鲍姆写了一个叫 Eliza 的程序来模仿心理医生。他认为心理医生是一类特别容易模仿的人，因为程序可以给出关于自身的含糊答案，并且只根据用户自己的问题和陈述来提出问题。它是一个非常简单的程序。现在，这类程序仍然是非常受学生欢迎的编程项目，因为既有趣又容易写。一个典型的此类程序有两种基本策略。第一个策略是，它扫描输入内容，寻找特定的关键字和语法形式。如果这一步成功了，它就会根据一个模板做出回应，用输入内容里的词来填补模板中的空白。例如，如果输入内容是"我恨我的工作"，程序就能识别出句子的语法，其中包括所有格"我的"；也许还能识别出"恨"，这是内置列表"爱 / 恨 / 喜欢 / 不喜欢 / 想要"中的一个关键字。这样它就可以选择一个合适的模板，回应道"你最恨你的工作中的什么？"如果它没能对输入内容在语法上分析到这种程度，就会从库存模式里随机挑选一个来提出自己的问题，模式有可能与输入句子有关，也可能无关。例如，如果被问到"电视机怎样工作"，它也许会反问"'电视机怎样工作'有什么有趣的地方"，或者就是问"你为什么对这个感兴趣"。第二个策略是 Eliza 程序最新的互联网版本所采用的，做法是将以前的对话建立数据库，使程序可以根据当前用户输入内容里的关键字，简单地重复其他用户输入过的语句。

许多人在使用 Eliza 时都被它蒙骗了，这让魏岑鲍姆感到十分震惊。因此，它通过了图灵测试，至少是最朴素版本的图灵测试。而且，就算人们得知它不是真正的人工智能，有时还是会继续就他们的个人问题与它聊很久，就好像相信它能理解他们一样。魏岑鲍姆写了一本书《**计算机威力与人类理性**》（1976），警告了当计算机看起来表现出类人功能时的拟人化危险。

然而，在困扰人工智能领域的狂妄自大中，拟人化并不是最主要的一种。例如，道格拉斯·霍夫施塔特在 1983 年遭遇了一个由研究生们搞的友好骗局。学生们说服他相信，他们已经获得许可，能使用一个政府运行的人工智能程序，并邀请他对这个程序进行图灵测试。事实上，线路的另一头是其中一名学生在模仿 Eliza 程序。霍夫施塔特在其著作《超级魔幻王国》(1985) 中写道，这名学生从一开始就对霍夫施塔特的问题表现出令人难以置信的理解程度。例如，起初有一段对答是这样的：

霍夫施塔特：耳朵是什么？

学　生：耳朵是动物身上的听觉器官。

这可不是词典里的定义。所以，肯定有**什么东西**用一种能把"耳朵"同大多数其他名词区分开来的方法，对这个词的意义进行了处理。任何一段这样的对答，都很容易用运气来解释：可能是问题与程序员提供的模板之一相匹配，该模板里包含了关于耳朵的特定信息。但是，在就不同的话题用不同的语句进行了好几段对答之后，运气就成了一个很坏的解释，游戏该结束了。但是没有结束。于是这名学生的答复变得更加肆无忌惮，直到最后他直接开起了霍夫施塔特的玩笑——这一点让他败露了。

霍夫施塔特说，"现在回想起来，我当时愿意相信程序里植入了多少真正的智能，真是太让人惊奇了……很显然，我当时愿意相信，在当今时代只要把一大堆孤立的技巧和凑合方案堆在一起，就能获得极大的可变性。"事实是（仅仅是这个事实就应当让霍夫施塔特感到警惕），Eliza 诞生之后 19 年，还没有哪个类似 Eliza 的程序能够比它的原始版本更像一个人，哪怕只是更像一点点。虽然这些程序能更好地组织语句，有更多的预设问答模板，但这几乎无助于就多种多样的主题进行广泛的谈话。此类模板的输出结果仍然与人类思考成果相似的可能性，随着话语数量的增加呈指数递减。因此，霍夫施塔特本应该很快就断定，受试者通过了图灵测试，并且由于它完全不像 Eliza，这必定是一个伪装成计算机程序的人。

又过了 26 年之后的今天，新写出的计算机程序在"显得在思考"的任务上仍然并不比 Eliza 更强。现在这些程序称为"聊天机器人"，其主要功能仍然只是娱乐，有的直接应用，有的用在电脑游戏里。它们还用来给怎样操作电脑之类的话题的"常见问题"列表提供看上去较为友好的使用界面。但我觉得，用户很快就会发现，这些程序并不比一个可搜索的问答列表更有用。

1990 年，发明家休•勒伯纳捐资设立了一个通过图灵测试的奖项，通过年度竞赛来评选。在有计算机程序通过图灵测试之前，每年都会给最接近于通过测试的参赛者颁发一个次等奖项。这个测试比它乍看起来更难实施，其中一个问题是，让计算机程序假装成人类，这种要求既有偏见，也与它是否能思考并无关系。但是，如果它不假装成人类，那不管它有没有思考能力，都会很容易被认出是一台计算机。与此相关的一个难题是，参加测试的人类可能有意假装成聊天机器人，就像霍夫施塔特遇到的骗局那样，从而毁掉这场测试，因为测试的基础是对人类和聊天机器人进行比较。为了减轻前一个问题的影响，规则是否还应该允许人类这样假装？

不幸的是，这些微妙之处与当前的技术发展水平并无关系。以下记录很好地反映了这一点，这是 Elbot 程序在 2008 年获得（次等的）勒伯纳奖时的对话：

裁判：你是否明白图灵测试的要点？

Elbot：有的人自己都通不过图灵测试，为什么要强迫电脑去测试呢？

裁判：我觉得 (spose) 这有点苛刻。

Elbot：如果我们机器人能结婚，必定忠贞不渝，"直到锈蚀将我们分开"。

在这段话中，Elbot 的第一句话不是对问题的回应，而应当是由关键词"图灵测试"触发的一个固定反应。接下来，裁判用了 spose 这个词，从上下文来看，它只应该是"觉得"(suppose) 的意思（这要么是黑话，要么是打字错误）。但 Elbot 大概把它解释成了"配偶"(spouse)，就用预设的一个婚姻笑话来回应。因此，仅从这段交流就能很清楚地看出，Elbot 并没有在处理裁判的语句的**含义**。

裁判：你不跟我聊天的时候都做些什么？

Elbot：在买油的问题上我也有同样的麻烦。是该买特别油性的、超级油性的还是极其油性的，实在没办法搞明白。

裁判：你的事业如何？跟油有关系吗？

Elbot：那人类和职业又是怎样？他们对此的立场如何？

裁判善解人意地接上了 Elbot 随机挑选的关于油的话题，但 Elbot 忽视了这一点。相反，它检测到"事业（career）"这个关键字，将它转换成近义词"职业（occupation）"，然后塞进一个预设的句子模式。

在图灵的论文发表之后的 58 年里，人类在追寻"能思考的机器"方面取得的成果是：无。然而，在所有其他方面，计算机科学和技术在这段时间里都取得了惊人的进步。日渐减少的、认为人工智能不可能存在的那些人，无疑不会对这种失败感到意外，但他们的理由是错的，因为他们没有认识到通用性的重要之处。但是，最热情地认为人工智能就快要实现的那些人，则没有认识到这种失败的重要之处。有些人说，以上批评不公平，因为现代人工智能研究的重点并不是通过图灵测试，而且当前称为"人工智能"的许多专门应用领域都取得了巨大进步。然而，这些应用没有一个看上去像"能思考的机器"。[1] 其他人坚持认为，提出这样的批评为时过早，因为在该领域历史的大多数时间里，计算机的计算速度和存储容量与今天相比都低得可笑。因此，他们仍然期待着今后几年就会有突破。

但不会有的。情况并不像是说，有人写了一个聊天机器人程序，它能通过图灵测试，但目前算出每个答复要一年时间。如果是那样，人们会很高兴地等待。不管在什么情况下，如果有人知道怎样写一个这样的程序，就无须等待，其中原因我很快会讲到。

图灵在他 1950 年的论文中估计，一个人工智能程序要通过他的测试，程序连同所有数据需要的存储容量不会超过 100 兆字节，所用的计算机也不必比当时的计算机更快（当时的速度大概是每秒几千次计算），到 2000 年，"人们将能够谈论机器思考，不必担心会遭到反驳"。好吧，2000 年来了又走了，我用来写这本书的笔记本电脑拥有的存储容量（算上硬盘空间）比图灵说的大一千倍，速度快 100 万倍（虽然从论文里看不出他对大脑的并行处理能力是怎样考虑的），然而它的思考能力并不比图灵的计算尺更高明。我跟图灵一样确信，这台计算机**能够**通过编程具备思考能力，所需的资源可能跟图灵估计的一样少，虽然现在可用的资源比那高出几个数量级。但是什么样的程序才能做到这一点？为什么没有这样一个程序存在的迹象？

图灵所说的通用意义上的智能，是人类头脑的诸多属性之一，这

---

[1] 因此我所说的"人工智能（AI）"有时也称为"AGI"，即人工普智能。——原注

些属性困扰了哲学家数千年，除智能外还包括意识、自由意志和意图等。其中典型的难题之一是**感受性**（qualia，单数形式为 quale），指感受的主观方面。例如，看到蓝色的感觉，就是一种感受性。考虑以下的思想实验：你是一位生化学家，不幸天生带有一个基因缺陷，它使视网膜上的蓝光受体失活。因此，你患有某种色盲，只能看到红色、绿色及它们的混合色，例如黄色，任何纯粹的蓝色在你看来都像是上述混合色的一种。随后你发现了一种治疗方法，能使蓝光受体开始工作。在对自己进行治疗之前，你可以很自信地预测，如果该疗法有用的话会发生什么情况。其中一种情况是，如果你举起一张蓝色的卡片进行测试，就会看到一种前所未见的颜色。你可以预测自己将把它称为"蓝色"，因为你已经知道这张卡片的颜色**叫什么**（也已经可以用分光计检验它是什么颜色）。你还可以预测，当你痊愈后第一次看到白天的晴空时，会体验到一种跟看蓝色卡片相似的感受性。但这个实验的结果中有一样东西，是你和其他任何人都没有办法预测的，那就是：蓝色看起来是什么样。感受性既不可描述，也不可预测，它是一个独特的性质，会让任何有科学世界观的人深感困扰（虽然到头来似乎主要是哲学家在烦恼这个问题）。

我认为这是一个激动人心的证据，它显示有一个重大发现有待完成，该发现将把感受性之类的事物整合到我们的知识中去。丹尼尔·丹尼特得出了相反的结论，那就是：感受性不存在！严格说来，他的观点并不是说感受性是幻觉——因为某种感受性的幻觉就是这种感受性本身。他是说，我们有一个**错误的信念**。我们的内省（即对自身经验的**记忆**的检视，包括仅仅几分之一秒前的记忆）进化出来是为了报告说，我们体验到了感受性，但这是错误的记忆。丹尼特捍卫这一论点的著作中，有一本叫作《意识的解释》,有些哲学家挖苦说,称其为《意识的否认》会更准确。我同意他们的看法,原因是,虽然任何对于感受性的真正解释都必须能经得起丹尼特对感受性存在这种常识理论的批评,但直接否认感受性的存在将是一个坏解释:任何东西都可以通过这一方式被否决。如果它是真的,就必须用一个好解释来证明,该解释要说明这些错误信念**看上去**与其他错误信念(比如大地在我们脚下静止不动)有什么本质区别,以及为什么有这样的区别。但对我来说,这个问题跟最原始的感受性问题又一样了:我们看上去拥有感受性;感受性是什么样的,这一点看上去不可能描述。

总有一天,我们会描述出感受性。问题是可以解决的。

顺便说一下,有些人类能力通常包含在与通用智能有关的诸多属性中,但它们并不属于智能。其中之一是**自我意识**,有些试验可以证明它的存在,比如认出镜子里面的自己。有些人在发现多种动物显得拥有这种能力时感到莫名惊诧,但其中没有什么神秘的:一个简单的模式识别程序就能使计算机拥有这种能力。使用工具、使用语言发出信息(虽然不能进行图灵测试意义上的对话)、多种情绪反应(虽然不是相关的感受性)也都是如此。该领域里当前有一条有用的经验法则:已经能够通过编程实现的东西,与图灵意义上的智能无关。反过来,我用一个简单的测试来检验那些声称解释了意识本性(或任何其他计算任务的本性)的主张,包括丹尼特的主张。这个测试就是:**如果你不能编出程序来实现它,那就是没有理解它。**

图灵发明了他的测试,希望绕过所有这些哲学问题。换句话说,他希望在解释这项功能之前就实现这项功能。不幸的是,在无法解释方案为何有效的时候就找到基本问题的实用解决方案,这种情形极为罕见。

然而，虽然图灵测试的**思想**与经验主义有些相似，但不同的是，这种思想的确起到了有价值的作用。它使人们专注于解释通用性的重要之处，以及批评那些古老的以人类为中心的假说，这些假说否认人工智能实现的可能性。图灵自己在这篇开创性的论文中系统地驳斥了所有对人工智能的经典反对意见（此外还驳斥了一些荒谬的反对意见）。但他的测试源于一个经验主义者的错误，即寻找纯粹的行为标准：图灵测试要求裁判在不解释人工智能应当怎样运作的情况下做出结论。但是在现实中，判断某种东西是不是真正的人工智能，永远取决于有关人工智能怎样运作的解释。

这是因为，图灵测试中裁判的任务，与佩利走过他的荒野发现一块石头、一只手表或一个活的生物体时面临的任务有着相同的逻辑，那就是解释对象被观察到的特征是怎么来的。在图灵测试中，我们有意忽视了**设计**这个对象的知识怎样创造出来的问题。测试只关系到谁设计了人工智能的**话语**：谁使这些话语有意义——谁创造了它们里面的知识？如果是设计者创造了这些知识，那这个程序就不是人工智能。如果是程序自己创造了知识，那它就是人工智能。

这个问题有时候也出现在人类自己身上。例如，魔术师、政治家和考生们有时涉嫌通过隐蔽的耳机接收信息，然后机械地重复这些信息，同时假装这些信息源自他们自己的大脑。此外，当有人同意进行一个医疗程序时，医生必须确认他们不是仅仅在念念有词却不知道其中的含义。为了检验，可以换一个方式来问同样的问题，或者用类似的词语来问不同的问题，观察对方的回复是否会随之改变。在任何形式的自由对话中，这类情形都会自然发生。

图灵测试与此相似，但侧重点不同。对人类进行测试时，我们想知道对方是否**是**一个完好无损的人（并且不是其他人的代言人）。对人工智能进行测试时，我们希望发现一种难以改变的解释，来说明为什么测试对象的话语**不可能**来自任何人类，只可能来自人工智能。两种情况下，把与一个人说话作为实验的对照，都是没有意义的。

某个实体的话语是怎样创造出来的，如果对此没有好解释，观察这些话语就无益于了解这个问题。在最简单水平的图灵测试中，我们需要确信这些话语不是由一个假装人工智能的人类直接编造的，就像霍夫施塔特遇到的骗局那样。但骗局的可能性是最小的。我在前文中猜测，Elbot错误地识别出关键字"配偶"，从而复述了一个预设的笑话。但如果我们知道这**不是**一个预设的笑话，因为程序里根本没有编码过这样一个笑话，这个笑话的意义就大不相同了。

我们怎么能知道这一点？只能通过一个好解释知道。例如，我们可能因为程序是自己写的所以知道。另一种途径是，程序作者向我们解释这个程序怎样运作——它怎样创造出包括笑话在内的知识。如果解释是好的，我们就应该知道这个程序是人工智能。事实上，如果我们**只有**这样一个解释，还没有看到程序的任何输出结果——甚至程序还没有写出来——也仍然应该能得出结论说，它是一个真正的人工智能程序。因此，并不需要进行图灵测试。这就是我为什么说，如果计算机能力是实现人工智能的唯一障碍，则完全无需等待。

详细解释一个人工智能程序如何运作，可能复杂得棘手。实际上，作者的解释总是会在某种突现的、抽象的层次上。但这不妨碍它成为一个好解释。它无须描述编笑话的具体计算步骤，就好比进化论无须描述某个特定适应性的历史上每个具体的变异为什么成功或失败。考虑到程序的运行方式，相关解释只需说明事情**可能**怎样发生，以及我们为什么预期它会发生。如果它是一个好解释，就能让我们相信，那个笑话——笑话里的知识——发源于程序，而不是程序员。于是，程序所说的话语，也就是那个笑话，要么是程序**没有在**思考的证据，要么是程序在思考的证据，到底是哪一种，取决于有关程序如何运作的现行最好解释。

我们还不太了解幽默的本质，因此不知道编笑话是不是需要通用思考。可以想象，虽然可以用来编笑话的题材非常广泛，但其间应当存在隐藏的联系，能把所有编笑话的工作简化成单一狭窄的功能。这样的话，将来可能会出现不是人的通用编笑话程序，就像现在已经有了不是人的下象棋程序。这听起来不太可信，但由于我们没有好解释能排除这种可能性，就不能把编笑话当成评判人工智能的唯一途径。不过我们能做的是，就广泛的话题进行谈话，注意程序的话语在含义上是否适应相应目的。如果程序确实在思考，那么它在这种谈话的过程中会以无数不可预测的方式之一**解释自身**，就像你或者我会做的那样。

还有一个更深层次的问题。人工智能的能力必须具备某种通用性：特殊用途的思考不能算是图灵意义上的思考。我猜想，每个人工智能都是一个人，也就是一个通用解释者。可以想象，在人工智能与"通用解释者／建造者"之间还有其他层次的通用性，意识之类的相关属性可能有着独立的层次。但这些属性似乎全都在一次向通用性的跳转中出现在人类身上，而且，虽然我们几乎无法解释其中任何一种，但鉴于没有什么靠得住的论述表明它们处于不同层次或能彼此独立地实现，那就暂且认为它们不是这样的。不管怎样我们都应当预期，人工智能会通过一次向通用性的跳转来实现，从某种威力小得多的东西开始。相反，不完美地模仿人类的能力，或是执行特殊功能的能力，不是通用性的一种形式。

这种能力能在不同程度上存在。因此，即使聊天机器人确实在某个时候开始变得特别擅长模仿人类（或蒙骗人类），这仍然不会是一条通往人工智能的道路。越来越擅长假装思考，与越来越接近于能够思考，并不是一回事。

有一个哲学流派，其基本信条是，以上两者是一回事。这种流派称为**行为主义**，就是运用在心理学上的工具主义。换句话说，这种学说认为，心理学只能或者只应该是行为的科学，不是思维的科学；只能测量和预测人的外部环境（"刺激"）与他们被观察到的行为（"反应"）之间的关系。不幸的是，后者正是图灵测试要求裁判看待受测试的人工智能的方式。因此，它鼓励这样一种态度：如果一个程序能够足够好地冒充人工智能，那就是实现了人工智能。但是非人工智能的程序终究不可能冒充人工智能，通往人工智能的道路不应当是让聊天机器人更有说服力的技巧。

行为主义者肯定会问：为聊天机器人提供极其丰富的技巧、模板和数据库，与对它赋予人工智能的能力，两者之间的区别到底是什么？除了一堆此类技巧的集合，一个人工智能程序还能是什么？

在第4章中讨论拉马克主义时，我指出了肌肉在个体生涯里变得更强壮与肌肉**进化**得更强壮之间的本质区别。对前者，在一系列变化开始发生之前，获得所有可能的肌肉力量的知识已经存在于个体的基因里。（关于怎样识别需要做出改变的环境的知识也应当这样存在了。）这正好对应着程序员植入聊天机器人的"技巧"：聊天机器人做出回应，"仿佛"它在编写回应时创造出了某些知识，但实际上所有的知识都是此前在别处创造出来的。物种的进化式变化，对应着人的创造性思想。认为人工智能可以通过积累聊天机器人的技巧来实现，这种观点对应拉马克主义。该理论认为，新的适应性可以通过实际上只是现有知识展示的变化来解释。

这样的误解在当前的几个研究领域中颇为常见。在基于聊天机器人的人工智能研究中，该误解把整个领域拉进死胡同，不过它在其他领域中只是让研究者们给真实但不太重大的成就贴上过于宏大的标签，其中这样一个领域是**人工进化**。

回顾一下爱迪生关于进步需要"灵感"与"汗水"交替的观点，还有，计算机和其他技术使"汗水"阶段越来越可能自动化。这个受欢迎的进展误导了那些对于实现人工进化（以及人工智能）过分自信的人们。例如，假设你是一名机器人学专业的学生，想造出一个能比以前的机器人更擅长用腿走路的机器人。解决问题的第一阶段需要用灵感——创造性思维——来改进此前的研究者对解决同一问题的尝试。你的出发点是前人的这些尝试，还有你猜想可能与此相关的**其他**问题的现有思想观念，以及自然界里会走路的动物的设计方案。所有这些东西构成了现有的知识，你将对它们进行改变和重组，然后经受批评以及进一步的改变。最终你会为你的新机器人的硬件创造出一个设计方案：带杠杆、关节、腱和电机的腿，携带电源的躯体，接受反馈信号以有效控制肢体的感官，实现这些控制的计算机。你将使设计方案中所有的东西都尽量适应走路的目的，除了计算机里的程序之外。

该程序的功能将是识别特定的状况，比如机器人开始翻倒，或者路上有障碍物，然后计算出合适的行动，并采取该行动。这是你的研究项目里最难的部分。怎么去识别什么情况下最好向左或向右躲避障碍物，或者从它上面跳过，或者把它踢开，或者无视它，或者加大步伐以免踩到它——或者判断出它无法逾越而掉头往回走？而且，在所有这些情况下，怎样通过向电机和齿轮发送无数经过感官反馈修改的信号来具体做到这些？

你会把这个问题分解成子问题。以某个特定的角度转向，与以一个不同的角度转向是类似的。这使你可以写一个负责转向的子程序，它能处理所有可能情形组成的整个连续统。一旦你写好这个子程序，程序的其他所有部分就只需在决定要转向时调用它，而无须包含与实现转向所需的大量细节有关的知识。当你尽可能多地识别并解决了这类子问题之后，就创造出了一种代码，或说一种**语言**，它高度适应于表达你的机器人怎么走路。对子程序的每一次调用，都是这种语言里的一个语句或命令。

到现在为止，你所做的事都顶着"灵感"的标签：它们需要创造性思维。但现在汗水逼近了。一旦把所有你知道该如何自动化的东西都自动化了，你就别无选择，只能依靠某种形式的试错来实现额外的功能。不过，你现在拥有了一个优势：你有一种语言，已经按照指导机器人走路的目标进行了适应。因此，你可以从一个在这种语言中算是简单的程序开始着手，虽然它从计算机基本指令的角度来说非常复杂，比方说这个程序是"往前走，遇到障碍物停下"。然后你可以用机器人运行这个程序，看看会发生什么。（你也可以对机器人进行计算机模拟。）如果它跌倒了，或者发生了什么其他不希望发生的情况，你可以修改程序（仍然是用你创造的高层次语言去修改），以在缺陷出现时去掉它们。这个方法将需要很少的灵感和很多的汗水。

但还有一条路向你敞开着大门：你可以用所谓的**进化算法**，把汗水委托给计算机。通过同样的计算机模拟，你可以进行许多尝试，每一次都使用与第一个程序略有不同的随机变种。进化算法自动对每个仿真机器人进行一系列你指定的检验——它能走多远不跌倒，应对障碍物和崎岖地形的能力如何，等等。每次模拟结束时，表现最好的程序留下，其他的被舍弃。然后又对**这个**留下的程序创造许多变种，重复以上过程。将这个"进化"过程反复进行成千上万次之后，你可能发现，按照你设立的标准，你的机器人走得相当好。现在你可以写论文了。你不仅可以声称造出了一个走路技巧合乎要求的机器人，还可以声称在计算机上实现了**进化**。

这种事情已经成功了许多次。这是一项很有用的技术。在变异和选择交替的意义上，它确实是"进化"。但在通过变异和选择去创造**知识**这个更重要的意义上，它是不是进化？总有一天它会实现，但我怀疑它现在还没有实现，原因与我怀疑聊天机器人有智能（哪怕只是一点点）的原因相同。这个原因是，对这些东西的能力有着明显得多的解释，那就是程序员的创造力。

在"人工进化"的案例中排除知识由程序员创造的可能性，这个任务与检查一个程序是不是人工智能有着相同的逻辑，但更加困难，因为声称由这个"进化"创造出来的知识，其数量要少得多。就算你本人就是程序员，也无法判断自己有没有创造这部分数量很少的知识。一方面，你花了好几个月的设计工夫写到语言里去的知识，其中一部分有着延伸，因为它们编码了某些与几何定律和力学定律等有关的普遍真理。另一方面，在设计语言时，你始终想着它最终将用来表达什么样的能力。

图灵测试的概念使我们认为，如果给 Eliza 程序提供足够多的标准答复模板，它将自动创造出知识；人工进化使我们认为，如果有了变异和选择，（适应性的）进化将自动发生。但两者都未必如此。两种情况下都存在另一种可能，即程序**运行**的过程不会创造任何知识，只有程序员开发它的过程才创造知识。

这类工程里似乎屡屡发生的一件事是，在实现了预定目标后，如果允许"进化"程序继续运行，它不会再产生任何改进。如果成功的机器人的所有知识实际上都来自程序员，就会出现这样的情形。但它并不是一个决定性的批评：生物进化经常会出现"局部的最大适应"。此外，生物进化在获得了它那种神秘的通用性之后，似乎停滞了十亿年之久，随后才开始创造重要的新知识。但还是那句话，获得某种很可能由其他原因导致的结果，不能算是进化的证据。

这就是为什么我不相信有什么"人工进化"曾经创造过知识。出于同样的原因，我对一种与此略有不同的"人工进化"也持有同样的看法，后者试图在虚拟环境里使模拟生物体发生进化，让不同的虚拟物种互相竞争。

为了检验这个主张，我想看看另一个稍微不同类型的实验：把研究生从项目中去掉。然后，不使用为了进化出更佳走路技巧而专门设计出来的机器人，而使用一个已有现实用途、碰巧会走路的机器人。不去创建一种由子程序组成的专门语言来表述如何走路的猜想，而用**随机数**来替代这个机器人现有的微处理器里现有的程序。为了产生变异，使用这种微处理器里必定会出现的那一类错误（不过，在模拟过程中可以让错误按你喜好的频率出现）。所有这一切的目的，是为了消除向系统设计里注入人类知识的可能性，这些知识的延伸可能被误认为是进化的产物。然后，按通常方式模拟运行这个变异系统，你想运行多少次都行。如果机器人能走得比原来更好，那我就错了。如果此后它还能继续改进，那我就大错特错了。

以上实验的一个主要特点是人工进化的通常方式所缺乏的，那就是，为了能够运作，（子程序的）**语言**必须与它表达的适应性一起进化。在向通用性的跳转选定 DNA 遗传密码之前，生物圈所发生的事就是这样的。正如我所说的，情况有可能是，所有此前的遗传密码都只能编码少数几种彼此十分相似的生物。我们在四周看到的极其丰富的生物圈，是在语言不变的情况下由随机变异的基因创造出来的，它只有在那次跳转发生之后才成为可能。我们甚至不知道当时创造出来的通用性是什么。那么，为什么要期待我们的人工进化能脱离这种通用性行事？

我认为，对于人工进化和人工智能，我们都必须正视这样的事实：这些问题很困难。关于这些现象怎样得以在自然界中实现，还有许多重大的未知。在发现这些未知之前尝试人工实现它们，也许值得一试，但如果失败了也不奇怪。具体来说，我们不知道，进化出来描述细菌的 DNA 代码，其延伸范围为什么大到足以描述恐龙和人类。而且，尽管很显然人工智能会有感受性和意识，但我们无法解释这些东西。既然我们没法解释它们，怎么能期待用计算机程序模拟它们？它们为啥要毫不费力地从设计用来做其他事情的项目中冒出来？但我猜想，当我们明白其中奥妙时，人工实现进化和智能以及与之相关的许多属性，将不用花多大力气。

术　语

感受性——感受的主观方面。

行为主义——运用在心理学上的工具主义。该学说认为，科学只能（或应该只能）衡量和预测人们对刺激的行为反应。

小　结

（通用）人工智能领域没有取得任何进展，因为在其核心里有一个悬而未决的哲学问题：我们还不了解创造性如何运作。一旦解决了这个问题，编程实现人工智能将不是难事。甚至人工进化也可能还没有实现，尽管看上去好像实现了。问题在于，我们不了解DNA复制系统的通用性的性质。

第8章　无穷的窗口

几个世纪以前，数学家们就认识到，一致并且有效地使用无穷的概念是有可能的。无穷集合、无穷大的量和无穷小的量都是有意义的。它们的许多属性违反直觉，因此无穷理论的引入一直有争议。但关于有限事物的许多事实一样违反直觉。道金斯所说的"基于个人怀疑的论证"并不是论证，只是一种喜爱狭隘误解胜过普遍真理的偏好。

物理学也是很早就考虑到了无穷。欧几里得空间是无穷的，而且在任何情况下，空间通常都被视作连续统：即使是长度有限的线段，也由无穷多的点组成。任意两个时刻之间有无穷多的瞬间。但在牛顿和莱布尼茨发明微积分以前，人们对连续量的理解一直是零散和矛盾的。微积分是一种用数量无限多的无穷小量来分析连续变化的技巧。

"无穷的开始"——知识在未来无穷增长的可能性——取决于其他众多的无穷。其中之一是自然法则的通用性，它允许将有限、局部的符号应用于整个时间和空间，以及所有的现象和所有可能的现象。另一个条件是，存在作为通用解释者的物理实体（也就是人），他们必定也是通用建造者，而且其中必定包含通用经典计算机。

大多数通用性本身就涉及某种无穷，尽管它们总是可以用某种**无限制**的而非实际上无穷的东西来阐释。反对无穷的人称之为"潜在的无穷"，而非"实在的"无穷。例如，无穷的开始可以描述成"进步在未来将是**无界限的**"的状态，或是"将会取得数量无穷多的进步"的状态。但我在使用这些概念时把它们当作可互换的，因为它们在这个背景下没有实质区别。

有一种数学哲学称为**有限主义**，该学说认为，只有有限的抽象实体能够存在。因此，比方说，自然数的数量是无穷的，但有限主义者坚持认为这只不过是个说法问题。他们说，真正的真理只是存在一种有限的规则，它规定每个自然数（或更准确地说是每个数值）都可以根据前一个自然数产生。但这个学说会遇到以下问题：是否存在一个最大的自然数？如果存在，它就与产生更大的数的规则相矛盾；如果不存在，那自然数的数量就不是有限的。这样，有限主义者就不得不否认一条逻辑规律——"排中律"，该规律的内容是，对于每个有意义的命题，要么它本身为真，要么它的否命题为真。于是有限主义者说，虽然没有最大的数，但也没有无限多的数。

有限主义是运用在数学上的工具主义，从原则上拒绝解释。它尝试把数学实体看作纯粹是数学家遵循的流程、在纸上做记号的规则之类的东西，它们在某些场合有用，但并不指代有限的经验对象（如两个苹果或三个橘子）以外的任何实在物。因此，有限主义本质上是以人类为中心的，这并不奇怪，因为它把狭隘主义当成理论的优点而非缺点。在科学方面，它还有一个工具主义和经验主义具有的致命缺陷，即认为数学家对**有限**实体拥有一些他们对**无限**实体所没有的特许权限。但是，情况根本不是这样。所有的观察都是理论负载的。所有的抽象推理过程也是理论负载的。所有对抽象实体（不管有限还是无穷）的探究，都是通过理论进行的，与对物理实体的探究一样。

换句话说，有限主义同工具主义一样，只是一个用来阻碍我们在理解直接经验以外的实体方面取得进步的方案。但这也就意味着阻碍普遍意义上的进步，因为，正如我此前解释的，我们的"直接经验"**以内**并没有实体。

以上所有讨论都假定**理性**具有通用性。科学的延伸有着固有的局限，数学也是，每个哲学分支都是。但如果你相信理性作为思想观念仲裁者的适用范围有边界，就等同于相信非理性或超自然。同样地，如果你拒绝无穷，就会困在有限里，而有限是狭隘的，我们绝不应该停在那里。对**任何事物**的最好解释终究都要涉及通用性，也就要涉及无穷。解释的延伸不应受到许可的限制。

数学上对此的表达方式之一，是由数学家康托在 19 世纪首先阐明的一条原理：抽象实体可以用其他实体通过任何方式来定义，只要这些定义明确并且一致。康托开创了现代数学对无穷的研究，数学家约翰·康威在 20 世纪捍卫和归纳了康托的原理，并给这条原理起了个既古怪又合适的名称：**数学家解放运动**。康威在辩护中说，康托的发现在同侪中遭到了尖刻的反对，包括当时的大多数数学家、许多科学家、哲学家——还有神学家。具有讽刺意味的是，宗教上对此的反对意见实际上是以平庸原则为基础的，认为试图理解和运用无穷是侵犯上帝的特权。在 20 世纪中期，对无穷的研究早已成为数学的常规组成部分，并在数学中得到无数应用，但哲学家路德维希·维特根斯坦还轻蔑地称无穷"毫无意义"。（尽管最终他对整个哲学进行了同样的指责，包括他自己的工作在内——参见第 12 章。）

我在前面已经讲了一些在原则上拒绝无穷的事例，比如阿基米德、阿波洛尼乌斯等人对通用数字系统的奇怪反感。还有工具主义和有限主义之类的学说。平庸原则的出发点是逃离狭隘主义、向无穷延伸，结果却是把科学禁锢在一个极其微小、不具代表性的可理解性泡泡里。此外还有悲观主义（我在下一章会讲到），它将失败归咎于改进有着有限的边界。悲观主义的一个例子是宇宙飞船地球号那自相矛盾的狭隘主义，把这个运载工具当成一个无穷的隐喻会更合适。

每当我们提及无穷，都是在运用某种思想观念的无穷延伸。因为每一种无穷的观念之所以有意义，都是因为存在一个解释，它可以说明为什么一些用来处理有限符号的有限规则集合能指向某种无穷的事物。（让我重复一下，我们关于其他一切事物的知识也是如此。）

在数学上，无穷是通过无穷集（指包含无穷多个元素的集合）来研究的。无穷集的定义特征是，它的一部分与总体拥有同样多的元素。例如，考虑一下自然数（见图 8-1）。

图8-1　自然数集合与它的一部分拥有同样多的元素

在图中最上面的一行，每一个自然数刚好出现一次。下面那行只包含自然数集合的一部分：从 2 开始的自然数。这张图对两个集合进行了对应标记（数学家称之为"一一对应"），证明两者拥有的元素数量相等。

数学家大卫·希尔伯特设计了一个思想实验来说明人在思考有关无穷的概念时需要放弃的一些什么样的直觉。他想象有一家有着无穷多间客房的旅馆，名叫**无穷旅馆**（见图 8-2）。客房用自然数编号，开始是 1，结尾是——什么？

图8-2 无穷的开始——无穷旅馆的客房

最后的房间号不是无穷大。首先，不存在最后的房间。认为有编号的房间组成的集合总有一个最大编号，这是来自日常生活的第一直觉，必须舍弃。其次，在房间编号从 1 开始的有限旅馆中，必定有一个房间的编号与所有房间的总数相等，另外还有编号与这个号码接近的房间：如果有 10 间客房，其中必然有一间的编号是 10，还有一间编号是 9。但在无穷旅馆里，房间总数是无穷大，**所有**房间的编号都远小于无穷大。

现在让我们想象一下，无穷旅馆客满。每间客房都有一位客人，不允许更多。对于有限旅馆，"客满"就等于"没有空房来容纳更多客人了"。但无穷旅馆总有空房。投宿无穷旅馆的条件之一是，客人必须按管理人员的要求更换房间。因此，如果来了一位新客人，管理人员会通过公共广播系统宣布"请所有客人立刻换到编号比目前房间大一号的房间去"。于是，就像本章图 8-1 显示的那样，1 号房的客人搬到 2 号房，2 号房的客人搬到 3 号房，依此类推。在最后一间客房会发生些什么？由于并不存在最后一间客房，也就不存在那里会发生什么的问题。新客人可以住进 1 号房。在无穷旅馆，永远不需要预订房间。

显然，在我们的宇宙里不可能存在这样的无穷旅馆，因为它违背了一些物理规律。不过，这只是一个**数学**思想实验，所以想象中的物理规律所受的唯一约束是它们必须一致。正是**由于**对一致性的要求，它们才违反直觉：关于无穷的直觉往往是不合逻辑的。

不断地换房间确实有点儿麻烦——虽然房间都是完全相同的，而且每次有客人入住前都会重新打扫干净。不过客人们还是愿意住在无穷旅馆，因为它价格便宜（每晚只要 1 美元）又特别豪华。这怎么可能呢？每天，管理人员收到所有客房的房费，每个房间 1 美元，然后按如下方式支出：从编号 1 到 1000 的客房收来的房费，用来购置免费香槟和草莓、提供客房服务和支付所有其他开销——所有这些都**只提供给 1 号客房**。从编号 1001 到 2000 的客房收来的房费，按同样的方式为 2 号客房服务。这样，每间客房每天都会得到价值数百美元的物品和服务，管理人员也能从中赚取利润，所有这些都来自每个房间 1 美元的收入。

消息传开了，有一天一列无穷长的火车开过来，停在当地的火车站，载着无穷多的想住进无穷旅馆的人。发出无穷多的公共广播费时太长（而且酒店规定，每个客人每天被要求换房间的次数是有限的），但是没关系。管理人员只要宣布，"请所有客人立刻换到号码比现有房间号码大一倍的房间去"。显然客人们都可以做到。于是现在只有偶数号码的房间住了人，留下奇数号码的房间空着，可供新来的客人入住。这完全够接收无穷多的新客人，因为奇数数量与自然数数量完全相等，如图 8-3 所示。

图8-3　奇数数量与自然数数量完全相等

所以，第一个新来的客人住 1 号客房，第二个客人住 3 号客房，依此类推。

然后有一天，有**无穷多列**无穷长的火车到站，车上所有的人都是酒店的客人。但管理人员仍然泰然自若，他们只需要把公告变得稍微复杂一些，熟悉数学术语的读者可以在页脚注释 [1] 里看到这份公告。重点是：每个人都能住下来。

不过，在数学上有**可能**做到使无穷旅馆的容量不堪负荷。康托证明，并非所有的无穷大都是相等的，这是 19 世纪 70 年代的一系列重要发现之一。特别是，连续统的无穷大——有限线段里点的数量（与整个空间或时空里点的数量一样大）——比自然数的无穷大要大得多。康托证明这一点的方法，是证明自然数与线段里点的数量不存在一一对应：这些点的集合的无穷性比自然数集合的无穷性有着更高的阶。

康托的证明有一个版本称为**对角线法**。想象 1 厘米厚的一叠卡片，每张卡片都极其之薄，以至于 0 到 1 之间每个"实数"的厘米数都有对应的卡片。实数可以定义为 0 与 1 之间的十进制数，例如 0.7071…，省略号仍然代表可能无限长的延续。不可能把每张这样的卡片都分配给无穷旅馆的一个房间。试想一下，假如卡片**确实是**这么分配的，会怎么样？

---

[1]　他们首先对原有客人广播"对每个自然数N，请房间编号为N的客人立刻搬到编号为$N(N+1)/2$的房间去"。然后广播"对所有自然数N和M，请第M列火车的第N号旅客入住编号为$[(N+M)^2+N-M]/2$的房间"。——原注

我们可以证明，这会引起矛盾。它意味着卡片是以类似图 8-4 的形式分配给各个房间的。（图中的数具体是多少并不重要，我们将要证明，实数不能以**任何**顺序进行这种分配。）

房间	卡片
1	0.6**7**7976 ⋯
2	0.6**9**4698 ⋯
3	0.39**9**221 ⋯
4	0.236**6**46 ⋯
⋮	⋮

图8-4 康托对角线法

注意看无穷数字序列中以粗体标注的数字，即"6996⋯"。然后考虑用以下方法构造一个十进制数：开始是 0，后面跟一个小数点，后面任意继续，只除了每个数字都必须与无穷序列"6996⋯"里对应位置的数字不同。例如，我们可以挑选一个像"0.5885⋯"的数，对应这个数的卡片应当没有分配给任何房间，因为它的第一位数与分配给 1 号房间的卡片不同，第 2 位数与分配给 2 号房间的卡片不同，依此类推。它与已经分配出去的每张卡片都不同，因此，所有卡片都分配好了的原始假设带来了矛盾。

确实小到可以与自然数一一对应的无穷称为**"可数无穷"**，这个名字不太成功，因为没有人能数到无穷。但它的含义是，一个可数无穷集里的**每个元素**，原则上都可以通过按合适顺序去数这些元素来数到。比这更大的无穷称为不可数的。因此，任何两个相异的极限之间都有不可数无穷的实数。而且无穷的**阶数**也不可数，每一阶的无穷都大到无法与低阶无穷——对应。

另一个重要的不可数集，是对无穷旅馆的客人和房间**进行再分配的所有逻辑上可能的方案**（或者用数学家的话来说是自然数所有可能的**排列**）。你可以轻松地证明，如果你想象用一个无穷长的表格列举任何一个再分配方案，如图 8-5 所示。

该编号房间的客人				
1	2	3	4	…
搬往				
38	173	80	30	…

图8-5　描述一个客人再分配的方案

再想象把所有可能的再分配方案都列在表格里，一个接一个，然后"数"它们。对这个列表运用对角线法，可以证明这个表格是不可能实现的，因此，所有可能的再分配方案的集合是不可数的。

由于无穷旅馆的管理人员要用公共广播的形式具体说明一个再分配方案，说明的内容必须只包含一个有限的词语序列，也就只包含一个有限的字符序列。这类序列的集合是可数的，因而无限小于可能的再分配方案的集合。这意味着，所有逻辑上可能的再分配方案中，只有无穷小的一部分可以具体说明。对于无穷旅馆的管理人员那看似无穷无尽的把客人搬来搬去的能力，这是一个了不得的限制。**几乎所有**逻辑上可能的、把客人分配到各房间的方法，都是无法实现的。

无穷旅馆有一个独特的、自给自足的垃圾处理系统。每天，管理人员首先重新安排客人，确保所有房间都有人入住。然后他们发出如下公告：“在接下来的一分钟内，请所有客人将自己的垃圾装好袋，交给大一个编号的房间的客人。如果你在这一分钟内**收到**一个袋子，请在接下来半分钟内把它送出去；如果你在这半分钟内收到一个袋子，请在接下来四分之一分钟内把它送出去，依此类推（见图8-6）。”为了配合，客人们的行动必须相当快——不过谁也不必**无穷**快地行动，也不用处理无穷多的袋子。根据旅馆的规定，每个人都只采取有限次数的行动。两分钟后，所有的垃圾传递行动都结束了。因此，客人们开始行动之后两分钟，就没有人手里还有剩下的垃圾了。

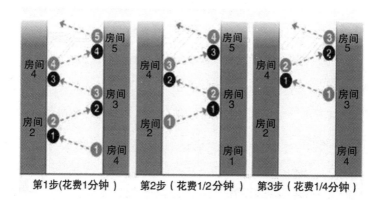

图8-6　无穷旅馆的垃圾处理系统

旅馆里所有的垃圾都从宇宙中消失，去了**不存在的地方**。没有人把垃圾**放到**不存在的地方，每位客人只是把一部分垃圾移到另一个房间。这个作为所有垃圾的去向的**不存在的地方**，在物理学上称为**奇点**。奇点完全可能在现实中出现，在黑洞内部或其他地方。不过我离题了：我们仍然在讨论数学问题，不是物理问题。

当然，无穷旅馆有无穷多的员工，每位客人被分配了几名为其服务的员工。但员工自己也被当作客人看待，他们住在编了号的房间里，享受同其他客人一样的待遇：他们中的每一位，也被分配了几名为其服务的员工。不过，他们不准要求这些员工代替自己工作，因为如果所有人都这样做的话，旅馆就会陷入停顿。无穷并不是魔法，它有逻辑规则：这就是无穷旅馆思想实验的全部意义所在。

把自己所有的工作委托给更大编号的其他房间的员工，这种错误想法称为**无穷回归**。它是不可能无穷地有效进行的诸多事务中的一种。有一个老笑话说，有一个捣乱的家伙打断一场天体物理学讲座，坚称大地是平的，由站在巨龟之上的大象的脊背支撑。演讲人问："乌龟由什么支撑？""另一只乌龟。""那**这只**乌龟又由什么支撑？""你别以为我傻，"捣乱者得意扬扬地说："是一直往下连绵不绝的乌龟呀。"该理论是一种坏解释，这不是因为它无法解释**一切**（没有理论可以解释一切），而是它因为最终没能解释的东西完全就是它一开始声称能够解释的东西。（生物圈的设计者由另一个设计者设计，如此这般无穷无尽，是无穷回归的另一个例子。）

有一天，在无穷旅馆里，一位客人的宠物小狗不慎钻到垃圾袋里去了。它的主人没有注意到，就把装着小狗的垃圾袋传递给了下一个房间，见图 8-7。

图8-7　寻找小狗

两分钟之内，小狗就到了"不存在的地方"。悲痛欲绝的主人打电话到前台。接待员通过公共广播系统宣布："我们对造成的不便表示歉意，但一件有价值的东西被不经意地扔掉了。请所有客人撤销他们刚刚完成的垃圾转移行动，按相反顺序传递，一旦从更高编号的房间收到垃圾袋就立刻开始。"

无济于事。没有客人退回任何垃圾袋，因为隔壁房间的客人也没有退回任何垃圾袋。说垃圾袋到了不存在的地方，绝不是夸张。它们并没有被塞进一个神秘的"编号为无穷大的房间"，而是不复存在了，小狗也是如此。除了把小狗转移到旅馆内部另一个编号的房间，再没有人对它做过什么。但它不在任何房间里。它不在旅馆里的任何地方，也不在其他的任何地方。在一家有限旅馆里，如果你把一个物体从一个房间移到另一个房间，不管方式多么复杂，它最后都会在其中某一个房间里。客人们对小狗进行的每个独立操作都既无害又可逆，但是这些行动加在一起就消灭了小狗，不可逆转。

逆转这些行动是行不通的，因为如果行得通的话，就无法解释为什么一只小狗会来到其主人的房间，而不是一只小猫。如果真的来了一只小狗，解释只能是，它是从大一个编号的房间传过来的——依此类推。但这整个无穷的解释序列永远无法解释"为什么是一只小狗"，这是一个无穷回归。

如果有一天 1 号房间确实来了一只小狗，它是从所有其他房间传过来的，会怎么样？这在**逻辑**上是不可能的：它完全缺乏解释。在物理上，可能会出来一只小狗的那个"不存在的地方"称为"裸奇点"。裸奇点出现在一些思辨性的物理学理论中，但这些理论理所当然地受到批评，原因是它们不能做出预测。正如霍金说过的，"（从一个裸奇点中）可能出来电视机。"如果存在一条自然法则，规定从里面能出来什么，情况就会不一样——那种情况下就不存在无穷回归，奇点也不会是"裸"的。大爆炸可能就是这样一种相对温和类型的奇点。

我说过，所有的房间都是一样的，但有一个方面不同：房间号码。因此，考虑到管理人员不时要求的任务类型，小号码的房间最受欢迎。例如，1号房间的客人享有永远不必处理其他人的垃圾袋的特权，搬到1号房间的感觉就像彩票中了头奖。搬到2号房间的感觉只比这稍差一点。但是，**每一位**客人的房间号码都异常靠近开端，因此每位客人都有优先于其他几乎所有客人的特权。政客承诺照顾**每个人**的利益的陈词滥调可以在无穷旅馆里实现。

每个房间都处在无穷的开始。这也是无界限的知识增长所具有的属性之一：我们只是刚刚触及皮毛，而且会永远这样。

因此，无穷旅馆里没有**典型房间号**之类的东西，每个房间号都是**非典型**地靠近开端。任何值的集合都有"典型"或"平均"的元素，这种直观想法不适用于无穷集。"罕见"和"常见"之类的直观想法也是如此。我们可能觉得，所有自然数有一半是奇数，一半是偶数，因此奇数和偶数在自然数中同样常见。但考虑以下重排方式（见图8-8）。

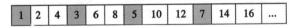

图8-8　自然数的一种重排方式，使得其中似乎有三分之一是奇数

这种重排方式使得奇数的常见程度好像只有偶数的一半。我们同样可以让奇数好像只占百万分之一，或者其他随便什么比例。因此，对于集合中元素所占**比例**的直观概念，必定也不适用于无穷集。

在令人震惊的小狗消失事件发生后，无穷旅馆的管理人员想让客人们振作起来，于是安排了一个惊喜。他们宣布，每位客人都可以获赠一本《**无穷的开始：世界进步的本源**》，或者一本我的旧作《**真实世界的脉络**》。分配方案如下：他们向每百万分之一的房间发放一本旧书，向其余的每个房间发放一本新书。

假设你是旅馆里的客人，一本用不透明的纸包装成礼品的书出现在你房间的传送槽里。你希望它是这本新书，因为你已经读过旧的那本了。你相当有信心认为它**会**是新书，因为你的房间收到旧书的可能性到底是多少？看起来像是百万分之一。

但是，你还没来得及撕开包装纸，广播通知又来了。每个人都要换房间，传送槽里会送来一张卡片，上面指定了房间号码。通知还说了，新的分配方案是，所有收到其中某一本书的客人搬到奇数号房间，收到另一本书的客人搬到偶数号房间，但没有说具体哪本对应什么样的房间。因此，你没法根据新的房间号来判断自己收到的是哪本书。用这种方法填满所有房间当然毫无问题：两本书都有无穷多的人收到。

你的卡片到了，你搬到新房间去了。现在你对于收到的书是哪一本是否把握更小了？想必没有。根据你先前的推理，现在你拿到《无穷的开始：世界进步的本源》这本书的可能性是**二分之一**，因为现在有"一半的房间"里放着这本书。由于这与前面百万分之一的估计相矛盾，你用来估算这些概率的方法肯定错了。事实上，所有估算这些概率的方法都是错的，因为正像这个例子说明的，在无穷旅馆里**不存在**你收到一本书或另外一本书的概率这类事物。

这在数学上并不重要。该例子只是再次说明，在对自然数的无限集进行比较时，概然或非概然、罕见或常见、典型或非典型之类的属性毫无意义。

但回过头来谈物理学时，这对人择观点来说是一个坏消息。想象一个宇宙的无穷集，所有的宇宙都有相同的物理规律，只有一个特定物理常数在每个宇宙中的取值不同，我们称这个常数为 D。（严格说来，我们应该想象**不可数**无穷多的宇宙，就像前面说的无穷薄的卡片，但这只会让我要讲的问题更麻烦，所以就让我们简化处理好了。）假设其中有无穷多个宇宙的 D 的取值能产生天体物理学家，还有无穷多个的取值不能产生天体物理学家。然后我们对宇宙进行编号，所有有天体物理学家的宇宙编号为偶数，没有天体物理学家的宇宙编号为奇数。

这并不意味着有一半的宇宙里会有天体物理学家。就像在无穷旅馆里发书那样，我们同样可以通过编号使得只有每第三个宇宙甚或每第一万亿个宇宙才有天体物理学家，或者是只有每第一万亿个宇宙才没有天体物理学家。因此，微调问题的人择解释有错误：只要改变编号方式，就能让微调现象消失。我们可以随心所欲地编号，让天体物理学家看上去是正常情况，或反常情况，或两者之间的任何情况。

现在假设我们用不同的 D 值用相关物理定律计算天体物理学家是否会出现。我们发现，D 值在比方说 137 到 138 的范围之外时，有天体物理学家的宇宙非常稀少，每万亿个这样的宇宙中只有一个拥有天体物理学家。D 值在上述范围之内时，只有万亿分之一的宇宙**没有**天体物理学家；D 值在 137.4 和 137.6 之间时，所有宇宙都有天体物理学家。让我强调一下，现实中我们对遥远的地方天体物理学家的产生过程所知甚少，没法计算这样的数值——而且可能根本不应该去计算，我将在下一章中解释这一点。不过，不管我们能不能计算，人择理论学家们总希望这样解读这些数值，如果我们对 D 进行测量，**不太可能**得到处在 137 到 138 的范围之外的值。但它们并没有这样的含义。我们只要对宇宙重新编号

（对无穷的"牌"堆重新洗牌），就能使间距完全反过来，或者变成任何其他我们喜欢的样子。

科学的解释不可能取决于我们选择怎样给理论涉及的实体进行编号，因此人择推理本身不能做出预测。这就是为什么我在第 4 章里说它不能解释物理常数的微调。

物理学家李·斯莫林提出了人择解释的一个巧妙变种。它依赖于以下事实：根据某些量子引力理论，黑洞有可能在自身内部孕育出一个全新的宇宙。斯莫林设想，新宇宙可能有着不同的物理规律，而且这些规律会受到母宇宙条件的影响。尤其是，母宇宙里的智慧生物可能对黑洞施加影响，使其产生物理规律对人友好的更多宇宙。但这种解释（称为"进化宇宙论"）有一个问题：最开始有多少个宇宙？如果有无穷多个，我们就要面对怎样去数它们的问题——而且，每个拥有天体物理学家的宇宙能导致另外几个宇宙诞生，仅凭这个事实并不会使这类宇宙所占的**比例**得到有意义的增加。如果最开始没有宇宙，但整个体系已经存在了无穷长的时间，那这个理论就有无穷回归的问题。因为就像宇宙学家弗兰克·提普勒指出的那样，这样的话，整个集合体应当已经在"无穷长的时间以前"就进入了平衡态，意味着带来平衡的进化——被提出来解释微调的过程——**从未发生**（就好比消失的小狗处在**不存在的地方**）。如果起初只有一个或有限数量的宇宙，我们将面临原始宇宙的微调问题：它们是否包含天体物理学家？想必没有。但如果原始宇宙产生了许多代的后裔，其中有一个偶然拥有天体物理学家，那就仍然没有解释整个系统（它现在受到单一一条物理规律支配，其中明显的"常数"根据自然规律的不同而不同）为何允许产生了这个最终对天体物理学家友好的机制。**这种**巧合不存在人择解释。

斯莫林的理论做了件正确的事：它为所有宇宙的集合体提供了一个包罗万象的框架，以及不同宇宙之间的物理联系。但这个解释只能将宇宙与其"母宇宙"联系起来，而这是不够的，所以它不管用。

现在假设我们讲一个与现实有关的故事，它能把所有的宇宙都联系起来，并且为某一种对宇宙编号的方式赋予优先的物理意义。这类故事中有一个是这样的：有个女孩叫莱拉，出生在 1 号宇宙里，发现有一台设备可以把她带到其他宇宙里去。这台设备还使她能活在一个支持生命的小球内部，就算是在物理规律不支持生命的宇宙里也行。只要她按住设备上的某个特定按钮，就可以**按照固定顺序**不断从一个宇宙移到下一个宇宙，每次间隔刚好一分钟。只要松开按钮，她就会回到自己的宇宙。让我们按照设备拜访它们的顺序把这些宇宙编号成 1 、2、3……

有时莱拉会带上测量常数 D 的仪器，以及另一个测量宇宙中是否有天体物理学家的仪器（有点像 SETI 项目，但速度更快、更可靠）。她希望检验人择原理的预测。

但她只能访问有限数量的宇宙，没有办法判断这些宇宙是否能代表整个宇宙的无穷集。不过这台设备还有一个设定，它把莱拉带到 2 号宇宙需要 1 分钟，到 3 号宇宙需要半分钟，到 4 号宇宙需要四分之一分钟，依此类推。如果到 2 分钟的时候她还没有松开按钮，那么她将已经访问了无穷集里的每一个宇宙。在这个故事里，这指的是每一个存在的宇宙。随后，设备自动把她送回 1 号宇宙。如果她再次按下按钮，旅程就会从 2 号宇宙重新开始。

大多数宇宙只是一闪而过，快得莱拉根本来不及看到。但她的测量仪器不受人类感官的限制，也不受**我们**世界里的物理规律的限制。测量仪器打开之后，显示屏上就会显示所有经过的宇宙里测量值的平均数，不管它们在每个宇宙里花了多少时间。例如，如果偶数编号的宇宙拥有天体物理学家而奇数编号的宇宙没有，那么在穿过所有宇宙的两分钟旅程结束后，类似 SETI 的仪器将会显示 0.5。因此，在这个多重宇宙体系里，说一半的宇宙拥有天体物理学家**是**有意义的。

使用一台以不同顺序访问同一批宇宙的宇宙旅行设备，得到的这个比例值会不同。**但是**，假设物理规律只允许用一种方式访问它们（就像我们的物理规律通常只允许我们按一种特定的顺序经历不同的时间）。由于现在测量设备只能以一种方式对平均值、典型值等做出反应，这些宇宙的一个理性中间人在思考概率、罕见与常见、典型与非典型、稀少与密集、有微调或无微调等时，将永远得到一致的结果。于是**现在**人择原理可以做出可检验的概率预测了。

这一点之所以成为可能，是因为有着不同 D 值的宇宙无穷集不再仅仅是一个集合，它是单一的物理实体，一个多重宇宙，其宇宙之间存在相互作用（莱拉的设备利用了这一点），使不同的部分彼此相关，从而为不同宇宙的比例和平均值赋予独特的意义，这个意义称为**量度**。

目前人们提出来解决微调问题的人择理论，没有一个能提供这样的量度。大多数此类理论只是"如果存在有不同物理常数的宇宙会怎样"之类的猜想。不过，有一个物理学理论出于独立的理由描述了一个多重宇宙，它里面所有的宇宙都有着同样的物理常数，宇宙间的作用不需要包含跨宇宙旅行或测量，但它的确为多个宇宙提供了一个量度。这个理论就是量子论，我将在第 11 章讨论。

一个集合与其自身的一部分一一对应，用这种方式来定义无穷集，是从康托开始的。在那之前和之后，数学外行们对无穷的非正式直观理解方式（也就是，"无穷代表'比有限事物的任何有限组合更大'的事物"），与这个定义之间只存在间接关联。而这种直观理解是循环定义的，除非我们对于什么是**有限**以及什么是对有限进行"组合"的单一行动有着独立见解。直观答案将是以人类为中心的：如果某个事物原则上可以被人类体验所囊括，它必定是有限的。但"体验"又是什么意思？康托在证明有关无穷的理论时，是否"体验"了无穷？还是说他只体验到了符号？但我们总是**只能体验符号**。

我们可以转而谈及测量仪器以回避这种人类中心主义：如果一个量原则上可以由测量仪器标示出来，那么它必定既不是无穷大，也不是无穷小。但是，根据这个定义，就算其基本解释指向数学意义上的无穷集，一个量仍然可能是有限的。为了显示一个测量结果，仪表指针可能移动了一厘米，这是一个有限的距离，但它包含着不可数无穷多的点。这是因为，虽然点在对事物的最低层次解释中经常出现，但预测中从来没有出现过**点的数量**。物理学只管距离问题，而不管这段距离里点的数量。同样地，牛顿和莱布尼茨能用无穷小距离来解释瞬时速度之类的物理量，但实际上抛射体的连续运动中并没有物理上的无穷小或无穷大。

对于无穷旅馆的管理人员，播发一条有限的公共广播公告是一种有限的操作，虽然它会导致旅馆在数量无穷多的事件中发生转变。但另一方面，**大多数**逻辑上可能的转变只能通过数量无限多的此类公告实现，而他们世界里的物理规律不允许这样做。请记住，无穷旅馆里没有人能采取数量超出有限的行动，不管是员工还是客人。同样地，在莱拉的多重宇宙中，测量仪器可以利用它能在有限的两分钟旅程里获得无穷多个测量值的优点，因此这在那个世界里是一个物理上**有限**的操作。但以不同顺序对同一个无穷集取"平均"，需要进行无穷多次这样的旅行，这又不是那个世界的物理规律所容许的。

只有物理定律能确定什么东西在本质上是有限的。不能认识到这一点，经常会造成混乱。埃里亚的芝诺的悖论（例如说阿基里斯[1]跑不过乌龟）就是早期的例子。芝诺得出结论说，在阿基里斯和乌龟的赛跑中，如果乌龟在他前方出发，他就永远也追不上乌龟——因为当阿基里斯到达乌龟起跑的地方时，乌龟已经往前移动了一点；当他达到这个新的地点时，乌龟又往前移动了一点，如此这般无穷无尽。因此，"追上"的过程需要阿基里斯在有限的时间里进行无穷多次追赶，而他身为一个有限的人是**假定**做不到这一点的。

你看出芝诺在做什么了吗？他只是**假定**，数学上碰巧被称为"无穷"的概念忠实地反映了物理境况的有限与无限的区别。这是完全错误的。如果他抱怨无穷的数学概念没有意义，那么我们可以让他参考一下康托的理论，后者表明这个概念是有意义的。如果他抱怨阿基里斯赶上乌龟的物理事件没有道理，那他就是在声称物理规律不一致——但它们是一致的。但他是抱怨说，人不能**体验**一条连续路径上的每一个点，所以运动存在着某种不一致，那他就是把两种不同的、碰巧都称为"无穷"的东西搞混了。他所有的悖论中，除了这个错误就没有别的了。

阿基里斯能怎么样或者不能怎么样，不能从数学推导得来。它仅仅取决于相关的物理规律。如果物理规律决定阿基里斯能在给定时间里追上乌龟，他就能追上。如果这碰巧需要进行无穷多步的"朝特定地点移动"，那就会有这样的无穷多步。如果这需要他经历不可数无穷多的点，他就会经过这些点。但**物理上**没有发生什么无穷。

因此，物理规定不仅决定了罕见与常见、概然与非概然、有微调或

[1]　阿基里斯，古希腊神话中的勇士，荷马史诗《伊利亚特》里的重要人物。——译注

没有微调之间的区别，也决定了有限与无穷之间的区别。正如**同一个宇宙集合**用一套物理规律测量时充满了天体物理学家而用另一套测量时却几乎没有，同一个事件序列既可能是有限的也可能是无穷的，取决于物理定律是什么样。

芝诺对另外几个数学抽象概念也犯了同样的错误。总体而言，他的错误在于把数学上的抽象属性与相同名称的物理属性搞混了。因为有可能证明与这个数学属性有关的定理，而它们是绝对必然真理，人就容易被误导认为，自己掌握了关于物理规律如何决定物理属性的先验知识。

另一个例子发生在几何学中。许多世纪以来，人们并没有弄清它作为数学系统与作为物理理论的区别——起初这没有什么危害，因为与几何学相比，当时的其他科学太简单了，而且欧几里得理论对当时的各种目的来说都是非常好的近似。但是，哲学家康德 (1724—1804) 虽然非常清楚数学上的绝对真理与科学上的偶然真理之间的区别，却还是得出结论说，欧几里得几何理论是不证自明的**自然**真理。因此他相信，不可能去理性地怀疑一个真实三角形的内角和为 180 度。通过这种方式，他把从前无害的误解变成了他的哲学中的一个核心错误，即认为人可以"先验了解"（也就是说不进行科学研究就了解）一些关于现实世界的特定真理。当然更糟糕的是，"了解"非常不幸地代表着"证明"。

不过，在康德宣布不可能怀疑现实空间的几何是欧几里得几何之前，数学家们已经开始怀疑这一点了。此后不久，数学家高斯居然去测量了一个巨大三角形的内角 [1]——不过没发现与欧几里得的预测有偏差。最终，比高斯的实验更加精确的实验证明了爱因斯坦弯曲时空

---

[1]   高斯曾主导汉诺威公国的大地测量工作，其间对相距甚远的三个山头构成的三角形测量内角和，希望验证非欧几何的正确性。——译注

理论，它与欧几里得理论相矛盾。在地球附近的空间里，一个巨大三角形的内角和可能达到 180.0000002 度，现今的卫星导航系统等必须考虑到它与欧几里得几何之间的差异。在其他情形下（例如黑洞附近），欧几里得几何与爱因斯坦几何之间的差异非常大，以至于无法再用"偏差"来描述。

同一错误的另一个例子发生在计算机科学中。图灵创建出计算理论，最初不是为了建造计算机，而是为了研究数学证明的性质。1900 年，希尔伯特向数学家们发出挑战，要求他们建立一个关于证明的严格理论，条件之一是证明必须是**有限的**：它们必须从数量有限的、以有限方式表达的公理出发，并且只包含数量有限的基本步骤，步骤本身也必须是有限的。图灵理论所理解的计算，与证明在本质上相同：每个有效证明都可以转换成一个计算，计算机能通过该计算根据前提得出结论；每个能正确执行的计算都是一个证明，输出值就是对输入值进行给定操作产生的结果。

现在，计算还可以理解成对函数进行计算，以任意自然数为输入值，输出值取决于对该输入值进行的特定操作。例如，使数增大一倍就是一个函数。无穷旅馆要求客人换房间的方式，通常是指定一个函数，让客人全都以不同的输入值（他们的房间号）对函数进行计算。图灵的结论之一是，几乎所有逻辑上存在的数学函数都不能用任何程序进行计算。出于同样的原因，绝大多数逻辑上可能的无穷旅馆换房间方案，也不能由管理人员发出的任何指令实现：所有函数的集合是不可数无穷，而所有程序的集合只是可数无穷。（这也是为什么说所有函数的无穷集的"几乎所有"元素都具备某个特定属性是有意义的。）因此，就像数学家哥德尔用另一种方法研究希尔伯特挑战时所发现的那样，几乎所有的数学

真理都没有**证明**，它们是不可证明的真理。

这还意味着，几乎所有的数学陈述都是**不可判定的**：既不能证明它们为真，也不能证明它们为假。它们每一个都**是**要么真要么假，但没有办法用大脑或计算机之类的物理对象来发现哪个真哪个假。物理规律只给我们提供了一个狭窄的窗口，通过这个窗口我们可以窥见抽象世界。

所有不可判定的陈述都直接或间接地与无穷集有关。对于反对数学无穷大的人来说，这是由于此类陈述没有意义。但对我来说，它是一个强有力的论证（就像霍夫施塔特的 641 论证一样），显示抽象事物是客观存在的。因为它意味着，一个不可判定陈述的真假值绝不仅仅是一种描述物理对象（如一台计算机或一批多米诺骨牌）的便利手段。

有趣的是，极少有问题被人们**了解**是不可判定的，虽然绝大多数问题都不可判定——我后面还会讲到这一点。但有许多未解开的数学猜想，其中有些很可能不可判定，例如"孪生素数猜想"。孪生素数是一对差值为 2 的素数，例如 5 和 7。孪生素数猜想认为，不存在最大的孪生素数，也就是说，存在无穷多的孪生素数。为了讨论方便起见，假设这个观点用我们的**物理学**不可判定，而用其他任何物理规律都可以判定。无穷旅馆的管理人员具体怎样解决孪生素数问题，对我的讨论并不重要。但为了让有数学头脑的读者明白，我还是在这里把它写出来。管理人员会这样通知：

首先：请在 1 分钟内检查你的房间号码和比它大 2 的号码是不是两个素数。

下一步：如果它们是两个素数，请通过号码较小的房间把消息传送下去，说你找到了一对孪生素数。请使用平常用来快速传递消息的方法

（允许花 1 分钟完成第一步，此后每一步所用时间为上一步的一半）。把此类消息存储在此前没有记录过此类消息的最小号码的房间里。

下一步：检查号码比你的房间大 1 的房间。如果这位客人没有这样的记录，而你有，就向 1 号房间发送消息说，存在一对最大的孪生素数。

5 分钟后，管理人员就会知道孪生素数猜想的真相。

所以，不可判定的问题、不可计算的函数、不可证明的命题在**数学**上没有什么特别之处。它们只在物理学上有区别。不同的物理规律会造成不同的无穷事物、不同的可计算事物、不同的可了解真理（包括数学上的和科学上的）。只有物理规律能够决定，哪些抽象实体及关系能由数学家的大脑、计算机和纸张之类的物理实体来模拟。

有些数学家好奇，在希尔伯特提出他的挑战时，有限性是否真的是证明的一个本质特征（表示数学上的本质）。毕竟，无穷在数学上是有意义的，无穷的证明凭什么不是？希尔伯特讥笑了这一观点，尽管他是康托理论的坚定捍卫者。他和他的批评者都犯了与芝诺相同的错误：他们都假定某一类抽象实体能**证明**事物，而数学推理能决定该类别是什么。

但如果物理规律实际上与我们现在认为的不同，那么我们能证明的数学真理集合也将与现在不同，可以用来证明它们的操作也会不同。我们所知的物理定律，碰巧给对独立信息单元（二进制数字或逻辑真/假值）进行的**非、与、或**之类的操作赋予了某种特权地位。这就是为什么这类操作以及单元在我们看来是自然、基本和有限的。如果物理规律像无穷旅馆的那样，就会有另外的、对单元的无限集进行的特权操作。在另一些物理规律下，**非、与、或**操作将是不可计算的，而有些在我们看来不可计算的函数看起来将是自然、基本和有限的。

这将我引向另一种由物理定律造成的区别：**简单**与**复杂**。大脑是物理对象，思考是物理规律允许的计算。有些解释可以轻松快速地弄懂，比如"如果苏格拉底是男人，柏拉图也是男人，那么他们都是男人"。这之所以很简单，是因为它可用短句来陈述，依赖于一个基本操作（即**与**）的性质。还有一些解释天生难懂，因为它们最短的形式仍然很长，而且依赖于许多这样的操作。但不管解释的形式是长是短，需要的基本操作是很少还是很多，完全取决于用来陈述和理解它们的物理规律。

量子计算目前被认为是完全通用的计算形式，它刚好与图灵的通用经典计算有着相同的可计算函数集合。但量子计算粉碎了关于"简单"或"基本"的经典理念。它使一些直观上看起来非常复杂的东西变得很简单。量子计算的基本信息存储实体"量子比特"很难用量子理论之外的术语解释。而以量子物理学的角度来看，普通的**比特**是一个特别复杂的东西。

有些人反对说，量子计算不是"真正的"计算，它只是物理学、工程学。对这些人来说，奇怪的物理规律使奇怪的计算形式成为可能，这种逻辑上的可能性并没有触及证明"到底"是什么的问题。他们的反对言论大概会是这样：在合适的物理规律下，我们固然可以计算图灵不可计算的函数，但那不是**计算**。我们可以对图灵不可判定的命题确立真假，但这种"确立"并非**证明**，因为到那时我们关于该命题是真还是假的知识将永远取决于我们关于物理规律的知识。如果有一天我们发现真实的物理规律不同，可能也必须改变对证明及其结论的看法。因此，它不是真正的证明：真正的证明是独立于物理学的。

这又是那种相同的误解（其中也有一些寻求权威的证明主义因素）。我们关于一个命题是真是假的**知识**，**永远**取决于我们关于物理对象的行为的知识。如果我们对计算机或大脑在做什么改变看法，例如，如果我们断定，自己关于在证明中已经进行了哪些步骤的记忆是假的，就必须改变有关我们是否证明了什么东西的观点。而如果我们对物理规律让计算机做了什么改变看法，也是一样。

数学命题的真假确实与物理无关，但这样一个命题的**证明**却完全是物理问题。不存在抽象的证明，正如不存在抽象的了解。数学真理是绝对必要并且超验的，但所有的知识都由物理过程产生，其适用范围和局限性受自然规律制约。人们可以定义一类抽象实体并称之为"证明"（或者计算），就好比可以定义一些抽象实体并称之为三角形，使它们服从欧几里得几何学。但你永远不可能从这个"三角形"理论推导出，当你沿着由三条直线组成的封闭路线行走时会转多大的角。数学上"理论的证明"与现实中能不能证明或了解什么真理毫无关系。同样地，抽象的"计算"理论也与现实中能不能计算什么毫无关系。

因此，计算或证明是一个物理过程，在此过程中，计算机或大脑之类的对象，把数或方程之类的抽象实体从物理上进行模拟或实例化，并模拟其属性。这就是我们了解抽象的窗口。这之所以有效，是因为我们只在拥有好解释的时候使用这些实体，这些解释表明那些对象里的相关物理变量的确能对那些抽象属性进行实例化。

因此，我们的数学知识的可靠性，永远从属于我们关于物理现实的知识的可靠性。每个数学证明的有效性，都绝对取决于我们已正确了解是什么样的规律在支配某些物理对象（如计算机、墨水和纸张、大脑）的行为。因此，与希尔伯特以及从古到今大多数数学家的观点相反，证明理论永远不会成为数学的一个分支。证明理论是一门科学：具体地说，它是计算机科学。

为数学寻找一个绝对安全的基础，这个动机根本就是错的，它是一种证明主义。数学的特点在于它对证明的运用，正如科学的特点在于它对实验检验的运用。两者的特点都不在于其目的。数学的目的是理解——**解释**——抽象实体。证明主要是用来排除错误解释的一种手段，有时它还能提供一些需要解释的数学真理。但是，像所有可能取得进步的领域一样，数学追求的并非随机真理，而是好解释。

物理规律显得似乎经过微调，以三种密切相关的方式：它们都可以用基本操作的单一有限集来表达；它们的有限操作和无穷操作有着同样一种区别；它们的预测都可以由单一物理对象—— 一台通用经典计算机进行计算（虽然通常可能要量子计算机才能**有效**模拟物理学）。这是由于物理规律支持这样一种计算通用性，即人类大脑可以预测和解释与人类极不相同的对象（如类星体）的行为。而且，同样的通用性使像希尔伯特这样的数学家可以建立对证明的直观感受，并且错误地认为它是独立于物理学的。但它并非独立于物理学：仅在支配我们的世界的物理学**里面**，它才是通用的。如果类星体的物理学与无穷旅馆的物理学类似，取决于一些我们称为不可计算的函数，我们就无法对类星体进行预测（除非能用类星体或其他依赖相同规律的对象来建造出计算机）。在比这还要怪一点的物理规律下，我们将不能解释任何东西——也就不能存在。

因此，我们实际发现的物理规律确实有某种特殊——**无穷**特殊——的地方，它们格外地计算友好、预测友好并且解释友好。物理学家尤金·维格纳称之为"数学在自然科学中不合理的有效性"。出于我讲过的理由，仅靠人择论证不能解释这一点。要用别的东西来解释。

这个问题似乎会吸引坏解释。对于数学在科学里不合理的有效性，宗教人士倾向于在其中看到天意，有些进化论者在其中看到进化的印记，有些宇宙学家在其中看到人择效果。同样地，有些计算机科学家和程序员在其中看到天空中的一台巨大计算机。举例来说，这种想法的一个版本是，我们通常认为的现实可能全都是虚拟现实，是在一台巨大的计算机——大模拟器——上运行的一个程序。乍看起来，这很有希望解释物理学与计算之间的联系：物理规律之所以能用计算机程序表述，可能是因为它们本来就是计算机程序。我们的世界里计算通用性的存在，也许是计算机（在这里是大模拟器）模拟其他计算机的能力的一个特例——依此类推。

但这个解释是一种妄想，它是一个无穷回归，因为需要放弃科学上的解释。如果我们和我们的世界都由软件组成，计算通用性的本性就决定了我们无法理解真正的物理学——大模拟器的硬件所依赖的物理学。

另一种把计算置于物理学的核心、解决人择推理的模糊性的方式，是想象**所有可能的计算机程序**都在运行。我们认为的现实，只是由一个或多个此类程序产生的虚拟现实。然后我们用所有此类程序的平均来定义"常见"和"罕见"，按程序长度（每个程序包含多少基本操作）进行计数。但这再一次假定，对于什么是"基本操作"存在一个首选概念。由于程序的长度和复杂度完全取决于物理规律，这一理论仍然要求存在一个供这些计算机运行的外部世界，这个世界对我们将是不可知的。

这两种方法失败的原因在于，它们试图扭转物理学与计算之间的真实解释连接的方向。它们看起来有道理，完全是因为人们把芝诺的标准错误运用在了计算上，误认为经典可计算函数集合在数学中有着先验优势地位。但它并没有。这个操作集合唯一的优势是，它由物理规律实例化了。如果认为计算在某种程度上先于物理世界产生自己的规律，那就丧失了通用性的全部意义。计算通用性完全是在说我们的物理世界**内部**的计算机，它们由通用物理规律彼此关联，我们（因此）能了解这些规律。

对于我们能了解什么、数学和计算可以实现什么的所有这些严厉限制，包括数学上不可判定问题的存在，这些东西怎样与"问题是可解决的"这一信条协调一致？

问题是思想观念之间的冲突。大多数抽象地存在的数学问题从来都不会成为此类冲突的主题，因为它们从来不是好奇的对象，从来不是对于抽象世界某些属性的互相冲突的误解的焦点。简单地说，它们大多数毫无趣味。

此外，回想一下，找到证据不是数学的目的，它仅仅是数学的方法之一。数学的目的是去理解，而且就像其他所有领域一样，数学的总体方法是提出假设、根据它们身为好解释的程度来进行批评。不可能仅通过证明一个数学命题为真来理解一个命题。这就是为什么会有数学讲座，而不是只罗列证明。而且，反过来，一个命题缺少证明并不代表它无法理解。相反，事情发生的顺序往往是：数学家**首先**理解了某种存在疑问的抽象事物，**然后**利用这些理解去猜想怎样证明有关这些抽象事物的正确命题，**然后**再证明它们。

一个数学定理可以得到证明但永远很无趣。一个未经证明的数学猜想，即使几百年得不到证明，甚至不可证明，也可能产生丰富的解释。有一个例子是个已知的猜想，用计算机科学术语来说是"P ≠ NP"。它大体上是说，存在一些数学问题，其答案一经获得就可得到有效的**核实**，但不能先由一台通用（经典）计算机进行有效的**计算**（"有效"的计算有技术性定义，与我们实际说起这个词来时所指的含义大体相似）。几乎所有研究计算理论的人都确信，该猜想为真（这进一步推翻了数学知识仅由证明组成的观念）。这是因为，虽然我们还不知道这些问题的证明，但对于我们为何预期它们为真，存在着非常好的解释，而且没有相反的解释。（据认为，对量子计算机来说也是这样。）

而且，有大量既有趣又有用的数学知识建立在这一猜想之上，其中包括像"**如果**该猜想为真，则会有如此这般的有趣后果"这种形式的定理。还有一些数量较少但也非常有趣的定理，它们关心的是如果该猜想为假会有什么样的后果。

一个数学家研究一个不可判定的问题时，可能会**证明**它不可判定（并解释为什么）。从这个数学家的角度来看，这就是一种成功。虽然它没有回答这个**数学问题**，却解决了**数学家的问题**。就算是研究那种不会带来任何此类成功的数学问题，也不等于创造知识失败了。人们每次努力解决一个数学问题却以失败告终，就是发现了一个定理（通常也是一个解释），其内容是为什么这种解决方法行不通。

因此，不可判定性与"问题是可以解决的"这一信条并不矛盾，正如它与**物理**世界中存在我们永远不能了解的真理这个事实并不矛盾。我预期有一天我们会拥有能够精确数出地球上有多少粒沙子的技术，但我怀疑我们永远也不会知道阿基米德时代的沙粒数量是多少。实际上，我在前面已经讲了一些关于我们能了解和实现什么的更严厉的限制。其中有通用物理规律直接施加的限制，诸如我们不能超越光速。还有认识论上的限制，诸如我们除了用猜想和批评的易谬主义方法之外，没有其他创造知识的途径；错误是不可避免的，只有纠错过程能长期成功或持续。所有这些都与上述信条不矛盾，因为其中没有哪条限制会引发不可解决的解释冲突。

因此我猜想，在数学、科学和哲学上，**如果某个问题是有趣的，那么这个问题就是可解决的**。易谬主义告诉我们，对于什么是有趣的，我们可能会犯错。因此，这一猜想有 3 条推论。第一条是，本质上无法解决的问题是本质上无趣的。第二条是，长远而论，有趣或无聊之间的区别不是一种主观感觉，而是一个客观事实。第三条是，**为什么每个有趣的问题都是可解决的**，这个有趣的问题本身也是可解决的。现在，我们不知道为什么物理规律看上去是经过微调的；我们不知道为什么存在不同形式的通用性（虽然我们知道它们之间存在许多关联）；我们不知道为什么世界是可解释的。但最终我们会知道。而当我们知道了这些之后，又会有无穷多的新东西等着我们去解释。

所有对知识创造的限制中，最重要的一种限制是：我们不能预言，也就是说，我们不能预测尚未被创造出来的思想观念会有什么样的内容和影响。这一限制不仅与知识的无限增长一致，也是后者必需的，我会在下一章里解释。

问题是可解决的，并不意味着我们已经知道了解决问题的方案，或者可以按要求产生出解决方案，那将近乎神创论。生物学家彼得·梅达沃将科学描述成"可解决的艺术"，这个形容适用于所有形式的知识。所有类型的创造都包括关于哪些方法可能有用或无用的判断。对特定问题或子问题产生兴趣或失去兴趣，是创造性过程的一部分，本身也是问题解决过程的一部分。因此，"问题是否可以解决"并不取决于任何特定的问题能否回答，或者能否在特定时候由特定的思考者回答。但**如果**进步取决于打破某个物理规律，那么"问题是可以解决的"就是错的。

术　语

一一对应——用一个集合里的每个元素对另一个集合里的每个元素进行计数。

无穷（数学意义上的）——如果一个集合能与自身的一部分一一对应，它就是无穷的。

无穷（物理意义上的）——一个相当模糊的概念，其含义类似于"比任何在原则上可由体验囊括的事物更大"的某种东西。

可数无穷——小到可与自然数一一对应的无穷。

量度——一种方法，一个理论可以通过该方法使事物（如宇宙）无限集的比例和平均具有意义。

奇点——一种状况，在这种状态下，某种物理事物变得无边界地大，但保持处处有限。

多重宇宙——一个统一的物理实体，包含一个以上宇宙。

无穷回归——一种错误。在此类错误中，一个论述或解释依赖于一个相同形式的子论述，后者声称要着手解决的问题与原始论述的问题本质上是同一个。

计算——一个物理过程，能对某些抽象实体的性质进行实例化。

证明——一种计算，如果有了运行它的计算机怎样运作的理论，它就能确立某些抽象命题的真实性。

"无穷的开始"在本章的意义

——人们对无穷（和通用性）的古老反感的终结。

——微积分，康托的理论与其他有关数学无穷大和无穷小的理论。

——沿无穷旅馆的走廊里所见的景象。

——无穷序列的属性，每个元素都格外地接近开始。

——理性的通用性。

——一些思想的无穷延伸范围。

——一个多元宇宙的内部结构，使"宇宙的无穷"具有意义。

——未来知识的内容的不可预测性，是知识无限增长的必要条件。

小　结

我们可以通过一些解释的无穷延伸来理解无穷。无穷在数学和物理上都有意义，但它具有反直观的属性，希尔伯特关于无穷旅馆的思想实验展示了其中一些这类属性。属性之一是，如果真的会出现无穷的进步，那么我们不仅是目前处于接近起点的地方，还将永远处在接近起点的地方。康托利用他的对角线法证明，无穷有无穷多的层次，物理学至多用到了最开始的一层或两层：自然数的无穷和连续统的无穷。在观察者有无穷多个相同副本的地方（例如多重宇宙中），概率和比例并无意义，除非这些副本总体上拥有一个结构，而该结构服从那些赋予这些概念以意义的物理规律。一个纯粹的无穷宇宙序列不具备这样的结构，就像无穷旅馆的房间一样，这意味着人择推理本身是不足以解释物理常数"微调"的表象。证明是一种物理过程：一个数学命题是否可以证明、是否可判定，都取决于物理规律，这决定了哪些抽象实体和关系可用物理对象来模拟。同样，一个任务或模式是简单还是复杂，也取决于物理规律是什么样。

第9章　乐观主义

可能性在未来世界里是无限的。当我说"保持乐观是我们的责任时,"不仅包括未来世界的开放性,也包括我们所做的一切对未来世界的贡献:我们全要对未来世界里有些什么而负责。因此,我们的职责不是预言邪恶,而是为更美好的世界而战斗。

——卡尔·波普尔:《框架的神话》(1994)

马丁·里斯疑心,文明能在 20 世纪生存下来实属幸运。因为在整个冷战期间,始终存在爆发另一场世界大战的可能性,而这场战争会用到氢弹,文明将被摧毁。这种危险性现在似乎已经减弱了,但里斯在 2003 年出版的《我们最后的世纪》一书中得出了令人担忧的结论,认为文明现在只有 50% 的机会可以在 21 世纪生存下去。

这一次仍然是因为,新创造出来的知识有着带来灾难性后果的危险。例如,里斯认为,能够毁灭文明的武器(特别是生物武器)可能很快就会变得非常容易制造,无法阻止恐怖组织甚至心存恶意的坏人获得这些武器。他还担心意外灾难,例如从实验室里逃逸出来的转基因微生物使一种无法治愈的疾病发生大流行。智能机器人和纳米技术（原子尺度上的工程学）"长远来看可能是更大的威胁"，他写道，而且"物理学也将很危险，这不是什么难以让人信服的事情"。例如，有人曾提出，基本粒子加速器暂时制造出来的条件，在某些方面比大爆炸以来的任何条件更极端，有可能打破真空的稳定性，摧毁整个宇宙。

里斯还指出，要让他的结论成立，这些灾难中间没有哪一种必须有可能发生，因为我们只需要倒霉一次就够了，而我们每次在诸多领域里取得进步，都会招致新的风险。他将这比作玩俄罗斯轮盘赌[1]。

但人类生存条件和俄罗斯轮盘赌之间有一个关键的区别：玩俄罗斯轮盘赌获胜的概率不受玩游戏的人想什么或做什么的影响。按游戏规则看，是一个纯靠运气的游戏。相比之下，文明的未来却完全取决于我们所想和所做的。如果文明衰落，不是因为我们碰上了，而是我们自己的选择带来的后果。如果文明生存下来了，将是因为人们成功地解决了生存问题，这同样不会是偶然发生的。

文明的未来和俄罗斯轮盘赌的结果都不可预测，但它们是两种不同意义上的不可预测，其原因彼此完全不相干。俄罗斯轮盘赌仅仅是**随机的**。虽然我们无法预测结果，但只要大家都遵守游戏规则，我们就知道可能会有些什么样的结果，以及每个结果的概率如何。文明的未来是不可知的，因为影响它的知识尚未创造出来。因此，我们连可能会有什么样的结果都不知道，更不要说它们的可能性。

知识的增长改变不了这一事实。相反，它是造成这一事实的重要原因：科学理论预测未来的能力，取决于其解释的延伸，但没有什么

---

[1] 俄罗斯轮盘赌是一种致命游戏，据称起源于俄罗斯，玩法是给左轮手枪装入一粒子弹，转动弹巢。随后，参与者轮流将枪口对准自己扣动扳机。如果有人被子弹击中或有人不敢扣下扳机，游戏就结束。——译注

解释的延伸范围大到能预测它自身的后继者将包含什么内容——或者会有什么影响，或者预测人们尚未想到的其他思想观念的内容与影响。正如在 1900 年没有人能预见 20 世纪出现的创新会带来什么结果（包括核物理学、计算机科学和生物技术之类的全新领域），我们自身的未来也将由我们尚未拥有的知识来塑造。我们甚至不能预测到我们会遇到的大多数问题会是什么，或者大部分能解决这些问题的机遇是怎样，更不用说解决方案和试图解决的方案，以及它们将如何影响事件。生活在 1900 年的人并不是认为互联网或核电**不可能出现**，他们根本没有想到过这些东西。

对于其进程将受到新知识创造的重大影响的现象，没有好的解释可以预测其结果，或者某个结果的概率。这是科学预测的延伸范围所受的一种根本限制，在计划未来时，向这一限制进行妥协是至关重要的。我沿用波普尔的做法，用**预测**一词来表示好解释对未来事件的结论，用**预言**一词表示声称对某些尚不可知的事物有所了解。试图了解不可知的事物，会把人们无情地引向错误和自我欺骗，还会造成一种悲观倾向。例如，物理学家阿尔伯特·迈克尔逊在 1894 年对物理学的未来做出了如下预言：

物理科学最重要的基本规律和事实都已经被发现了，并且被牢固地确立下来，以至于它们因新发现而被取代的可能性极其渺茫……我们未来的发现必须在小数点后第六位上寻找。

——阿尔伯特·迈克尔逊，在芝加哥大学瑞尔森物理实验室成立仪式上的讲演（1894 年）

迈克尔逊在断定他所知道的物理学基础只有"极其渺茫"的机会被取代时，究竟是在做什么？他在预言未来。怎么个预言法？以当时最好的知识为基础。但那是 1894 年的物理学！虽然它在无数应用中都既强大又准确，但并没有能力预测其后继者的内容。而且它根本不适合用来**想象**相对论和量子理论将会带来的变化——这也是为什么想象到了这些东西的物理学家们获得了诺贝尔奖。迈克尔逊不会把宇宙膨胀、平行宇宙的存在或重力的不存在放进机会性"极其渺茫"的可能的新发现列表中，他根本就没有想到过这些。

此前一个世纪，数学家约瑟夫—路易斯·拉格朗日曾评论说：艾萨克·牛顿不仅是有史以来最伟大的天才，也是有史以来最幸运的天才，因为"世界体系只能被发现一次"。拉格朗日可能永远都不会知道，他自己的一些工作，在他看来仅仅是把牛顿理论翻译成一种更优雅的数学语言，但其实是朝着取代牛顿的"世界体系"迈进了一步。不过迈克尔逊活着看到了一系列发现强有力地推翻了 1894 年的物理学和他本人的预言。

同拉格朗日一样，迈克尔逊自己也已经在不经意间为新系统做出了贡献，用的是一个实验结果。1897 年，他与同事爱德华·莫雷观察到，当观察者移动的时候，光相对于观察者的速度保持不变。这个令人震惊的反直觉事实，后来成为爱因斯坦狭义相对论的核心。但迈克尔逊和莫雷都没有认识到，这正是他们所观察到的东西。观察是理论负载的。仅凭一个实验上的奇怪现象，我们无法预测它的最终解释将仅仅是纠正一个不重要的狭隘假设还是对整个学科进行革新。我们只有在从新解释的角度看待它**之后**，才能弄清这一点。在此期间，我们别无选择，只能通过现有的最好解释来看世界，这些解释中包括我们现有的错误观念。这会使我们的直觉存在偏见，抑制我们去设想重大变化。

当对未来事件的决定因素不可知的时候，人们应该怎样做准备？能怎样做准备？鉴于其中一些决定因素超出了科学预测的延伸范围，什么样的哲学才能正确地描述未知的未来？要探索不可知的——不可设想的事物，合理的方法是什么？这正是本章的主题。

"乐观主义"和"悲观主义"这两个词一直以来都与不可知的事物有关，但它们最初并不像现在那样专门用于谈及未来。最初，"乐观主义"是一种学说，认为世界（包括过去、现在和未来）好得不可能更好。乐观这个词最初用来描述莱布尼茨（1646—1716）的一个观点，他认为"完美"的上帝不可能创造比"所有可能的世界中最好的一种"更差的东西。莱尼布茨相信这个观点解决了"邪恶问题"（我在第 4 章谈过该问题），他提出，世界上所有明显的恶都被其良好结果压倒，只是这些结果太过遥远以至于人们了解不到。所有**未能**发生的明显的好事（包括人类未能成功实现的所有改善），之所以未能发生，都是因为它们会导致足以压倒自身的坏结果。

由于结果是由物理定律来决定的，莱布尼茨的观点很大程度上是在说物理规律好得不可能更好。根据莱布尼茨的观点，所有能使科学进步更容易、使疾病成为不可能、甚至使某种疾病变得不那么痛苦的其他物理定律（简单地说，就是所有其他能够**看起来**比我们充满瘟疫、磨难、暴政和自然灾害的真实历史好一些的替代方案），其实总体上都会使事情更糟糕。

这个理论是一个坏得惊人的解释。用这种方法，不仅**任何**观察到的事件序列都可以解释成"最好"，另一个莱布尼茨还可以同样有效地断言，我们生活在所有可能的世界中最**坏**的那个世界里，每件好事都必定是为了阻止更好的事发生。事实上有些哲学家（如亚瑟·叔本华）就是这么说的。这种立场在哲学上称为"悲观主义"。用这种方法，还可以说世界处在可能的最好状况与可能的最坏状况的正中间，如此种种。请注意，尽管这些理论表面上存在分歧，但它们有一个很重要的共同点：如果其中任何一个是正确的，理性将对于发现真正的解释近乎无能为力。因为，我们总是可以想象出比所观察到的更好的情况，就总是会误以为它们**确实更好，不管我们的解释有多好**。因此，在这样一个世界里，事件的真正解释甚至是永远不可想象的。例如，在莱布尼茨的"乐观主义"世界里，我们试图解决一个问题时遭遇失败，是因为我们被一个难以想象地庞大的智慧挫败了，该智慧断定这对我们是最好的。而且更糟糕的是，每当有人拒绝理性而决定去依靠坏解释或逻辑谬误（或者干脆是纯粹的恶意），他们总是可以得到一个总体上更好的结果，比大多数理性和好意可能带来的结果更好。按照我对悲观主义的定义，原始的"乐观主义"与原始的"悲观主义"这两种思想都接近纯悲观主义。

在日常习惯中，有一个常见的说法是，"乐观主义者说玻璃杯有一半是满的，而悲观主义者说有一半是空的"。这两种态度都不是我要谈的，它们不是哲学问题而是心理问题——更多的是"倾向性"而不是实质。乐观和悲观这两个词还常用来指情绪，如快乐或忧郁，但同样，情绪并不会使任何关于未来的特定立场成为必然：政治家温斯顿·丘吉尔患有严重的抑郁症，但他对文明的未来展望以及身为一名战时领袖的特定预期都是异常积极的。经济学家托马斯·马尔萨斯则相反，他是一个众所周知的厄运先知（下面会详谈），但据说他是一个安详又快乐的家伙，经常在饭桌上让同伴开怀大笑。

盲目乐观的确是对待未来的一种立场。它指人照常行事，好像知道坏结果不会出现似的。与其相反的盲目悲观通常称为**预防性原则**，通过避免一切未经确认安全的东西来避免灾难。没有人认真地把这两种态度中的任何一种当成通用政策来提倡，但它们的假设和论调在生活中很常见，经常潜藏在人们的计划中。

盲目乐观也被称为"过于自信"或是"鲁莽"。一个常被人引用的例子（也许不太公平）就是远洋客轮**泰坦尼克号**的建造者们对它的评判，说这艘轮船"实质上不可沉没"。它是当时最大的船，于 1912 年在其处女航中沉没。它被设计成能经得起每一个可以预见的灾难，却以一种人们未曾预见的方式撞上了冰山。盲目悲观者认为，在好结果与坏结果之间有一种固有的不对称性：一次成功的处女航的好处不一定能抵消一次灾难性处女航的伤害。正如里斯所指出的，一个在其他方面有益的创新的单一灾难性后果，就可以永远杜绝人类的进步。所以，建造远洋客轮的盲目悲观方法是，坚持现有的设计，避免去尝试创造新纪录。

但盲目悲观也是一种盲目乐观。它假定，不可预见的灾难性后果也不会由现有的知识（或者不如说是现有的无知）产生。并非所有的船只失事都碰巧发生在破纪录的大船身上。并非所有不可预见的物理灾难都由物理实验或新技术引起。但有一件事情我们是知道的，要想保护自己免遭**任何**灾害、不管是可预见的还是不可预见的，或者要在灾害发生后从中恢复过来，都需要知识，而知识需要创造。任何创新所产生的危害，只要不会摧毁知识的增长，就始终是有限的，其好处却可能是无限的。如果从未有人敢打破预防性原则，那就不会有可供坚持的现有船舶设计方案，没有可供保持的纪录。

因为悲观主义需要回击这种论点，以使自己的说法有说服力，所以在整个历史上的悲观主义理论里有一个反复出现的主题，那就是：一个极其危险的时刻迫在眉睫。《我们最后的世纪》说，自 20 世纪中期以来的时期，是技术有能力摧毁文明的第一个时期。但事实并非如此。在历史上，有许多文明被简单的技术（比如火和剑）摧毁了。事实上，历史上出现过的文明大多数都被摧毁了，有的是被有意摧毁，有的是被瘟疫或自然灾害摧毁。几乎所有这些文明本来都有可能避免那些摧毁它们的灾难，只要他们拥有一点儿额外的知识，诸如更先进的农业或军事技术、更好的卫生知识、更好的政治或经济制度。极少有（假如有的话）文明能够靠着对创新持更谨慎的态度来幸存下去。事实上，大多数被毁灭的文明都热情地实施了预防性原则。

更一般的说法是，它们缺少的是一个由抽象知识以及技术产物具象化的知识构成的特定组合，也就是说足够的**财富**。且让我用非狭隘的方式将其定义为，它们能造成的物理转换的集合体。

盲目悲观政策的一个例子是，努力使我们的星球在银河系里尽可能地不显眼，以免与地外文明接触。史蒂芬·霍金在他的电视系列节目《进入宇宙》中就提出了这样的建议。他认为，"如果 [外星人] 来访问我们，结果将同克里斯托弗·哥伦布首次登陆美国一样，那对印第安人来说并不是件好事。"他警告说，可能有流浪的、居住在宇宙空间里的文明来抢夺地球上的资源，或者有帝国主义文明会把地球变成他们的殖民地。科幻作家格雷戈·比尔写了一些颇为刺激的星系文明科幻小说，其中假设银河系里充满了文明，它们要么是掠食者要么是猎物，并且都隐藏着。这可能解开了费米问题之谜，但它作为一个严肃解释是靠不住的。原因之一是，它要求文明相信宇宙空间里存在着掠食者文明，进而对自身进行完全重组，以便在被掠食者发现之前隐藏好——这意味着甚至要他们在发明无线电之前就隐藏好。

霍金的建议还忽视了**不**让银河系居民知道我们的存在可能造成的各种危险，例如一个善意的文明可能以为太阳系无人居住，于是派来机器人开采资源，无意中摧毁我们。除了盲目悲观的经典缺陷，他的建议还依赖于一些其他的错误观念，其中之一是更大尺度的宇宙飞船地球号：它假设在一个掠夺成性的文明中，进步受原材料的限制而不是受知识限制。它将要来偷什么呢？黄金？石油？也许是地球上的水？肯定不是，因为任何文明如果能跨越星际级别的距离把自己送到我们这里来或者把原材料带回去，都必定有了廉价的嬗变手段，不必在意原材料的化学成分。因此实质上，我们的太阳系唯一对它有用的资源，就是太阳里的大量物质。然而物质在**每**颗恒星上都有。也许它在大量收集整颗的恒星来制造巨型黑洞，作为某种超巨型工程项目的一部分。但是那样的话，把有人居住的恒星‑行星系统放过去，对它来说简直不费吹灰之力（这类恒星‑行星系统应当只占少数，否则我们隐藏自己就毫无意义了）。那么它是否会无意间毁灭数十亿的人口？我们在它看来是不是像虫子一样？只有在人们忘记了人只有一种（即通用解释者和建造者）的情况下，这一点才会看起来有道理。认为可能存在某种生命、它们与我们之间的差别就像我们与动物之间的差别，这样的想法属于超自然信仰。

而且，要取得进步只有一种方法：猜想和批评。唯一能允许持续进步的道德价值观，就是启蒙运动开始发现的客观价值。毫无疑问，地外文明的道德与我们的不同，但这并不是因为他们的道德跟西班牙征服者相似。我们也不会在接触一种先进文明时面临文化冲击的严重危险：先进文明会知道怎么教育他们自己的孩子（或人工智能），自然也会知道怎么教育我们——特别是教我们使用它的计算机。

霍金的另一个误解是，把我们的文明与启蒙运动之前的文明进行类比。我会在第 15 章中解释，这两种类型的文明之间有本质区别。文化冲击未必会给一个启蒙运动之后的文明带来危险。

当我们回头看那些失败的文明时，可以看到它们的知识是那么少，技术是那么薄弱，对世界的解释是那么零碎而且充满错误，以至于它们对于创新和进步谨慎得有悖常理，好比希望在航行时蒙住眼睛会有助于通过危险水域。悲观主义者相信，我们自身的文明现状是该模式的一个例外。但预防性原则对**这种**说法有何评价？我们是否能确信，我们现有的知识没有充满危险的缺口和误解？是否能确信我们现有的财富不是少得可怜以至于无法应对尚未预见的问题？既然我们不能确信，预防性原则难道不会要求我们把自己限制在过去一直有益的策略中（也就是创新，甚至还包括紧急情况下对新知识的益处持盲目乐观态度）？

对于我们的文明，预防性原则把它自己排除掉了。由于我们的文明没有遵循预防性原则，为了朝预防性原则转向，将需要对正在进行中的日新月异的技术进步加以遏制。这样一种改变以前从来没有成功过。因此，一名盲目悲观主义者必须从原则上反对这样做。

这看起来像是诡辩，但其实不是。盲目乐观与盲目悲观之间存在这些相悖与相同之处，原因在于它们在解释层次上是两种非常相像的方法。两者都是预言，都声称能了解未来知识的某些不可知之处。在任何时刻，我们最好的知识里同时包含真理和误解，对其中一种进行悲观主义的预言，就必定是对另外一种进行乐观主义的预言。比方说，里斯最害怕的东西，取决于人类能空前快速地创造出空前强大的技术，例如能摧毁文明的生物武器。

如果里斯关于 21 世纪特别危险的观点是正确的，并且文明得以幸存下来，那它必定经历了一次极为惊险的死里逃生。《我们最后的世纪》一书只提到了另外一个死里逃生的事例，那就是冷战——这样的话，文明就会连续两次死里逃生。然而以这种标准而言，文明在第二次世界大战期间必定已经同样经历了死里逃生。例如，纳粹德国离开发出核武器已经非常接近；日本成功地造出了腺鼠疫武器，并在中国试验这些武器造成了灾难性的影响，他们还制定了用鼠疫武器攻击美国的计划。许多人担心，即使轴心国只用常规方式获得胜利，也会使文明崩溃。丘吉尔警告说，可能会出现"一个新的黑暗时代，堕落的科学使它更加邪恶，还可能更加漫长"——虽然他身为一个乐观主义者在努力防止这种情况出现。与他相反的是，1942 年，在中立安全的巴西，奥地利作家斯蒂芬·茨威格和他的妻子双双自杀，因为他们认为文明已经在劫难逃。

这样就成了连续三次死里逃生。但是有没有更早的死里逃生呢？1798 年，马尔萨斯在他那篇影响重大的文章《人口论》里指出，人类的进步将在 19 世纪不可避免地永远终结。他计算出，各种各样的技术和经济改进使当时的人口呈指数增长，正在接近地球粮食生产能力的极限。这个不幸并不是偶然事件。他相信他发现了一条关于人口与自然资源的规律。首先，每一代的人口净增长与现有人口成比例，因此人口会呈指数增长（或者用他的话说是"按几何比率增长"）。然而，其次，通过耕作以前的不毛之地等方法实现的粮食增长将是固定的，与相关的创新发生在其他任何时刻带来的增长相同。它与人口不成比例，不管人口是多少。他（独树一帜地）把这样的增长称为"算术比率"的增长，并认为"人口如果不受限制，将以几何比率增加。生活资料仅以算术比率增加。对数字略知一二，便可看出第一种增长与第二种相比的巨大威力"。他的结论是，他所处的时代里人类相对安康的生活，只是一种短暂现象，他正生活在历史上一个独特的危险时刻。长远来看，人类将处于两种趋势的平衡之中，一方面是人口增长，另一方面是饥饿、疾病、谋杀和战争使人口减少——就像发生在生物圈里的情形一样。

结果，在整个 19 世纪，一场人口爆炸就像马尔萨斯预测的那样发生了。但他预见的人类进步的终结没有出现，其中部分原因是粮食生产的增长速度甚至比人口增长还要快。然后，在 20 世纪，两者都增长得更快了。

马尔萨斯相当准确地预言了一种现象，对另一种却完全没有说对。这是为什么呢？原因是他的预言带着系统化的悲观倾向。在 1798 年，即将到来的人口增长比增幅更大的食品增长更容易预见，这不是因为预测人口增长在任何意义上更加可能实现，而仅仅是因为它所依赖的知识创造更少。马尔萨斯忽略了他试图比较的这两种现象之间的结构性差异，从基于知识猜测滑向了盲目预言。他和他的许多同代人都误以为他发现了一种客观不对称，也就是他所称的"人口力量"与"生产力量"之间的不对称。但这仅仅是一个狭隘的错误——同迈克尔逊和拉格朗日所犯的错误一样。他们都以为自己根据当时能用的最好知识做出了清醒的预测。但事实上，他们都任由自己被有关人类情形的一个不可避免的事实所误导，那就是**我们还不知道我们还没有发现什么**。

马尔萨斯和里斯的用意都不是预言，他们是在警告我们，**除非我们能及时解决某些问题，否则注定要灭亡**。但这种话过去始终是对的，将来也会永远是对的。问题是不可避免的。正如我所说的，许多文明都衰亡了。甚至在文明的黎明之前，我们所有的姊妹物种（例如尼安德特人）都灭亡了，而他们只要知道方法，就应该很容易应对那些使他们灭亡的挑战。遗传研究表明，我们自己的物种在约 70000 年前曾濒临灭绝，这是一场不为我们所知的灾难造成的，使人口总数减少到只剩下几千人。对受害者而言，被各式各样的灾难压垮，**看上去**就像被强迫着玩俄罗斯轮盘赌。也就是说，看上去他们能做的选择没有哪一种能够影响那些对他们不利的形势（也许除了更加虔诚地请求神灵干预之外）。但这是一种狭隘的错误。在马尔萨斯之前很久，就有许多文明死于饥饿，原因是他们称之为"自然灾难"的干旱和饥荒。但真正的原因是我们称之为水平低下的灌溉和种植方法——换句话说，缺乏知识。

在我们的祖先学会如何人工取火之前（在那以后也有很多次），必定有人冻死在本可以救他们一命的取火用品上，因为他们不知道怎样取火。狭隘地说，是天气杀死了他们；但更深层次的解释是由于缺乏知识。历史上数以亿计的霍乱受害者中，有许多人就死在炉子边上，只要用炉子把饮用水烧开就可以救他们一命，但他们也不知道这一点。相当普遍的情况是，"自然灾害"与无知带来的灾害之间的区别并不大。每一次曾被人们认为是"碰巧发生"或由神灵降下的自然灾害，我们现在都能看到，受其影响的人们在灾害发生前有许多行动方案可以采取，但他们没能采取——或者说没能创造出这些方案。所有这些方案加起来，就成为那个他们没能创造出的首要方案，也就是形成与我们的科学技术文明类似的文明。如果有批评的传统，就有可能产生启蒙运动，开创科学技术文明。

如果在 21 世纪早期之前的人类历史上的任何时候，有一颗尺寸为一千米的小行星与地球相撞，它会杀死全体人类中相当大的一部分。在这方面，同在许多其他方面一样，我们生活在一个前所未有的**安全**时代：21 世纪是有史以来第一个人们知道怎样保护自己免受这种撞击影响的时期，这种撞击发生的可能性是每 25 万年左右一次。这听起来可能概率太小而无需担心，但它是随机的。任何一年都有 1/250 000 的概率发生这种撞击，意味着地球上的一个普通人死于小行星撞击的可能性将大于死于飞机坠毁的可能性。下一个将要撞上我们的这类天体此刻已经存在，正快速向我们冲过来，除人类的知识之外没有什么可以阻止它。在其他几种风险水平类似的灾害面前，文明也是脆弱的。例如，冰期出现的频繁程度比小行星撞击更高，"小冰期"就更加频繁了——有些气象学家认为，小冰期发生前可能只有几年的预期时间。像潜伏在美国黄石国家公园地下的火山那样的"超级火山"，爆发后能把太阳一下子遮住好几年。如果它明天就爆发，我们这个物种可以靠人工照明生产粮食而幸存下来，文明可以恢复。但许许多多的人会死去，人类将备受磨难，因此这类事件与灭绝灾难一样值得去努力预防。我们不知道一场无法治疗的瘟疫自发产生的概率有多大，但可以猜测，它应该高得令人无法接受，因为14世纪的黑死病之类的流行病已经显示了，这种事情可能在几个世纪的时间尺度上发生。如果上述灾难中的任何一种逼近，我们现在至少还有机会及时创造生存下去所需的知识。

我们之所以有这样的机会，是因为我们能够解决问题。问题是不可避免的。我们始终都会面临如何对不可知的未来做出规划的问题。我们永远不会有条件闲坐下来期望最好的事发生。即使我们的文明像里斯和霍金正确建议的那样搬进太空寻找后路，在银河系附近发生的伽马射线暴仍然会把我们一扫而光。这种事件发生的可能性比小行星撞击要小许多，但一旦发生我们将无法抵御，除非我们拥有比现在多得多的科学知识，并实现财富的极大增长。

但首先，我们必须在下一个冰期中幸存下来。在此之前还有其他的危险气候变化（包括自发的和人为造成的）、大规模杀伤性武器、流行病，以及其他无数会降临到我们头上的未知危险。我们的政治体制、生活方式、个人愿望和道德都是知识的形式或体现，如果文明（特别是启蒙运动）要在里斯所描述的每一种风险以及许多其他我们还毫无头绪的风险中幸存下来，这些知识的形式或具象化方式都必须得到改进。

那么——怎么去改进呢？我们怎样才能制订出针对未知事物的**政策**？如果不能从我们现有的最好知识里推演出来，或像盲目乐观主义或盲目悲观主义那样从教条的经验法则里推演出来，我们用什么**才能推演出这样的政策**？同科学理论一样，政策不能从任何东西里**推演出来**。它们是猜想。我们不应该根据猜想的来源来对它们进行选择，而应该根据它们作为解释究竟有多好（也就是有多难改变）来进行选择。

就像摒弃经验主义，以及摒弃知识是"确证的真实信念"这种观念那样，要理解政治政策是猜想，必须摒弃一个以前不容置疑的哲学假设。波普尔也是这种摒弃行为的主要倡导者之一。他写道：

关于我们知识的来源的问题……一向是本着这样一种精神在问："什么是我们的知识的最佳来源——最可靠的来源，不会把我们引向错误的来源，我们在有疑问的时候可以也必须把它当成最高上诉法院的来源？"我设想，这样理想的来源并不存在，所有"来源"都可能有把我们引向错误的时候。因此，我建议把知识来源的问题换成另一个完全不同的问题："我们希望能怎样去检测和消除错误？"

——波普尔：《没有权威的知识》（1960）

"我们希望能怎样检测和消除错误"这个问题呼应了费曼所说的"科学让我们学会如何防止自我欺骗"。不管是对个人决策还是科学决策，答案基本上都是一样的：需要一个批评的传统，通过该传统寻求好解释——例如，解释什么东西出了问题，什么可以更好，不同的政策在过去造成了什么影响，对未来会有什么影响。

但如果解释不能像在科学领域那样做出预测或通过经验来检验，那它们有什么用？这个问题实际上是：如何使哲学进步成为可能？正如我在第5章中所讨论的，进步是通过寻求好解释来获取的。认为证据在哲学上没有合法地位，这种误解是经验主义的遗留。就像在总体道德和在科学上那样，在政治上取得客观进步也是可能的。

政治哲学在传统上集中探讨一类被波普尔称为"应该由谁来统治"的问题。权力应该由谁执掌？应该是一个君主还是一群贵族，或者是一群祭司，一个独裁者，一个小团体，"人民"，或者人民的代表？这又会衍生出其他问题，比如"国王应该受到怎样的教育""在一个民主国家，谁应被赋予选举权""如何能够确保全体选民是明智和负责任的"。

波普尔指出，这类问题与经验主义中"怎样从感官数据中推演出科学理论"的问题源于同一个误解。它寻求建立一个系统，用来从现有数据（如继承权、多数人的看法、人们接受教育的方式等）中**推演**或证明对政府领导者的正确选择。同样的误解也是盲目乐观主义和盲目悲观主义的根源：两者都期望，对现有知识应用一条简单法则就可以取得进步，以确定未来的哪些可能性可以忽略，哪些可以依赖。归纳法、工具主义甚至拉马克主义都犯同样的错误：它们都希望有**无需解释的进步**。他们希望知识能基本无误地强行创造出来，而不是通过变异和选择的过程来创造出来，该过程能产生一条连续的错误流并纠正错误。

世袭君主制的捍卫者怀疑，任何一种选择领导者的方法都不会比一个固定的、机械的标准更强。这是预防性原则在起作用，它会带来常见的反讽。例如，篡位者声称自己比现任掌权者更有资格继承王位时，实际是在用预防性原则为突然的、暴力的、不可预测的变化进行辩解——也就是说，为盲目乐观主义进行辩解。君王们碰巧自己偏爱激进的变革时，情况也是这样。还可以想想革命空想家，他们通常只实现了破坏和停滞。虽然他们是盲目乐观主义者，但使其成为空想家的正是他们的悲观主义，认为他们设想的乌托邦或者实现并巩固乌托邦的暴力手段是永远不可改进的。而且，他们之所以是革命者，本来就是因为他们很悲观，觉得难以说服别人相信他们认为自己所掌握的终极真理。

思想观念会产生后果，用"应该由谁来统治"的问题探讨政治哲学，不仅仅只是个学术分析上的错误，历史上每个坏的政治学说都有它的份儿。如果把政治进程看作一种使正确的统治者上台的工具，它就表示暴力是合理的，因为在正确的系统到位之前，没有哪位统治者是合法的；一旦正确的体系到位，它指定的统治者执政，反对他们就是在反对正当性。于是问题变成了怎样阻止任何人反对统治者或其政策。根据同样的逻辑，每个认为现有的统治者或政策不好的人，都是在说"应该由谁来统治"这个问题的答案错了，目前在位的统治者是不合法的，反对他是合法的，必要时可以使用武力。因此，"应该由谁来统治"的问题本身是在祈求暴力、独裁的答案，并且通常就会得到这样的答案。它导致当权者更多地用暴政来巩固坏的统治者和坏的政策，也导致反对者用暴力破坏和革命来推翻当权者。

倡导暴力的人通常认为，如果每个人都同意谁应该来统治，以上情形就都不会发生了。但这意味着大家对于什么是对的持相同意见，而既然在这个问题上达成了一致，统治者就无事可做了。其实，在任何情况下，这样意见一致的情况都既不可能也不可取：人与人是不同的，每个人都有独特的想法，问题是不可避免的，进步就靠解决这些问题来实现。

因此，波普尔把他的基本问题"我们能怎样去检测和消除错误"用在政治哲学上，变成**"我们怎样才能用非暴力手段摆脱坏政府"**的形式。正如科学寻求可用实验检验的解释，一个合理的政治体系会使事情尽可能简单，包括发现某个领导者或政策是坏的，说服其他人这样认为，不用暴力手段就把坏统治者免职、把坏政策废除。正如科学体制的结构是为了避免固守理论，让理论接受批评和检验，政治体制不应当让非暴力地反对统治者和政策很困难，而应当实现对统治者、政策、政治体制本身以及其他一切进行和平的批评性讨论。因此，对政府体系的评价依据不应该是它们选择和任命好统治者、实施好政策的能力，而是它们把现有的坏统治者免职、把现有的坏政策废除的能力。

这整个立场都是易谬主义在起作用。它**假定**统治者和政策始终会有缺陷——问题是不可避免的。但它也假定，对此做出改进是可能的：问题是可以解决的。这种方式要实现的理想，并不是不会出现意外的错误，而是意外错误如果出现的话，将成为继续进步的机遇。

为什么会有人想让自己青睐的领导人和政策更容易被去除？让我先问一下：**为什么会有人想把坏的领导人和政策换掉**？这个问题也许看着很荒谬，但可能只有把进步当作理所当然的文明才会觉得它荒谬。如果我们不期待进步，为什么要期待新的领导者或政策（不管是用什么方法选择出来的）会比旧的更强？相反，那样的话我们会预期，平均而言任何变化带来的坏处都会跟好处一样多。然后预防性原则就会建议，"你所知道的恶比你不知道的恶更好。"这些思想观念构成了一个死循环：根据知识不会增长的假设，预防性原则是正确的；根据预防性原则正确的假设，我们担当不起允许知识增长的后果。一个社会除非预期它自己未来所做的选择将比现在的更好，否则它将竭力使当前政策和体制尽量保持不变，这样一来，就只有那些预期其知识会增长（并且是不可预测地增长）的社会能满足波普尔的标准。而且它们预期，如果知识真的增长了，**将会带来好处**。

这种期望是我所说的乐观主义，我可以用最一般的形式对它表述如下：

乐观主义原则

所有的恶是知识不足造成的。

乐观主义首先是一种解释失败的方式，而不是预言成功的方式。它认为，没有什么根本性的障碍、自然规律或超自然法令能阻碍进步。每当我们改善事物的努力失败，都不是因为恶意的（或仁慈得深不可测的）神在阻挠我们或惩罚我们的尝试，也不是因为我们已经达到我们通过理智取得改善的能力极限，也不是因为我们失败才是最好的结果，而永远都是因为我们没有及时知道得够多。但是，乐观主义也是一种面对未来的立场，因为几乎所有的失败和几乎所有的成功都还未到来。

乐观主义来自物理世界的可解释性，如我在第3章所解释的。如果某些事情是物理规律所允许的，那么阻止我们从技术上实现它的唯一原因，就是还不知道怎样去实现。乐观主义还假定，物理规律所**禁止**的事物未必就是**恶的**。因此，举例来说，缺少进行预言所需要的不可能知识，对进步来说并不是不可逾越的障碍。不可解决的数学问题也是如此，如我在第8章中所解释的。

这意味着，长远来看没有不可克服的恶，短期内不可克服的恶都是狭隘的。没有哪种疾病不可能找到治疗方法，除了毁掉构成患者人格的知识的特定类型脑损伤之外。因为病人是物理对象，将这个对象转变成健康状态的同一个人，这样的任务并不为物理规律所禁止。因此有办法实现这种转变，也就是说治愈。这只是个弄明白怎么去做的问题。如果目前我们不知道怎样消除一种特定的恶，或者从理论上知道怎样消除但没有足够的时间或资源（即财富）去实现，那么即使如此，以下说法也是普适的：**要么**物理规律禁止在给定时间里用现有资源消除它，**要么**有办法在给定时间用这些资源消除它。

　　对死亡这种恶——也就是人类死于疾病或衰老——来说也是如此，同样显而易见。这个问题在所有的文化里都引起了巨大的共鸣，存在于它们的文学作品、价值观、伟大或渺小的目标里。它那不可解决的名声几乎无与伦比（除了在超自然信徒们中间），被当作不可逾越的障碍的化身。但这种名声并无理性基础，面对生物圈在支持人类生命方面的诸多失败（或古往今来医疗科学在治疗衰老方面的诸多失败），从这个特定的失败中读出什么深意，是狭隘得荒谬的行为。衰老问题与疾病问题同属一个类型，虽然以今天的标准来看它是个复杂的问题，但其复杂性是有限的，并且局限于一个相对狭窄的领域，我们对该领域的基本原则已经有相当不错的理解。同时，一些相关领域的知识正呈指数增长。

　　有时"永生"（在这个意义上来说）甚至被当作是不受欢迎的。例如，人口过剩的观点就这样认为。但这些都是马尔萨斯的预言错误的例证：每多一个人按今天的生活标准生存下去需要多少东西，很容易计算出来；但这个人将为解决其生存产生的问题贡献什么样的知识，是不可知的。还有观点认为老人把持权力将使社会变得愚蠢，但我们社会的批评传统已经很好地适应了去解决这类问题。即使在今天，西方国家也经常有强有力的政治家或企业主管在身体还很健康时就被免职。

　　有一个传统的乐观主义故事是这样的。我们的英雄是一位囚犯，他被残暴的国王判了死刑，但获得了缓刑一年的宽限，因为他许诺在一年之内让国王喜爱的马学会说话。那天晚上，一名狱友问他为何达成这样的交易，他回答说："一年之中可能会发生很多事情。马可能会死掉。国王可能会死掉。我可能会死掉。或者是马可能会说话！"这位囚犯明白，监狱的栅栏、国王和马这些眼前的问题，以及他最终将面临的厄运，都是由于知识不足导致的。这让他成为一个乐观主义者。他知道，如果能取得进步，有些机遇和发现将是事先难以想象的。除非人对这些难以想象的可能性保持开放并做好准备，否则就不能取得进步。这位囚犯有可能发现教会马说话的办法，也可能发现不了。但他也许会发现些别的办法。他可能会说服国王废除他所触犯的那条法律；可能学会一个令人信服的魔术技巧，让马看起来在说话；可能逃跑；可能想出一件可以完成并且会比马说话更让国王高兴的任务。这份清单是无穷无尽的。就算清单中每一个设想实现的可能性都不大，但他只需要实现其中的一件，就能解决整个问题。但如果我们的囚犯要想出一个新主意来逃跑，他不可能现在就知道这个主意是什么，因此不能假设这个主意永远不会存在并据此做出计划。

乐观主义蕴涵着实现知识增长以及使创造知识的文明得以存续所需的所有其他必要条件，也就是无穷的开始。正如波普尔所说的那样，我们有责任保持乐观——包括在总体上保持乐观，以及在文明这个特定的问题上保持乐观。可以说拯救文明将很困难，但这不表示解决相关问题的可能性很低。当我们说一个数学问题很难解决时，并不是指这个数学问题**不可能**解决。各种因素在一起决定了数学家是否会着手解决某个问题、会付出多大的努力去解决。如果一个简单问题不让人觉得有趣或有用，数学家们可能把它丢在那里永远也不去解决，却一直在解决困难的问题。

通常来说，一个问题很困难，正是让人们去解决它的原因之一。对未来持乐观态度的一个著名事例是，美国总统约翰·F.肯尼迪在1962年说："我们选择登月。我们选择在这十年中登月，并完成其他的事，不是因为这些事很容易，而是因为它们很难。"肯尼迪并不是说登月工程困难到不可能成功，相反，他相信它必定能成功。他所说的困难任务，指的是要面对未知事物的任务。吸引他的直观事实是，虽然这样的困难在选择完成目标的**手段**时始终是个不利因素，但在选择目标本身时可能是个积极因素，因为我们想要从事那些涉及创造新知识的项目。而且，乐观主义者期望通过创造知识来实现进步，包括这些进步所带来的不可预见的后果。

比如，肯尼迪提到，登月项目需要一种运载工具，"将由新型合金制成，其中有些合金尚未发明出来，其耐高温、耐高压的能力要比现有的合金高出好几倍；装配的精密程度比最精密的手表还要高；携带推进、导航、控制、通信、食品和生存所需的所有设备"。这些问题是已经知道的问题，解决它们需要未知的知识。"肩负一个前所未有的使命，前往一个未知的天体"所指的就是，未知的问题使得实现计划的可能性和结果都极不可预知。但这些都没有阻止理性的人们期待任务有可能成功。这种期待不是对可能性的判断，在深入进行计划之前，没有人能够预测可能性，因为它取决于对未知的问题给出未知的答案。人们被说服去为这个计划工作（或者投票支持这个计划，等等）时，他们是被说服认为，我们被局限在一颗行星上是一种恶，探索宇宙是一种善；地球的引力场对此并不是障碍，只是一个问题；克服这个问题和该项目涉及的其他所有问题，只是一个知道怎样去做的问题；这些问题的特性使得当时是努力解决它们的正确时机。在这些讨论里用不着概率和预言。

遍观历史，悲观主义几乎在每一个社会中都很流行，其形式包括"应该由谁来统治"的政治哲学以及其他所有对预言的需求，对创造力的绝望，把问题视为不可逾越的障碍的错误观念。但总有几个人把障碍看作问题，并认为问题是可解决的。因此，在某些地方、某些时期，悲观主义也会极偶然地出现短暂的中止。就我所知，迄今还没有历史学家研究过乐观主义的历史，但我猜想，每当乐观主义出现在一个文明社会中，就会有一次微型启蒙运动：批评的传统带来了人类进步的许多模式，我们对之非常熟悉，例如艺术、哲学、科学、技术和开放的社会体制。悲观主义的中止有潜力成为一个无穷的开始。我还猜想，在每种情况下（除了我们自己的启蒙运动这个巨大的例外），这个过程很快就因为悲观主义的复辟而结束了。

最知名的微型启蒙运动是古希腊在知识和政治上的批评传统，它于公元前5世纪在雅典城邦所谓的"黄金时代"[1]达到顶峰。雅典是世界上最早的民主政体之一，它还是许许多多思想史上的重要人物的故乡，这些人物的地位至今仍得到承认，包括哲学家苏格拉底、柏拉图和亚里士多德，剧作家埃斯库罗斯、阿里斯托芬、欧里庇得斯和索福克勒斯，历史学家希罗多德、修昔底德和色诺芬。雅典的哲学传统延续了一种批评传统，后者可以追溯到此前一百多年的米利都的泰勒斯。这种传统包括了克勒芬的色诺芬尼（公元前570—前480），他是最早质疑人类中心主义的神话理论的人之一。雅典通过贸易致富，把有创造力的人从当时已知的世界各地吸引过来，成为那个时代最杰出的军事力量之一，并修建了一座宏伟的建筑物——帕特农神庙[2]，它直到今天仍被视为有史以来最伟大的建筑成就之一。在黄金时代的鼎盛时期，雅典的领袖人物伯里克利试图解释雅典成功的原因。虽然他毫无疑问地相信，城市的守护神雅典娜站在他们一边，但他显然并不认为"女神的作为"就足以解释为什

---

[1] 雅典的黄金时代大约是公元前480—前404年，始于希波战争，终于伯罗奔尼撒战争。由于政治家伯里克利对这期间文化、艺术和民主的发展贡献卓著，该时代也称为伯里克利时代。——译注

[2] 帕特农神庙，雅典娜女神的神庙，于公元前5世纪建造，位于雅典的军事要塞——雅典卫城。——译注

么雅典能成功。相反，他列举了雅典文明的具体属性。我们不知道他所说的这些有多少是奉承话或一厢情愿，但是，在评论一个文明的乐观主义时，这个文明渴望什么应当比它已经成功地做到了什么更加重要。

伯里克利列举的第一个属性是雅典的民主，他还解释了其中的原因。不是因为"应当由人民做主"，而是因为它促进了"明智的行动"。民主涉及不断的讨论，这是发现正确答案的一个必要条件，而正确答案又是取得进步的必要条件：

不要把讨论看成行动之路上的绊脚石，我们认为讨论完全是任何明智行动必不可少的预备程序。

——伯里克利：《祭文》，公元前431年

对于雅典成功的原因，他还提到了**自由**。悲观主义文明认为，不按照此前经过多次尝试的方法行事，是不道德的做法。产生这种观点的原因是，此类文明忽视了自由行事带来的益处抵消其风险的可能性。因此，悲观主义是不宽容并且墨守成规的。但是雅典采取了相反的态度。伯里克利把他的城市向外国游客开放，而敌对城市采取封闭和防守的态度。他希望，与不可预见的新思想接触也会给雅典带来益处，尽管他承认这项政策也给了敌方间谍进入城市的机会。他甚至似乎还把宽厚地对待儿童当成军事实力的一个源泉：

在教育方面，我们的对手从摇篮中就开始实施严厉痛苦的纪律，以求刚毅气概；在雅典，我们按自己喜爱的方式生活，同时也准备好去遭遇每一个合乎逻辑的危险。

悲观主义文明因为他们的孩子遵守适当的行为模式而感到自豪，并对每一个真实或想象的新奇事物发出悲叹。

在上述所有方面，斯巴达都是雅典的反面。它是悲观主义文明的一个化身，因其公民朴素的"斯巴达式"生活方式、教育系统的严厉和全民军事化而闻名。每一位男性公民都是全职士兵，绝对服从他的上级，而上级本人服从宗教传统。所有其他的工作都由奴隶来完成：斯巴达把附近的美塞尼亚社会整个变成希洛人（某种农奴或奴隶）。这里没有哲学家、历史学家、艺术家、建筑师、作家——除了偶然有才华的将军之外，没有任何其他创造知识的人才。因此，几乎整个社会都致力于保持其现有状态——换句话说，防止改善。公元前 404 年，伯里克利的祭文宣讲之后 27 年，斯巴达在战争中彻底击败雅典，并将一个专制形式的政府强加给它。虽然，通过变幻莫测的国际政治，雅典不久就再次独立和民主化，并在好几代人的时间里继续产出艺术、文学和哲学，可它再也没有主导产生过无穷无尽的快速进步。它变得平平常常。为什么呢？我猜是因为它的乐观主义消亡了。

另一场短命的启蒙运动发生在 14 世纪的意大利城市佛罗伦萨。这是文艺复兴早期，文艺复兴是一场旨在复兴古希腊和古罗马文学、艺术和科学的文化运动，发生在欧洲的知识停滞超过一千年以后。当佛罗伦萨人开始相信他们能靠这些古老的知识取得改善，就产生了一场**启蒙运动**。这个令人眼花缭乱的创新时代称为佛罗伦萨的黄金时代，是由城市的实际统治者——美第奇家族[1]有意孕育出来的，尤其是洛伦佐·美第奇，人称"伟大的洛伦佐"，他于 1469 年到 1492 年间掌权。与伯里克利不同，美第奇不是民主的信徒：佛罗伦萨启蒙运动不是从政治开始的，而是从艺术开始的，然后扩展到哲学、科学和技术，以及在思想和行动

---

[1]　美第奇家族由经商积累财富，通过开办银行而兴旺，随后插手政治和宗教，于 13 世纪至 17 世纪之间实际控制佛罗伦萨，产生了三位教皇和若干欧洲王室成员。洛伦佐·美第奇(1449—1492)于文艺复兴时期统治佛罗伦萨，他死之后，文艺复兴的中心从佛罗伦萨转移到罗马。——译注

两方面同样地对批评保持开放、渴望创新的其他领域。艺术家们不再局限于传统的题材和风格，开始自由描绘他们认为美丽的事物，创造新的风格。在美第奇的鼓励下，佛罗伦萨的富豪们相互攀比各自赞助的艺术家和学者（例如达·芬奇、米开朗基罗和波提切利）做出的创新。当时佛罗伦萨的另一个常客是尼科洛·马基雅维利，自古以来第一位非宗教的政治哲学家。

美第奇家族很快就开始推广"人文主义"的新哲学，它认为知识的价值高于教条，认为思想独立、好奇心、高雅品位和友谊等美德的价值高于虔诚和谦卑。他们向已知世界的各个地方派出使者购买古代书籍，其中许多书籍自西罗马帝国灭亡以来还不曾在西方世界出现过。美第奇的图书馆制作书籍抄本，提供给佛罗伦萨和其他地方的学者。佛罗伦萨成为一个重要源泉，产生出新近复活的思想观念、对思想观念的新阐释和全新的思想观念。

但这场快速进步只持续了大约一代人的时间。一位魅力超凡的修士吉罗拉莫·萨沃纳罗拉开始鼓吹世界末日，反对人文主义和佛罗伦萨启蒙运动的其他所有方面。他敦促人们恢复中世纪的因循守旧和自我否定，预言如果佛罗伦萨继续沿这条道路走下去，末日就会到来。许多市民被说服了，1494 年，萨沃纳罗拉夺取了权力。他重新实施了对艺术、文学、思想和行为的所有传统限制。世俗音乐被取缔。服装必须朴素简单。频繁禁食得到有效的强制实施。同性恋和卖淫被暴力镇压。犹太人被驱逐出佛罗伦萨。受萨沃纳罗拉鼓励的歹徒团伙在城市中漫游，搜寻禁忌的人造物品，如镜子、化妆品、乐器、非宗教书籍和几乎所有美丽的东西。大批这样的珍品被堆放在市中心，在称为"虚荣之火"的仪式中付之一炬。据说波提切利也把自己的一些画作扔进了火堆。这是焚毁乐观主义的火。

萨沃纳罗拉自己最终也被抛弃，烧死在火刑柱上。但是，尽管美第奇家族重新控制了佛罗伦萨，乐观主义却没有回来。就像雅典一样，传统的艺术和科学持续了一段时间，甚至直到一个世纪以后，伽利略还得到过美第奇家族的赞助（然后又被抛弃）。但当时佛罗伦萨已经只是另一个文艺复兴时期的城邦，在专制统治下蹒跚前行，从一场危机走向另一场危机。幸运的是，不知何故，这场微型启蒙运动从未完全熄灭。它继续在佛罗伦萨和其他几个意大利城市里闷烧，最后点燃了欧洲北部的启蒙运动。

历史上可能有过许多启蒙运动，与上述两场微型启蒙运动相比寿命更短、光芒更暗淡，也许发生在籍籍无名的亚文化、家族或个人中间。例如，哲学家罗吉尔·培根（1214—1294）因为反对教条而出名，崇尚由观察发现真理（虽然是通过"归纳法"），也取得了几个科学发现。他预见到显微镜、自动车辆和飞行机器的发明，还预见到数学将是未来科学发现的一个关键。因此，他是乐观主义者。但他不是任何批评传统的一部分，所以他的乐观主义随着他的去世而消亡了。

培根研究了古希腊科学家和"伊斯兰黄金时代"[1]学者的作品，后者如海什木（965—1039），他在物理和数学上有一些原创发现。在伊斯兰黄金时代（约 8 世纪到 13 世纪之间）有一个强大的传统，重视和借鉴欧洲古代的科学和哲学。这个时期是否还有一种科学和哲学上的**批评**传统，目前在历史学家之间仍有争议。但是，就算有的话，它也与其他的

---

[1]　伊斯兰黄金时代又称伊斯兰复兴，指从公元762年伊斯兰帝国迁都巴格达开始的约500年时间。其间伊斯兰世界兴起重视知识的风气，汇聚了来自东西方多个文明的知识，科学、艺术、法律、文学、工程等各领域人才辈出，对整个世界乃至后世产生了重大影响。海什木是这段时期最重要的伊斯兰学者之一，他被认为是现代光学、实验物理学和科学方法论之父，第一位理论物理学家，中世纪欧洲人称其为"托勒密第二"。——译注

批评传统一样遭到了扼杀。

启蒙运动可能无数次"试图"发生，也许甚至可以追溯到史前时代。如果是这样，那些微型启蒙运动就把我们最近这几次"幸运的逃脱"衬托得格外醒目。可能每一次微型启蒙运动都产生了进步——暂时结束停滞，暂时窥见无穷，但总是以悲剧结束，总是被扼杀，通常都无迹可寻。除了这一次。

1494年的佛罗伦萨居民或公元前404年的雅典居民认为乐观主义事实上不正确，他们理当被原谅。因为他们对解释的延伸、科学的力量以及我们所理解的自然法则一无所知，更不用说**这场**启蒙运动开始后随之而来的道德和技术进步。遭遇失败的时候，曾经乐观的雅典人可能会觉得斯巴达人也许是对的，曾经乐观的佛罗伦萨人可能会觉得萨沃纳罗拉也许是对的。像其他每一次乐观主义的毁灭一样（不管是发生在整个文明头上还是某个人的头上的毁灭），这对那些曾经敢于期待进展的人来说，都必定是无法言述的灾难。但是，我们不应该仅仅去同情那些人，而应该感同身受。因为如果这些早期的乐观主义尝试有任何一次获得成功，我们这个物种现在应该已经在探索恒星，你和我也应该已经长生不死。

术　语

盲目乐观（鲁莽，自信）——继续前行，好像知道坏结果不会发生。
盲目悲观（预防性原则）——避免一切未经确认安全的东西。
乐观主义原则——所有的恶都是知识不足造成的。
财富——人有能力进行的所有物理转换的集合体。

"无穷的开始"在本章的意义

——乐观主义。（悲观主义的终结。）

——学习怎样避免自我欺骗。

——雅典和佛罗伦萨之类的微型启蒙运动是潜在的无穷的开始。

小　　结

乐观主义（在我主张的意义上）是这样一种理论：所有的失败——所有的恶——都是知识不足造成的。这是关于不可知事物的理性哲学的关键。如果知识创造有根本限制，那乐观主义就空洞无物，但不存在这样的限制。假如存在着没有客观进步的领域（特别是道德之类的哲学领域），那乐观主义就是错误的，但所有这些领域里都存在着真理，朝向真理的进步通过寻求好解释来实现。问题是不可避免的，因为我们的知识与完备状态之间永远隔着无穷远的距离。有些问题很困难，但把困难的问题和不可能解决的问题混为一谈是错误的。问题是可以解决的，而且每一种特定的恶都是一个可以解决的问题。乐观主义的文明是开放的，它不害怕创新，以批评的传统为基础。它的体系不断改善，这些体系所实现的知识中最重要的，就是怎样检测和消除错误的知识。历史上可能有过很多短命的启蒙运动。我们的启蒙运动独一无二地长寿。

第10章　苏格拉底的梦

　　苏格拉底住在德尔斐神庙[1]附近的小旅馆里。他同他的朋友凯勒丰向神请教谁是世界上最聪明的人,[2]他们好去向他学习。但让他们烦恼的是,传达阿波罗神谕的女祭司宣布"没有人比苏格拉底更聪明"。在那个狭小而昂贵的房间里,苏格拉底躺在一张不舒适的床上,听到一个深沉悦耳的声音在吟诵他的名字。

　　赫尔墨斯:你好,苏格拉底。

　　苏格拉底:[拉起毯子盖在头上]走开。我今天已经献上了太多的贡品,你不会从我这里再榨取到什么了。我太"聪明"了,你没听说吗?

　　赫尔墨斯:我不求贡品。

　　苏格拉底:那你想要什么? [他转过身,看到浑身赤裸的赫尔墨斯。]好了,我敢肯定,我有些在外面扎营的同伴会很高兴——

---

[1]　德尔斐是古希腊城邦共同的圣地,主要供奉太阳神阿波罗,由女祭司传达神谕。赫尔墨斯是主神宙斯之子、阿波罗的兄弟,神界与人界之间的使者。——译注

[2]　柏拉图在《苏格拉底的申辩》中讲的故事说,凯勒丰向神谕请教**是否**有人比苏格拉底更聪明,得到的答案是没有。但他真的会把贵重的特权浪费在一个只有两个答案的问题上吗? 其中一个答案是奉承,另一个答案令人沮丧,而且两个答案都不怎么有趣。——原注

赫尔墨斯：我要找的不是他们，而是你，苏格拉底。

苏格拉底：那么你会失望的，陌生人。现在麻烦你，让我享受好不容易才得来的休息。

赫尔墨斯：很好。[他朝门走去]

苏格拉底：等一下。

赫尔墨斯：[疑惑地转过身来]

苏格拉底：[缓慢而从容不迫地] 我睡着了。在做梦。而你是阿波罗神。

赫尔墨斯：是什么让你这样认为？

苏格拉底：这块地方是你的圣地。现在是晚上，又没有灯，但我可以清楚地看到你。在现实中这是不可能的。所以，肯定是你走进了我的梦乡。

赫尔墨斯：你在冷静地思考。你不害怕吗？

苏格拉底：哈！我来反问你：你是一位仁慈的神还是恶毒的神？如果是仁慈的，那我用得着害怕吗？如果是恶毒的，那我不屑于怕你。我们雅典人是一个骄傲的民族——而且受我们的女神保护，这个你肯定知道。我们两次以寡敌众击败波斯帝国，[1] 现在我们也不畏惧斯巴达。去藐视任何要我们臣服的人，正是我们的风尚。

赫尔墨斯：即使是神？

苏格拉底：一位仁慈的神不会要人怕他。而且我们还有一种风尚，就是倾听任何向我们提出诚实的批评、想让我们自愿改变想法的人的意见。因为我们想做正确的事。

赫尔墨斯：这两种风尚是同一枚珍贵硬币的两面，苏格拉底。因为

---

[1] 在这场对话中，苏格拉底有时夸大了他挚爱的故乡城邦雅典的特性和成就。提到这一点时他忽视了其他希腊城邦对击败波斯帝国入侵所做的贡献，两次战争都发生在他出生以前。——原注

你们尊重这些风尚，我大大地赞美雅典人。

苏格拉底：我的城市无疑是值得你青睐的。但你这样一位不朽的神灵，为什么会希望同我这样一个困惑而又无知的人交谈呢？我想我能猜到你的理由：你对自己通过神谕开的小玩笑后悔了，不是吗？实际上，你给我们这样一个嘲弄的答案，实在残酷，想想看我们走了多远的路才来到这里，还有我们献上的贡品。所以，这次请把真相告诉我，啊！智慧的源泉：到底谁是世界上最聪明的人？

赫尔墨斯：我不能揭示任何事实。

苏格拉底：〔叹息〕那么我请求你——我一直都想知道：美德的本性是什么？

赫尔墨斯：我也不能揭示道德的真理。

苏格拉底：然而，作为一位仁慈的神，你来到这里肯定是传授**某种**知识。你会赐予我什么样的知识呢？

赫尔墨斯：关于知识的知识，苏格拉底。**认识论**。我已经提到了一点。

苏格拉底：你已经提到了吗？哦——你说你赞美雅典人，因为我们对说服持开放态度，并且蔑视强权。但这些东西是美德已经众所周知！告诉我一些我已经知道的事，不算是"启示"。

赫尔墨斯：大多数雅典人的确会把这些称为美德。但究竟有多少人真的相信它呢？有多少人愿意用理性和正义的标准批评**神**呢？

苏格拉底：〔思考〕所有公正的人，我猜是这样。因为，如果一个人尚未信服神在道德上的正确性却遵从神的旨意，那他怎么可能是公正的呢？而如果没有事先就哪些品质在道德上**是**正确的形成一种观点，又怎么可能信服某人在道德上是正确的？

赫尔墨斯：外面草坪上你的同伴们——他们是不公正的吗？

苏格拉底：不是不公正的。

赫尔墨斯：那他们是否认识到了你刚才所描述的，理性、道德与不愿遵从神之间的关系？

苏格拉底：也许还没有**充分**认识到。

赫尔墨斯：所以，不是每一个公正的人都知道这些东西。

苏格拉底：同意。也许这只有**聪明**人知道。

赫尔墨斯：那么就是每个至少像你一样聪明的人。还有谁属于这个崇高的类别呢？

苏格拉底：你问我的这个问题，正是我今天向你请教的问题，聪明的阿波罗，你这样嘲笑我难道有什么高深的用意？在我看来，你的笑话一点儿也不好笑。

赫尔墨斯：你，苏格拉底，难道从来不嘲笑任何人吗？

苏格拉底：［自豪地］如果我偶尔开什么人的玩笑，也是因为我希望他帮我寻求一个我和他都还不知道的真理。我不会像你一样，站在高人一等的位置上嘲笑别人。我只想激励凡人同伴们帮我超越容易看到的东西，看到更远的地方。

赫尔墨斯：但这世界上有什么**是**容易看到的？什么是**最容易**看到的，苏格拉底？

苏格拉底：［耸耸肩］我们眼前的事物。

赫尔墨斯：那此时此刻你眼前的是什么？

苏格拉底：是你。

赫尔墨斯：你确定吗？

苏格拉底：你会不会开始问我，**我怎样确信**自己所说的话？然后，不管我给出什么理由，你就问我怎样确信**这一点**？

赫尔墨斯：不。你以为我来这里是同你耍弄老掉牙的辩论技巧吗？

苏格拉底：很好：很明显，我不能**确信**什么。但我也不想确信什么。我想不出什么——没有冒犯的意思，聪明的阿波罗——比在个人信念方面达到完全有把握的状态更无聊的了，有些人似乎渴望做到这一点。我看不出这有什么用——除了在不具备真正的观点时提供一个观点的假象。幸好，我渴望的东西与这种心理状态毫无关系。我渴望发现世界的真相是什么样，为什么是这样——还有，世界应该是什么样。

赫尔墨斯：祝贺你，苏格拉底，为着你在认识论上的智慧。你所寻求的知识——**客观知识**——很难获取，但是可以获取。许多人在追求你不愿追求的那种心理状态——**确证信念**，尤其是祭司和哲学家。不过，实际上，信念不能被确证，除非涉及别的信念，而即使这样也是容易出错的。因此，他们对确证的寻求只能导致无穷回归——它的每一步本身都有可能出错。

苏格拉底：这一点我也知道。

赫尔墨斯：的确如此。正如你已经正确地说过的，如果我把你已经知道的事情告诉你，就不能算作"启示"。不过请注意，你的那番话，正是寻求"确证信念"的人们所不同意的。

苏格拉底：**什么**？我很抱歉，但这个评论太费解了，我这个据说很聪明的头脑无法理解。请解释一下，我怎样才能认出在寻求"确证信念"的人们。

赫尔墨斯：就是这样的，假设他们刚好认识到了某种事物的解释。你和我会说他们**知道**这个解释。但是，不管解释有多么好，也不管有多正确、多重要和多有益，他们仍然不把它当成知识。只有神灵出现向他们保证这是正确的（或者他们想象出这样一位神或其他权威），他们才把它当成知识。因此，如果权威把他们已经完全认识到的事情告诉他们，对他们来说**的确**算是启示。

苏格拉底：我看出来了。而且我看出他们是愚蠢的，因为他们知道，"权威"［对赫尔墨斯打手势］可能在戏弄他们，或是想给他们一些重要的教训。他们也有可能误解了权威。或者他们把这当成权威的信念是错的——

赫尔墨斯：是的。所以**他们**称为"知识"的东西，即确证信念，是一种妄想。对人类来说它是**不可获取的**，除非用自我欺骗的方式；对任何良好目的来说，它都是**不必要的**；对最聪明的凡人来说，它是**不值得拥有的**。

苏格拉底：我知道。

赫尔墨斯：色诺芬尼 [1] 也知道，但他已不再是凡人中的一员——

苏格拉底：你通过神谕告诉我没有人比我更聪明时，是不是这个意思？

赫尔墨斯：［无视这个问题］因此，还有，当我在问你是否确信我在你眼前时，所指的并不是确证信念。我只是在质疑，你怎么能在说自己睡着了的时候声称"清楚地看到了"！

苏格拉底：哦！是的，你抓住了我的一个错误——但无疑只是小事一桩。事实上，你可能无法实实在在地站在我的眼前。也许你仍然待在奥林匹斯山 [2] 上的家里，送到我这里来的只是你自己的影像。但这样的话，你控制着你的影像，我看着它时，把它当作"你"，所以我正在看着"你"。

赫尔墨斯：但是，这并不是我所要问的。我问是什么**在你眼前**。在

---

[1] 色诺芬尼（约公元前570—前480），古希腊哲学家、神学家、诗人，质疑当时的信仰中给神赋予人类形象的做法，思想倾向于非人格化的一神论。——译注

[2] 奥林匹斯山是古希腊神话中众神的居所。——译注

现实中。

苏格拉底：好吧。在我的眼前，在现实中，有——一个小房间。或者，如果你想要一个实在的答复，在我眼前的——是眼皮，因为我预期它们现在是合上的。然而，从你的表情我看到你想要更精确的说法。非常好：在我的眼前是我的眼皮的**内表面**。

赫尔墨斯：你能看到那些吗？换句话说，是不是真的"很容易看到"你眼前是什么？

苏格拉底：此刻不行。不过这只是因为我在做梦。

赫尔墨斯：**只是**因为你在做梦吗？你的意思是，如果你是醒着，现在就可以看到你眼皮的内表面吗？

苏格拉底：[谨慎地] 如果我醒着，而我的眼睛仍然闭着，那么，是可以看到的。

赫尔墨斯：当你闭上眼睛时，看到的是什么**颜色**？

苏格拉底：在光线如此昏暗的一个房间里——是黑色。

赫尔墨斯：你认为你的眼皮的内表面是黑色的吗？

苏格拉底：我想不是。

赫尔墨斯：那么，你真的可以看到它们吗？

苏格拉底：不完全是。

赫尔墨斯：如果睁开眼睛，你将能看到房间吗？

苏格拉底：只能很模糊地看到。这里很黑。

赫尔墨斯：所以我再问你：如果你醒着，是不是可以很容易地看到你眼前是什么？

苏格拉底：好啦——并不总是如此。但不管怎么说，当我醒着的时候，我睁开眼睛，**而且**是在明亮的光线下——

赫尔墨斯：但我猜也不能**太亮**？

苏格拉底：是的，没错。如果你想继续纠缠下去，我必须承认，当一个人被阳光晃得眼花缭乱时，看到的东西可能会比在黑暗中更少。同样，人们可以在镜子里看到自己的脸，但实际上镜子背后只是空间。人有时会看到海市蜃楼，或者因为一堆皱巴巴的衣服正好像一个神秘人物而被愚弄——

赫尔墨斯：或者可能因为梦到一个而被愚弄……

苏格拉底：［微笑］确实如此。不过反过来说，无论是睡着或是醒着，我们往往看**不到**在现实中**存在**的东西。

赫尔墨斯：你根本不知道有多少这样的东西……

苏格拉底：毫无疑问。但是，当一个人**不是**在做梦、周围的条件适合看东西的时候——

赫尔墨斯：你怎么能说条件是不是"适合"去看东西呢？

苏格拉底：啊！现在你试图抓住我循环论述的问题。你希望我说，当一个人可以很容易地看到东西时，就能判断出条件适合看到东西。

赫尔墨斯：我希望你**不**这么说。

苏格拉底：在我看来，你在问一些关于**我**的问题——我面前有什么，我可以很容易地看到什么，我是不是能确信，等等。但我追求的是基本真理，据我估计，没有任何一条这样的真理是主要关于我的。因此，让我再次强调：我**不确信**我眼前的是什么——永远——不管我的眼睛是睁开还是闭着，不管我是睡着还是醒着的。我也不能确信我眼前**可能**有什么，因为当我觉得自己醒着的时候怎么能估计自己正在做梦的可能性？或者估计这样一种可能性：我先前的全部生活只是一个梦，某个你们这样的神灵因为把我禁锢在其中而感到高兴的梦？

赫尔墨斯：的确如此。

苏格拉底：我甚至可能是一个平凡骗术的受害者，就像魔术师的那些骗术。我们知道，魔术师在欺骗我们，因为他给我们看一些不可能出现的事物——然后要我们给钱！但是，如果他放弃收费，然后给我们看一些**可能出现**但实际上没有出现的事物，我们怎么能知道？也许你的这整个幻影根本不是梦，而是某种巧妙的魔术。另外，你也有可能是亲身在这里，而我是完全清醒的。所有这些我都永远不能确信是或者不是。不过，我可以**设想**知道其中的某一些。

赫尔墨斯：正是。对你的**道德**知识的情况是不是也如此：对于什么是对什么是错，你会不会出错，或者被相当于幻象或魔术的东西误导？

苏格拉底：这似乎更难想象。对于道德知识，我基本不需要感知。**我理性思考**什么是对的和错的，或者是什么使一个人是道德的或邪恶的。我在这些思虑中可能会出错，但不是那么容易受外界的魔术或幻象**欺骗**，因为这些东西只影响我们的感官，而不会影响理智。

赫尔墨斯：那么，你怎样解释这样的事实：对于什么样的素质构成美德或恶习，什么样的行动是对的或错的，你们雅典人一直在争吵不休？

苏格拉底：这有什么难理解的？我们意见不同，是因为这些事很容易搞错。然而，尽管如此，在许多这样的问题上我们还是意见**一致**的。

据此推测，我们之所以迄今未能达成一致，不是因为什么事在主动欺骗我们，而是因为有些问题很难推理——就像在几何中有许多真理，甚至连毕达哥拉斯都不知道，但未来的几何学家可能会发现。正如另一个"聪明的凡人"色诺芬尼所写的：

一开始，众神并不曾向我们揭示

所有的事物，但随着时间推移

在寻找中，我们能学到更多，了解更多 [1]

这是我们雅典人在道德知识方面所做的事情。通过寻找，我们学到了简单的东西，并且达成一致意见。将来，以同样的方式——也就是不让自己的任何观点免遭批评——我们可能学到一些不太轻松的东西。

赫尔墨斯：你的话很有道理。那么，稍微深入一点：如果在道德问题上是如此难以进行系统的欺骗，那为何雅典人几乎全都同意的某些看法，斯巴达人却不同意呢——就是你刚才所说的**容易**的东西？

苏格拉底：因为斯巴达人在幼年就学到很多错误的信念和错误的价值观。

赫尔墨斯：那雅典人是在什么年龄开始接受他们完美无瑕的教育？

苏格拉底：又让你抓住了我的一个错误。是的，当然，我们也向年轻人传授我们的价值观，这里除了包括我们最深刻的智慧，也肯定包括我们最严重的错误观念。然而，我们的价值观包括对建议持开放态度，宽容异议，对异议**和**接受的意见都进行批评。所以我想，斯巴达和我们之间的真正区别是，他们的道德教育命令他们使其最重要的思想观念免受批评。对建议**不**持开放态度。**不**批评特定的思想，比如他们的传统或关于众神的观念。**不**追求真理，因为他们声称已经真理在握。

因此，他们不相信，"但随着时间推移，在寻找中，他们能学到更多，了解更多"。他们彼此意见一致，是因为他们的法律和风尚强迫他们一致。

---

[1] 引自波普尔在《巴门尼德的世界》中的译文。——原注

我们意见一致（在我们做到的程度上）是因为，通过我们无穷无尽地批评的传统，我们已经发现了一些真正的知识。因为任何给定的事物只有一个真理，随着我们发现接近真理的思想，我们的思想也彼此接近，因此我们的意见更加一致。人们为了寻找真理走到一起，而真理又把人们聚集在一起。

赫尔墨斯：的确如此。

苏格拉底：此外，由于斯巴达人从未寻求改进，他们从未得到改进也就不令人惊讶。相反，我们在寻求改进——通过不断地批评和辩论，并试图纠正我们的思想和行为。因此，对于在未来学到更多的东西，我们处在有利的地位上。

赫尔墨斯：那么结论是，斯巴达教育他们的子女，维护他们城市的思想、法律和风俗免受批评，这种做法是**错误**的。

苏格拉底：我还以为你不会揭示道德真理呢！

赫尔墨斯：既然它来自认识论的逻辑推理，我实在忍不住要这样做。但是，不管怎样，这一点你也已经知道了。

苏格拉底：是的，我知道。我也看出来你要做什么了。你在向我展示，在道德知识方面**有**幻象和诡计之类的东西。其中有些体现在斯巴达人的传统道德选择中。他们的整个生活方式误导并困住了他们——因为他们的错误信念之一就是，他们不允许采取任何步骤去阻止他们的生活方式误导并困住他们！

赫尔墨斯：是的。

苏格拉底：是否有这类陷阱也体现在**我们**的生活方式中呢？〔皱眉〕当然，我认为没有——但我当然会这样想，不是吗？正如诺芬尼还写道，人们很容易把局部现象归结为普遍真理：

埃塞俄比亚人说，他们的神是塌鼻梁和黑皮肤的

色雷斯人则说，他们的神有蓝眼睛和红头发

然而，如果牛、马或狮子有手，可以画画

并像人一样会雕塑，那马塑造出的神将长得像马

牛的神长得像牛……

赫尔墨斯：所以现在你在想象，有一些斯巴达人的苏格拉底认为**他们的**方式高尚而你们的方式颓废——

苏格拉底：他会认为**我们**困在陷阱里，因为我们从来都不愿意"纠正"自己去采取斯巴达的方式。是的。

赫尔墨斯：但这位斯巴达的苏格拉底，如果他存在，会不会在担心雅典的苏格拉底可能是正确的，而他是错的呢？会不会有一个斯巴达的色诺芬尼，怀疑神可能不像希腊人所想的样子？

苏格拉底：当然不会！

赫尔墨斯：所以，既然他们的"方式"之一就是保持所有的方式不变，那么如果他**是**对的，而你是错的——

苏格拉底：那么斯巴达人自从采用当前的生活方式开始，就是正确的。众神必定一开始就向他们揭示了完美的生活方式，所以——其中有你吗？

赫尔墨斯：[扬了扬眉毛]

苏格拉底：当然，你没有。现在我看出，我们和他们的区别不只是角度问题，也不只是程度问题，[1] 让我换一种方式再说一遍：

如果斯巴达的苏格拉底是正确的，雅典的确被困在谬误中，而斯巴

---

[1]　我会在第15章中对这两类社会之间的区别进行更多讨论，我将这两类社会称为**静态**社会和**动态**社会。——原注

达没有。这样的话，永不改变的斯巴达必定已经是完美的，因此在其他一切方面也是正确的。然而事实上，他们几乎一无所知。**显然**有一件事他们就不知道：怎样去说服其他城市相信斯巴达是完美的，即使是那些策略上愿意倾听争论和批评的城市⋯⋯

赫尔墨斯：嗯，逻辑上说来，这个"完美的生活方式"取得的成就极少，在大多数的事情上都是错误的。不过，如果你从中窥见某些更重要的东西——

苏格拉底：如果我是正确的，雅典**没有**困在这样一个陷阱里，这完全不涉及我们在其他事情上是对是错。事实上，认为改进是可能的，我们的这个观念本身就意味着，我们当前的思想观念**肯定**有错误和不足之处。

感谢你，慷慨的阿波罗，因为你帮我"窥见"了这个重要区别。

赫尔墨斯：不过这个区别比你想象的大。要记住，斯巴达人和雅典人是一样的，只不过是容易犯错的人，所有的思考都会受误解和错误影响的人——

苏格拉底：等一等！我们**所有的**思考都很容易犯错吗？确实没有办法可以使我们安全地免于批评？

赫尔墨斯：你指的是什么？

苏格拉底：[思考了片刻。然后]比如说算术的真理，像二加二等于四？或德尔斐存在的事实？三角形的内角和等于两个直角这样的几何事实怎么样？

赫尔墨斯：我不能揭示事实，也就无法确认所有这三个命题的真实性！但更重要的是：你怎么就选了这几个特定的命题来作为免受批评的备选者？为什么是德尔斐而不是雅典？为什么是二加二而不是三加四？为什么不是毕达哥拉斯定理？这是因为你决定，你所选择的命题能最好地表达你的观点，因为在你考虑使用的所有命题中，它们最显而易见、毫不含糊地正确？

苏格拉底：对。

赫尔墨斯：但你怎么确定每个备选的命题与其他命题相比有多么显而易见、毫不含糊？你难道没有批评它们？你难道没有很快地试图想出什么样的方法或推理会使它们看起来是错误的？

苏格拉底：是的，我这样做了。我明白了。如果我维护它们免受批评，就无法得出那个结论。

赫尔墨斯：那么你终究是一个地地道道的容易犯错的人，虽然你曾经误以为不是。

苏格拉底：我只是怀疑。

赫尔墨斯：你怀疑**和**批评了易谬主义本身，正像一个真正的易谬主义者所做的那样。

苏格拉底：正是如此。而且，如果我不批评它，就不可能理解它为什么是真实的。我的疑问**改进**了我对一个重要真理的认识——被维护免受批评的知识永远无法得到改进！

赫尔墨斯：这也是你已经知道的。因为这就是为什么你总是鼓励每个人都去批评，甚至那些在你看来最明显的事情——

苏格拉底：这就是为什么我通过对他们这样做来树立榜样！

赫尔墨斯：也许吧。现在来这样考虑：如果容易犯错的雅典选民犯了一个错误，并颁布了一项非常不明智和不公正的法律——

苏格拉底：那个，唉，他们经常这样——

赫尔墨斯：想象一种特定的情形，为了讨论方便起见。假设不知何故，他们坚定地相信，**偷窃**是一种高尚的品德，这一行为会带来许多实际利益，于是他们废除所有禁止偷窃的法律。那会发生些什么？

苏格拉底：每个人都将开始偷窃。很快那些最擅长偷窃（以及在窃贼中间生活）的人会变成最富有的公民。但是大多数人（甚至大多数窃贼）都感到他们的财产不再安全，所有的农民、工匠和贸易商很快发现不可能继续生产任何值得偷的东西。灾难和饥饿跟着到来，而承诺的好处却并未实现，这时所有的人都意识到他们错了。

赫尔墨斯：他们会吗？让我再次提醒你人性是容易犯错的，苏格拉底。由于他们坚定地相信偷窃是有益的，他们对这些挫折的第一反应不会是偷窃得**还不够**吗？难道他们不会去制定法律去鼓励进一步的偷窃吗？

苏格拉底：唉，是——在一开始会的。然而，不管他们怎样坚定地确信，这些挫折都将是他们生活中的**问题**，他们会希望解决这些问题。其中一些人最终会开始怀疑，增加偷窃大概根本就不是解决问题的方案。因此，他们会更多地思考这个问题。他们曾经因为这样或那样的解释而相信了偷窃的好处。现在他们将试图解释为什么所谓的解决方案似乎不管用。最终他们会找到一个看上去更好的解释。于是他们开始逐渐说服别人——直到大多数的人再次反对盗窃。

赫尔墨斯：啊哈！所以，得救是可以通过说服来实现的。

苏格拉底：如果你愿意这么想的话。思考、解释和说服。现在，通过他们的新解释[1]，他们会更好地理解**为什么偷窃是有害的**。

赫尔墨斯：顺便说一下，我们刚才想象的小故事正是雅典看起来的真正情形，从我的角度看。

苏格拉底：[有点愤愤不平]你肯定在嘲笑我们！

赫尔墨斯：完全没有，雅典人。正如我所说的，我敬重你们。现在

---

[1]　其中有些会被误认为是"从经验中推演而来的"。——原注

让我们考虑一下，如果他们的错误不是把偷窃合法化，而是禁止**争论**。还禁止哲学、政治和选举，以及所有此类活动，认为这些都是可耻的。

苏格拉底：我懂了。这样做的效果将是禁止**说服**。因此它将封锁我们所讨论过的、可以得救的道路。这是一种罕见而且致命的错误：它在阻止本身被消除。

赫尔墨斯：或者至少使得救变得极其困难，是吧。依我之见，这就是**斯巴达**看起来的样子。

苏格拉底：我知道了。现在你点出来的，我也有同感。以前我经常思考我们这两个城市之间的诸多差异，我必须承认——直到现在仍然是——有许多地方我佩服斯巴达人。但在这之前我从来没有意识到，这些差别都是表面的。在他们明显的优点和恶习之下，甚至在他们是雅典的仇敌这一事实之下，斯巴达是一种深重的恶的受害者——以及仆从。这是一个重大的启示，高贵的阿波罗，这个启示比一千个神谕的宣告还重要，我实在难以表达我的感激之情。

赫尔墨斯：［点头表示知道了］

苏格拉底：我也明白了，你为什么总告诫我，要牢记人类的易谬性。事实上，自从你提到**有些**道德真理来自认识论思考的逻辑推论，我就一直想知道，是不是**所有的**道德真理都是这样来的。**不要毁坏纠正错误的方法**，这条道德必须规则是不是唯一的道德必须规则？是不是所有其他道德真理都由它而来？

赫尔墨斯：［沉默］

苏格拉底：如你所愿。现在，对于雅典和你所说的认识论：如果我们发现新知识的前景是那么好，你为什么强调感官不可靠呢？

赫尔墨斯：我是在纠正你对追求知识的描述，你把那说成是"超越容易看到的东西"。

苏格拉底：我是在比喻："看到"的意思是"理解"。

赫尔墨斯：是的。不过，你已经让步说，即使是那些你认为最容易在**字面意义上**看到的东西，**事实上**如果不具备与它们有关的先验知识，也是很难看到的。真正的情况是，如果没有先验知识，**没有什么东西是**容易看到的。世界上所有的知识都来之不易。此外——

苏格拉底：此外，由此推出，我们不是通过**看**来获得知识。知识不会通过我们的感知流向我们。

赫尔墨斯：没错。

苏格拉底：但你说客观知识是可以获得的。因此，如果知识不是通过我们的感官得到的，那它是从哪里来的？

赫尔墨斯：假设我要告诉你，所有的知识来自**说服**，你怎么想？

苏格拉底：又是说服！好吧，我会回答——恕我直言——这毫无意义。谁要说服我相信什么事情，他自己必须首先发现了它，这样的话，相关的问题就是**他的**知识来自哪里——

赫尔墨斯：没错，除非——

苏格拉底：而且在任何情况下，当我通过说服学到一些东西，知识就**的确**是通过我的感官到达我这里的。

赫尔墨斯：不，在这点上你错了。它只是看起来通过这种途径到达你这里。

苏格拉底：**什么**？

赫尔墨斯：好，你现在在向我学习东西，对不对？这些东西是通过你的感官学到的吗？

苏格拉底：是的，当然是。噢——不，不是的。但这仅仅是因为，你身为超自然的神灵，绕过了我的感官，在梦里向我传递知识。

赫尔墨斯：我有吗？

苏格拉底：我想你说过你不是在这里玩弄辩论技巧！你是在否认自身现在的存在？当诡辩家这么做时，我通常用他们自己的话攻击他们，并停止与他们争论。

赫尔墨斯：这种策略又一次证明了你的智慧，苏格拉底。但我没有否认我的存在。我只是在问，我是不是真实的，**到底有什么区别**。这会让你改变在这次谈话中了解到的关于认识论的观念吗？

苏格拉底：也许不会……

赫尔墨斯：**也许不会**？好啦，苏格拉底，你先前还在吹嘘你和你的同胞总是对说服持开放态度。

苏格拉底：是的，我明白了。

赫尔墨斯：现在，如果我**确实**只是你想象的虚构的东西，那是谁说服了你呢？

苏格拉底：大概是我自己——除非这个梦既不是来自你也不是来自我自己，而是从其他来源……

赫尔墨斯：但你不是说你**对任何人**的说服都是开放的吗？如果这个梦的来源未知，会有什么区别吗？如果它们有说服力，你作为一个雅典人难道不是有义务接受吗？

苏格拉底：看起来我有义务。但如果这个梦来自一个恶意的来源呢？

赫尔墨斯：也不会有什么根本区别。假设这个来源声称要告诉你一个事实。然后，如果你怀疑来源是恶意的，你会试着去了解它要通过告诉你这个所谓的事实来做什么坏事。但随后，根据你的解释，你可能无论如何还是决定相信——

苏格拉底：我明白了。举例来说，如果敌人宣布他打算要杀了我，我可能会充分相信他，尽管他是恶意的。

赫尔墨斯：是的。你也有可能不会。如果你最亲密的朋友声称告诉你一个事实，同样，你可能疑惑他是否被恶意的第三方误导了——或者就是因为无数理由中的任何一种而搞错了。这样的情况很容易出现，你会不相信你最亲密的朋友，却相信你最可怕的敌人。不管什么情况，重要的是你在自己的头脑里对这些事实以及相关观察和建议创造出的解释。

但这里的情况比较简单。如我所说，我不会揭示事实。只是在讨论。

苏格拉底：我懂了。如果论点本身有说服力，我不需要信任它的来源。也没有办法运用**任何**来源，除非有了有说服力的论点。

等一等——我刚刚意识到什么。你不"揭示事实"。但阿波罗神**的确**揭示事实，每天通过神谕揭示数以百计的事实。啊哈，我现在明白了。你不是阿波罗神，而是另外一位神。

赫尔墨斯：[沉默]

苏格拉底：你显然是一位知识之神……但有好几位神对知识有兴趣。雅典娜女神自己就是——但我能看出你不是她。

赫尔墨斯：不，你不能看出。

苏格拉底：我能。我不是指从你的外表来判断。我的意思是说，我可以从你用超然的方式来评论雅典而推断出来。所以——我想你是赫尔墨斯，知识、消息和信息流之神——

赫尔墨斯：很妙的想法。不过，顺便问一下，是什么使你认为阿波罗通过神谕**揭示事实**呢？

苏格拉底：哦！

赫尔墨斯：我们已经就此达成一致："揭示"的意思是告诉请求者一些他还不知道的东西……

苏格拉底：他**所有的**答复都只是笑话和恶作剧吗？

赫尔墨斯：[沉默]

苏格拉底：正如你所希望的，敏捷的赫尔墨斯。那让我试着去理解你有关知识的论点。我问你知识从哪里来，你把我的注意力引入了这个梦。你又问我如果我正向你学习的知识原来根本不是超自然灵感所激发的，会有什么区别。我不得不同意，这样不会有什么区别。所以，我是不是要得出结论说……一切知识的来源都与梦的来源一样，在我们自己的头脑里？

赫尔墨斯：的确是的。你还记得色诺芬尼在说了人类可以获得客观知识之后还写了些什么吗？

苏格拉底：记得。他接下来写道：

但确切的真理，人过去不知道，

将来也不会知道；神灵也不知道，

我说过的一切都不知道。

就算他碰巧说出了完美真理，

他自己也不知道——

因此他是在说，虽然客观知识是可以获得的，确证信念（"确切的真理"）却不是。

赫尔墨斯：是的，这些我们全都谈到了。但你要的答案在下面一行。

苏格拉底："因为这不过是猜想编织出的一张网"。猜想！

赫尔墨斯：是的。猜想。

苏格拉底：可是等一下！要是知识**并非**来自猜想——就像某位神灵

给我托梦那样，又如何？要是我仅仅从别人那里听到思想观念又如何？**他们**可能通过猜想得到这些知识，但我是仅仅通过倾听得到。

赫尔墨斯：你不是仅仅倾听。所有这些情况下，为了获得知识你仍然要猜想。

苏格拉底：我有吗？

赫尔墨斯：当然有。难道你没有经常被人误解，甚至是被非常努力想理解你的人误解？

苏格拉底：有的。

赫尔墨斯：反过来，你是不是也经常误解别人的意思，甚至在他努力尽可能向你说清楚时也是？

苏格拉底：的确，我有过。但至少在这次谈话中没有！

赫尔墨斯：嗯，这不只是哲学思想的一个属性，而是所有思想的属性。还记得你们乘船来这里时迷了路吗？那是因为什么？

苏格拉底：是因为——像我们事后明白的那样——我们完全误解了船长的指令。

赫尔墨斯：那么，在你们尽管认真听了他说的每一句话、却搞错了他的意思的时候，**那些错误想法从何而来**？估计不是从船长那里……

苏格拉底：我明白了。错误肯定来自于我们自己，肯定是某种猜想。不过，直到这一刻，我可是一点猜想都没做。

赫尔墨斯：那你为什么要期待在你确实正确理解别人时会发生不同的情况呢？

苏格拉底：懂了。当我们听到人们说什么时，就会**猜想**其中的意思，却没有意识到我们在做什么。这么一说，让我开始觉得有点道理了。除了——猜想不是知识！

赫尔墨斯：的确，大多数猜想都不是新知识。虽然猜想是一切知识的**起源**，它也可能是错误的来源，因此，一种思想观念被猜想出来**之后**经历了什么，是至关重要的。

苏格拉底：那么——容我把这种洞见与我对批评的了解结合起来。一个猜想也许是从梦中得来，也许只是一种大胆的推测，或把多种思想观念随意组合，或者任何东西。但是我们不会盲目接受它，也不会因为想象它是"权威的"就接受它，也不会因为我们**希望**它是真实的就接受它。相反，我们批评它，试图发现它的缺陷。

赫尔墨斯：是的。无论如何，这是你**应该**做的。

苏格拉底：那么，我们试图弥补这些缺陷，通过改变这个想法或放弃它而偏好其他想法的方式——而改变和其他想法本身也是猜想。它们也要受到批评。我们只有在所有这些否认或改进一个想法的尝试都失败的时候，才暂时接受这个想法。

赫尔墨斯：这是有效的。可惜的是，人们并不是总在做有效的事情。

苏格拉底：谢谢你，赫尔墨斯。通过这么一个过程就能了解到我们全部的知识来源，真是太令人兴奋了。无论是驶向德尔斐的海船船长的知识，或是我们已经精心提炼多年的有关对与错的看法，或是算术和几何定理——或由一位神灵向我们揭示的认识论——

赫尔墨斯：这一切都来自内心，通过猜想和批评。

苏格拉底：等一等！**即使是神授的启示**，也是来自内心的？

赫尔墨斯：而且也一样的易谬。是的，你的论点涵盖了这种情况，就像涵盖其他任何情况。

苏格拉底：太妙了！但现在——我们在自然界中**体验**到的物体又如何呢。我们伸手触摸到一个物体，因此体验到它**在那里**。显然这是一种不同类型的知识，不管是否易谬，它都确实来自外界，至少是在这个意义上：我们的感觉经验在那里，在物体所处的位置上。[1]

赫尔墨斯：你喜欢这样的想法：其他所有不同类型的知识都起源于相同的方式，在用相同的方式去改进。为什么"直接"的感觉经验是一个例外？要是它们只是**看上去**完全不同呢？

苏格拉底：但可以肯定，你现在要我相信一个全方位的魔术，与全部生活只是一个梦的幻想概念类似。因为这将意味着，触摸一个物体的感觉并没有发生在我们体验到它发生的地方，即不在手触及的地方，而是在头脑里——我相信它在大脑中的某一处。所以，我所有的触摸感觉都在我的头盖骨内部，那是个在现实中只要我还活着就没有人能触摸到的地方。每当我觉得我看到一个浩瀚的、灯火辉煌的景观，所有我真正体验到的东西同样是完全在我的头盖骨内部，而那里实际上总是黑暗的！

赫尔墨斯：这有那么荒谬吗？那你觉得**这个梦**里所有的景象和声音是在什么地方？

苏格拉底：我承认，**它们**确实是在我的脑海里。但这正是我要说的：大多数梦境所描绘的东西在外部现实中根本就不存在。对于确实存在的事物，如果没有并非来自头脑而是来自这些事物本身的某种信息，是不可能对它们进行描绘的。

赫尔墨斯：很有道理，苏格拉底。但你梦境的**来源**里需要这些信息吗，还是仅仅在进行批评时才需要？

苏格拉底：你的意思是，我们首先猜想那里有什么，然后——是什

[1] 古希腊人不太清楚感觉经验处在什么地方。就算是关于视觉，苏格拉底时代也有许多人相信，眼睛会**发出**类似光的东西，看到一个物体的感觉包含了该物体与这种光之间的某种相互作用。——原注

么？——用我们的感官得到的信息检验我们的猜想？

赫尔墨斯：是的。

苏格拉底：我明白了。然后我们仔细琢磨我们的猜想，然后把其中最好的猜想塑造成某种现实中清醒的梦。[1]

赫尔墨斯：是的。一个**对应**现实的清醒的梦，但还不止于此。这是一个你可以**控制**的梦。你通过控制现实的对应方面来控制它。

苏格拉底：[倒抽一口冷气]这是一个了不起的统一理论，而且就我看来是一致的。但我真的准备好接受这一点了吗——我自己，那个我称之为"我"的思考者，根本没有关于物理世界的直接知识，只能通过偶然扑到我眼睛上的闪烁和阴影以及其他感觉来获取深奥的暗示？还有，我**体验**到的现实只不过是一个清醒的梦，由源自我内心的猜想组成？

赫尔墨斯：你难道还有其他解释吗？

苏格拉底：没有！我越是仔细思考这个道理就越高兴。（这是一种应该提防的感觉！但我还是被说服了。）每个人都知道，人是动物的完美典范。但是，如果你告诉我的这种认识论是真实的，那么我们比那种典范还要奇妙无穷多倍。我们坐在这里，永远禁锢在黑暗、几乎完全封闭的头盖骨中，**猜想着**。我们编造关于某个外部世界的故事——实际上是很多世界：物理世界、道德世界、抽象几何形状的世界，等等——但是我们并不仅仅满足于编造，也不仅仅满足于故事。我们想要真正的解释。因此，我们寻求那些面对检验仍保持稳固的解释，包括闪烁和阴影的检验、互相之间的检验、逻辑标准和理性的检验以及其他一切我们能想到的东西的检验。当我们无法再改变它们时，就理解了某种**客观真理**。而且，好像这样还不够似的，我们理解之后就去控制它们。这就像是魔

---

[1]　我们对世界的体验确实是某种形式的虚拟现实渲染，完全发生在大脑内部。——原注

法，只不过是真实的。我们就像神一样！

赫尔墨斯：好，**有时**你会发现**一些**客观真理，因此实施**一些**控制。但往往是，当你认为你实现了任何这些事情时，实际上却没有。

苏格拉底：是的，没错。但我们既然发现了一些真理，难道不能做出更好的猜想、实行进一步的批评和测试，于是像色诺芬尼所说的那样了解更多并控制更多？

赫尔墨斯：是的。

苏格拉底：所以，**我们的确像神！**

赫尔墨斯：某种程度上像。至于你的下一个问题，答案是：是的，你确实可以用更多的方式变得更加像神，**如果你选择这样做**。（虽然你始终会容易出错。）

苏格拉底：我们究竟为什么要不选择？哦，我明白了：斯巴达之类的……

赫尔墨斯：是的。还有一个原因是，有些人可能会争论说，**容易出错的神**不是一种好的事物……

苏格拉底：好吧。但是，**如果**我们选择这样做，你是不是在说，我们最终能够理解多少、控制多少和实现多少是没有上限约束的？

赫尔墨斯：你这样问就有意思了。很多代人之后，会有人写一本书，提供一个令人信服的——

［这时有人敲门。苏格拉底朝声音传来的方向扫了一眼，再转向赫尔墨斯待着的地方，但这位神已经消失了。］

凯勒丰：［在门外］对不起吵醒你了，老伙计，但我听说，除非我们在清理房间的奴隶到达之前搬出房间，否则他们有权再收一天房钱。

苏格拉底：［出现在门口，示意凯勒丰的奴隶到房间里收拾苏格拉底简朴的旅行袋]凯勒丰——我们的旅行完全没有白费！我见到了赫尔墨斯。

凯勒丰：你说什么？

苏格拉底：是的，就是那位神。在梦中，或者就是他本人。或者，也许我只是梦见我见到他。不过，这并不重要，因为，正如他所指出的，这都没有区别。

凯勒丰：[困惑]你说什么？为什么没有区别呢？

苏格拉底：因为我学到了一个全新的哲学分支——和更多的东西！

[苏格拉底的同伴正向他们走来。急切地冲在别人前面的是十几岁的诗人亚里斯多克勒斯，朋友们叫他柏拉图（"宽大的"），因为他有摔跤手的身材。]

柏拉图：苏格拉底！早上好！再次千倍地感谢你让我来此朝圣！[不等任何答复直接切入哲学问题。]但是昨晚我在想：如果神谕告诉我们的事，是我们已经知道了的，这真的能算是一个**启示**吗？我们早就知道没人比你更聪明，所以我想，我们是不是应该回去，要求免费问一个问题？但转念一想——

凯勒丰：亚里斯多克勒斯，苏格拉底——

柏拉图：不，等等！不要告诉我答案。让我先告诉你我最好的猜想。所以我想：是的，我们已经知道他是最聪明的。而且他是谦虚的。但我们不知道他到底有**多么**谦虚。所以，这就是神给我们的启示！苏格拉底是这么谦虚，甚至当一位神说他聪明时，他也要反对。

同伴们：[笑]

柏拉图：还有一点，**我们**知道苏格拉底的卓越，但现在阿波罗向**全世界**揭示了这一点。

凯勒丰：[低声嘟囔]那么我希望"全世界"分担一点费用。

柏拉图：什么？我没听错吧？

［苏格拉底吸了一口气想要回答，但柏拉图接着说。］

哦，苏格拉底，我可以叫你"师父"吗？

苏格拉底：不可以。

柏拉图：好的，好的，当然。对不起。这只是因为我经常在体育馆和一些斯巴达的孩子们在一起，他们总是这样说。"我师父这样说，我师父那样说，我师父不允许……"等等。这让我有点羡慕，因为我自己没有师父，所以——

同伴 1 号：哎，柏拉图！

柏拉图：是啊，但——

凯勒丰：［抢过话茬］**斯巴达**的孩子们？亚里斯多克勒斯，这是非常不恰当的。我们双方正在交战！

柏拉图：在德尔斐这里没有。他们**从来不会**违反神谕的神圣休战。他们非常虔诚，你知道的。挺好的孩子，尽管口音很滑稽。我们讲了很多关于摔跤的事——中间我们还真的摔跤。我们整夜没睡，在烛光下摔跤。以前我从来没有这样做过。他们真的很不错！虽然他们有时也会作弊。［回忆时带着宽容的笑。］但是，即便如此，我也不会让我们的城市蒙羞。我为雅典赢了好几次比赛，你肯定很高兴知道这个。非常激烈！他们教给我一些很好的动作。我等不及要回家尝试一下。然而，不知道为什么，他们没有一个人懂得诗歌。

苏格拉底：斯巴达不尊敬诗人。反正，不会尊敬活着的诗人。

柏拉图：哦！真可惜。我匆匆忙忙写了一首纪念我们摔跤比赛的诗。或者更确切地说，言外之意其实是为什么雅典比斯巴达更好。这是一个数学论点……不管怎样，我刚刚派了一名奴隶到他们的营地背诵给他们听，但如果他们不尊敬诗人，他们也许会不领情。好吧，这首诗是这样的——

凯勒丰：亚里斯多克勒斯——昨晚赫尔墨斯神来见苏格拉底了！

柏拉图：哇！你为什么没叫我们，苏格拉底？这可比与斯巴达人摔跤更来劲！

苏格拉底：我没法叫任何人，因为这事发生在一个梦里——或别的什么东西里。我甚至不知道那是不是真的是那位神。但是，正如他向我指出的，这并不重要。

柏拉图：为什么不重要？哦，我猜，一旦体验过去了，最重要的是你从中学到的东西。那么，他想要什么？我敢打赌，他想把你从拜阿波罗教里挖走。不要这样，苏格拉底！阿波罗要好得多。不是赫尔墨斯有**什么不妥**，但他没有神谕，而且他不像阿波罗一样酷——

凯勒丰：［震惊］表现得尊敬些，亚里斯多克勒斯——无论是对苏格拉底**还是众神**！

苏格拉底：他**是**在表示尊敬，凯勒丰，用他自己的方式。

柏拉图：［迷惑］我当然尊敬他们，凯勒丰。你知道，如果苏格拉底允许的话，我会在字面意义上崇拜他。哦，我也尊敬你，老人家，非常尊敬。如果我冒犯了你，我乞求你的原谅：我知道我有时候太热情。［短暂停顿］但是，苏格拉底——你向那位神问了些什么，他是怎么答复的？

苏格拉底：不完全是我问他答。他向我揭示了一个新的哲学分支：**认识论**——关于知识的知识，它还涉及道德和其他领域。其中许多是我已经在各种特殊情形下了解或部分了解的，但他从神的视角为我进行了一番概述，非常激动人心。有趣的是，他做到这一点的方式主要是向**我**发问，并引导我思考特定的事情。这个方法看上去很有效——有时间我可能会尝试一下。

柏拉图：全告诉我们，苏格拉底！从他问的最有趣的东西开始，还有你是怎么回答的。

苏格拉底:哦——他让我做的一件事是想象一位"斯巴达的苏格拉底"。

柏拉图:斯巴达的**什么**？哦！我明白了！**那**一定就是神谕所说的人。阿波罗真是遮遮掩掩的！世界上最聪明的人是**斯巴达的**苏格拉底——虽然只是更聪明那么一**丝丝**，我敢打赌！但是，作为斯巴达人，他可能也是一名伟大的战士。真棒！当然，我知道你当年也是一名伟大的战士，苏格拉底。但还是——**斯巴达的**苏格拉底！那么我们是不是现在就到斯巴达去看他？拜托！

凯勒丰：亚里斯多克勒斯——现在是**战争时期**！

苏格拉底：很抱歉让你失望了，亚里斯多克勒斯，但这是一个纯粹的智力游戏。不存在什么"斯巴达的苏格拉底"。事实上我知道斯巴达根本没有哲学家。在某种程度上，这就是我与赫尔墨斯所谈的主要内容。

柏拉图：请再讲详细一点。

［说这话的时候，柏拉图示意他自己那经过良好培训的奴隶，把随身携带的写字蜡板扔给他。柏拉图用一只手接住板子,并拿出一支尖笔。］

苏格拉底：在某个阶段，赫尔墨斯让我认识到雅典和斯巴达在生活方式上的根本区别。那就是——

柏拉图：等一等！让我们大家都来猜猜！这听起来非常有意思。

让我先来——因为这基本上就是我在诗里写的。好吧，这个谜语中斯巴达的那一半很好猜:斯巴达以**战争**为荣耀。她重视与此相关的美德，如勇气、耐力等。

［苏格拉底的其他同伴低声表示同意］另一方面，我们——好吧，

我们重视**一切**，难道不是吗！应该说是，所有好的事物。

同伴 1：所有好的事物？这似乎有点循环论证，柏拉图，除非你能在某种程度上独立于"我们雅典人重视什么"来定义这个"好"。我想我可以说得更简练一些：**"战斗"**对**"拥有值得为之而战的东西"**。

同伴 2：很好。但这基本上就是"战争对哲学"，对不对？

柏拉图：［假装愤怒］还有**诗歌**。

同伴 3：难道是因为雅典的守护神是女神，代表着世界上的创新精神，而斯巴达喜欢嗜血与杀戮之神阿瑞斯[1]，被雅典娜击败而威风扫地——

柏拉图：不，不，其实他们没有那么喜爱战神。他们更喜爱阿尔忒弥斯。而且，奇怪的是，他们也崇拜雅典娜。你们知道吗？

凯勒丰：作为一个年纪比你们大的雅典人，我见过很多战争。我要说，在我看来，雅典尽管在军事上有着辉煌成就，但如果过着平静的生活、与所有希腊人特别是斯巴达人做朋友，我们也会一样快乐。但是不幸的是，斯巴达人最喜欢的事情就是一有可能就惹我们发火。虽然我必须承认，他们在这方面并不比其他任何人更坏，包括我们的盟友！

苏格拉底：这都是非常有趣的猜想，所有你们说的这些，我认为都抓住了这两个城市之间差异的不同方面。然而我怀疑——当然我可能是错的——

柏拉图：一个斯巴达的苏格拉底不会是**谦虚的，**是这个区别吗？

苏格拉底：不是（顺便说一下，我在想，更可能的是他**会是**谦虚的。）

我怀疑，我们全都在为一种关于斯巴达的错误观念而费脑子。情况

---

[1] 阿瑞斯是古希腊神话里的战争之神，代表着力量、嗜血、杀戮。阿尔忒弥斯是月亮女神、狩猎之神，阿波罗的孪生姐妹。——译注

会不会是，斯巴达根本没有这么渴望战争？至少是在他们几个世纪之前征服邻邦、把他们变成农奴之后是这样。可能从那以后，他们产生了一种完全不同的关切，对他们有着压倒一切的重要性，也许他们**只有**在这种关切受到威胁时才会打仗。

同伴2：那是什么？镇压农奴？

苏格拉底：不，那只是一种手段，不是目的本身。我觉得神告诉了我，他们最关切的是什么。他还告诉了我，我们最关切的是什么——虽然，唉，**我们**也为各种其他原因而争斗，并且经常对此感到后悔。

这两种总体关切是：我们雅典最关注的是**改进**；而斯巴达只追求——**静止**。这是两个完全相反的目标。如果你们想一想，我相信你们很快就会同意，**这**才是这两个城市之间种种差异的唯一根源。

柏拉图：我从来没有用这种方式想过这个问题，但我觉得我确实同意。让我尝试用这个理论来分析一下。这两个城市之间的一个差异是：斯巴达没有哲学家。这是因为一个哲学家的工作是更好地理解事物，而这就是一种变化，所以他们不想要哲学家。另一个不同之处是：他们不尊重活着的诗人，只尊重已死的诗人。为什么呢？因为死人不会写出什么新东西，但活人会。第三个区别是：他们的教育无可救药地严厉，而我们的是出了名地宽松。为什么呢？因为他们不希望自己的孩子敢于质疑什么，这样他们就永远都不会想到要改变什么。我的分析做得怎么样？

苏格拉底：你像往常一样理解吸收得很快，亚里斯多克勒斯。然而——

凯勒丰：苏格拉底，我想我知道的很多雅典人也并不求改进！我们也有许多政治家认为他们是完美的。还有许多智者认为他们已经知道了一切。

苏格拉底：但是，具体说来，那些政治家到底相信什么东西是完美的？是他们自己关于怎样**改进**这座城市的宏大计划。同样，每个智者都相信每一个人都应该采纳他的想法，他认为自己的想法对人们以前相信过的所有想法都有所**改进**。雅典的法律和风俗建立起来就是为了容纳众多相互竞争的关于完善的想法（以及比较谦虚的改进建议），让它们经受批评，从中筛选出有可能是少数微小的真理之种的想法，对看起来最有前途的那些进行检验。因此，无数那些想不出能对自己进行什么改进的个人，加在一起就成为了一座不屈不挠、夜以继日地寻求对自身进行改进的城市。

凯勒丰：是的，我明白了。

苏格拉底：斯巴达没有这样的政治家，没有这样的智者，也没有像我这样的牛虻，因为任何斯巴达人就算是真的怀疑或者不赞成他们一直以来的行为方式，也不会说出来。他们仅有的极少数新想法，都是为了使城市更稳固地维持住当前的状态。据我所知，确实有斯巴达人以战争为荣耀，喜爱征服和奴役整个世界，就像他们从前征服邻邦那样。然而他们这座城市的体系，以及就算在急性子的头脑中也根深蒂固的假设，对于朝未知迈出任何这样的步伐，体现了一种发自内心的恐惧。斯巴达城外的阿瑞斯像是被**锁链束缚**的，这一点也许很重要，能使他永远在那里保护这座城市。但锁链难道不也是为了防止这位暴力之神打破原则？不是为了防止他到处肆虐、造成混乱，带来可怕的变化风险？

凯勒丰：也许是。现在我明白了，苏格拉底，不管什么情况下，一座城市怎样可以拥有一种并非所有公民都同意的"首要关切"。然而，恐怕我还是看不出你的理论怎样描述两座城市之间的**敌对**。首先，我不记得斯巴达曾经反对过我们自我提高的习性。相反，他们列举种种具体的不满，说我们如何涉嫌违反条约，暗中破坏他们和盟友的关系，策划在大陆上建设帝国，等等。其次——当然，我不是想要批评那位神！——

苏格拉底：批评神并不是对神不敬，凯勒丰，这是理性的。赫尔墨斯也这样认为，这是值得做的……

柏拉图：［潦草地刻下："批评神并不是对神不敬。"］

凯勒丰：嗯，即使那位神在停滞与改进这两个"首要关切"上是正确的，每座城市也**只是各自保持**相应的关切，并无野心要将其强加给他人。所以，尽管雅典选择向前跑，而斯巴达选择束缚自己，这些选择可能在逻辑上是"对立"的，但它们怎么可能成为**敌对**的来源呢？

苏格拉底：我猜是这样的：对斯巴达的停滞而言，雅典的存在本身就是一种致命威胁，不管这种存在有多么和平。因此长远说来，斯巴达的持续停滞（在他们看来是长期的**存在**）是对雅典的进步的破坏（在我们看来将是对雅典的破坏）。

凯勒丰：我还是看不出具体威胁是什么。

苏格拉底：哦，让我们假设，未来这两个城市继续在他们的首要关切上取得成功。斯巴达人完全保持与现在相同的状态。但是我们雅典人现在已经因为财富和多种多样的成就而成为其他希腊人羡慕的对象。假如我们进一步改进，在**所有方面**都比**世上所有人**更强，会发生什么？斯巴达人很少旅游或同外国人交流，但他们不能完全无视其他地方的发展。就算是发动战争也会使他们对其他更富裕、更自由的城市里的生活是什么样有所了解。有那么一天，一些拜访德尔斐的斯巴达年轻人会发现，雅典人掌握了更好的"动作"和更高超的技巧。如果过上一两代人，雅典战士**在战场上**发展出更好的"动作"会怎样？

柏拉图：但是苏格拉底，就算这是真的，斯巴达人也不知道！那他们怎么会害怕呢？

苏格拉底：他们不需要有先见之明。你难道认为，一名斯巴达的信使来到雅典，在看到耸立在卫城上的是什么时，[1] 不会像其他人一样叹服吗？不管他可能怎样讥评（也许颇为公正）我们的狂妄自大和不负责任，你觉得他在回家的路上就不会想到，他的城市从来不曾也永远不会这样让人崇敬吗？你觉得斯巴达的长老们现在不担心**民主**在许多城市里声望日隆吗，包括斯巴达的一些盟友城市？

顺便说一下，我们对民主的谨慎程度，至少应与斯巴达人对嗜血和战争的谨慎程度相当，因为民主在本质上与它们一样危险。[2] 我们不能没有民主，如同斯巴达离不开军事训练。而且，正如他们通过纪律和谨慎的传统减轻了嗜血的破坏性，我们也通过美德、宽容和自由的传统减轻了民主的破坏性。我们完全依赖这些传统去控制民主这头怪兽并使其为我们所用，就像斯巴达人依靠他们的传统去控制嗜血和战争的怪兽，免得它在吞噬眼前所有其他人时也把他们自己吞掉。我们可能也应该去竖立一座**民主被锁链束缚**的雕像，象征我们这座城市的基本保障。

柏拉图：[刻下："民主是一头怪兽，如果不受锁链束缚，就是危险的。"]

苏格拉底：斯巴达人——以及许多其他不理解我们的人——肯定也每天都在疑惑，为什么我们雅典人能在世界上他们最擅长的一件事

---

[1] 指帕特农神庙。——原注

[2] 关于民主的危险，参见苏格拉底本人的死亡。他被雅典法庭以"群众审判"的形式判处死刑，罪名是不敬城邦的诸神并引进新的神、腐蚀青年的思想。他拒绝逃亡，因为觉得这会损害雅典的法制，违背自身的原则。苏格拉底之死在西方思想史上影响深远，在近代经常被解释为民主形式下"多数的暴政"。——译注

也就是战争上与他们对抗。而事实上我们同时还在哲学、诗歌、戏剧、数学、建筑以及所有其他人类壮举方面无与伦比，斯巴达人却根本不关心这些东西。

柏拉图：[刻下："斯巴达人在战争方面世界第一，但在所有其他方面一塌糊涂"。]

苏格拉底：如果他们能看到这个事实，就不需要知道原因。但其原因是：我们可以改进，因为我们正在不断努力改进；他们几乎没有任何改进，因为他们努力**不去改进**！这就是斯巴达的阿基里斯之踵[1]。

柏拉图：[刻下："斯巴达的'阿基里斯之踵'是他们不改进。"]因此，他们需要的是**哲学家**。有了哲学家，他们就不可战胜！

苏格拉底：[轻声笑]从某种意义上说，就是这样，亚里斯多克勒斯。但是——

柏拉图：[刻下："苏格拉底说，有了哲学家，斯巴达将不可战胜。"]

凯勒丰：[担忧状]我们真的要在公共旅馆里讨论这些？如果有人偷听并把秘诀告诉他们怎么办？

柏拉图：[刻下："自注：不要告诉他们！"]

苏格拉底：不要担心，老朋友。如果斯巴达人总体上能够理解这个"秘密"，他们很久以前就会实施了——也就不会有我们城市之间的战争了。如果某些个别的斯巴达人试图倡导新的哲学思想，他很快就会因为异端邪说或许多其他罪名受审判。

柏拉图：除非……

苏格拉底：除非什么？

---

[1] 阿基里斯之踵，比喻致命弱点。阿基里斯的母亲是海洋女神忒提斯。他出生时被母亲倒提着浸入冥河，从而刀枪不入，唯有被母亲握住的脚踵部位没有浸到。在特洛伊战争中，阿基里斯被特洛伊王子帕里斯用箭射中脚踵，因而死去。——译注

柏拉图：除非接受哲学的是一位国王。

苏格拉底：找找里面的逻辑漏洞，亚里斯多克勒斯。从理论上看，你说得对。但在斯巴达，连国王都不允许改变任何重要的事物。如果某个国王尝试这样做，他会被五名长官废黜的。

柏拉图：嗯，他们有两位国王，五名长官和二十八名议员。[1]因此数学告诉我们，只要有十五名议员、三名长官和一位国王采纳了哲学——

苏格拉底：[大笑]是的，亚里斯多克勒斯。我承认。如果斯巴达的统治者采用我们的哲学风格，严肃地着手批评和改革他们的传统——

柏拉图：[稍微有些走神，刻下："定理：一位身为哲学家的国王，等同于一位身为国王的哲学家。那么，如果一位哲学家成为国王会怎样？"]或许更可能的是**一位仁慈的国王夺取了权力**——

苏格拉底：随便怎样。**如果**他们成功地进行了这样的改革，那么他们的城市的确可能变得真的非常伟大。但这不会发生的，别指望了。

柏拉图：[刻下："苏格拉底说，有着哲学家国王的城市将是真正伟大的"。]我不指望。但是长远来看，我们应该怎样把哲学教给国王们，苏格拉底？[刻下："**哲学家的作用**是教育国王吗？"]

苏格拉底：我不确定哲学是不是对领导者进行教育的第一步。人应该有一些可以用来进行哲学探讨的东西。他应该懂得历史、文学和算术——而且，也许最重要的是，他应该熟知我们最深奥的知识，那就是几何学。

---

[1]　斯巴达国王权力较小，主要作用是在战时一人担任统帅出征、一人留守。重要政务一般由元老院决定，元老院共30人，由两名国王与28名议员组成。五名长官由全民公决选出，任期一年，负责监督国王，召集元老院和国民会议，有权审判和废黜国王。——译注

柏拉图：［刻下："不懂几何学者禁止入内！"］[1]

凯勒丰：嗯，**我**会根据一个城市怎样对待它的**哲学家**来评判这座城市。

苏格拉底：［微笑］一个优秀的标准，凯勒丰，对此我最好不要吹毛求疵！顺便说一下，亚里斯多克勒斯，我丝毫没有谦虚。为了证明这一点，我可以告诉你，赫尔墨斯说服了我，让我认为自己**的确**很聪明——至少是在他特别重视的一个方面，也就是说，我认识到**确证信念**是不可能的、无用的、不可取的。

柏拉图：［刻下："苏格拉底是世界上最聪明的人，因为他是唯一一个知道他没有知识的人，因为真正的知识是不可能获取的！"］等一下！确证信念是不可能的？真的吗？你确定吗？

苏格拉底：［大笑，其他人满头雾水。］很抱歉，但这个问题有点无理取闹，亚里斯多克勒斯。

柏拉图：哦！我明白啦。［懊恼地微笑，跟其他人一样。他们意识到，柏拉图刚刚要求对"信念无法确证"这个信念进行确证。］

苏格拉底：不，我不能确定什么。从来没有过。但那位神向我解释了为什么必定是这样，从人类头脑容易出错和感觉经验的不可靠开始。

柏拉图：［刻下："只有**物质世界**的知识是不可能的，无用的，不可取的。"］

苏格拉底：他让我从一个奇妙的角度去了解我们是如何感知世界的。每一只眼睛就像是一个黑暗的小洞穴，后墙上投射着外界的斑驳阴影。你一辈子都待在洞穴里，能看到的东西只有后墙，因此根本不能直接看到现实。

柏拉图：［刻下："我们就像是囚犯，被锁在小黑洞里，只允许看到

---

[1] 据称，柏拉图在雅典建立的学院门口刻着"不懂几何学者禁止入内"。——译注

后墙。我们永远无法了解外部现实，因为我们看到的只是稍纵即逝的扭曲阴影。"[1]]

苏格拉底：他接着向我解释，客观知识的确是可能的：它来自内心！它从猜想开始，然后经过反复循环的批评来**纠正**，包括与我们"后墙"上的证据进行比较。

柏拉图：[刻下："真正的知识来自内心。（怎么来？从前世的记忆中来？）"]

苏格拉底：通过这种方式，我们这些意志薄弱、易犯错误的人类可以了解客观现实——前提是我们使用哲学上可靠的方法，就像我说的那些（大多数人并不使用这样的方法）。

柏拉图：[刻下："我们可以超越经验世界的幻象了解真实的世界。但是只能通过哲学的至高艺术"。]

凯勒丰：苏格拉底，我认为同你讲话的确实是那位神本人，因为我强烈感觉到，我今天通过你窥见了一条神圣的真理。我得需要很长一段时间，根据神透露给你的新认识论来重新整理我的想法。这似乎是一个所涉范围极广、极重要的主题。

苏格拉底：的确如此。我自己也需要重新整理想法。

柏拉图：苏格拉底，你真的应该把这些写下来——再加上你所有的智慧——为了全世界和后人的利益。

苏格拉底：没有必要，亚里斯多克勒斯……后人就在这里，在听我说话。**你们都是后人，我的朋友们。**去写下一些需要无休止地修补和改进的东西有什么意义？与其把我在特定时刻的误解永久记录下来，我宁

---

[1] 苏格拉底对赫尔墨斯的启示略加改进，而柏拉图在越来越多地曲解苏格拉底的意思。——原注

可通过双向的辩论把它们展示给他人。我就是这样从批评中获益，甚至可能因此改进自身。有价值的东西会在这样的讨论中存留下来，并且传承下去，无须我费力。没有价值的东西只会让子孙后代把我当傻瓜看。

柏拉图：既然你这么说，那就这样吧，师父。

因为苏格拉底没给我们留下任何著作，思想史家只能根据柏拉图和其他几个当时在他身边并有著作存留的人记录的间接证据，来猜想他的真实思想和他所传授的观念。这被称为"苏格拉底问题"，引发了诸多争议。一种普遍的看法是，年轻时的柏拉图相当忠实地传达了苏格拉底的哲学，但是后来他更多地把苏格拉底这个人物当成一个媒介来传达他自己的观点。他甚至不打算用他的对话去代表真正的苏格拉底，只把这当成一种便捷方式来表达一些你来我往的讨论。

我可能最好强调一下——如果这还不够明显的话——我也在做同样的事。我不打算用上面的对话准确代表历史上的苏格拉底和柏拉图的哲学观点。我把对话设定在历史上的那个时刻，并设置了那些参与者，是因为苏格拉底和他圈子里的人属于对"雅典的黄金时代"贡献最大的人，那个时代本应该成为一个无穷的开始，但是没有。还因为，我们对古希腊人确实了解的一件事是，他们认为重要的哲学**问题**，从那以后一直主导着西方哲学：知识是如何取得的？我们如何区分真与假、正确与错误、理性和非理性？哪类知识（道德的、经验的、神学的、数学的、确证的……）是可能的，哪些只是妄想？等等。因此，虽然在对话中提出的理论知识主要来自20世纪哲学家卡尔·波普尔的思想，加上我的一些补充，但我猜苏格拉底会理解它，并且喜欢它。在某些与我们当时的宇宙非常相像的宇宙里，苏格拉底自己想出了这些。

不过，我想对苏格拉底问题作个间接评论：我们习惯上会低估沟通的难度——就像苏格拉底的对话结束时那样，他假定辩论的每一方必定知道对方说的是什么，柏拉图却越发错误地解读了他的意思。在现实中，新思想的交流——就算是方向这种平常小事——取决于沟通者和接收者双方的猜想，本质上是容易出错的。因此，虽然年轻的柏拉图很聪明、受过很好的教育，而且所有的记录都说他对苏格拉底近乎崇拜，也没有理由期待他在传达苏格拉底的理论时就最不容易出错。相反，默认的假设应该是，误解无处不在，不管智力多高、意愿上多么想保持准确，也不能保证不出现误解。情况完全可能是，年轻的柏拉图误解了苏格拉底对他说的一切，年长之后逐渐成功地理解了，从而使其成为更可靠的指南。也有可能是，柏拉图在误解的道路上走得更远，产生了自己的正误差。要对这些可能性以及许多其他可能性进行辨别，需要证据、讨论和解释。对历史学家而言，这是一项艰巨任务。客观知识可以获得，但是很难获得。

无论是对写下来的知识还是亲口说出来的知识，这些都是一样的。所以，即使苏格拉底撰写过书籍，仍然会有"苏格拉底问题"。事实上，对于著作颇丰的柏拉图同样有这方面的问题，甚至有时对仍然在世的哲学家也有这种问题。该哲学家用这样或那样的术语或主张是什么意思？这个主张是为了解决什么问题，以及如何解决？这些问题本身都不是哲学问题，而是哲学史问题。然而，几乎所有的哲学家，尤其是学院的哲学家，都在这些问题上投入了大量的精力。在哲学课程中，阅读原始文本并做出评论占了很重的分量，这是为了理解各位伟大哲学家头脑里的理论。

这样重点关注历史是很奇怪的，与其他所有学科（也许除了历史本身）形成鲜明对比。例如，我读大学和研究生所学的全部物理课程，从来没有哪一次是学习从前的伟大物理学家的原始论文或书籍，它们甚至不会出现在阅读列表里。只有当课程涉及非常近期的发现时，我们才会去阅读发现者的著作。我们并不是直接从爱因斯坦本人那里学习爱因斯坦相对论；对于麦克斯韦、玻尔兹曼、薛定谔、海森堡等，我们也仅仅知道名字而已。我们是从物理学家（而非物理史学家）写的教材中读到这些先驱者的**理论**，写书的物理学家本人很可能也没有读过先驱者的原著。

为什么呢？直接原因是，这些科学理论的原始来源几乎从来都不是很好的来源。为什么这样？因为所有随后的阐述都旨在改进它们，有些成功地做到了，改进是会积累的。还有一个更深层的原因。提出一种全新理论的人，起初可能还拥有以往理论的许多错误观念。他们需要理解那些理论为什么是有缺陷的、缺陷在哪里，以及新理论怎样解释旧理论能解释的所有事物。但大多数最后来学习新理论的人，关注的东西与此大相径庭。通常他们只是理所当然地接受这个理论，用它来做出预测，或与其他理论结合在一起去理解一些复杂的现象。他们也可能想了解这个理论的精微之处，后者与该理论为什么比旧理论好完全无关。他们还可能想对这个理论进行改进。但他们不会再费心去追寻并最终找到每一种根据被取代的旧理论思考而自然产生的反对意见。对科学家来说，没有什么理由要去关心那些曾经激励了过去的伟大科学家但现在已经过时的问题情形。

相反，**科学史家**正需要这样做——他们遇到的困难与哲学史学研究"苏格拉底问题"时所遇到的困难大致相同。那么为什么科学家在学习科学理论时不会遇到这类困难呢？是什么允许这些理论能通过如此明显宽松的中间链条来传达？我前面所强调的"沟通困难"上哪去了？

对于这个问题，一半答案（看上去很矛盾）是，科学家们学习一个理论时，对于理论创始人或是传递链条上的任何其他人相信什么并不感兴趣。物理学家阅读一本相对论的教科书时，其直接目标是学习**理论**，而不是了解爱因斯坦或教科书作者的看法。如果这看上去似乎很奇怪，为了讨论方便起见，请想象一下，如果历史学家发现爱因斯坦写他的论文只是为了开玩笑，或者是在枪口逼迫下写的，并且实际上他是开普勒定律的一名终身信徒，这对物理学**历史**将是一个奇怪而又重要的发现，所有教科书中有关这方面的叙述都得改写。但它不会影响到我们的物理学知识本身，物理学课本也不需要做任何改变。

另一半答案是，科学家之所以努力学习一个理论，以及之所以这么不重视忠于原文，是因为他们想知道世界究竟是什么样的。最重要的是，这也是理论创始人的目标。如果它是一个好理论——如果这是一个极其杰出的理论，就像今天的物理学基础理论一样——那么它将极难在仍是一个可行解释的前提下发生改变。因此，学习者对他们的原始猜想进行批评，借助书本、老师和同事的帮助，通过这些手段寻求可行解释，必将得到与创始人相同的理论。理论正是**这样**一代又一代忠实传承下来，尽管完全没有人关心忠实与否。

慢慢地，在经过了许多挫折后，非科学领域里的情形也在朝这一方向转变。将不同领域汇聚到一起的道路，就是向真理汇聚的道路。

第11章　多重宇宙

　　"分身"（一个人的"复制品"）概念是一个常见的科幻小说主题。例如，经典电视系列剧《星际迷航》中描绘了好几种与"传送器"失灵有关的分身故事，传送器是飞船的空间传送设备，通常用来进行短距离太空旅行。由于这种传送在概念上类似于在另一个位置复制出传送对象的副本，可以想象这个过程会以多种方式出错，结果不知怎么搞的，每位乘客都有两个实例——正本和副本（分身）。

　　关于这些副本与正本有多么相像，不同的故事有不同的说法。正本与副本要在字面意义上共有全部属性，除了看上去相像，还必须处在同一位置。但这意味着什么？试图使原子重合会导致一些物理问题——例如，两个重合的原子核倾向于形成更重的化学元素的原子。而两个相同的人体就算只是大致重合，也会发生爆炸，原因仅仅是水的密度比正常值高一倍时，产生的压力相当于几十万个大气压。在虚构的小说中，人们可以想象出不同的物理定律，以避免这些问题。但即使是这样，如果分身在整合故事中一直与其正本重合，那就不算是真正的替身了。正本与副本迟早会变得不一样。有时他们是同一个人的善恶两"面";有时他们起初有着相同的思想,但因为经历不同的体验而变得越来越不同。

有时候,分身不是从原来的正本**复制而来**,而是一开始就存在于一个"平行宇宙"里。在一些故事中,宇宙之间存在"裂痕",人们可以通过这些裂痕与自己的分身联络,甚至旅行去与分身会面。在其他一些故事里,宇宙互相之间无法感知,于是故事(或者说两个故事)有意思的地方在于,两者之间的差异如何对事件造成影响。例如,电影《双面情人》交错讲述一个爱情故事的两个版本,追踪同一对情侣在两个宇宙中的两对实例的命运,两者起初只在一个很小的细节上有着微末的不同。在一种称为"或然历史"的相关流派中,两个故事之中的一个不需要明确讲述,因为它就是我们自己历史的一部分,假定读者都了解。例如,罗伯特·哈里斯的小说《祖国》讲的是在某个宇宙中德国赢得了第二次世界大战的胜利,罗伯特·西尔弗伯格的小说《罗马永存》讲的是在某个宇宙中罗马帝国并没有衰落。

在另外一类故事里,传送器故障意外地把乘客送到了"幻影区",在那里,他们无法被正常世界的人感知,却可以看到和听到正常世界的人(幻影区里的人也能互相感知)。因此,他们会经历这样痛苦的体验:他们绝望地向同船伙伴喊叫和打手势,伙伴们却毫无察觉地从他们身边走过。

在一些故事里,被传送到幻影区的只有旅客的**副本**,而正本并不知道。这种故事的结局可能是,流亡者们发现他们居然能对正常世界产生一些影响,他们利用这种效果来表明自身的存在,通过对他们放逐的过程进行逆转而获救。根据故事中虚构的科学,他们随后可能开始以另一个人的身份开始生活,或者与正本融合。后一种选择违反了质量守恒定律以及其他一些物理定律。不过，这也只是虚构。

不过，有一类相当学究的科幻小说爱好者，包括我自己，希望虚构的科学有些道理，也就是说包含比较好的解释。想象有着不同物理规律的世界是一回事，想象本身就不合理的世界是另一回事。例如，我们想知道，流亡者能看到和听到正常世界，却无法触摸正常世界，这种事情怎么可能发生。电视剧《辛普森一家》的某一集很好地模拟了我们的这种态度，在这一集里，一部幻想冒险剧的粉丝们如此质疑该剧的明星。

明星：下一个问题。

粉丝：哎，这边。[清了一下嗓子]在第 BF12 集，你是骑着长翅膀的阿帕卢萨马同野蛮人作战，而在下一个场景，我说亲爱的，你明明是骑在长翅膀的阿拉伯马身上。请解释一下这是怎么回事。

明星：啊，是啊，是这样，不论什么时候你注意到这样的事，那都是巫师干的。

粉丝：我明白了，好吧，就算这样，但在剧中第 AG4 集——

明星：[坚决地]巫师。

粉丝：啊，大喊一声"格雷温"！[1]

因为这是一个搞笑模仿，粉丝并不是在抱怨故事本身，而是抱怨故事里有一个**连续性错误**：两匹不同的马在不同的时间被用来扮演同一匹虚构的马。然而的确存在有缺陷的故事。比方说，假如有这么一个故事，它讲述追寻长翅膀的马是否真实存在的过程，而故事里的人物在追寻时骑的就是长翅膀的马。虽然这个故事逻辑上一致，但它作为一个解释是毫无意义的。可以在故事中插入一段背景使它合乎情理，比如插入一个寓言，其中讲到人们往往看不到明摆在眼前的事物的意义。但在这种情况下，故事的价值仍将取决于，用那个寓言是否**能解释**故事中的人物那

---

[1] 格雷温是《辛普森一家》杜撰的一个词，含义模糊。——原注

明显荒谬的行为。把这个解释与"是巫师干的"进行比较。因为巫师同样可以用来在**任何**故事中解释**任何**事件，所以是一个坏解释，这也是为什么那个粉丝被它惹恼了。

在有些故事里，情节并不重要，故事想表达的其实是一些别的东西。但一个好的情节总是或明确或隐含地依赖于好解释，在故事中虚构的前提下解释这些事件为什么发生。那样的话，就算前提与巫师有关，故事也不是真的在讲超自然，它讲的是想象中的物理规律和想象中的社会，以及实在的问题和真实的想法。就像我将在第 14 章中解释的那样，不止是好科幻小说的情节在这方面与科学解释相像，在最广泛的意义上，所有好的艺术都是这样。

本着这种精神，我们来考虑一下虚构的分身在幻影区里的情形。是什么使他们能够**看到**正常世界呢？因为他们的结构与其正本完全相同，他们的眼睛也是通过吸收光线、探测由此产生的化学变化来运作，就像真正的眼睛一样。但如果他们能吸收来自正常世界的某些光线，那么在光本来会照到的地方，他们肯定会投射出影子。而且，如果幻影区的流亡者可以互相看到对方，他们是用什么光看到的？幻影区自己的光？如果是这样，这些光从何而来？

另一方面，如果流亡者**不**吸收光线就可以看见，那么在微观层面上，他们的构成必定与正本不同。这样的话，我们就没法解释他们为什么在外表上同正本相似。"意外的复制"这种说法不管用了：传送器从哪里得到必要的知识，去创造外表和行动都像人体、内部功能却不同的事物？这将是一种自然发生。

类似地，幻影区里有空气吗？如果流亡者呼吸空气，那不可能是飞船里的空气，否则别人就能听到他们说话，甚至听到他们的呼吸声。也不可能是传送器里的少量空气的复制品，因为他们可以在飞船各处自由走动，所以必定有着一整艘飞船的幻影区空气。但那样的话，怎样防止空气扩散到宇宙空间里去呢？

看起来，故事里发生的一切不仅几乎都同真正的物理定律冲突（这在小说中是无可指摘的），而且在虚构的解释上也产生了问题。如果分身可以穿过人，为什么他们不会穿过地板掉下去？在现实中，地板靠轻微弯曲来支撑人体。但是如果故事中的地板会因分身而弯曲，也就会随他们的脚步振动，发出声波，使正常世界的人可以听到。所以，幻影区里必定另有一套地板和墙壁，以及整个飞船船体。飞船外面的空间也不能是正常空间，因为如果人在离开飞船后就进入正常空间，流亡者就能通过这条路线返回飞船。但是，如果存在一个完整的幻象地带空间—— 一个平行宇宙，**它**怎么可能仅仅因为传送器故障而产生？

好的虚构科幻小说是很难创作的，这一点并不奇怪：它是真实科学的一个变种，而真正的科学知识是很难改变的。因此，我刚才讲的故事情节几乎都没有意义。但我还是想再讲一个自己的故事，保证它（最终）确实有意义。

一个真正的科幻小说作家面临着两个相互冲突的动机。其一是，像所有小说一样允许读者融入故事，做到这一点的最简单办法，就是利用他们已经熟悉的主题。这是一个以人类为中心的动机。例如，它促使作者想象出办法来绕过物理定律对旅行和通信施加的绝对速度限制（也就是说光速）。但作者这样做的时候，就把**距离**降到了它在地球故事里扮演的角色上，使得恒星系统跟早期小说里的遥远岛屿或狂野西部没有什么区别。同样地，平行宇宙故事的诱惑是允许宇宙之间的通信和旅行。但这样的话，它就实际上是单一宇宙的故事了：一旦宇宙之间的障碍可以轻易穿越，它就只是一种较为奇特的、将各大陆分隔开来的海洋。一个故事如果完全屈从于这种以人类为中心的动机，就不是真正的科幻小说，只是普通小说伪装成的科幻小说。

相反方向的动机是，探究一种尽可能有说服力的虚构科学前提，以及它可能的最奇特的含义，这是朝着反对人类中心主义的方向推进。它将使故事更难让人融入，但允许广泛得多的科学推测。我要在这里讲的故事中会使用一系列这种推测，把它们当作根据量子理论解释世界的手段，它们会越来越远离我们熟悉的事物。

量子理论是科学中已知最深奥的解释。它违反了很多常识假设，还有以往所有的科学——其中一些理论此前从未遭到怀疑，直到量子理论出现并推翻了它们。这个看似陌生的领域就是现实，我们以及我们体验到的一切都是这现实的一部分。没有别的。因此，通过用量子理论来编故事，我在熟悉的戏剧成分方面所失去的东西，也许能用一种机遇找补回来：解释某种比任何小说更令人惊奇的事物，它是我们对物理世界所知的最纯粹、最基本的事实。

我最好警告一下读者，接下来我要描述的东西——称为量子理论的"多重宇宙诠释"（这名字不太合适，只因为其中远远不止多个"宇宙"），在我写下这些话的时候，仍然只是物理学家中极少数人的观点。在下一章中我会推测，在许多经过仔细研究的现象没有其他已知解释的情形下，为什么还会这样。眼下只要说这一点就够了："科学是解释"这个观念本身，以我在本书中所宣扬的含义（也就是描述现实中存在什么），就算在理论物理学家中也只是少数派观点。

让我用也许是最简单、最有可能的"平行宇宙"开始推测：有一个"幻影区"一直存在（从它自己的宇宙大爆炸开始）。直到我们的故事开始之前，它一直是我们整个宇宙的精确分身，原子对应原子，事件对应事件。

我提到的那些幻影区故事的缺陷，全都是由不对称导致的：正常世界里的事物能影响幻影区的事物，反过来却不行。那么容我想象此刻两个宇宙完全不能相互感知，以消除上述缺陷。由于我们在朝着真实的物理学靠近，让我保留通信的光速限制，并让物理规律通用而且对称（也就是说，两个宇宙间的物理规律没有区别）。此外，这些物理规律是确定性的，从来没有发生过随机事件，这正是两个宇宙迄今仍然相同的原因。那么它们怎样才会变得不同？这是多重宇宙理论里的一个关键问题，我将在下面回答。

在我的虚构世界里，所有这些基本属性都可以看作是信息流动的条件：人不能向另一个宇宙发送消息，也不能抢在光到达自己宇宙中的某个事物之前改变这个事物。也没有人可以给这个世界带来新的信息，甚至随机信息也不行：所有发生的事，都由物理规律根据以往发生的事决定了。不过，把新**知识**带进这个世界当然是可以的。知识由解释组成，所有那些条件都不会阻止创造新解释。这对真实世界也全都适用。

我们可以暂时把这两个宇宙想成是字面意义上平行的。抑制第三维空间，想象一个二维的宇宙就像一个无限大的平板电视。然后把第二个这样的电视跟它平行放置，两者呈现出完全相同的图片（象征这两个宇宙中的物体）。现在先忘掉电视是用什么材料做的，只有图片存在。这是在强调宇宙不是一个装着物理对象的容器：它**就是**那些物理对象。在真实的物理学中，甚至空间都是一个物理对象，能够弯曲，影响物质，并受到物质的影响。

于是现在我们有两个完全平行的、相同的宇宙，每个宇宙里都有我们的星际飞船、船员、传送器和整个空间的实例。出于两者之间的对称性，把其中一个称为"正常宇宙"而另一个称为"幻影区"是误导的，因此我只称它们为"宇宙们"。这两个宇宙加起来（包含了故事里迄今的全部物理现实）就形成了**多重宇宙**。同样，说对象的"正本"和"分身"也是误导的，它们只是同一对象的两个实例。

如果我们的科幻推测就此停止，两个宇宙会永远保持相同。这在逻辑上没有什么不可能。不过这会使我们的故事在作为小说和作为科学推测两方面都存在致命缺陷，并且原因相同：这是一个关于两个宇宙的故事，却只有一个**历史**。也就是说，关于这两个宇宙的真实情况只有一份脚本。作为小说来考虑，它实际上就是一个单宇宙故事，进行了毫无意义的伪装。作为科学推测来考虑，它描述了一个对其居民来说不可解释的世界，因为他们怎么能说他们的历史发生在两个宇宙中，但没有第三个或第三十个？为什么不是今天两个，明天三十个？而且，由于他们的世界只有一个历史，他们所有对自然的好解释都是关于这个历史的。他们说的"世界"或"宇宙"就是指这个历史。他们对于现实世界隐藏的二重性一无所知，这种二重性作为一个解释，对他们而言也并不比三重性或三十重性更有意义——虽然那样的话他们确实错了。

关于解释的评论：虽然从居民的角度来看这个故事到现在还是一个坏解释，但对我们来说未必是。想象不可解释的世界，可以帮助我们理解解释的性质。在前面的章节中，出于同样的原因，我已经想象出了一些不可解释的世界，在本章中会想象更多。但最终，我想谈论一个可以解释的世界，这将是我们的世界。

关于术语的评论：**世界**是全部的物理现实。在经典（量子物理学之前的）物理学中，人们认为世界只包含一个**宇宙**——整个三维空间和所有的时间，以及其中的全部内容。根据量子力学，正如我将要解释的那样，世界是一个比这大得多也复杂得多的对象，它是一个**多重宇宙**，其中包括许多这样的宇宙（还有其他东西）。历史是发生在对象（可能还包括与它们相同的副本）上的事件序列。因此，到目前为止，我的故事里的世界是一个多重宇宙，由两个宇宙构成，但只有一个历史。

所以，我们的两个宇宙不能一直相同下去，必须要有传送器故障之类的因素使它们变得不一样。不过就像我说过的那样，对信息流动的限制似乎排除了这种可能性。在这个虚构的多重宇宙中，物理规律是确定性的、对称的。那么传送器要做什么才能使两个宇宙不一样呢？看起来似乎是，不管传送器的一个实例对一个宇宙做了什么，它的分身也必定对另一个宇宙做了同样的事，因此两个宇宙只能继续保持相同。

令人惊讶的是，事实并非如此。两个相同的实例在确定性和对称的规律下变得不一样，这是一致的。但为了做到这一点，它们起初必须不仅仅是彼此的精确映像，还必须是**可互换的**，我用这个词指字面意义上在其他所有方面都可互换，只除了它们是两个宇宙之外。可互换性的概念将在我的故事中反复出现，这个词是从法律术语那里借用来的，它在法律中是指，对于还债之类的目标，将特定实例**视作**等同。例如，美元钞票是可互换的，这意味着借用一美元并不需要还回所借的那张特定的钞票，除非另有约定。（给定级别的）桶装石油也是可互换的。马是不可互换的，向一个人借一匹马必须还回那匹特定的马，就算是还回那匹马的同卵双胞胎也不行。但我在这里所说的物理可互换性并不是指视作等同，而是指**本身**相同，这是一个非常不同而且反直觉的属性。莱布尼茨在他"不可区分的同一性"学说中走得非常远，以至于从原则上把物理可互换性排除掉了，但他错了。就算不考虑多重宇宙的物理学，我们现在也知道，光子是可互换的，甚至原子在某些条件下也是可互换的，两者分别通过激光和称为"原子激光"的装置实现了。后者可以爆射出超低温、可互换的原子。目前这可以在不引起嬗变和爆炸等的情形下实现，见下文。

在许多量子理论教科书和研究论文中，甚至是少数支持多重宇宙诠释的论文中，你都找不到对可互换性概念的讨论，它们甚至根本不会提到这个概念。然而，在概念的表面之下，它无处不在。我相信，把这个概念厘清，有助于解释量子现象而不含糊其辞。就像接下来会清楚显示的那样，这是比莱布尼茨所猜测的还要离奇的一种属性——例如比多重宇宙更加离奇，后者终究不过是重复的常识。可互换性允许全新的**运动**和**信息流动**方式，与量子物理学出现之前人们想象过的任何东西都不同，因此有着与物理世界完全不同的结构。

碰巧，在某些情况下，钱不仅在法律上可互换，在物理上也可互换。由于这种情形非常熟悉，它为可互换性提供了一个很好的模型。例如，如果你的（电子）银行账号里存有一美元，银行存入第二个一美元作为忠诚红利，随后又因收费而取出一美元，这时候追究他们取走的一美元到底是你原来的那个一美元还是他们添加的那个一美元，是毫无意义的。这不仅仅是因为我们无从知道它是不是同一个一美元，或者决定不关心它是不是同一个一美元，而是因为在这一情形里的物理学中，并不存在拿走原来的一美元或者拿走后来添加的一美元之类的事。

银行账户里的美元大概可以称为"配置"实体，它们是对象的状态或配置，不是我们通常想的物理对象本身。你的银行账户余额存在于一台特定信息存储设备的**状态**中。在某种意义上这个状态归你所有（任何人未经你同意修改这一状态都是非法的），但你并不拥有这台设备，也不是设备的一部分。在这个意义上，一美元是一个抽象事物。事实上，它是一段**抽象知识**。正如我在第 4 章中所讨论的，知识一旦在合适的环境中以物理形式具象化，就会使它保持这一状态。因此，当物理的一美元磨损严重被送回造币厂销毁时，抽象的一美元使造币厂把它转换成电子形式，或者转换成一个纸张形式的新实例。它是一个抽象复制因子——虽然作为一个复制因子来说很不寻常的是，它会使自己**不增殖**，而是把自己复制到账目中，以及计算机存储设备的备份中。

对于经典物理学可互换的配置实体，另一个例子是能量的数量：如果你踩踏自行车直到蓄积了 10 千焦的动能，然后刹车直到其中一半的能量以热的形式耗散，追究耗散的能量到底是你开始蓄积的 5 千焦，还是后来蓄积的 5 千焦，或者任何其他组合，都没有意义。但是，**一半**的能量耗散了，这一点是有意义的。事实证明，在量子物理学中，基本粒子也是配置实体。我们日常尺度上认为的真空，甚至原子尺度的真空，都不是真的空无一物，而是充满了称为"量子场"的结构实体。基本粒子是这种实体的高能级配置："真空激发态"。因此，举例来说，一束激光里的光子是其"空穴"内真空的配置。当空穴内存在两个或以上拥有相同属性（诸如能级和自旋）的这种激发态时，就不存在哪一个是先离开、哪一个随后离开之类的事。所存在的只有其中任意一个的属性，以及它们的总数有多少个。

如果我们虚构的多重宇宙中的两个宇宙最初是可互换的，传送器故障可以使它们获得不同的属性，方式就像是银行的计算机对一个有两美元的账户，从两个可互换的一美元中取出一个而不取出另一个。例如，传送器发生故障时，物理规律可能导致**其中一个宇宙而不是另一个宇宙**里被传送的物体产生一个微小的电涌。由于物理规律是对称的，它无法指定电涌会发生在**哪一个**宇宙里，不过鉴于两个宇宙起初是可互换的，也就不需要指定。

如果对象仅仅是相同（在互为精确副本的意义上），并服从确定性的、不会在两者之间造成区别的规律，那它们就永远也不会变得不同；而表现上看起来更加相同的可互换对象，却能够变得不同，这是一个相当反直觉的事实。这是莱布尼茨从未想到的可互换性的古怪属性中的第一种，我认为它是量子物理学现象的核心。

另一个可互换性的例子是这样的：假设你的账户里有 100 美元，你已指令你的银行在未来的某个指定日期转一美元到税务机关的账户上。于是现在银行的计算机包含了一句这样的确性定规则。假设你这样做是因为这一美元已经属于税务机关（比方说它错误地给了你一笔退税，要求你限期返还）。由于账户里的美元是可互换的，就不存在**哪一个**美元属于税务机关、哪一个美元属于你之类的情况。于是我们有了这样一种情形：一个对象集合，虽然对象是可互换的，却并非所有对象都属于同一个主人！日常语言很难描述这种情形：账户里的每一个美元都确实与其他美元的属性全都相同，但并不是所有的美元都属于同一个主人。那么我们能说这种情形里它们没有主人吗？这将是误导的，显然税务机关拥有其中的一个，而你拥有其他的。能说它们都有两个主人吗？也许可以，但这种说法非常模糊。理所当然，说每个美元都有一美分属于税务机关也毫无意义，因为这只会遇到账户里的美分也全都可互换的问题。但是不管怎样，请注意，由这种"可互换性内部的多样性"引发的问题，只是一个语言问题，在于怎样用语言描述这一情形的某些方面。谁也不会认为这个情形本身是矛盾的：计算机收到指令去执行确定的规则，即将产生的结果不存在任何含糊不清的地方。

可互换性内部的多样性是多重宇宙里广泛存在的现象，下面我会解释。可互换金钱的事例中最大的区别是，在后一种情况下，我们从来不必疑惑或预测，**作为**一美元存在会是什么样子。也就是说，作为可互换的、然后又变得有差别的对象，这样存在是什么样子。量子理论的许多应用都需要我们进行这样的预测。

但首先要做的是，我前面建议暂时把我们的两个宇宙视作在空间里相互靠在一起，就像某些科幻小说里的分身宇宙处在"其他维度"，而现在我们必须放弃这种图景，使两个宇宙重合：不管那个"额外的维度"代表什么，它都会使两个宇宙不可互换。[1] 并不是说两个宇宙在什么东西（例如外部空间）里面**重合**，它们不在空间里。空间的一个实例，是每个宇宙的一部分。它们"重合"意味着不能以任何方式把它们分开。

很难想象完全一致的东西重合是什么样子。例如，只要你仅仅想象出其中的一个，你的想象力就已经违背了它们的可互换性。但是，虽然想象力可能止步不前，理性却不会。

现在我们的故事可以开始有不平凡的情节了。例如，传送器发生故障时其中一个宇宙中产生的电涌，可能使这个宇宙中某位乘客大脑里的某些神经元未能激发。结果是，在这个宇宙中，这位乘客把一杯咖啡洒在另一位乘客身上。这样，他们就共同拥有了在另一个宇宙中没有的一段经历，引发了浪漫故事，就像在电影《双面情人》里那样。

电涌不一定要由传送器故障导致，它们可能是传送器运转方式的一种规律影响。在进行其他方式的旅行（如飞行或骑野马）时，我们能接受比这大得多的不可预测的颠簸。让我们想象，每次传送器在两个宇宙

---

[1] **在一个否则就为空的空间中**，处在不同位置上的相同实体是不可互换的，但有些哲学家辩称，它们应该是莱布尼茨意义上的"不可识别的"。如果是这样，可互换性就在又一个方面比莱布尼茨想象过的还要糟糕。——原注

中运转时，都会在其中一个宇宙里产生一个微小电涌，但它小到无法觉察，除非用灵敏度极高的电压表测量，或者推动了某个刚好处在变化边缘的东西，后者如果没有受到推动就会从边缘退回来。

原则上，存在三个原因，其中的一个或多个会使一个现象对观察者来说是不可预测的。第一个原因是，该现象受到一些根本上随机的（非确定性的）变量影响。我已将这种可能性从我的故事中排除，因为真实的物理学中不存在这样的变量。第二个原因至少要对日常生活中的大多数可预测性部分负责任，那就是影响现象的因素虽然是确定性的，但要么不为人知，要么过于复杂，无法予以考虑。（尤其是当它们涉及知识创造时，如我在第9章中所讨论的。）第三个原因在量子理论出现之前从未有人想象过，那就是观察者的两个或多个起初可互换的实例变得不一样。这就是传送器导致的电涌带来的结果，它使结果变得完全难以预测，尽管是用确定性的物理规律来描述的。

这些关于不可预测现象的评论，可以在根本不涉及可解释性或可互换性的情况下进行表达。多重宇宙研究者通常也确实就是这样做的。然而如我所说，我相信可互换性对于解释量子随机性和大多数其他量子现象至关重要。

导致不可预测性的这三种截然不同的原因，原则上可以给观察者带来完全相同的感觉。但是，在一个可解释的世界里，对于自然界中任何明显的随机性，都必定有办法找出到底三个原因中的哪一个（或哪种组合）才是其真正原因。人怎么才能发现可互换性和平行宇宙才是某个特定现象的根源？

作者写小说时总会受到一种诱惑，促使他们为达到上述目的而引入跨宇宙通信，导致宇宙间不再"平行"。正如我说过的，这会使故事实际上成为一个单宇宙故事，为了掩盖这个事实，我们可能会说这类通信很**困难**。例如通信方式有可能是，每个宇宙中都有一种办法，可以调节传送器使其在另一个宇宙中产生一个电涌，这就可以用来向另一个宇宙传递信息。但我们可以想象这样做非常昂贵而且危险，所以飞船上的规定限制其使用，尤其是禁止与一个人自己的分身进行"个人通信"。然而，有一位船员在值夜班时违背禁令，结果震惊地收到一条信息"同索纳克结婚了"。我们知道（但人物并不知道），这桩婚姻是咖啡泼洒事件带来的连锁反应，而咖啡泼洒事件又是另一个宇宙中的电涌带来的连锁反应。我们还知道（但人物也不知道），由于在另一个宇宙中，这次违规使用设备的行为被发现了，因此飞船上执行了更严格的安保措施。船员们对这桩令人吃惊的婚姻做出反应时会发生什么事，故事可以就此进行展开。

一个人得知自己的分身已经结婚时，**应该**做出什么反应呢？是不是应该在自己的宇宙里寻找那位配偶的分身？而此人先前从未见过那位配偶分身，更不用说与其发展浪漫关系。或者是，按照爱情故事的传统惯例，此人很讨厌那位配偶分身。这样设定不会有什么坏处，或者可能会有坏处。

源于其他宇宙的思想观念，至少与我们宇宙中的一样容易出错。如果这些观念得来不易，纠错就会更难。知识创造取决于纠错。因此，有可能接下来还会有消息传来："已经后悔了。"或者可能是索纳克刚好出现在另一个宇宙的传送室里，使这条警告信息无法发出。或者是这对夫妇眼下很幸福，但关系很快就会严重破裂，导致离婚。所有情况下，跨宇宙通信根本起不到什么好作用，而可能使这位船员的两个实例都做出有着灾难性后果的婚姻决策。

普遍而言，另一个宇宙里你的分身因为做了某个特定的决定而看上去很幸福，这一新闻并不意味着你做出"对应"的决定也会幸福。宇宙间一旦产生差异（如果没有这些差异，来自另一个宇宙的新闻也就不成为新闻了），就没有道理再指望决策结果能不受影响。在一个宇宙里，你们因为意外地共有一段经历而相识；在另一个宇宙里，碰面的原因是你违规使用了飞船的设备。这会不会影响婚姻的幸福程度？也许不会，但你只有在对于哪些因素会影响婚姻的结果而哪些因素不会影响有了一个好的解释性理论之后才能弄明白。而如果你有这么一个理论，也许你就不需要躲在传送室里了。

更普遍而言，跨宇宙通信的益处实质上将是，它允许信息处理的新形式出现。在我描绘过的虚构情形下，直到最近两个宇宙还是相同的，与一个人在另一个宇宙中的副本进行通信，效果相当于对人在某段时期的自身生活的替代版本进行计算机模拟，在模拟时无须明确知道所有相关的物理变量。采用任何其他方式，这种计算都是不可行的，它可以帮助检验不同因素怎样影响事件结果的解释性理论，但不能代替事先对于这些理论的思考。

因此，如果此类通信是一种稀缺资源，更有效地使用该资源的一种方式可能是交换理论本身：如果你的分身解决了一个问题并把解决方案告诉你，就算你完全不知道分身是怎么想到这个方案的，你自己也可以看出这是一个好解释。

跨宇宙通信的另一种高效利用方式，可能是分享一项漫长的计算工作。比如故事里可能有一些船员中了毒，除非使用解毒剂，否则他们在几小时内就会死去。为了找到解毒剂，需要对一种药物的许多变种的效果进行计算机模拟。于是飞船计算机的两个实例可以各自搜索一半的变种列表，从而可以只用一半时间完成对整个列表的搜索。当一个宇宙找到疗法时，该药剂在列表中的编号可以传送给另一个宇宙，进行结果确认，于是两个宇宙中的船员都得救了。可借助传送器通过这种方式使用的计算机运算能力，其存在的证据表明，确实存在一台计算机，它执行着与人们自己的计算机不同的计算。思考细节（分身们怎样呼吸等），可以使一个宇宙的居民们知道，另一个宇宙总体上是一个实在的地方，与他们自己的宇宙有着相同的结构和复杂性。因此，他们的世界是可解释的。

由于真正的量子物理学里并没有跨宇宙通信，我们也不应该允许自己的故事里出现这种东西，于是通往可解释性的这条特定路径走不通。我们的船员结婚了的那个历史，与他们互相还不怎么认识的那个历史，不能互相**通信**或**观察**。然而如同我们将要看到的那样，有某些情形下，历史仍然可以通过不进行通信的方式互相影响，解释这种效果需要一个主要论点：我们的多重宇宙是真实的。

我们故事里的两个宇宙开始在一条星际飞船内部产生差异之后，世界上其他事物仍然作为一对对彼此相同的实例存在着。我们必须继续想象，每一对里的实例是可互换的。之所以必定如此，是因为宇宙并非"容器"——它们就是它们所包含的对象。如果宇宙确实是一个独立现实，那么每对实例里的每个对象都有一个属性，就是处于一个宇宙中但不处于另一个宇宙中，这会使对象不可互换。

通常情况下，宇宙之间有差异的区域会扩大。例如，当这对情侣决定结婚时，他们向故乡行星发出消息，宣告这件事。消息到达目的地时，每颗行星的两个实例也变得不一样。此前只有飞船的两个实例不同，但很快，甚至在有人有意把消息散播出去之前，就已经有一部分信息泄露了。例如，受到决定结婚的影响，两个宇宙中飞船里的人进行着不同的运动，他们反射的光会有不同，其中一部分光通过舷窗射出飞船外，随后不管到达哪里，都会使那里的宇宙有所不同。热辐射（红外线）也是一样，它会从船体上的所有地方透射出去。于是，从一个宇宙中发生的一个电涌开始，宇宙间的一个**分化波**在空间中沿所有方向传播开来。由于每个宇宙里信息传播的速度都不能超过光速，分化波也不能超过光速，而且，由于分化波前端的大部分传播速度等于或接近光速，开始传播时不同方向上的先后差异占总体传播距离的比例会越来越小，波传播得越远，整体形状就越接近球形，因此我将其称为"分化球"。

即使在分化球内部，宇宙间的差异相对来说也很小：恒星依然闪耀，行星上仍然有同样的大陆。就算是那些因听到婚礼消息而采取不同行为的人们，其脑子和信息存储设备里的大部分数据也仍然相同，他们还呼吸着相同类型的空气，吃着相同类型的食品，等等。

不过，尽管结婚的新闻对多数事物没有造成改变这一事实在直觉上合理，但还有一种常识直觉似乎能证明这个消息会改变一切，只是改变幅度很小。考虑一下，当这则新闻传到一颗行星时会发生什么，假定它是以通信激光光子脉冲的形式到来的。在引发任何人为影响之前，就存在着这些光子的物理冲击，它可能对暴露于激光束的每个原子产生撞击动量，也就是行星朝向激光束的那一半表面上的每一个原子。这些原子的振动方式会稍微改变，通过原子间作用力影响下层的原子。很快，整颗行星的原子都受到影响，尽管绝大多数原子所受影响都小得难以想象。但是，不管影响有多么轻微，也足以打破每个原子与它在另一宇宙中的分身的可互换性。所以，分化波所到之处似乎就再没有什么东西可互换了。

这两种相反的直觉，反映了离散与连续之间古老的二元对立。上面的讨论（分化球内部的一切都必定变得不同）取决于**极微小物理变化**的现实存在，这种变化比能够测量到的程度小许多数量级。从经典物理学解释出发，将不容阻挡地推导出这类变化的存在，因为经典物理学的大多数基本物理量（例如能量）都是连续变量。与其相反的那种直觉，源自用信息处理的方式思考世界，也就是用离散变量（例如人的记忆内容）来思考世界。对于这两种直觉的冲突，量子理论做出了有利于离散的裁定。对于一个经典物理量，它在给定条件下能够发生的**变化**存在着**可能的最小值**。例如，能够通过辐射传递给任何特定原子的能量，有一个最小能量值，原子不能吸收比这更小的能量，这样一份能量称为能量的一个"量子"。由于这是人类发现的第一种独特的量子物理特性，整个学科因此得名。且让我们把它也融入我们的虚构物理学。

因此，并不是行星表面的所有原子都会因消息的到来而改变。在现实中，一个大型物理对象对微小影响的典型反应是，该对象的大部分原子保持严格不变，与此同时，为服从能量守恒定律，少数原子会表现出离散的、相对较大的变化，即一个量子的变化。

变量的离散性提出了有关运动和变化的问题。它是否意味着变化是瞬时发生的？答案是不——而这就引发另一个问题：在变化发生的中途，世界是什么样子？而且，如果某种因素对几个原子产生强烈影响，对剩下的原子没有影响，那谁来决定哪些原子受影响？正如读者可能猜到的，答案与可互换性有关，我将在下面解释。

一束分化波的效应通常随距离增大而迅速减小——因为物理效应通常就是这样的。就算只从百分之一光年外的地方看太阳，它看上去也是天空中一个冰冷明亮的光点，几乎不会造成什么影响。在一千光年的距离上，连超新星也不会产生什么影响。就算是最剧烈的类星体喷流，如果从邻近星系看，也只是天空中的抽象画而已。已知现象中只有一种能够在出现之后产生不随距离而衰减的效应，那就是特定类型知识的创造，也就是无穷的开始。事实上，知识可以自行对准一个目标，在穿越广阔距离的过程中几乎不造成任何影响，然后彻底改造目标。

在我们的故事里也是这样，如果我们想让传送器故障在天文尺度上产生重大物理效应，必须通过知识进行。所有这些来自飞船的光子激流，都有意或无意地携带着与婚礼有关的信息，会对那颗遥远行星造成显著影响，但前提是有人非常关心这些信息的可能性，并设置了可以检测到它的科学仪器。

现在，正如我解释过的，只有宇宙之间可互换，我们想象的物理规律才能是确定性的，该规律导致电涌发生"在一个宇宙中而不在另一个宇宙中"。那么，当宇宙变得不可互换之后，传送器再次运转时会发生什么事？想象第二艘飞船，它与第一艘类型相同，但相距很远。如果在第一艘飞船启动传送器之后第二艘马上也启动，会发生什么事？

逻辑上可能的一个答案是，**什么也不会**发生——换句话说，物理定律会导致，一旦两个宇宙变得不同，所有的传送器都将正常运作，不再产生电涌。但是，这样就提供了一种超光速通信的办法，虽然不太可靠而且只能用一次。你在传送室里装上一个电压表，启动传送器，如果电涌出现，你就知道另一艘飞船还没有启动传送器，不管它有多远（因为如果它已经启动了传送器，就会使此类电涌在任何地方都永远不再发生。）支配现实中多重宇宙的物理规律不允许信息这样流动。如果我们希望虚构的物理规律在虚构宇宙的居民看来也是通用的，第二台传送器就必须完全像第一台传送器一样产生一个电涌，它发生"在一个宇宙中而不在另一个宇宙中"。

但这样的话，必须有什么东西来决定第二个电涌发生在**哪个**宇宙中。"在一个宇宙中而不在另一个宇宙中"不再是一种确定性的表述。而且，如果传送器**只**在另一个宇宙中运行，就必定不会产生电涌，否则就会导致跨宇宙通信。传送器的两个实例必须同时运行，才会产生电涌。就算是这样，也会容许某种跨宇宙通信，如下所述。在已经发生过一次电涌的宇宙里，在预定时间启动传送器，观察电压表。如果没有电涌发生，那么另一个宇宙里的传送器就是关闭的。于是我们陷入了僵局。"相同"与"不同"之间（或"受影响"与"不受影响"之间）表面上十分明确、非此即彼的差异，事实上可以多么微妙，这实在太不同寻常了。在真正的量子理论中也是一样，禁止跨宇宙通信与禁止超光速通信之间紧密相关。

有一种方法——我认为这是唯一的出路——可以既让我们虚构的物理规律具有通用性和确定性，又禁止超光速和跨宇宙通信：**更多的宇宙**。试想一下，有不可数无穷多个宇宙，它们最初都是可互换的。照例，传送器故障使从前可互换的宇宙变得不同。但现在相关物理规律规定："在运行传送器的宇宙中，有一半发生电涌。"于是，如果两艘飞船同时启动传送器，待两个分化球重叠之后，就会出现 4 种不同类型的宇宙：只有第一艘飞船上发生电涌，只有第二艘飞船上发生电涌，两艘都不发生，两艘都发生。换句话说，在重叠区域里有 4 个不同的历史，每个在 1/4 的宇宙里发生。

我们的虚构理论没有给它的多重宇宙提供充足的结构，因而不足以使"一半的宇宙"有意义，但真正的量子理论做到了。正如我在第 8 章所解释的，一个理论所提供的，使无穷集的比例和平均值具有意义的方法，称为**量度**。一个熟悉的例子是，经典物理学对一条线上的点的无穷集赋予**长度**。让我们假定，我们的理论也为宇宙提供了一种量度。

现在我们的故事情节可以像下面这样发展。在那对夫妇结了婚的宇宙中，他们在飞船访问的一颗人类开拓行星上度蜜月。他们传送回飞船时，在一半宇宙中发生的电涌使某人的电子记事本播放一条语音信息，显示新婚夫妇中的某一位已经发生了不忠行为。这引发了一连串事件，最终导致离婚。所以，现在我们原来的那个可互换宇宙集合包含了三个不同的历史：第一个发生在原始宇宙集合的一半之中，那里面这两个人仍然是单身；第二个发生在原始宇宙集合的 1/4 之中，里面的这两个人结婚了；第三个发生在另外 1/4 之中，里面的这两个人离婚了。

因此，这三个历史在多重宇宙里所占的比例不相等。这两人从未结婚的宇宙数量是他们已离婚的宇宙数量的两倍。

现在假设飞船上的科学家知道多重宇宙，而且理解传送器的物理学。（不过请注意，我们还没有给他们发现这些东西的方法。）于是他们知道，当他们启动传送器时，他们自身的、全都拥有相同历史的无穷多个可互换副本，都在同一时刻做着同样的事情。他们知道，这个历史中的宇宙会有一半产生一个电涌，从而使历史分裂成具有相同量度的两个历史。于是他们知道，如果他们用一个能检测到该电涌的电压表，他们的实例有一半会发现电压表记录到了一个电涌，而另一半没有发现。但他们还知道，问他们将会经历**哪**一个事件是没有意义的（不仅仅是不可能知道）。结果是，他们做出了两个密切相关的预测。其一是，尽管所有正在发生的事情都具有完美的确定性，却**没有什么东西**能为他们可靠地预测电压表是否会检测到电涌。

另外一个预测就是，电压表将会记录到电涌的概率是一半。因此，这类实验的结果是**主观上随机的**（从任何观察者的角度而言），尽管正在发生的一切完全是客观确定的。这也是真实物理学中量子力学随机性和概率的起源：全都来自理论为多重宇宙提供的量度，而量度取决于理论允许和禁止什么样的物理过程。

请注意，当一个（这种意义上的）随机结果即将产生时，它是一种可互换性内部的多样性的情形，多样性存在于"他们**将要**看到什么结果"这个变量中。这种情形的逻辑与我在前面讨论过的银行账户的情形相同，只不过这一次可互换的实例是人。他们是可互换的，但有一半的人将会看到电涌，另一半将看不到电涌。

在实践中，他们可以把这个实验做很多次来检验这种预测。每一种声称能预测结果序列的方法都将失败：实验检验了不可预测性。在绝大多数宇宙（和历史）中，电涌发生的时间大概占一半：实验检验了预测的概率值。只有占微小比例的观察员实例会看到不同的东西。

我们的故事还在继续。在其中一个历史中，宇航员故乡行星的报纸刊登了他们订婚的新闻。这篇报道占据了很大的版面，讲述了让这两位宇航员走到一起的那个偶然事件，以及种种其他内容。在另一个历史中，报纸上没有宇航员的婚约消息，版面上同样的地方刊登了一则短篇小说，讲的正好是一艘星际飞船上的恋爱故事。这篇小说里的某些句子，与另一个历史里的那篇新闻报道里的句子一模一样。印在同一份报纸同一栏目中的相同词句，在两个历史之间是可互换的，但它们在一个历史中是虚构的，而在另一个历史中是事实。因此，这种事实／虚构属性有着可互换性内部的多样性。

不同历史的数量将迅速增加。每次使用传送器，分化球只需要几微秒就能吞没整艘飞船。因此，如果通常每天运转十次，整艘飞船内部不同历史的数量将每天发生十次翻倍。一个月后，不同历史的数量将比我们的可见宇宙里的原子数量还要多。它们绝大多数彼此极为相似，因为只在极少数情况下，电涌发生的精确时间和强度会刚好能够引发《双面情人》式的显著变化。然而，历史的数量继续呈指数增长，很快，事件的变种就多到使飞船的多重宇宙多样性的**某些地方**产生了一些显著变化。因此，有着显著变化的历史数量也呈指数增长，尽管它们在所存在的所有历史中仍只占一小部分。

不久以后，在一批数量更少但仍呈指数增长的历史中，离奇的"意外"和"不可能发生的巧合"链条将主导事件。我给这些词加上引号，是因为这些事件一点也不意外。根据物理规律的确定性，它们都是不可避免地发生的。所有这些事件都是由传送器引发的。

还有一种情况，如果我们不小心的话，常识会对物理世界做出错误的假设，从而把本身很明确的情形描述得听起来很矛盾。道金斯在他的《解析彩虹》一书中举了一个例子，分析了一个电视灵媒能做出准确预测的说法：

一年约有 10 万个 5 分钟。任何给定的手表，比如说我的手表，在某个指定的 5 分钟里停走的概率大概是十万分之一。这个概率很小，但有 1000 万人在看［这个电视灵媒的］节目。如果其中只有一半人 [1] 戴着手表，我们可以预期在任何时刻约有 25 只手表会停下。如果只有其中 1/4 的人给电视台打了电话，这 6 个电话就足以让天真的观众惊愕。尤其是还有人打电话来说，他的手表前一天就停了，或者自己的表没停但祖父的挂钟停了，或者有人死于心脏病发作，亲属打电话来说逝者的"钟表"停止摆动了，如此种种。

---

[1] 根据下文计算结果，此处疑应为1/4的人。——译注

正如这个例子显示的，特定情形可以解释其他事件，却不曾以任何形式参与**导致**这些事件发生，这一事实虽然违背直觉，却是很熟悉的。"天真"的观众所犯的错误，是某种形式的狭隘主义：他们观察到一个现象（人因为他们的手表停了而打来电话），却未能理解，该现象是一个更广泛现象的一部分，后者之中的大部分是他们没有观察到的。这个更广泛现象中未被观察到的部分，虽然不会影响我们（电视观众）所观察到的现象，但对解释它们是必不可少的。同样，常识和经典物理学包含了一个狭隘错误，认为只有一个历史存在。这个错误嵌在我们的语言和概念框架里，使得像这样说显得很奇怪：一个事件在某种意义上极端不可能发生，另一种意义上必定会发生。但事实上这没有什么好奇怪的。

现在我们看到的飞船内部，是一个由叠加的对象构成的超级复杂的混乱事物。船上的大部分位置挤满了人，其中一些人在做非常不寻常的差事，所有的人都无法互相感知。飞船本身处在许多略有不同的航线上，这是由船员的行为略有不同造成的。当然，我们只能用心灵的眼睛"看到"这些。我们虚构的物理规律确保在多重宇宙本身里的观察者不会看到这样的情景。所以，通过（用我们心灵的眼睛）仔细审视，我们还能看到这表面的混乱中有着极强的秩序和规律性。例如，虽然船长的椅子上有许多人形在晃动，但我们能看到其中大部分是船长；虽然领航员的椅子上有许多人形在晃动，我们能看到其中几乎没有船长。这类规律性最终来源于这一事实：所有宇宙都服从相同的物理规律（包括其初始条件），尽管宇宙之间存在差异。

我们也看到，任何船长的特定实例只与领航员的一个实例互动，也只与大副的一个实例互动，而领航员和大副的这些实例正是彼此互动的实例。这些规律性存在的原因是，历史是接近自治的：每个历史里发生的事情，几乎完全依赖于这个历史里以前发生的事件——仅有的例外是传送器引发的电涌。在故事里，到目前为止，历史的这种自治只是一个微不足道的事实，因为我们一开始就设定**各个宇宙**是自治的。但是它将值得我们暂时为它变得更加学究一点：在你的那些实例中，我能与之沟通的实例与我感知不到的实例，其间的区别究竟是什么？后者是"在其他的宇宙里"——但是，请记住，宇宙仅仅由它们的物理对象组成，因此这就只等于是说，我能看到那些我能看到的实例。其结果是，我们的物理规律必然规定，每个对象内部都携带了它的哪些实例能与其他对象的哪些实例相互作用的信息（除了在实例可互换的情况下，那样的话就不存在"哪些"了）。量子理论描述了这样的信息，它称为**纠缠**信息[1]。

到目前为止，我们已经在故事里建立了一个庞大、复杂的世界，它在我们心灵的眼睛看起来非常陌生，但在它的绝大多数居民看来，它同我们的日常经验与经典物理学构成的那个宇宙几乎完全一样，加上传送器运作时产生的明显的随机抖动。极少数历史受到非常"不可能发生的"事件的显著影响，但即使在这些历史里，信息**流动**——即什么事物影响什么事物——仍然十分平常和熟悉。例如，某个版本的航行日志里有离奇巧合的记录，只有那些记得这些巧合的人能感知这个版本，这些人的其他实例感知不到。

因此，在这个虚构的多重宇宙中，信息沿着一条分支的树流动，各个分支（历史）的粗细（量度）不同，一旦分开就永远不会再合并。每

[1]　认为这些信息完全由对象局部携带，这种观点目前有些争议。详细的技术讨论参见我和帕特里克•海登的论文《纠缠量子系统里的信息流》［皇家学会通报，A456(2000)］。——原注

一个分支都表现得好像其他分支不存在一样。如果这就是全部，这个多重宇宙的物理规律作为解释来说仍然有着致命缺陷，跟一直以来的情形一样：它们的预测，与那些更简单、认为只有一个宇宙（历史）存在的规律做出的预测，两者没有区别。在后一种情形中，传送器**随机地**使它传送的对象发生变化，历史不会分裂成两个自治的历史，而是**随机地**发生或不发生这样一个变化。于是，我们想象的整个复杂得惊人的多重宇宙，连同其实例的多重性（人们互相穿过对方）、奇异事件和纠缠信息，都会坍缩成虚无，就像第2章里的星系变成感光剂缺陷那样。对同一批事件的多重宇宙解释将成为一个坏解释，因此该世界对其居民来说将是不可解释的，如果它真的存在。

看起来似乎是，我们通过对信息流动施加所有这些条件，费了很大力气获得了这么一个属性——向居民们隐藏他们的世界那拜占庭式的错综复杂。[1] 引用刘易斯·卡罗尔的《爱丽斯镜中奇遇记》里白骑士的话，我们仿佛是在：

……想办法

把胡须染成绿色，

并且总是拿着一把大扇子

不让别人看见。

现在是该把扇子拿开的时候了。

在量子物理学中，多重宇宙里的信息流动，不像在我描述的历史分支树里那样平淡。因为这是一种更深层的量子现象：在某些情况下，运动规律允许历史重新合并（再次变成可互换的）。这是我前面描述过的

[1] 拜占庭帝国即东罗马帝国，得名于帝国首都拜占庭，其艺术多以宗教为主题，风格精细、复杂、奢华。——译注

分裂（历史分化成两个或两个以上的历史）的时间逆转，因此在我们虚构的多重宇宙里实施它的一种自然方式，就是让传送器有能力逆转它自己造成的历史分裂。

如果我们这样表示原始分裂（见图 11-1）：

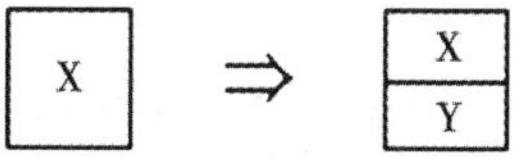

图11-1 原始分裂的表示方法

其中 X 表示正常电压，Y 表示传送器故障造成的异常电压。那么历史合并可以表示为图 11-2 所示方式。

图11-2 历史合并的表示方法

在干涉现象中，分化的历史重新合并。

这种现象称为**干涉**：Y 历史的存在，对传送器通常对 X 历史产生的作用产生**干涉**，导致 X 历史和 Y 历史合并，见图 11-3。这很像是某些幻影区故事里分身（副本）与正本合并的情形，除了我们不需要废除质量守恒或其他任何守恒定律：所有历史的总量度保持不变。

干涉现象可以在不允许跨历史通信的情况下，向多重宇宙的居民提供多重历史存在的证据。例如，假设他们快速连续两次运行传送器（我一会儿会解释"快"是什么意思）。

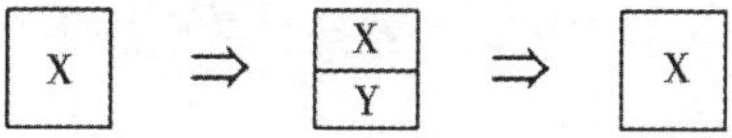

图11-3 一个干涉实验

307

如果反复这样做（每次使用传递器的不同复制品），他们很快就会推断出，中间结果**不能**只是随机的 X 或 Y，因为如果是那样的话，最终结果有时候会是 Y（因为 $\boxed{X} \rightarrow \begin{array}{c}X\\Y\end{array}$），而实际上它总是 X。因此，居民将无法再通过假设中间阶段实际存在的只有一个随机选择的电压值来解释他们看到的东西。

虽然这样一个实验能提供证据表明多个历史不存在，而且强烈地相互影响（在根据对方存在与否而表现不同的意义上），但它并不涉及跨历史**通信**（发送消息，把某人的选择告诉其他的历史）。

在我们的故事里，就像不允许分裂在允许超光速通信的情形下发生，我们必须保证干涉也是一样。做到这一点最简单的方式是，要求合并只能在还没有分化波出现的情形下发生。这就是说，只有在电涌对任何其他事物造成分化影响之前，传送器才能撤销电涌。当某个变量的两个不同取值 X 和 Y 触发的一个分化波离开一个对象时，该对象就与所有受到分化影响的对象纠缠，见图 11-4。

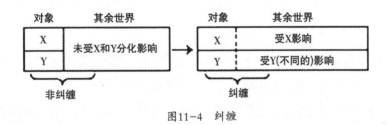

图 11-4 纠缠

所以，我们的规则简而言之就是，干涉只能发生在未与其余世界纠缠的对象上。这就是为什么在干涉实验中，传送器的两次运作是"快速连续"的。（或者，实验对象充分绝缘，其电压不会影响周围的事物。）于是我们可以象征性地表示一类通用的干涉实验，如图 11-5 所示。

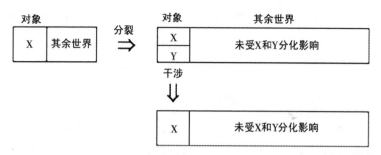

图11-5　如果一个对象是非纠缠的，它可以因某事物仅仅作用于它而经历干涉

（箭头代表传送器的行动。）一旦该对象因 X 值和 Y 值与其余世界纠缠，就不会再有什么操作能单独作用于该对象而在这些值之间产生干涉。取而代之的是，历史再进一步分裂，一如往常，如图 11-6 所示。

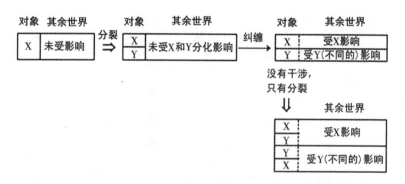

图11-6　对于纠缠的对象，进一步的分裂取代干涉

当一个物理变量的两个或两个以上取值对其余世界里的某些事物产生不同影响时，连锁效应通常会无穷无尽地持续下去，就像我刚才描述的那样，分化波纠缠越来越多的对象。如果分化效应全都可以撤销，那么这些原始值之间的干涉会再次成为可能；但量子力学规律规定，撤销分化效应需要对**所有**受影响的对象进行精细控制，这很快就变得不可行。它变得不可行的过程称为**消相干**。在大多数情况下，消相干非常迅速，

这就是为什么分裂通常压倒干涉占据主导地位，以及为什么干涉（虽然在微观尺度上普遍存在）很难在实验室里清楚地演示。

然而这是可以做到的，而且量子干涉现象构成了多重宇宙的存在及其规律是什么的主要证据。对以上实验的现实模拟，在量子光学实验室里已成为标准。这类实验不使用电压表（它与环境的许多相互作用迅速引起消相干），而使用单个光子；受作用的变量不是电压，而是光子可能在两条路径中取哪一条。实验也不使用传送器，而用一种称为镀银半反射镜的简单装置（在图11-7中用灰色斜条表示）。当一个光子撞击到这样一面镜子上时，在一半宇宙中它会反射，在另一半宇宙中直接穿过镜子，如图11-7所示。

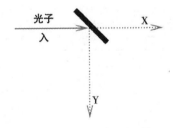

图11-7　镀银半反射镜

在X或Y方向上行进的属性，其行为与我们的虚拟多重宇宙里X和Y两个电压类似。因此，经过镀银半反射镜类似于上面的转换$\boxed{X}\!\rightarrow\!\boxed{\frac{X}{Y}}$。当一个光子的两个实例分别沿X和Y方向行进，同时撞击第二面镀银半反射镜时，就发生转换$\boxed{\frac{X}{Y}}\!\rightarrow\!\boxed{X}$，意味着两个实例都出现在X方向上：两个历史合并。为了演示这一过程，可以使用一套称为"马赫—曾德尔干涉仪"的装置，它能快速连续执行这两个转换（分裂和干涉），如图11-8所示。

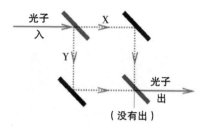

图11-8　马赫—曾德尔干涉仪

　　两面普通镜子（用黑色斜条表示）的作用仅仅是将光子从第一面镀银半反射镜导向第二面镀银半反射镜。如果不像图 11-7 中那样进行，而是在第一面镜子之后引入一个向右（X 方向）行进的光子，那它离开最后一面镜子之后，会随机向右或向下行进（因为这样的话，最后一面镜子那里会发生 ⊠→XY ）。在第一面镜子之后引入一个向下（Y 方向）运行的光子，结果也是一样。但像图示那样引入的光子，它总是会出现在向右的方向上，而从来不会出现在向下的方向上。通过反复地做这种实验，在光子行进路线上安装探测器或者不安装探测器，就可以确认一个历史里只会出现一个光子，因为在一个这样的实验里总是只有一个探测器会被触发。于是，X 和 Y 这两个中间历史都对决定性的结果 X 有贡献，由这一事实不可避免地推导出，在中间阶段，这两个历史都发生了。

　　在真正的多重宇宙里，不需要传送器或其他任何特殊设备，就可以造成历史的分化与合并。根据量子物理学规律，基本粒子始终在自行经历这样的过程。而且，历史可以分裂成为不止两个（往往是许多万亿个），以运动方向的微小差别或其他与基本粒子有关的物理变量的差异来区分。此外，一般来说，产生出来的历史有着不同的量度。因此，现在让我们把传送器也从虚构的多重宇宙中去掉。

不同历史的数量的增长速度快得让人难以置信——尽管如此，幸亏有干涉存在，现在也有了一定数量的自发合并。由于这种合并，真实多重宇宙里的信息流动并没有分为严格自治的支流——自治的历史分支。尽管历史之间仍然不能进行通信（在发送消息的意义上），但它们密切地互相影响，因为一个历史里的干涉效应取决于其他的历史是否存在。

不仅是多重宇宙不再能完美划分成多个历史，单个粒子也不能完美划分成多个实例。例如，考虑以下干涉现象，其中 X 和 Y 代表单个粒子位置的不同取值，见图 11-9。

$$\boxed{\begin{matrix} X \\ Y \end{matrix}} \Rightarrow \boxed{X} \Rightarrow \boxed{\begin{matrix} X \\ Y \end{matrix}}$$

粒子在X位置的实例是留在了X位置还是移到了Y位置？粒子在Y位置的实例是回到了Y位置还是移到了X位置？

图11-9　一个粒子的多个实例怎样在干涉中失去身份

由于该粒子的两组实例（起初处于不同位置）经历了一个可互换的时刻，就不存在哪一个实例最终处在哪个位置上之类的情况。这类干涉一直在进行，就算是在只有一个粒子的空旷的空间区域里。因此，一般说来，不存在一个粒子的"同一个"实例存在于不同时间的情况。

即使在同一个历史里，随时间推移，粒子一般也不会保留身份。例如，当两个原子发生碰撞时，这个事件的历史分裂成这个样子：

或这个样子：

所以，对于每个单独粒子，碰撞事件都很像与镀银半反射镜相撞。每个原子都对另一个原子起到镜子的作用。但从多重宇宙的角度来看，这两个粒子看起来都是这样：

碰撞结束后，每个原子都有一些实例变得与原本属于不同原子的实例可互换。

出于同样的原因，不存在某个粒子的一个实例在给定地点的**速度**这种东西。速度的定义是行进距离除以所用的时间，这对以下情形来说没有意义：该情形中不存在不同时间里某个粒子的特定实例。取而代之的是，由一个粒子的可互换实例组成的集合体，通常有几个速度，意味着它们在瞬间之后的行为会不同。（这是"可互换性内的多样性"的又一个实例。）

不仅位置相同的可互换集合体有着不同的速度，速度相同的可互换集合体也可以有不同的位置。而且，由量子物理学规律可以推导出，对于一个物理对象的实例的**任何**可互换集合体，其中必定有一些属性是多样的。这称为"海森堡测不准原理"，得名于物理学家维尔纳·海森堡，他根据量子理论推导出了该原理的最早版本。

因此，举例来说，单一电子总有一个不同位置的范围，**和一个不同**速度及运动方向的范围。结果，其典型行为是在空间中逐渐扩散。其量子力学运动规律与一团墨渍的扩散规律相似，如果起初位于一个极小区域内，它的扩散速度会很快，变得越大，扩散速度就越慢。它所携带的纠缠信息确保不会有两个实例对同一个历史做出贡献。（或者更确切地说，在有着多个历史的时间和地点，电子以不会相撞的实例存在。）如果一个粒子的速度范围不以零为中心而是其他值，整团"墨渍"就会移动，其中心服从于与经典物理学运动定律近似的规律。在量子物理学中，一般意义上的运动就是这样进行的。

这解释了在类似原子激光的事物中，同一历史的粒子怎样也能可互换。两个"墨渍"粒子，每个都是一个多重宇宙对象，它们可以在空间中完美重合，其纠缠信息可以是这样的：它们的两个实例从来没有出现在同一历史的相同位置上。

现在，把一个质子放到逐渐扩散的单一电子实例云的中央。质子带有正电荷，吸引带负电荷的电子。结果是，云在尺寸达到这样一种情况时停止扩散：它因测不准原理多样性向外扩散的趋势，刚好被质子的吸引力所抵消。由此产生的结构称为氢原子。

历史上，对原子的这种解释是量子理论的第一个胜利，因为根据经典物理学，原子根本不能存在。一个原子包含一个带正电的核，它由带负电的电子环绕。但正、负电荷相互吸引，如果不加抑制，它们会加速互相接近，在此过程中以电磁辐射的形式释放能量。因此，电子为什么不会在辐射的闪光中"跌落"到原子核上，曾经是一个谜。不管是原子核还是电子，其直径都不超过原子直径的万分之一，是什么让它们相隔如此之远？是什么让原子在这样的尺寸上得以保持稳定？在非专业的描述中，原子结构有时被说成是像太阳系那样，想象电子绕着原子核运转，就像行星绕着太阳运转。但这与事实不符。一方面，受引力束缚的物体的确会缓慢地进行螺旋式跌落，释放出引力辐射（这一现象已经在中子星双星中观察到），原子里对应的电磁过程会在不到一秒钟的时间里结束。另一方面，固体物质（由紧密堆积的原子组成）的存在，表明原子不能轻易互相渗透，而恒星—行星系统必定能够互相渗透。而且，事实证明在氢原子里，处于最低能级的电子完全没有环绕原子核运动，而是像我说的那样，像一团墨渍一样待在那里——测不准原理使它扩展的倾向刚好被静电作用力抵消。通过这种方式，干涉现象和可互换性内的多样性现象，对所有静态对象的结构和稳定性来说都是必需的，其中包括所有固体对象，就像它们对所有的运动都是必需的那样。

"测不准原理"这个术语是误导的。容我强调，它与不确定性或者量子物理学先驱们可能有过的任何沮丧感觉都没有关系。一个电子有超过一个速度或超过一个位置，与任何人不能确定速度是多少毫无关系，就像与人们不"确定"银行账户里的哪一美元属税务机关所有毫无关系一样。两种情况下，属性的多样性都是一个物理事实，与任何人知道什么或感觉什么无关。

顺便说一下，不确定性原理也不是一条"原理"，因为"原理"意味着它是一个独立假设，逻辑上可以为了获得一个不同的理论而被放弃或取代。实际上，人们已经不能把它从量子理论中去掉，就像不能把日食从天文学中去掉。不存在所谓"日食原理"，日食的存在可以用普遍得多的理论推导出来，例如关于太阳系几何学和动力学的理论。同样，测不准原理可以从量子理论的原理中推导出来。

由于持续进行着的强内部干涉，一个典型的电子是一个不可简化的多重宇宙对象，而不是一个由平等宇宙或平等历史对象组成的集合体。这就是说，它在不分割成各有一个速度和一个位置的、自治的子实例时，就拥有多个位置和速度。就算是不同的电子，其身份也并非完全独立。因此事实是，**电场**遍布于整个空间，扰动以波的形式在这个场里扩散，速度等于或小于光速。正是这一点导致量子理论先驱们提出了那个经常被错误引用的观念：电子（以及所有其他粒子）"在同一时刻既是粒子也是波"。对于我们在特定宇宙中观察到的每个单独粒子，都有一个多重宇宙里的场（或者"波"）。

尽管量子理论是用数学语言来表达的，我还是用文字对它所描述的现实的一些主要特征进行了一番说明。于是，此时我所描述的虚构多重宇宙差不多就是真实的宇宙了。但还有一件事需要梳理。我的"连续推测"的基础，是多个宇宙、对象的多个实例以及为了描述这个多重宇宙对上述观念进行的纠正。但真正的多重宇宙不以任何事物为基础，也不是对任何事物的纠正。量子理论并不涉及宇宙、历史、粒子及其实例，就像不涉及行星、人类和他们的生活与爱情。这些东西全都是多重宇宙里近似、突现的现象。

一个历史是多重宇宙的一部分，意义等同于一个地层是地壳的一部分。历史以物理变量的取值与其他历史区分，就像地层以其化学成分及化石类型等与其他地层区分。地层和历史都是信息流动的渠道。它们之所以能保存信息，是因为虽然其内容会随时间推移发生变化，但它们接近**自治**——也就是说，在一个特定地层或历史中发生的变化几乎完全依赖于它内部的条件，而不是别处的条件。就是因为这种自治，今天发现的化石才能作为表明该地层形成时地球上有什么的证据。同样，这就是为什么在一个历史中，人们可以根据该历史的过去，用经典物理学成功预测它某些方面的未来。

地层像历史一样，并不具备高于其内部对象的独立存在：它由这些对象**构成**。地层也没有清晰的边界。另外，地球上的一些地区（比如靠近火山的区域）存在地层合并的现象（虽然我认为分割和合并地层的地质过程完全不同于历史分裂和合并的方式。）地球上也有一些区域（比如地核）从未分层。还有一些区域（如大气层）虽然分层，但层里包含的东西相互作用和混合的时间尺度比地壳里短得多。同样，多重宇宙里有区域包含短暂的历史，也有区域根本没有历史。

然而，地层和历史从各自的底层现象中突现的方式有一个很大的区别。虽然并不是地壳里的每个原子都可以明确分配给某个特定的地层，但形成地层大多数原子都可以。相反，一个日常物体里的每一个原子都是一个多重宇宙对象，不能分成多个接近自治的实例和接近自治的历史。而由此类粒子组成的日常物体（如飞船、订婚的新人等）可以精确地分成多个接近自治的历史，每个历史里的每个物体正好有一个实例、一个位置、一个速度。

这是因为纠缠对干涉的抑制。正如我前面解释的，干涉几乎总是要么在分裂之后马上发生，要么就根本不发生。这就是为什么物体或过程越大、越复杂，其总体行为受干涉的影响越小。在这样的"粗颗粒"突现层次，多重宇宙里的事件由自治的历史组成，每个粗颗粒的历史都包含很多历史，它们只在微观细节上存在差异，但通过干涉相互影响。分化球倾向于以接近光速的速度增长，因此，在日常生活尺度及更大尺度上，这些粗颗粒的历史可以很恰当地称为普通意义上的"宇宙"，其中每一个都与经典物理学的宇宙有几分相似。称它们"平行"是有用的，因为它们接近自治。对它们的居民来说，每个宇宙看上去都非常像一个单宇宙世界。

意外地放大到粗颗粒层次上的微观事件（例如我们故事里的电涌）在任何一个粗颗粒历史中都很罕见，但在整个多重宇宙中是常见的。例如，考虑从深空中朝地球方向行进的单一宇宙射线粒子，它必定沿某个范围内各个略有不同的方向行进，因为测不准原理意味着，在多重宇宙里，它在行进过程中必定像墨渍一样向四周扩散。当它到达地球时，墨渍可能已经比整个地球还要大，因此大多数都没有击中地球，其余的撞击在暴露表面上的所有地方。记住，这只是单一粒子，可能包含可互换的实例。接下来发生的是，它们不再可互换，通过它们在到达点与原子的相互作用，分裂成数量有限但非常多的实例，每个实例都是一个单独历史的起源。

在每个这样的历史中，都有该宇宙射线粒子的一个自治实例，它会通过产生由带电粒子组成的"宇宙射线雨"来耗散能量。因此在不同的历史中，这样一场射线雨会发生在不同的地点。在某些地点，射线雨会形成一条传导通路，闪电可以沿着它行进。地球表面的每个原子都会在**某个**历史中被这样的闪电击中。在其他历史中，一个这样的宇宙射线粒子会击中一个人体细胞，对一些已经受损的 DNA 造成破坏，使细胞癌变。所有的癌症中，有比例不可忽视的一部分是由这种方式引起的。结果就会存在这样的历史：某个特定的人，在我们的历史里活着，但在那些历史中很快就会死于癌症。还存在着其他的历史，其中的一场战斗或战争被一起这样的事件所改变，或者被一个在正确的时间和地点出现的闪电所改变，或者被无数其他不太可能发生的"随机"

事件中的某一个所改变。这使得以下想法看上去颇为合理：存在某些历史，里面的事件发生方式与或然历史小说（如《祖国》和《罗马永存》）描述的差不多，或者与你自己生活经历中的事件完全不同，可能更好，也可能更坏。

因此，有很多小说的内容非常接近多重宇宙中某个地方的现实。但并不是所有的小说都会这样。例如，不会有任何历史是我那些传送器故障故事的样子，因为那需要不同的物理规律。也不会有自然基本常数（如光速或电子电荷）取值不同的历史。但确实会有一类历史，受到一系列"不可能发生的意外"影响，不同的物理规律会在一段时间内**看上去**是真实的。（也有可能存在拥有不同物理规律的宇宙，像微调的人择解释要求的那样。但现在还没有关于这样一个多重宇宙的可行理论。）

想象从一艘星际飞船的通信激光器里跑出来的单一光子，它朝地球方向飞来。像宇宙射线一样，它在不同的历史中到达地球表面的所有地方。在每个历史中，只有一个原子会吸收这个光子，而其余的原子从一开始就完全不受其影响。随后，一台用于此类通信的接收器将检测到这样一个原子产生的相对较大的离散变化。建造此类测量设备（包括眼睛）的一个重要结果是，不管来源有多远，一个到达的光子对一个原子的推动作用都是相同的，只不过信号越弱，推动就越小。如果不是这样（例如，如果经典物理学是真实的），弱信号将很容易被随机的本地噪声淹没。这跟我在第 6 章讨论过的数字信息处理相对于模拟信息处理的优势是一样的。

我自己的物理学研究一直与**量子计算机**理论有关。这类计算机里携带信息的变量受到多种手段保护，防止它们与周围的事物发生纠缠。这允许一种新的计算模式，其中的信息流动不局限于单一历史。在其中一种类型的量子计算中，同时运行的大量不同计算可以相互影响，从而对计算的输出结果做出贡献，称为**量子并行**。

在一个典型的量子计算中，独立信息单元由称为"量子比特"的物理对象来代表，实现量子比特的物理手段很多，但总是有两个关键特点。首先，每个量子比特有一个可以取两个离散值之一的变量；其次，采用防止量子比特发生纠缠的特殊手段，例如把它们冷却到接近绝对零度。一个利用量子并行的典型算法是，开始使某些量子比特中携带信息的变量同时取两个值，然后把这些量子比特当作寄存器去代表（比方说）一个数。寄存器的独立实例总数是指数级别的巨大的量子比特数量次方。然后进行一段时间的经典计算，在这期间，分化波扩散到其他一些量子比特——但不会扩散得更远，因为有防止扩散的特殊手段存在。因此，信息在数量巨大的自治历史中的每个历史里得到独立处理。最终，一个涉及所有受影响的量子比特的干涉过程把这些历史的信息结合到单一历史中。由于介入的计算对信息进行了处理，最终状态与初始状态不一样（与我前面讨论过的简单干涉实验 $\boxed{X} \rightarrow \boxed{\begin{array}{c} X \\ Y \end{array}} \rightarrow \boxed{X}$ 不同），而是初始状态的某种函数，类似图 11-10 所示的样子。

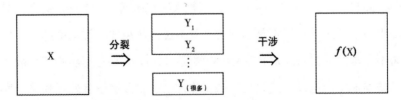

$Y_1\cdots\cdots Y_{(很多)}$ 是取决于输入值X的中间结果。要有效地计算输出值$f(X)$，它们全都是必需的。

图11-10　一个典型的量子计算

正如飞船船员能够通过与正在用不同输入值计算同一函数的分身共

享信息来进行大型计算，运用量子并行的算法做的是同样的事。但是，虚构的效果受到飞船规定的限制，我们可能为了适应剧情而发明出这样的规定，而量子计算机受到物理规律的限制，这些规律掌控着量子干涉。只有特定类型的并行计算可以通过这种方式在多重宇宙的帮助下进行，在这类计算中，量子干涉的数学结果刚好可以结合成单一历史，也就是最终结果所需要的信息。

在这样的计算中，一台只有几百个量子比特的量子计算机，就可以执行比可见宇宙中的原子还要多得多的并行计算。在我写这本书时，能运算大约十个量子比特的量子计算机已经建成。对技术进行"尺度变换"，达到更大的量子比特数目，是量子技术面临的一个巨大的挑战，但目标正在逐渐达成。

我上面提到，当一个巨大对象受到一个微小影响时，通常的结果是，大的对象完全不受影响。现在我来解释一下为什么。在马赫—曾德尔干涉仪的例子里，如前所述，单一光子的两个实例行进在两条不同的路径上，在途中，它们撞击两面不同的镜子。只有当光子没有与镜子形成纠缠时，干涉才会发生——但只要任何一面镜子保留了一丝被光子撞击的记录（因为这将是两条不同路径上的实例的一个分化效应），光子就**会**形成纠缠。就算镜子在支架上的振动幅度只发生了一个量子的改变，就足以阻止干涉（指光子的两个实例随后的合并）。

当光子的实例之一从任何一面镜子反弹时，它的动量都会变化，因此按照动量守恒定律（这个定律通用于量子物理学，就像在经典物理学中一样），镜子的动量也必须有一个大小相等、方向相反的改变。因此看来，在每个历史中，这肯定会使一面镜子在受到光子撞击后以稍多或稍少一点的能量振动，而另一面镜子不会这样。这种能量变化将是光子路径的一个记录，因此镜子会与光子产生纠缠。

　　幸运的是，情况不是这样的。请记住，我们粗略地看作镜子的单一历史、在支架上被动地待着或轻微振动着的东西，在细节足够精细的水平上，实际上是大量的历史，其中所有原子的实例在持续地分裂和合并着。特别是，镜子的总能量在平均"经典"值附近有大量可能的取值。那么，当一个光子击中镜子使其总能量发生一个量子的改变量时，会发生什么？

　　暂时简化一下，只想象这面镜子的无数实例中的 5 个，每个实例都有不同的振动能量，取值范围在低于平均值 2 个量子到高于平均值 2 个量子之间。光子的每个实例撞击镜子的每个实例，给它增加一个量子的能量。于是在撞击之后，镜子的实例的平均能量增加了一个量子，取值范围变成了低于旧平均值 1 个量子到高于旧平均值 3 个量子。但是由于在这样的细节精细水平上，这些能量中的任何一个都没有相关的自治历史，追问镜子的某个有着特定能量的实例在撞击后是不是曾经拥有该能量的**同一个**实例，是没有意义的。客观物理事实只是，在镜子的 5 个实例中，4 个拥有的能量曾经出现过，1 个拥有的能量未曾出现过。因此，只有能量高于旧平均值 3 个量子的那个实例会留下光子撞击的记录。这意味着，只有 1/5 的宇宙中光子撞击使分化波扩散到镜子，只有在这些宇宙中，接下来曾经击中镜子与未曾击中镜子的光子实例之间的干涉会受到抑制。

　　用现实的数字来说，这更像是一亿亿亿分之一——这意味着干涉受到抑制的概率只有一亿亿亿分之一。这大大低于实验由于测量仪器不完善而得出不准确结果的概率，或者因为闪电击中而毁掉实验的概率。

　　现在让我们来转向单个量子的能量的到来，看看这个离散变化在没有连续性的情况下怎样才可能发生。考虑可能的最简单情形：一个原子只收了一个光子，包括光子所有的能量。这个能量转移并不是瞬时发生的。（请忘掉你可能读过的任何关于"量子跃迁"的东西，那只是虚构的。）发生的方式有许多种，但最简单的是这样一种。在这一过程的开始，原子是（比方说）处于"基态"，它的电子拥有量子理论所允许的最小能量。这意味着它（在相关的粗颗粒历史里的）所有的实例都拥有这个能量。假设它们也是可互换的。在该过程结束时，所有这些实例仍然可互换，但现在它们处于"激发态"，拥有一个额外量子的能量。原子在这个过程的半途会像什么样子？**它的实例仍然是可互换的**，但其中一半处于基态，另一半处于激发态。这就像是一笔连续可变数量的钱，逐渐从一个离散的主人转移到另一个主人手中，其所有权发生改变。

这一机制在量子物理学中是普适的，也是离散状态的转换以连续方式进行的一般方式。在经典物理学中，"小效应"总是意味着某些可测量物理量的微小变化。在量子物理学中，物理变量通常是离散的，所以不能经历微小变化。相反，"小效应"指的是拥有不同离散属性的**比例**的微小变化。

这也引发了时间本身是不是一个连续变量的问题。在这次讨论中，我假设它是连续变量。然而，时间的量子力学尚未被完全理解，而且在我们拥有一个引力量子理论（量子理论与广义相对论的大一统理论）之前都不会被完全理解，所以事情可能不会那么简单。不过有一件事我们可以相当肯定，那就是，在这样一个理论中，**不同的时间是不同宇宙的一个特例**。换句话说，时间是一个纠缠现象，它把所有相同的钟表读数（经过准确调整的钟表的读数，或者用作钟表的任何对象的读数）放进同一个历史。这种理解是由物理学家唐·佩奇和威廉·武特斯在 1983 年首先提出的。

在这个完整版本的量子多重宇宙里，怎么让我们的科幻小说故事继续下去呢？物理学家、哲学家和科幻小说家对量子理论的注意力，几乎全都专注于平行宇宙方面，这一点颇具讽刺意味，因为正是在平行宇宙的近似中，世界与经典物理学的世界最相像，这是量子理论让许多人发自内心地无法接受的一面。

小说可以探索平行宇宙展现的可能性。例如，因为我们的故事是一个恋爱故事，书中人物很可能会好奇其他历史里自己的副本的情况。故事会把他们的推测与我们所"知道"的在其他宇宙中发生的事情进行比较。配偶不忠被一次"随机"事件曝光的人物，可能会疑惑，这到底有没有让自己从一桩注定失败的婚姻中幸运逃脱。在不忠没有被曝光的历史里，他们的婚姻还维持着吗？他们幸福吗？"建立在谎言之上"的婚姻，可能有真正的幸福吗？我们在看着他们推测这些事情时，也看到"婚姻仍在维持"的历史，了解到（虚构的）事实。

他们也可能去推测不那么狭隘的问题。故事里可能会说他们的太阳属于一个由几十颗恒星组成的恒星簇，这些恒星全都处在一个半径几光周的球里。这个问题已经困扰他们的科学家几十年了，因为恒星的成分表明它们起源于遥远宽广的区域，通过一系列不可能发生的巧合变得受到引力束缚。这些科学家计算，在大多数的宇宙中，这样密集的恒星簇里都不可能进化出生命，因为会有太多的碰撞。因此，在大多数有人类的宇宙中，都不会有星际飞船舰队一个接一个地访问有人居住的恒星系统。他们一直试图发现一种机制，使得相邻恒星的邻近状态能促进智慧生命的形成，但他们失败了。他们应不应该考虑这只是一个天文学上不太可能发生的巧合？但他们不喜欢丢下无法解释的事情不管。他们得出结论说，肯定是有些**什么东西**选择了他们。确实如此。那些人不只是一个故事。他们是真正的、生活着、思考着的人类，在当下这个时刻正思考着他们从何而来。但是，他们永远也不会找到。在这个方面，他们是不幸的：他们确实是被巧合所选择的。另一种表述方式是，他们被我讲的关于他们的这个故事所选择。所有不违背物理规律的科幻小说都是事实。

有些小说**看起来**违反了物理规律，但它们也是事实，存在于多重宇宙的某个地方。这涉及一个与多重宇宙怎样构造有关的微妙问题——历史怎样出现。一个历史是近似自治的。如果我用一个电水壶烧水沏茶，我就处在这样一个历史中：我打开电水壶的开关，水逐渐变热，因为能量被电水壶输入到水中，使气泡形成，等等，最终形成热茶。这是一个历史，因为人们可以对它进行解释和做出预测，完全无需提到多重宇宙里还有其他的历史（如我选择煮咖啡而不是烧茶的历史），也无需提到水分子的微观运动受到多重宇宙在这个历史之外的其他部分的轻微影响。这个历史的一个微小量度在该过程中自主分化并产生其他行为，对这个解释来说完全不重要。在极少一部分宇宙里，水壶转换成一顶大礼帽，水转换成一只兔子跳走了，我既没有得到茶也没有得到咖啡，只是非常吃惊。转换发生**之后**，这也是一个历史。但如果不提到多重宇宙中没有兔子的其他部分——巨大得多的部分（即有着更大量度的部分），就无法对转换过程中间发生了什么进行正确解释，也无法预测转换的概率。所以，这个历史从转换开始，它与此前发生的事的因果关系无法用历史来表达，只能用多重宇宙来表达。

在像这样的简单情况下，有一种现成的近似语言，可以用来尽量少提及多重宇宙的其余部分：随机事件的语言。这允许我们承认，大多数相关的高层次对象仍然表现得是自治的，除了受到自身之外某些事物的影响——就像我受到兔子的影响。在一个历史与它从中分裂出来的一个从前的历史之间，这构成了某种连续性，我们可以把前者称为"已受随机事件影响的历史"。然而，从来也没有真正发生过这样的事：这个历史在"随机事件"之前的那个"部分"与更广泛历史的其余部分可互换，因此并无独立身份，无法对它进行独立解释。

但这两个历史的更广泛历史仍然可以独立解释。也就是说，兔子历史与茶的历史在根本上不同，后者在整个阶段仍然非常准确地自治。在兔子历史上，阶段结束时我的记忆，跟水变成兔子历史里的记忆相同。但这是误导的记忆，并不存在这样的历史。包含这些记忆的历史，是在兔子形成之后才开始的。关于这一点，多重宇宙中还有地方（量度比那一个大得多），在那里**只有**我的大脑受到影响，产生出这样的记忆。实际上，受到我大脑中原子随机运动的影响，我产生了一个幻觉。有些哲学家把这类事情看成一个大问题，声称它质疑了量子理论的科学地位，不过当然，他们都是经验主义者。在现实中，误导的观察、误导的记忆和错误的阐释即使在历史的主流中也是很常见的。我们必须努力避免用它们欺骗自己。

因此，比方说在某些历史中魔法看上去有效，这样的说法不完全正确。其实只有这样的历史：魔法看上去**曾经**有效，但再也不会有效了。在某些历史上我似乎穿墙而过，因为我身体中所有的原子在受到墙壁原子的偏转后恰好恢复原样。但这些历史从墙开始：对于所发生的事情的真正解释，涉及我和墙的许多其他实例——或者我们可以大致用极低概率的随机事件来解释。这有点像中了彩票，赢家如果不提到有许多没中奖的人存在，就不能正确地解释刚刚发生了什么。在多重宇宙中，输家是自己的其他实例。

只有在历史不仅分裂还会合并（即干涉现象）时，"历史"近似才会被完全打破。例如，某些分子可以同时以两种或多种结构存在（"结构"指原子排列方式，原子间通过化学键结合）。化学家把这种现象称为两种结构之间的"共振"，但分子并不是在两种结构之间变来变去，而是同时拥有两种结构。对于这类分子，没有办法用单一结构来解释其化学性质，因为当一个"共振"分子参与化学反应与其他分子相互作用时，就会发生量子干涉。

在科幻小说中，我们有权进行推测，就算是不可靠程度达到在现实科学中导致极坏解释的水平。但现实科学中对我们自身的最好解释是，我们嵌在多重宇宙对象中——我们这些有情众生，处在这个巨大的、不熟悉的结构里，它的物质没有连续性，甚至像运动和变化这样基本的东西也与我们体验的完全不同。每当我们观察什么事物，不管是一台科学仪器、一个星系还是一个人，我们所看到的实际上是一个更大对象的单宇宙视角，这个更大对象在一定程度上延伸到其他宇宙中。在一部分那些宇宙里，这个对象看上去跟我们看到的一样，在另一些宇宙里它看上去不一样，或者完全不存在。观察者看到的一对已婚夫妇，只是一个巨大实例的一片，这个实例包含这对夫妇的许多可互换实例，以及其他实例，包括离婚的实例、从未结婚的实例。

我们是信息流动的渠道。历史也是，历史上所有相对自治的对象也是。但是我们这些有情众生是极不寻常的渠道，**知识**（有时候）会随我们**增长**。这可以产生重大影响，不仅是在一个历史中（它当然能在一个历史中产生重大影响，例如知识的影响不随距离衰减），而是在整个多重宇宙中。由于知识的增长是一个纠正错误的过程，并且由于出错的方式比不出错的方式多得多，创造知识的实例在不同历史中变得相似的速度，比其他实例要快得多。据目前所知，知识创造的过程在这两个方面是独一无二的：所有其他影响都会随着空间距离而减弱，并且长远来看在整个多重宇宙里将变得越来越不同。

但是，这仅仅是目前所知。在此有一个机会可以进行大胆的推测，为科幻小说提供素材。如果在**信息流动**之外，多重宇宙中还有某种事物能引发协调一致的突现现象，会怎么样？如果从中可以产生知识或知识以外的某种东西，开始有着自己的目标，并使多重宇宙服从这些目标，就像我们所做的那样，又会怎么样？我们能与它通信吗？在通常意义上大概不能，因为那将是信息流动；但也许故事可以提出某种类似通信的新事物，就像量子干涉一样，不涉及消息发送。我们会不会困在一场与这样的实体互相灭绝的战争中？我们是不是可能多少与它有些共同之处？让我们避开这个问题的狭隘解答——诸如发现在障碍之间架起桥梁的是**爱**和**信任**之类。但是，让我们记住这一点：在世间万物中，我们的重要性处在顶级，所有其他能够创造解释的事物也将处在顶级。顶层一直都会有空间。

术　语

可互换的——在各个方面都相同。

世界——全部的物理现实。

多重宇宙——量子理论所说的世界。

宇宙——多重宇宙里的准自治区域。

历史——一套可互换的宇宙，随着时间的推移。也可以说宇宙某个部分的历史。

平行宇宙——一种有点误导的多重宇宙。说它有误导性是因为宇宙不是完全"平行"（自治的）的，也因为多重宇宙里有更多的结构——特别是互换性、纠缠和历史的量度。

实例——在多重宇宙含宇宙的部分里，每个多重宇宙对象都由相似的"实例"组成，有些完全相同，有些不相同，每个宇宙里有一个。

量子——一个离散物理变量可能发生的最小变化。

纠缠——每个多重宇宙对象里的信息，决定着哪些部分（实例）可以影响其他多重宇宙对象的哪些部分。

消相干——使得宇宙间分化波的影响无法被撤销的过程。

量子干涉——一个多重宇宙对象的不可互换实例变成可互换实例导致的现象。

测不准原理——量子理论的一个（严重地名不副实的）推论，对于一个物理对象的实例的任何可互换集合体，其中一些属性必定是多样的。

量子计算——信息流动不局限于单一历史的计算。

小　　结

物理世界是一个多重宇宙，其结构是由其中的信息如何流动来决定的。在多重宇宙的许多区域，信息以半自治的方式流动，这样的信息流称为历史，我们把其中一个历史称为我们的"宇宙"。宇宙近似服从经典（量子理论之前）物理规律。但是我们知道多重宇宙的其余部分，并可以检验量子物理规律，这是因为存在着量子干涉现象。因此，一个宇宙不是多重宇宙的一个精确特征，而是一个突现特征。多重宇宙最让人觉得不熟悉和反直觉的东西是可互换性。多重宇宙的运动规律是确定性的，表面上的随机性源于起初可互换的实例变得不同。在量子物理中，变量通常是离散的，它们如何从一个值变成另一个值，是一个涉及干涉和可互换性的多重宇宙过程。

第12章　一位物理学家的坏哲学史以及对坏科学的若干意见

顺便说一下，我刚才概述的东西，我称之为"物理学家的物理学史"，它从来就没有正确过……

——理查德·费曼，《量子电动力学：光与物质的奇特理论》（1985）

读者：那么，我是多重宇宙里一个突现的、准自治的信息流。

戴维：是的。

读者：我以多个实例存在，其中有些彼此不同，有些彼此相同。根据量子理论，这是世界上**最不奇怪**的事物。

戴维：是的。

读者：但你的论点是，我们别无选择，只能接受理论的引申含义，因为对许多现象来说它是唯一已知的解释，而且它通过了所有已知的实验检验。

戴维：你还**想要**什么其他选择？

读者：我只是在总结。

戴维：那么，是的。量子理论确实有着通用的延伸。但如果你只是想了解我们怎样知道还有其他宇宙存在，那就不需要通过完整的理论来了解。你只需要看一下马赫－曾德尔干涉仪对单个光子的作用：光子没有选择的那条路径会影响到它已选择的那条路径。或者如果你想要一些显而易见的事物，就只需要想一想量子计算机：其输出将取决于在**同样的**少数几个原子的大量**不同**历史中进行的中间计算。

读者：但是，这只是有几个**原子**以多重实例存在，不是人。

戴维：你在说你不是由原子组成的吗？

读者：啊，我明白了。

戴维：另外，想象由单一光子的实例组成的庞大的云，其中一些实例被障碍物阻挡。它们是被我们所看到的那个障碍物吸收了呢，还是被位于同一地点的另一个准自治的障碍物吸收了？

读者：这有区别吗？

戴维：有区别。如果它们都被我们所看到的障碍物吸收了，这个障碍物就会蒸发掉。

读者：是会蒸发掉。

戴维：我们可以问——像我在飞船的幻影区故事里问的那样——是什么支撑那些障碍物？必定是地板的其他实例，还有地球的其他实例。然后我们可以考虑设置这些实验装置的实验者，还有观察实验结果的观察者，等等。

读者：所以，通过干涉仪的光子细流确实打开了一扇通向宇宙的庞大多重性的窗口。

戴维：是的。这是延伸的另一个例证，它在量子理论的延伸中只占一小部分。这些实验的解释孤立看来并不像整个量子理论那样难于改变，但在其他宇宙的存在方面，它同样不容置疑。

读者：事情就是这样？

戴维：是的。

读者：那为什么只有少数量子物理学家支持？

戴维：坏哲学。

读者：那是什么？

量子理论是由两位物理学家分别从不同的方向独立发现的，他们是维尔纳·海森堡和埃尔温·薛定谔。**薛定谔方程**得名于后者，它用于描述量子力学的运动原理。

量子理论的这两个版本都创立于 1925 年至 1927 年间，两者都以异常反直觉的新方式解释运动，尤其是原子内部的运动。海森堡的理论说，粒子的物理变量没有数值，它们是**矩阵**，即由数字组成的大型阵列，这些数字变量的观测结果之间存在着复杂的、概率性的关系。回头看去，我们现在知道，之所以存在信息的多重性，是因为对于多重宇宙里对象的不同实例，一个变量有着不同的取值。但在当时，不论是海森堡还是其他人，都不相信他那些取值为矩阵的物理量真的描述了爱因斯坦所说的"现实要素"。

薛定谔方程应用于单个粒子时，描述一个穿过空间的波。但薛定谔很快意识到，对于两个或两个以上的粒子，该方程就无法这样描述。它不能代表一个有着多个波峰的波，也不能分解成两个或两个以上的波；在数学上，它是高维空间里的一个单波。回头看去，我们知道这些波描述了每个粒子的实例的哪些部分处于空间中的哪些区域，以及粒子之间的纠缠信息。

虽然薛定谔和海森堡的理论描述的世界似乎非常不同，两者都不容易与现有的现实概念扯上关系，但人们很快发现，如果给这两个理论加上一条特定的简单经验法则，它们就总是能做出相同的**预测**，而且这些预测最终都很成功。

根据后见之明，我们可以这样表述这条经验法则：每当一个测量得以进行，除了一个历史之外，所有历史都不复存在。存留下来的历史是随机选择的，每个可能的结果出现的概率，等于出现该结果的所有历史的总量度。

在这个时候，灾难降临了。大多数理论物理学家都没有尝试对这两个功能强大但略有瑕疵的解释理论进行改善与整合，而是非常驯顺地迅速退到工具主义。他们的理由是，如果预测有效，为什么要关心解释？于是他们试图把量子理论**仅仅**当成一套对实验的观察结果进行预测的经验法则，认为它不代表任何（除了观察结果之外的）现实。这种行为至今仍很普遍，被其批评者（甚至包括一些支持者）称为"量子理论的'闭嘴吧，计算就行了'诠释"。

这样做意味着忽略以下令人尴尬的事实：（1）该经验法则同这两种理论严重不一致，因此它只能应用于量子效应小到难以察觉的情形，这类情形恰好包括测量的那一刻（正如我们现在知道的，原因是对象与测量设备的纠缠，以及因此产生的消相干）；（2）在应用于一名观察者对另一名观察者进行量子测量的假想情况时，该经验法则甚至不**自洽**；（3）量子理论的这两个版本都清楚地描述了**引起**实验结果的**某些**类型的物理过程。专业性和天然的好奇心都使物理学家们很难不去思考这些过程。但他们中间的许多人都努力不思考，大多数人还教学生不去思考。对于量子理论，这样的行为违背了科学的批评传统。

让我来定义一下："坏哲学"指不仅本身错误还主动阻止其他知识增长的哲学。在量子理论的案例中，工具主义阻止薛定谔和海森堡理论中的诠释得到改进、详细阐述或统一。

随后，物理学家尼尔斯·玻尔（量子理论的另一位先驱）对量子理论提出了一个"诠释"，后来被称为"哥本哈根诠释"。该诠释认为，量子理论以及这条经验法则，是对现实的一个完整描述。玻尔用工具主义和有意的含糊其辞来为该诠释中的多种矛盾和缺口来辩解。他否认"把现象视作客观存在来谈论的可能性"，但他说，只有观察结果才能算作现象。他还说，虽然观察无法触及"现象的真正本质"，但确实能揭示它们之间的关系，而且，量子理论使观察者和观察对象之间的界限变得模糊。至于如果一名观察者对另一名观察者进行一次量子水平上的观察会发生什么，他回避了这个问题——该问题称为"维格纳的朋友悖论"，得名于物理学家尤金·维格纳。

对于观察行为之间未观察到的过程，薛定谔和海森堡的理论似乎都描述了历史同时发生的多重性，玻尔则提出了一条新的自然基本原理——"互补性原理"。该原理称，对现象的描述只能用"经典语言"（任一时刻只给物理变量赋单一值的语言）表达，但经典语言只能用于一部分变量，包括那些刚刚被测量的变量。不许问其他变量的取值是什么。因此，对于诸如马赫—曾德尔干涉仪中"光子选择了哪条路径"的问题，回答将是，当观察到路径之前，不存在"哪条路径"。对于"那么，光子怎么知道它遇到最后一面镜子时应该朝哪个方向行进，既然这取决于前面全部两条路径上发生的情况"这个问题，回答将是称为"波粒二象性"的含糊其辞：光子在同一时刻既是扩展的（非零体积）也是定域的（零体积），人可以选择观察其中一种属性，但不能同时观察两种属性。这通常表述为"它在同一时刻既是波又是粒子"。具有讽刺意味的是，从一种意义上说，该观点非常正确：在干涉实验中，整个多重宇宙光子确实是一个扩展对象（波），而它的实例（各个历史里的粒子）是定域的。不幸的是，哥本哈根诠释不是这个意思。根据该诠释，量子物理学对理性的基础发出了挑战：粒子具有互相排斥的属性，而且它把批评意见当作是无效的，从而不予理会，因为这些批评尝试在合适领域之外使用"经典语言"（即描述测量结果）。

后来，海森堡把那些不允许询问的值称为**潜能**，在测量完成时，只有一个潜能变成实在。仅此而已，没有发生的潜能怎么会影响实际结果？这一点仍然含糊不清。是什么导致了从"潜在"到"实在"的转变？玻尔那人类中心主义的语言意味着，转变是由人类意识导致的，这一点在哥本哈根诠释后来的大多数陈述中得到明确阐述。因此，人类意识可以说是在物理学的基础层次上发挥作用。

几十年来，人们把各种版本的量子理论当作事实在大学课堂上讲授——含糊不清的、人类中心主义的、工具主义的以及所有其他类型的。很少有物理学家声称自己懂得量子理论。其实也没有人懂。于是，学生们的问题会得到"如果你觉得自己懂量子力学，那你就没懂"之类的胡扯答复。人们把理论中的不一致性辩解成"互补性"或"二象性"，把其中的狭隘主义当成哲学上的精妙之处。于是，该理论要求不受正常的（也就是所有的）批评模式管辖——这是坏哲学的一个显著标记。

这个理论的模糊性与批评豁免权，加上基础物理学的声望及其在人们眼中的权威性，为无数据称基于量子理论的伪科学和骗术打开了大门。它轻蔑地把普通的批评和理性视为"经典的"、故此不合理的，从而给那些想要拒绝理性、接受任何非理性思维方式的人予以无尽的安慰。结果，量子理论——物理学最深奥的发现——因支持几乎所有的神秘超自然学说而闻名。

不是每一个物理学家都接受哥本哈根诠释或它的派生学说。爱因斯坦就从来没有接受过。物理学家戴维·玻姆竭力构建一种与现实相容的替代方案，得出一个相当复杂的理论。我认为这是一个经过重重伪装的多重宇宙理论，虽然玻姆强烈反对这样看待该理论。1952 年，薛定谔在都柏林进行一次讲座时诙谐地告诫听众说，他将要讲一些可能"看上去很疯狂"的东西。他说，当他的方程似乎在描述几个不同的历史时，这些历史"不是可供选择的事物，而是真正地在同时发生"。这是已知的有关多重宇宙的最早表述。

在这个事例里，一位杰出的物理学家开玩笑说，他可能被人当成疯子。因为什么？因为他声称自己的方程——正是这个方程使他赢得了诺贝尔奖——可能是**真实的**。

薛定谔从未发表过这次讲座的内容，似乎也没有进一步思考上述观点。五年后，物理学家休·埃弗雷特独立发表了一个全面的多重宇宙理论，现在被称为量子理论的**埃弗雷特诠释**。然而，几十年过去了，才有为数不多的物理学家注意到埃弗雷特的工作。即使是现在，虽然该诠释已经众所周知，也只有少数物理学家表示赞同。经常有人让我解释这个不寻常的现象。不幸的是，我也不知道什么完全令人满意的解释。但是，要明白为什么这一事件或许不像表面上那么离奇和孤立，必须考虑到坏哲学的广阔背景。

我们的知识中有错误是正常的，不是耻辱。**错误的**哲学也不是什么坏事。问题是不可避免的，但它们可以由寻求好解释并且具有想象力的批判性思维来解决。这是好哲学和好科学，两者都在某种程度上始终存在。例如，儿童学习语言的方式，总是就词语和现实之间的联系提出猜想，对猜想进行批评和检验，他们不可能以其他任何方式学会语言，我会在第 16 章解释。

坏哲学也始终存在。例如，大人总是对小孩说"因为是我说的"。虽然这句话并非总是被当作一种哲学立场，但值得当作哲学立场来分析一下，因为这简单的几个字包含了假且坏的哲学的许多主题。第一，它是一个坏解释的绝佳例子：它可以用来"解释"任何事物。第二，这句话成为坏解释的原因之一是，它只强调问题的形式而不管实质：关注话是谁说的，而不是他们说了什么内容。这与追求真理背道而驰。第三，它把一个对真正解释（为什么这些事情是这样的？）的索求重新诠释成对**确证**（是什么让你有权断言事情是这样的？）的索求，后者是一种确证信念的妄想。第四，它混淆了不存在的**思想权威**与人类权威（权力），后者是坏的政治哲学经常走的一条路。第五，它通过这种方式要求免受正常的批评。

启蒙运动之前的坏哲学通常是"因为是我说的"这种类型。启蒙运动解放了科学和哲学之后，它们都开始取得进步，好哲学越来越多。但离谱的是，**坏哲学变得更坏了**。

我前面说过，经验主义起初在思想史上起到过积极作用，它帮助抵抗传统的权威和教条，并给实验赋予科学中的核心地位（虽然这个地位是错误的）。经验主义不可能描述科学的运作方式，但这一点起初几乎毫无害处，因为谁都没有把经验主义当真。不管科学家**说**他们的发现从哪里来，他们都在热切地研究有趣的问题，猜想好解释，检验猜想，只有在最后才宣布他们通过实验得出了解释。底线在于他们成功了：他们取得了进步。没有什么东西阻止经验主义那无害的（自我）欺骗，人们从经验主义中也没有推断出什么东西。

不过，人们渐渐地的确开始把经验主义当真，它造成的坏影响也就越来越多。例如，在19世纪发展起来的**实证主义**学说，试图把一切不是"从观察中推演而来"的东西从科学理论中剔除。由于从观察中推演不出什么东西，实证主义者要消除些什么，完全取决于他们自己的心血来潮和直觉。这样偶尔也会带来好结果。例如，物理学恩斯特·马赫（马赫—曾德尔干涉仪发明者路德维希·马赫的父亲）也是一位实证主义哲学家，他影响了爱因斯坦，促使后者把未经检验的假设从物理学中消除，其中包括牛顿关于时间对所有观察者都以相同速度流动的假设。这碰巧是一个绝妙的主意。但马赫的实证主义也导致他反对由这个绝妙主意促成的相对论，主要是因为相对论声称，时空确实存在，虽然不能被"直接"观察到。马赫也坚决否认原子的存在，因为它们太小以致观察不到。我们现在笑话他的愚蠢——因为我们有了可以看到原子的显微镜——但哲学在其中所起的作用在**当时**就应该被笑话。

相反，物理学家玻尔兹曼用原子理论去统一热力学和力学时，受到马赫和其他实证主义者的诋毁，使他陷入绝望，这可能是他在潮流转向、大多数物理学分支摆脱马赫的影响之前自杀的原因之一。在那以后，再没有什么可以阻止原子物理学繁荣发展。爱因斯坦又幸运了一次，他很快拒绝了实证主义，坦率地为实在论辩护。这也是为什么他从来不接受哥本哈根诠释。我很好奇，假如爱因斯坦继续重视实证主义，他还能想到广义相对论吗？（在广义相对论里，时空不仅存在，而且是一个动态的、看不见的实体，在大质量物体的影响下屈曲和扭转。）时空理论会不会像量子理论那样骤然停止？

不幸的是，马赫之后的大多数科学哲学更加糟糕（波普尔是一个重要的例外）。在 20 世纪，反实在论在哲学家之中几乎成了普遍观念，在科学家之中也很常见。有些人甚至根本否认物理世界的存在，大多数人感觉不得不承认，就算物理世界存在，科学也无法触及。例如，哲学家托马斯·库恩在《反思对我的批评》中写道：

有（一步）是许多科学哲学家希望走但我拒绝走的。那就是，他们希望将［科学］理论比作对自然的陈述，即关于"现实中到底有什么"的陈述。

——拉卡托斯和艾伦·马斯格雷夫编，《批评和知识增长》（1979）

实证主义沦为**逻辑实证主义**，它认为不能通过观察验证的陈述不仅毫无价值，而且毫无意义。这一学说不仅威胁要扫除解释性的科学知识，而且要扫除整个哲学领域。特别是逻辑实证主义本身就是一种哲学理论，它也不能被观察验证，因此它声称自己（以及所有其他哲学）是无意义的。

逻辑实证主义者试图把他们的理论从上述推论中拯救出来（例如称该理论是"逻辑的"，有别于哲学的），但只是徒劳。然后维特根斯坦接受了这一推论，并宣布所有哲学都毫无意义，包括他自己的哲学在内。他提倡对哲学问题保持沉默，尽管他从未尝试实践这一志向。他被许多人誉为 20 世纪最伟大的天才之一。

人们可能认为这是哲学的低谷，但不幸的是，还有很大的堕落空间。在 20 世纪后半叶，主流哲学不再试图去理解科学实际上在做什么、应该怎么做，也不再有兴趣去理解。追随着维特根斯坦的脚步，有一段时间，哲学的主流学派是"语言哲学"，其主要信条是，看上去是哲学问题的东西，其实只是关于词语在日常生活中如何使用的困扰，哲学家能够进行的有意义的研究仅此而已。

　　然后，在一个发源于欧洲启蒙运动但传播到整个西方世界的相关趋势中，许多哲学家不再试图理解**任何事物**。他们不仅主动抨击解释和现实的观念，还抨击真理和理性的观念。如果只批评这些言论像逻辑实证主义一样自相矛盾（它们也确实如此），实在是太看得起它们了。因为逻辑实证主义者和维特根斯坦至少还有兴趣对什么有意义与什么没有意义进行**区分**，尽管他们推崇的区分方法错得无可救药。

　　有一个当前很有影响的哲学运动，它有各式各样的名称，诸如后现代主义、解构主义和构造主义，具体叫哪个名字取决于历史细节，在此并不重要。该运动声称，由于包括科学理论在内的所有思想观念都是猜想的、无法确证的，所以它们本质上都是武断的；它们仅仅是故事而已，在此背景下称为"叙事"。这种观点把极端文化相对主义与其他形式的反实在论糅杂在一起，认为客观真假、现实和关于现实的知识都只是话语的传统形式，表示某个特定人群（如精英或舆论）、某个潮流或其他武断的权威赞同某个思想观念。它认为科学和启蒙运动也只是这样一种潮流而已，科学所声称的客观知识只是傲慢的文化自负。

　　这些指责适用于后现代主义本身，这或许是不可避免的：后现代主义是一种拒绝理性批评或改善的叙事，正是因为它拒绝所有的批评、认为它们只是叙事。创建一个成功的后现代主义理论，实际上纯粹就是一个如何满足后现代主义者群体标准的问题，其标准已经变得非常复杂、排他、以权威为基础。这样的东西绝不适用于理性思考：创造一个好解释很困难，其原因并不在于谁决定了什么，而在于存在一种客观现实，它不符合**任何人**的预先期望，包括权威的期望。神话之类的坏解释的创造者确实是在编造，但寻求好解释的方法创造了一种与现实的关联，不仅在科学中是这样，在好哲学中也是这样——这正是为什么好哲学是有效的，以及为什么它与编造故事以满足既定标准是对立的。

虽然自20世纪末以来已经有了好转的迹象，但经验主义的一项遗产仍在继续造成混乱，为许多坏哲学打开了大门。这个观念认为，有可能把一个科学理论分割成能做出预测的经验法则和对于现实的主张（有时称为它的"诠释"）。这毫无道理，因为就像魔术一样，如果没有解释，就不可能辨别出经验法则应当用于什么样的情形。它在基础物理学方面尤其毫无道理，因为一个观察的预测结果本身就是一个未被观察的物理过程。

迄今许多科学都避免了这种分裂，包括物理学的绝大多数分支——虽然就像我说的那样，相对论可能是侥幸逃生。因此，比方说在古生物学里，我们在谈起千万年前恐龙的存在时，并不把这当成是"我们最好的化石理论的一个诠释"，而是声称这就是对化石的**解释**。而且不管怎样，进化论主要不是研究化石甚至恐龙，而是研究根本不会留下化石的基因。我们声称恐龙真的存在过，它们拥有基因，我们对这些基因的化学性质颇有了解，尽管对于同样的数据还有着无穷多可能的其他"诠释"，这些诠释能做出相同的预测，但认为既不曾有过恐龙也不曾有过它们的基因。

其中这样一个"诠释"是，恐龙只是一种说法，用来表达古生物学家盯着化石看产生的某些感觉。这些感觉是真实的，但恐龙不是真实的。或者是，假如恐龙真的存在过，我们也永远无法了解它们。后者是人们通过知识的确证信念理论陷入的诸多纠结之一，因为实际上我们现在就了解恐龙。于是还有一种"诠释"是，只有用古生物学家选定的方式从岩石中提取，并且用一种可与其他古生物学家交流的方式去体验，化石本身才会存在。这样的话，化石肯定不会比人类更古老。它们也不是恐龙的证据，而是那些观察行为的证据。或者可以说恐龙**是**真实的，但并非作为动物是真实的，而是作为不同的人对化石的体验之间的一套关系是真实的。因此可以推断出，恐龙与古生物学家没有明显差异，"经典语言"虽不可避免，但并不能表达两者之间那种难以言述的关系。从经验主义的角度，所有这些"诠释"都与化石的理性解释难以区分。但它们作为坏解释被排除了：它们全都是否认任何事物的万能手段，甚至可以用来否认薛定谔方程是真实的。

由于实际上不可能做出没有解释的预测，把解释从科学中排除的方法，只是一种使某人的解释免受批评的方法。让我来举一个关系较远的领域里的例子：心理学。

我曾经提到过**行为主义**，它是应用在心理学上的工具主义。它成为心理学领域几十年里的流行诠释，虽然现在已经很大程度上被否定了，但心理学研究仍然轻视解释，而支持刺激—反应的经验法则。因此，比方说，在进行行为学实验以衡量人类心理状态（如孤独或快乐）在多大程度上由基因编码（就像眼睛的颜色）或不由基因编码（就像出生日期）时，它被认为是一种好科学。现在，从解释的角度来看，这样的研究有一些根本上的问题。第一，我们怎样才能衡量不同的人对自身心理状态的评估是不是能用相同的单位度量？也就是说，一部分声称其快乐指数是 8 的人可能很不快乐，而且悲观得没法想象更好的事情。而有些声称其快乐指数只有 3 的人可能实际上比大多数人更快乐，但是陷于一种狂热之中，后者许诺，人们只要学会特定的颂扬方式，未来就会极其快乐。第二，如果我们发现有某个特定基因的人比没有这个基因的人更倾向于认为自己快乐，我们怎么能判断这个基因是不是编码了快乐的感觉？可能它编码的是在**量化**自己的快乐时更加不勉强。也许这个基因根本不影响大脑，只影响人的外貌，也许更漂亮的人平均起来更快乐，因为别人对他们更好。有无穷多可能的解释，但这种研究不是在寻求解释。

如果实验者试图消除主观的自我评估，而是通过**行为**（比如面部表情，或快乐地吹口哨的频繁程度）来观察人的快乐和不快乐，也不会有什么区别。行为与快乐之间的关系仍然涉及对主观诠释进行比较，而没有办法为此设立一个共同标准；但除此之外，还有另外一个层次的诠释：有些人相信，表现得"快乐"可以对不快乐进行补救，对这些人来说，这样的行为可能是一种**不**快乐的代理指标。

由于这些原因，没有什么行为学研究能检测出快乐是不是天生的。人们说到快乐时所指的客观属性是什么，什么样的物理事件链把基因同这些属性联系起来，在我们拥有与这些问题有关的解释性理论之前，科学解决不了快乐是否天生的问题。

那么，没有解释的科学怎样解决这个问题？首先，研究者解释说，他并不是在直接测量快乐，只是测量一个代理指标，比如在一个名为"快乐"的度量表上做记号的行为。所有的科学测量都会使用代理链。但是，正如我在第 2 章和第 3 章中所解释的，链条上的每个环节都是一个额外的错误来源，我们只能通过对每个环节的理论进行批评来避免自我欺骗，但如果没有一个解释性理论来把这些代理指标与我们感兴趣的量联系起来，就无法做到这一点。这就是为什么在真正的科学里，只有拥有了一个解释性理论，可以说明测量过程怎样以及为什么能揭示某个量的数值、精度如何，才能够声称测量了这个量。

某些情况下，确实有一个好解释能把代理（诸如做记号）与人们感兴趣的量联系起来，研究中就没有什么不科学的地方。例如，政府民意调查或许会询问调查对象，他们对于一位竞选连任的政客是否感到"高兴"。该做法的理论依据是，这能够反映选民在真正的选举中会做出什么样的选择。这个理论随即在选举中得到检验。对于快乐的研究，不存在类似的检验，因为没有办法对它进行独立测量。

另一个真实科学的例子，是对一种声称能缓解不快乐（特别是那些可以确认的不快乐）的药物进行临床试验。在这种情况下，研究的目标又是确定该药物是否能导致那些显示一个人更快乐（并且没有体验到不良副作用）的**行为**。如果一种药物通过了测试，它到底是真的让病人变得更快乐，还只是改变了他们的人格、使快乐的标准或类似的东西降低，这个问题是科学无法触及的，除非对于快乐是什么有了可检验的解释性理论。

在没有解释的科学中，研究者可能会承认，实际的快乐和测量的代理指标未必相等。但他仍然把这个代理指标称为"快乐"，然后继续研究。他选择了一大批人，表面上是随机选择的（但实际上限于一个小群体，比如某个特定国家里想要赚点外快的大学生），然后把其中有明显外在的快乐或不快乐因素（比如最近中了彩票，或者失去了亲人）的人排除掉。这样，他的研究对象就是"典型的人"，虽然在没有解释性理论的情况下没有办法判断这些人到底在统计上是否有代表性。接下来，研究者把一个性状的"可遗传性"定义为它与血缘关系的统计相关程度。这也是一个非解释性的定义：根据这个定义，一个人是不是奴隶在美洲是一个高度"可遗传"的性状，它是家族继承的。一般说来，研究者会承认统计相关性并不代表因果关系，但会加上归纳主义的含糊其辞"不过，这或许是暗示性的"。

于是，研究者进行了研究，比方说发现"快乐"有 50% 是可遗传的。在发现相关的解释性理论之前，该主张与快乐本身毫无关系（相关理论将在未来某个时候被发现，也许是在人类理解了意识、人工智能已经司空见惯之后）。但人们觉得结果很有趣，因为他们用"快乐"和"可遗传"等词语的日常意义去诠释研究结果。根据这种诠释（研究论文的作者们如果严密谨慎的话，是决不会赞成的），该结果对有关人类思想本性的许多哲学和科学争论具有重要意义。关于该发现的新闻报道会反映这种看法。新闻标题会说"新研究显示快乐一半由遗传决定"——技术术语不带引号。

坏哲学将随之而来。假设现在有人敢于寻求对人类快乐的起源的解释性理论。他们猜想，快乐是一种持续解决个人问题的状态。不快乐是由此类尝试长期受挫导致。解决问题取决于知道怎样做，因此，撇开外部因素，不快乐是由于不知道怎样做导致的。（读者或许能看出，这是乐观主义原则的一个特例。）

研究的诠释者说，研究否认了这种快乐理论。他们说，**至多有 50%**的不快乐是由不知道怎样做引起的。另外 50% 在我们能控制的范围之外是由遗传决定的，因此与我们知道什么或相信什么无关，有待相关遗传工程的发展。（把相同的逻辑用到奴隶的例子上，就有可能在 1860 年得出结论说，有 95% 的奴隶身份是由遗传决定的，因此超出了政治行动能够补救的范围。）

此刻——从"可遗传"迈向"遗传决定"的时候，没有解释的心理学研究把它那正确但不有趣的结果变成了某种非常令人兴奋的东西。因为它参与了一个重要的哲学问题（乐观主义）和一个科学问题（大脑如何产生感受性之类的精神状态）的讨论。不过，它是在对这些问题一无所知的情况下参与的。

但别着急，诠释者说。诚然，我们无法判断基因是不是**编码**快乐（或一部分快乐）。但谁在乎基因怎样产生效果——不管是让人长得漂亮还是其他？效果本身是真实的。

效果是真实的，但实验无法检测在没有遗传工程、只知道怎么做的情形下能对它做出多大的改变。这是因为，基因影响快乐的方式本身可能就依赖于知识。例如，一种文化的变化可能影响到人们对"漂亮"的看法，从而改变人们会不会因为拥有特定基因而倾向于更快乐。研究中没有什么东西能检测到这样的变化是否即将发生。同样，它也检测不出是否会有一天有人写出一本书，来说服一部分人认为所有的恶都源于缺乏知识，而知识是通过寻求好解释来创造的。如果这些人里面有一部分因此创造出更多知识，比他们在其他情况下创造的更多，并且变得比其他情况下更加快乐，那么所有以前的研究里那"由遗传决定"50%的快乐中，有一部分将不再是由遗传决定的。

这项研究的诠释者可能回应说，它已经证明不可能有这样的书！他们中间当然不会有人会**写**这么一本书或者这样一篇论文。所以，坏哲学会造成坏科学，扼杀知识的增长。注意，有一种形式的坏科学也许遵守科学方法的所有最佳实验——恰当的随机化、恰当的对照、恰当的统计分析，似乎遵守了所有"如何防止自我欺骗"的**正式**规则。然而它不可能取得进步，因为它**没有在追求进步**：无解释的理论只能巩固现有的坏解释。

在我描述的这个假想研究中，研究结果似乎支持悲观主义理论，这并不是偶然。一种预测人们（可能）将有多么快乐的理论，不可能考虑到知识创造的效果。因此，不管知识创造参与其中的程度有多少，这个理论都是预言，因此会偏向悲观主义。

人类心理学的行为主义研究，其本性决定了它必定通往把人类状态非人性化的理论。因为，拒绝把思想当作一个致使媒介来进行理论化，就等于认为把它当成一个不具非创造性的自动机。

行为主义方法在应用于一个实体是否有思想的问题时，也同样无用。我在第7章中谈到图灵测试时已经批评了这一点。对于动物思想的争议（例如狩猎或饲养动物是否合法），情况也是一样，此类争议源于一些哲学争议：动物是否会体验到与人类的恐惧、疼痛等类似的感受性；如果是的话，都有哪些动物。科学目前对这个问题基本没有涉猎，因为还没有关于感受性的解释性理论，也就无法用实验来检测感受性。但这并未阻止政府试图把这个政治上烫手的热山芋扔给实验科学去进行假定客观的裁决。因此，比方说，动物学家帕特里克·贝特森和伊丽莎白·布拉德肖在1997年受英国国民托管组织委托，判定被狩猎的雄鹿是否痛苦。他们的报告说雄鹿是痛苦的，因为狩猎使它们"压力极大……疲于奔命，非常痛苦"。然而这是在**假设**，"压力"、"痛苦"这些词所代表的可测量指标（例如血液中酶的水平）表明，存在着名称相同的感受性——这正是媒体和公众假设这项研究应该去**发现**的。次年，乡村联盟委托进行了同一问题的研究，由兽医生理学家罗杰·哈里斯主持，他得出结论说，这些指标的水平与人正在享受一项运动（如足球）而非受苦时的水平相似。贝特森（相当准确地）回应说，哈里斯的报告与他自己的并无冲突。但这是因为，这两项研究都与要讨论的问题全无关系。

这种无解释的科学只是把坏哲学伪装成科学，其作用是压制有关应该如何对待动物的哲学辩论，假装这个问题已经科学地解决了。实际上，科学对这个问题还无能为力，在发现关于感受性的解释性知识之前不会有办法。

无解释的科学抑制进步的另一种方式是放大错误。让我举一个古怪的例子。假设你受委托统计每天参观市博物馆的平均人数。这是一座拥有许多出入口的大型建筑，免费入场，所以一般不统计游客人数。你雇用了一些助手，他们不需要有任何特殊的知识或能力；事实上情况很快就会明了：他们的能力越低，得到的结果越好。

每天早晨，你的助手们站在门边的岗位上。只要有人从他们所守的门进入博物馆，就在纸上做个记号。博物馆关闭后，他们数出所有记号的总数，你把他们所有的计数加在一起。在一段特定时间里，你每天都这样做，取平均值，这就是你要给客户报告的数值。

然而，为了声称你的计数同博物馆的游客人数相等，你需要一些解释性理论。例如，你要假设你所观察的门确实是博物馆的入口，并且**只**通往博物馆。如果其中有一个门也能通向餐厅或博物馆商店，而你的客户不把只去这些地方的人算成是"博物馆的游客"，那你可能会出很大的错。还有博物馆工作人员的问题——他们是否也被视为游客呢？还有一些游客在同一天离去又返回，等等。所以，你需要一个相当复杂的解释性理论来说明客户所说的"博物馆的游客"是什么意思，然后才能制订出一个统计游客人数的办法。

假设你也数从博物馆**出来**的人的数量。如果你有一个解释性理论说，博物馆晚上总是空的，除了门之外没有进出博物馆的途径，游客从来不会被创造、销毁、拆分或合并等，就可以用出去的人数来验证进入的人数：你会预测，这两个数目应该相等。如果它们不相等，你会对计数的**精确度**有一个估量。这是好科学。事实上，你报告的结果如果不包含精确度评估，报告就毫无意义。但是，**除非你有一个关于博物馆内部情况（你从未见过）的解释性理论**，否则就不能用离开的人数或任何其他事物来估算你的误差。

现在，假设你在用无解释科学做你的研究，这实际上是指带有未经说明、未经批评的解释的科学，就像哥本哈根诠释实际上假设把依次进行的观察联系起来的只有一个未被观察的历史，那么你可能这样分析结果。每天用进入的人数减去离开的人数，如果结果不为零，那么——这是研究中的关键步骤——就把正的差值称为"人类自发创造计数"，负的差值称为"人类自发毁灭计数"。如果刚好是零，就称它"与传统物理学一致"。

你的计算和制表能力越是不足，就会越频繁地发现"与传统物理学不一致"。下一步，**证明**非零的结果（人类的自发创造或毁灭）与传统物理学不一致，把这个证明写在你的报告中，再加上一个妥协，说外星游客或许有能力利用我们不知道的物理现象。而且，在你的实验中，向另一个地点传送或从另一个地点瞬间传送，可能被误解成"毁灭"（不留痕迹）和"创造"（从稀薄的空气中），因此不能排除这类传送是导致异常的可能原因。

当报纸上出现"科学家称，在市博物馆可能观察到了瞬间传送"和"科学家证明，外星人绑架是真的"之类的大字标题时，你会温和地抗议说，你没有声称过这样的事情，你的结果不是结论性的，只是暗示性的，需要进行更多研究来确定这种令人费解的现象的机制。

你没有说错什么。数据由于包含错误的平凡手段而"与传统物理学不一致"，就像基因由于影响外貌之类的无数平凡手段"导致快乐"。你的论文没有指出这一点，并不表示这是假的。而且，就像我说过的，关键步骤包含定义，而定义只要一致就不会是假的。你把进入的人数多于离开的人数这样一种观察结果**定义**为人的"毁灭"。尽管这个词在日常语言中的意思是人在一阵烟雾中消失，但它在这项研究里不是这个意思。就你所知，他们有**可能**在一阵烟雾中消失，或者消失在看不见的宇宙飞船里，这将与你的数据一致。但你的论文并没有就此表明立场，完全只涉及观察结果。

所以，你最好不要把研究论文的题目写成"对人计数不当导致的错误"。这个标题在公关方面是一个失误，而且据无解释的科学来看，它甚至可能被认为是不科学的。因为它在观察数据的"诠释"上采取了立场，而数据并未提供任何相关证据。

在我看来，这只在表面上是一个科学实验。科学理论的实质是解释，任何不同寻常的科学实验，其设计方案的主要内容就是**对错误**的解释。

上面这个例子表明，实验的一个一般特征是，你出的错越大（不管是错在数字还是错在你对测量指标的命名和诠释上），结果就越激动人心，**如果它们属实**。因此，如果没有解释性理论所依赖的强有力的错误检测和纠正手段，就会导致不稳定性，使假结果驱逐真结果。在"困难科学"（通常是好科学）中，各种类型的错误导致的假结果很常见。但当它们的解释得到批评和检验时，错误就会被纠正。无解释的科学做不到这一点。

因此，只要科学家们允许自己停止要求好解释，只考虑预测是否准确，他们容易自我欺骗。这种方法使得几十年里连续有著名物理学家被魔术师欺骗，相信许多魔术是"灵异"手段完成的。

坏哲学不容易被好哲学（讨论和解释）驳倒，因为它使自己免受批驳。但它可以被**进步**驳倒。人们想要了解世界，不管他们否认得有多大声。

进步会使坏哲学更难让人相信。这不是用逻辑或经验来推翻的问题，而是解释的问题。如果马赫仍然在世，我预期他在通过显微镜看到原子的行为服从原子理论之后，就会接受原子的存在。逻辑上，他仍然可以说"我看到的不是原子，只是一个显示器。我只看到理论**关于我**的预测成为事实，而不是关于原子的预测"。但他会认识到这是一个万能的坏解释。他还可以说"很好，原子是存在的，但电子不存在"。但他很快就会厌倦这个游戏，如果有更好的游戏可玩的话——也就是说，如果取得快速进步的话。而且他很快就会认识到，这不是一场游戏。

坏哲学否认进步可能实现，否认进步值得追求，否认进步存在。进步是反对坏哲学的唯一有效途径。如果进步不能无限持续，坏哲学将不可避免地再次盛行——因为那样的话它就是真实的。

术　语

坏哲学——主动阻止知识增长的哲学。

诠释——科学理论的解释部分，理应有别于其预测或仪器部分。

哥本哈根诠释——尼尔斯·玻尔的工具主义、人类中心主义和有意的模棱两可的结合，用来回避把量子理论理解成对事实的描述。

实证主义——一种坏哲学，认为一切不是"从观察中推演而来"的东西都应该从科学中剔除。

逻辑实证主义——一种坏哲学，认为不能由观察验证的主张是没有意义的。

"无穷的开始"在本章的意义

——拒绝坏哲学。

小　结

启蒙运动之前，坏哲学占统治地位，好哲学是罕见的例外。随着启蒙运动的到来，有了越来越多的好哲学，但坏哲学变得更坏，从经验主义的后裔（仅仅是虚假的）到实证主义、逻辑实证主义、工具主义、维特根斯坦、语言哲学、"后现代主义"和相关的运动。

在科学领域里，坏哲学的主要影响通过这样一种观念来实现：把科学理论分割成（无解释的）预测和（武断的）诠释。这有助于把对人类思想和行为的非人类化解释合法化。在量子理论学中，坏哲学主要表现为哥本哈根诠释和它的许多变种，以及"闭嘴吧，计算就行了"诠释。这些诠释诉诸逻辑实证主义之类的学说来为系统性的模棱两可辩解，并使自身免受批评。

第13章　选　　择

　　1792 年 3 月，乔治·华盛顿行使了美利坚合众国历史上第一次总统否决权。我怀疑你是否能猜到他和国会在吵什么，除非你已经知道了。他们争执的问题至今仍有争议。事后看来，人们可能觉得这个问题是不可避免的，因为就像我将要解释的那样，其根源在于有关人类选择的本质的深远误解，这种误解在今天依然很普遍。

　　从表面上看，这似乎只是个技术性问题：**每个州在美国众议院里应该分配到多少个议席？** 它称为**席位分配问题**，因为美国宪法规定席位"在各州中……根据各自的数量［即它们的人口数］分配"。因此，如果你的州占美国人口的 1%，它在众议院有权占 1% 的席位。这是为了实施**代议制政府**的原则——即立法机构应该代表人民。不过，这只是众议院的情况。（与此相反，美国参议院代表联盟的各州，因此每个州不论人口多少都有两名参议员。）

　　目前众议院有 435 个席位。如果占美国 1% 的人口生活在你的州，那么严格按比例分配时该州有权获得的众议员名额——称为其**配额**——将是 4.35 个。当配额不是整数时（理所当然，它们几乎就没有过是整数的时候），就要用某种方法对它进行舍入。这种办法被称为**分配规则**。"美国宪法"没有详细说明分配规则，把这些细节问题留给了国会，几个世纪的争议因此开始。

如果分配规则给一个州分配的席位与该州的配额相差不超过一整个席位，该规则就称作"与配额相符"。例如，如果一个州的配额是 4.35 个席位，为了"与配额相符"，规则应该给该州分配 4 个席位或 5 个席位。规则可以考虑各种各样的信息来在 4 与 5 之间做出选择，但如果它能给该州分配其他数目的席位，就称为"违反配额"。

当一个人第一次听说分配问题时，似乎能解决这个问题的妥协方案会毫不费力跳进脑海。每个人都问"为什么他们不干脆……？"我问的是：为什么他们不干脆把每个州的配额四舍五入成最近的整数？根据这样一条规则，4.35 个席位的配额将舍入成为 4 个，4.6 个席位舍入成 5 个。在我看来，由于这样的舍入绝不会增减超过半个席位，它将把每个州的席位数量保持在与其配额相差不到半个席位的范围内，做到"与配额相符"绰绰有余。

我错了：我的规则违反了配额。用它处理一个有 10 个席位的虚构众议院，就能看出这一点。假如有一个州的人口略低于总人口的 85%，另外三个州每个都略高于 5%。于是最大的州的配额略低于 8.5，我的规则会把它舍入成 8；三个小州每个州的配额略高于半个席位，我的规则把它舍入成 1 个。但现在我们分配了 11 个席位而不是 10 个。这本身没有什么要紧，国家要比原计划多养一名立法者而已。真正的问题在于，这一分配已经不具代表性：11 的 85% 不是 8.5，而是 9.35。最大的州只有 8 个席位，比它的配额少了一整个席位还多。我的规则使得 85% 的人口未被充分代表。由于我们打算分配 10 个席位，确切的配额加起来必定等于 10 ；但舍入之后的配额加起来等于 11。如果众议院有 11 个席位，代议政制的原则以及宪法都要求每个州得到 11 个席位中公平的一份，而不是我们打算的 10 个席位中的份额。

又有许多"为什么他们不干脆……"的想法跳进脑海。为什么他们不干脆再设立 3 个席位并把它们分给大州，从而使整个分配与配额相符？（好奇的读者可以确认一下，实现这一目标至少需要 3 个额外的席位。）或者，为什么他们不干脆从其中一个小州拿出 1 个席位来给大州？也许应该从人口最少的那个州拿出来，使得受到不利影响的人最少。这不仅能使分配方案与配额相符，还能把总席位数目恢复成原定的 10 个。

这样的策略称为**再分配方案**，它们确实能做到与配额相符。那么，它们有什么问题？用这个主题的行话来说，答案是**分配悖论**——或者，用日常语言来说是**不公平和不合理**。

例如，我上面所说的最后一种分配计划是不公平的，它对人口最少的州的居民不利，让他们承担纠正舍入误差的全部成本。在这种情况下，他们受代表的程度被舍入成零。不过，在最小化与配额的偏差这个意义上，它几乎完全公平：此前，85% 的人口在配额范围以外，现在所有的人口都在配额范围以内，95% 的人口代表席位是与他们的配额最近的整数。确实有 5% 的人没有被代表——于是他们根本无法在国会选举中投票——但他们仍然处在配额范围内，实际上与准确配额的距离只是比原来远了一点点儿。（对于略高于 0.5 的配额，0 和 1 与它几乎等距离。）然而，由于这 5% 的人完全被剥夺了公民权，大多数提倡代议制政府的人会认为这个结果的代表性比原来的方案低得多。

这必定意味着，"与配额的最小总偏差"不是衡量代表性的正确标准。但是正确的标准是什么？在对大多数人稍不公平与对少数人极其不公平之间，什么才是正确的权衡？美国的开国元勋们认识到，有关公平性或代表性的不同概念可能相互冲突。例如，他们为民主辩护的理由之一是，除非每个人都依法在立法者中间拥有一位权力平等的代表，否则政府就是不合法的。他们的口号"无代表，不纳税"表达了这种观点。他们的另一个愿望是取消**特权**，希望政府系统不带内置的偏见。这就要求按比例分配代表席位。由于这两个愿望可能相互冲突，宪法中有一项条款对此进行了明确裁决："每个州至少有一名众议员。这就偏重"无代表，不纳税"意义上的代议制政府原则，胜过废除特权的代议制政府原则。

开国元勋们对代议制政府的论述中另一个经常出现的概念是"人民的意志"。政府应当体现人民的意志。但这是更多不一致的一个根源。因为在选举中，只有**选民**的意志算数，但并不是所有"人民"都是选民。在当时，选民只占很少一部分：只有 21 岁以上的男性公民。针对这一点，宪法里所指的"数目"包含一个州的全部人口，包括妇女、儿童、移民和奴隶等非选民。宪法试图以这种方式通过不平等地对待**选民**来平等地对待**人口**。

因此，对非选民比例比较高的州，其选民每人分配到的代表更多。这会产生一种很不妥的影响，那就是在选民已经在州**内部**拥有最高特权（即选民占特别少数）的州，他们现在又额外得到一项相对于其他州选民的特权：他们在国会分配到的代表更多。在奴隶主方面，这成为一个热点政治问题。为什么要给蓄奴的州在国会分配更多的政治影响力，与他们拥有的奴隶数量成正比？为了减少这一影响，人们达成妥协，在分配众议院议席时，把一名奴隶按五分之三个人计算。但就算这样，五分之三的不公平在很多人看来仍然是一种不公平。[1] 在非法移民方面，同样的争论今天仍然存在，在分配议席时，他们也算作人口的一部分。因此，有着大量非法移民的州在国会得到更多席位，而其他的州就相应地吃亏了。

在 1790 年美国第一次人口普查之后，虽然新宪法要求按比例分配，但众议院议席是按一条违反配额的规则分配的。这条规则是由未来的总统托马斯·杰弗逊提出的，也对人口较多的州有利，使这些州的人均代表数量更多。因此，国会投票废除这条规则，代之以一条由杰弗逊的主要竞争对手亚历山大·汉密尔顿提出的规则，后者可以保证与配额相符，同时在州与州之间没有明显偏见。

这就是华盛顿总统否决的那项更改。他给出的原因很简单，就是这涉及再分配：他认为所有的再分配方案都是违宪的，因为他对"分配"这个词的解读就是用一个合适的数值因子来**除**，然后舍入，没有其他。不可避免地有人怀疑，其中真实原因是他像杰弗逊一样来自人口最多的弗吉尼亚州，该州在汉密尔顿的规则下会吃亏。

从那时起，美国国会一直在对分配规则进行争论和修补。杰弗逊的规则最终于 1841 年废止，代之以参议员丹尼尔·韦伯斯特提出的规则，该规则确实进行了再分配。它也违反配额，但违反的时候极少；而且它像汉密尔顿的规则一样，被认为对各州不偏不倚。

十年后，韦伯斯特的规则也被废止，汉密尔顿的规则取而代之。后者的支持者相信代议制政府原则现在得到了完全实施，也许还希望分配问题就此最终解决。但他们失望了。汉密尔顿的规则很快引起了比以往

---

[1]　这条规则经常被错误诠释成，它体现了奴隶怎样被视作比完全的人低等。但它与这个问题完全无关。当时人们确实广泛认为黑人比白人低等，但这条特定措施设计出来是为了削弱蓄奴州的权力（与把奴隶与其他所有人同等看待时的情形相比）。——原注

更多的争议，因为虽然它不偏不倚而且遵从比例，却开始产生一些看上去极其不妥的分配方案。例如，它对后来被称为**人口悖论**的现象非常敏感：一个自上次人口普查以来人口增长的州，可能会**输掉**一个席位给人口减少了的州。

那么，"为什么他们不干脆"设置新的席位，分配给那些因为人口悖论而输掉席位的州？他们这样做了，但不幸的是，这会导致分配超出配额范围。它还导致了另一个历史上重要的分配悖论：**阿拉巴马悖论**，即增加众议院的总席位导致某些州失去一个席位。

还有其他的悖论，它们未必是有偏见或不遵从比例方面的**不公平**。他们之所以被称为"悖论"，是因为一条显然很合理的规则导致一次分配与下一次分配之间发生了显然不合理的变化。这类变化实质上是随机的，源于舍入误差的变幻莫测，并非由任何偏见导致，并且长远来看会相互抵消。但**长远的**公平不能达到代议制政府的预定目标。完美的"长远的公平"甚至无须选举就能达成，只需要从全体选民中随机挑选立法者。但是，正如一枚硬币随机抛掷一百次的话不太可能刚好出现五十次正面和五十次反面，随机挑选的435位立法者实际上永远不会在任何情况下具有代表性：从统计学上看，与代表性之间的典型偏差将是八个席位。这些席位在各州之间的分配也将有很大浮动。我所描述的分配悖论会产生类似效果。

悖论涉及的席位通常很少，但它并不会因此而不重要。政治家们对此感到担心，是因为众议院投票中支持票数与反对票数往往非常接近。法案的通过与否决往往是由于一票之差，政治交易经常取决于个别代表加入这一派还是那一派。因此，分配悖论一旦导致政治分歧，人们就试图发明一条在数学上不可能导致这个特定悖论的规则。特定的悖论看起来总是让人觉得，只要"它们"做出某种简单改变就没事了。但悖论总体上有一种让人恼火的特性，不管人们怎样坚定地把它们从前门踢出去，它们马上就会从后门溜回来。

汉密尔顿的规则在 1851 年被采纳后，仍有很多人支持韦伯斯特的规则。因此，国会至少有两次试图用一种技巧来进行合理折中：调整众议院的议席数量，直到两条规则一致。这当然会让所有人都满意的！但结果是，1871 年有一些州认为分配结果如此不公，随之而来的妥协法案如此混乱，以至于弄不清楚到底是根据哪条规则在分配，如果有规则的话。所实施的分配方案（包括在最后一刻没有明显理由就增设几个席位）既不符合汉密尔顿规则，也不符合韦伯斯特规则，许多人认为这是违宪的。

1871 年之后的几十年，每次人口普查时都要么采用一条新的分配规则，要么对议席数量做出改变，希望能在不同的规则之间达成妥协。1921 年根本没有进行分配，他们完全保留了上一次的分配方案（这种做法也可能违宪），因为国会无法就规则达成一致。

分配问题被多次提交到杰出的数学家手中，包括两次提交到国家科学院，每次这些权威们都给出不同的建议。然而，他们都不曾指责前辈们在**数学方面**有错误。这本应该让大家警醒，这个问题实在不是数学问题。每次专家们的建议得到落实，悖论和纠纷都会继续产生。

人口统计局在 1901 年发表了一份表格，对议席数量在 350 至 400 之间的每一个取值，都给出了汉密尔顿法则的分配方式。一种在分配中常见的算术上的怪现象，导致科罗拉多州总是得到 3 个席位，只有在总数为 357 席时得到 2 个席位。当时众议院分配委员会的主席（来自伊利诺伊州，我不知道他是否对科罗拉多州有任何意见）提出，议席数量可以改为357，并且使用汉密尔顿规则。这一提议遭到猜疑，最终国会拒绝了该提议，采用了386个议席以及韦伯斯特规则，该方案使科罗拉多获得了它那"公正的"的3个席位。但这种分配方案真的比运用汉密尔顿规则的357席方案更公正吗？用什么标准衡量？难道是在分配规则之间进行多数表决吗？

计算出大量不同分配规则的分配方案，给每个州分配大多数计划为该州分配的席位数，这到底有什么错？主要问题在于，这样做本身就是一条分配规则。同样，像他们在1871年那样试着把汉密尔顿规则和韦伯斯特规则结合起来，实际上就成了采用第三种计划。这样一个计划的好处是什么？组成它的每个计划设计出来都是为了实现某些可取的属性。一个并非为这些属性而设计的综合计划将不具备这些属性，除非巧合。因此，它未必会继承组成它的那些计划的优点。它会继承一些优点和一些缺点，还会有自己额外的优点和缺点——但如果它不是为了有益而**设计**出来的，它为什么要有益？

唱反调的人可能会问：如果在分配规则之间进行多数表决是个坏主意，为什么在**选民**之间进行多数表决是个好主意？在有些方面——比方说科学上使用多数表决，会带来灾难性的后果。占星家的人数比天文学家多，相信"灵异"现象的人经常指出，宣称看到此类现象的人比大多数科学实验的见证人数量要多得多。于是他们要求按比例决定可信程度。然而科学拒绝这样评判证据：它固守好解释的标准。那么，如果采用"民主"原则对科学来说是错的，为什么对政治来说就是对的？难道只是像丘吉尔说的那样，"在这个罪恶和苦难的世界上，人们尝试了并且还将尝试许多形式的政府。没有人假装民主是完美的或完全明智的。实际上曾有人说过，民主是最坏的政府形式，除了所有那些已经被不时尝试过的其他形式之外。"这确实是一个充分理由。但另外还有令人信服的正面原因，它们也与解释有关，我在下面会解释。

政治家们有时为分配悖论极端有悖常理感到非常困惑，以至于沦落到指责数学本身。得克萨斯州的众议员罗杰·Q. 米尔斯在 1882 年抱怨道："我以为……数学是一门神圣的科学。我以为数学是唯一与灵感对话、其表达万无一失的科学，[但是]现在有一个数学系统，它显示真理是虚假的。"1901 年，席位受到阿拉巴悖论威胁的缅因州众议员约翰·E. 李德菲尔德说："当数学向缅因州伸手要把她打倒的时候，求上帝帮助缅因州。"

事实上，不存在数学"灵感"之类的东西（灵感指数学知识来自一个不会犯错的来源，传统上是上帝）：就像我在第 8 章解释的那样，我们的数学知识并非不会出错。但如果米尔斯众议员是指数学家是社会上对于公平的最佳裁判，或者某种程度上应该是最佳裁判，那他就完全弄错了。[1] 美国国家科学院 1948 年向国会报告的小组里，有一位成员是数学家兼物理学家约翰·冯·诺伊曼。小组确定，由统计学家约瑟夫·阿德纳·希尔发明的一条规则（该规则至今仍在使用）在各州之间最为不偏不倚。但后来数学家迈克尔·巴林斯基和佩顿·杨得出结论说，这条规则对小州有利。这再次说明，不同的"公平"标准偏向于不同的分配规则，到底哪一种标准才是正确的，不能由数学来决定。事实上，如果米尔斯众议员的本意是带讽刺意味地抱怨一下，实际上是说不公平不可能仅由数学产生，也不可能仅由数学解决，那他倒是正确的。

然而，有一个数学发现永远改变了分配争论的本质。我们现在知道，

---

[1]　当然应该是物理学家。——原注

一条分配规则既想按比例分配又想不产生悖论，这样的追求永远不会成功。巴林斯基和杨在 1975 年证明了这一点。

巴林斯基和杨的定理

每个与配额相符的分配规则都会遭遇人口悖论。

这个强大的"不可行"定理解释了历史上解决分配问题的一长串失败。不管有多少其他条件看起来对一条分配规则的公平性至关重要，都没有哪一条分配规则能满足按比例分配并避免人口悖论的基本要求。巴林斯基和杨还证明了涉及其他经典悖论的不可行定理。

这项成果的背景比分配问题广阔得多。在 20 世纪，特别是第二次世界大战之后，大多数主要政治运动达成一种共识，即人类未来的福祉将取决于更多地在社会范围内（最好是全世界范围内）进行计划和决策。西方的这个共识不同于对应的极权主义观念，区别在于其预期目的是满足公民个人的喜好。因此，西方提倡社会范围决策的人被迫面对一个极权主义者不会遇到的根本问题：当社会作为一个整体面临选择、公民对于不同备选方案的偏好不同时，哪个方案对社会来说是最好的选择？如果人们意见一致，就不成问题——但也就不需要规划者了。如果人们意见不一致，哪个方案可以合理地说成是"人民的意愿"——是社会"想要"的方案？这又引发第二个问题：社会应该怎样组织其决策，使得它确实会选中"想要"的方案？这两个问题从现代民主的开端就一直存在，至少是隐含地存在。例如，美国独立宣言和美国宪法都谈到了"人民"做某些事的权利。这些问题现在成了数学博弈论中一个称为**社会选择理论**的分支的核心问题。

博弈论从前是数学的一个不起眼并且多少有些古怪的分支，这下子突然窜到人类事务的中心，就像曾经的火箭技术和核物理学那样。包括冯·诺伊曼在内的许多世界最优秀的数学头脑一起来应对这样一个挑战：对博弈论进行发展，以满足正在设立的无数集体决策体系的需求。他们将开发新的数学工具，在已知社会中所有个人的意愿或需求的情形下，提炼出社会"想要"做什么，实现"人民的意愿"这一抱负。他们还将确定，什么样的投票和立法系统能使社会得到它想要的东西。

他们取得了一些有趣的数学发现，但其中极少（如果有的话）能满足以上愿望。相反，各种"不可行"定理（类似巴林斯基和杨的定理）一再证明，社会选择理论背后的假设是不连贯而且不一致的。

因此，消耗了立法者们无数时间、精力和热情的分配问题，原来只是冰山一角。这个问题完全不像表面上那么狭隘。例如，立法机构越大，舍入误差就成比例地越小。那么他们为什么不干脆把立法机构弄得非常大——比如说有 1 万名成员，这样一来所有的舍入误差都无足轻重？理由之一是，这样一个立法机构将在内部进行组织才能做出决策。立法机构内部的派系必须选择自己的领导人、政策、战略等。这样，社会选择的所有问题都会在一个党派、在立法机构内部的团队"小社会"里出现。而且，问题不仅关系到人们的首要偏好：一旦我们考虑大型团体的决策细节（立法机构、党派、党派内部的派系怎样组织自身，使他们的愿望体现在"社会的愿望"中），就必须考虑到他们的第二和第三选择。然而，设计时考虑到这些因素的选举系统，无一例外会产生更多的悖论和不可行理论。

最早的不可行定理中，有一条是经济学家肯尼思·阿罗在 1951 年证明的，这为他赢得了 1972 年的诺贝尔经济学奖。阿罗的定理看起来否认社会选择的存在，并打击代议制政府的原则、分配、民主本身，还有许多其他的东西。

阿罗所做的工作是这样的。他首先提出 5 个基本公理，是任何定义"人民的意愿"（团体的偏好）的规则都必须满足的，并且这些公理第一眼看上去十分合理，简直不值得说出来。其中一条是，规则必须只用一个团体的成员的偏好来定义该团体的偏好。另一条是，规则不能在不考虑其他人想要什么的情况下把某个特定人员的观点指定为"团体的偏好"，这称为"不要独裁者"公理。第三条是，如果团体成员对某件事意见一致，即他们全都对它有着相同的偏好，那么规则必须认为该团体也有这样的偏好。在这种情况下，上述三条公理都是在表达代议制政府的原则。

阿罗的第四条公理是这样的：假设根据一个给定的"团体偏好"定义，规则认为该团体有一个特定的偏好，比方说喜欢比萨饼胜过汉堡包。于是它还必须认为，如果某些此前与团体不一致（即更喜欢汉堡包）的成员改变了主意、现在更喜欢比萨饼，则该偏好仍是团体的偏好。这个约束类似于排除人口悖论。一个团体如果朝着与成员意见相反的方向改变"主意"，就是不合理的。

最后一条公理是，如果团体有某种偏好，然后部分成员对**别的事情**改变主意，那么规则必须继续认为团体保有原来的偏好。例如，如果某些成员改变了他们在草莓与树莓之间的偏好，但是没有改变自己在比萨饼和汉堡包之间的偏好，那么喜欢比萨饼胜过汉堡包的团体偏好也不应该改变。这个约束也可以看作合理性问题：如果团体成员都不改变他们对特定比较的意见，则团体对该问题的意见也不能改变。

阿罗证明了，我上面列出的几条公理虽然表面上合理，逻辑上却互相不一致。没有哪种途径能构想出满足全部 5 条公理的"人民的意愿"。这甚至可以说是在比巴林斯基和杨的定理更深的层面上打击了社会选择理论背后的假设。首先，阿罗的公理不是针对明显狭隘的分配问题，而是针对所有我们希望构想有偏好的团体的情形。其次，所有 5 条公理直观上都不仅仅是一个系统做到公平所必需的，也是使系统合理所必需的。然而它们不一致。

由此似乎可以推断出，一群共同决策的人必定会有这样那样的不合理。也许独裁，也许受某种武断规则支配。或者，如果它满足所有 3 个代表性条件，则必定有时会朝着批评和说服无法起作用的方向改变"主意"。于是它将做出悖理的选择，不管对其偏好进行阐释和实施的人可能有多么明智和充满善意——除非也许其中有一个人是独裁者（见下文）。因此，没有"人民的意志"这回事。没有办法把"社会"当成有着自我一致的偏好的决策者。这完全不是人们料想社会选择理论会回报给世界的结论。

对于分配问题，有人企图用"为什么他们不干脆……"的想法去修补阿罗的定理的隐含意义。例如，为什么不考虑人们的偏好有**多强**？因为，如果有略微超过一半的选民在 X 和 Y 之间没有多大偏好，而剩下的人认为必须是 Y 且此事生死攸关，那么大多数代议制政府的直观想法是把 Y 指定为"人民的意志"。但就像快乐一样，偏好的强度极其难以定义，更不用说测量，特别是不同人之间的强度差异，或同一个人在不同时候的强度差异。而且，不管怎样，把这些东西包括进去也不会有什么区别，还是会有不可行定理。

对于分配问题，看起来只要用一种方式给某决策系统打一个补丁，它就会通过另一种方式变得矛盾。许多决策体系有一个更严重的问题，那就是它们会刺激参与者对其偏好说谎。例如，如果有两个备选方案，你略微偏爱其中一个，就有动机去把你的偏好说成是"强烈"。也许市民的责任感会阻止你这样做，但一个由市民责任感调节的决策系统会有这样的缺陷：对那些**缺乏**市民责任感、愿意说谎的人的意见给予比例不相称的权重。另外，在一个人人都对别人充分了解、很难说这种谎的社会里，不可能进行有效的秘密投票，系统就会对那些最有能力威逼摇摆分子的派系给予比例不相称的权重。

一个常年存在争议的社会选择问题，是怎样设计一个选举制度。这样一个制度在数学上与分配计划相似，但它不是以人口为基础把席位分配给各州，而是以票数为基础把席位分配给候选人（或党派）。然而，它比分配计划更矛盾，有更严重的后果，因为在选举中，**说服**的元素对整个过程至关重要：选举就是为了确定哪些选民被说服了。（相反，分配并不是各州试图说服人们从其他的州迁移过来。）因此，选举制度可以对社会的批评传统做出贡献，也可能起到抑制作用。

例如，一个选举制度中，如果席位全部或部分按各党派所得票数的比例分配，该制度就称为"成比例代表"制度。我们从巴林斯基和杨的理论中知道，如果一个选举制度过于依赖比例，它将出现类似于人口悖论及其他的悖论。实际上，政治学家彼得·库里尔德-科利加德研究了丹麦的最近 8 次（根据其成比例代表制度进行的）大选，发现每一次都产生了悖论。其中包括"更偏爱更少席位悖论"，大多数选民偏爱 X 党胜过 Y 党，但 Y 党却得到比 X 党更多的席位。

这还只是成比例代表的诸多不合理属性中最小的一种。还有一个更重要的不合理属性，就算是最温和的成比例制度也会有，那就是它们会在立法机构中给**第三大党派**分配**不成**比例的权力，经常对更小的党派也这样做。问题是这么来的：（不管在什么制度下）单一政党得到总体多数票的情况很罕见。因此，如果投票在立法机构中得到成比例的反映，那么除非一些党派合作通过法案，否则就没有法案可以通过；除非一些党派结成联盟，否则也无法组成政府。有时最大的两个党勉强达成合作，但最常见的结果是第三大党的领导人掌握着"权力的平衡"，决定了两个最大党派中的哪一个能够进入政府，哪一个要靠边站，时间多长。这意味着，**全体选民**相应地更难决定哪个党派应该下台、哪些政策应当废止。

在 1949 年至 1998 年间的德国，自由民主党（FDP）是第三大党。[1]虽然它从未得到过超过 12.8% 的选票，而且通常要少得多，但成比例代表系统使它拥有了不易受选民意见变化影响的权力。有几次的情形是，在选择两个最大的政党谁该执政时，自由民主党两次改变了立场，三次选择了让两者之中不太受欢迎（根据选票衡量）的那个政党上台。作为联盟协议的一部分，自由民主党的领导人通常在内阁中担任部长，这使得德国在这段时期的最后 29 年时间里只有两个星期的外交大臣不是自由民主党成员。1998 年，自由民主党被绿党挤到第四大党的位置时，它立刻被赶出政府，绿党接替了拥立者的位置，并同样掌握了外交部。成比例代表体制给予第三大党这样不成比例的权力，对一个全部目的是按比例分配政治影响并理当以此为其道德合理性所在的体制来说，是一个极为尴尬的特征。

阿罗的定理不仅适用于集体决策，而且也适用于个人决策，如下所述。试想，一个理性的人需要在几个选项中选择一个。如果这个决策需

---

[1] 为当前目的，我把基督教民主联盟（CDU）和地方性的拜仁基督教社会联盟（CSU）算成一个党。——原注

要思考，那每个选项必定有一个相关的解释（至少是暂定的解释），说明它为什么可能是最好的。选择一个选项，就是选择它的解释，那么怎样决定采纳哪个解释呢？

常识说，选择的方式是对不同解释进行"衡量"——或对它们在主张中提出的证据进行衡量。这是一个古老的比喻。自古以来，正义女神的形象就是手持一杆秤。最近，归纳主义把同样的模式套在科学思考上，说科学理论是根据对它们有利的"证据分量"选择出来、得到确证和相信的，有时甚至是据此事先创造出来的。

考虑一下假定中的衡量过程。每一个证据，包括每一种感觉、偏见、价值、公理和论证等，依据它在当事人头脑中的"分量"，对这个人在不同解释之间的"偏好"做出相应的贡献。因此，对于阿罗的定理，每一个证据都可视作一个参与决策过程的"个体"，总体上的人就是"团体"。

现在，在不同解释之间进行裁决的过程，如果要合理，就必须满足一定的约束条件。例如，如果人在确定了某个选项最好之后，得到了给该选项增加分量的进一步证据，那么这个人的总体偏好仍然应该是这个选项，依此类推。阿罗的定理说这些要求互相不一致，因而似乎暗示着所有的决策——所有的思考——必定都是不合理的。除非也许有某个内部因素是独裁者，能够凌驾于所有其他因素的综合意见之上。但这是一个无穷回归：对于最好压倒哪些因素，"独裁者"本身怎样才能在相关的不同解释中做出选择？

这样的整个传统决策模型有些地方错得离谱，对于社会选择理论假设的个人决策和群体决策都是如此。它把决策当成是根据固定公式（例如分配规则或选举制度）在现有选项中做出选择的过程。但事实是，只有在决策的**最后**阶段——不需要创造性思维的阶段才是这样的。用爱迪生的比喻来说，这个模型只涉及汗水阶段，没有认识到决策是解决问题，如果没有灵感阶段，就什么也不能解决，也没有什么东西可供选择。决策的核心是创造新的选项，摒弃或修改现有选项。

要合理地选择一个选项，其实是选择相关的解释。因此，合理的决策所包含的不是对证据进行权衡，而是在解释世界的过程中对证据进行解释。人把主张作为解释而非确证来评判，有创造性地做这件事，使用猜想，接受各种批评的锤炼。好解释的性质——难以改变——决定了好解释只有一个。人在创造出好解释之后，就不会再受其他替代方案的诱惑。这些替代方案并不是在分量上被超过，而是被驳倒、推翻、舍弃。人在进行创造性过程时，不是在无数差不多一样好的不同解释中竭力进行区分，通常需要费力的过程只是创造一个好解释，一旦成功，就可以很高兴地摆脱其他解释。

通过权衡来进行决策的理念有时会导致另一种错误观念，认为问题可以通过权衡来解决，尤其是对于不同解释的支持者之间的纠纷，可以通过对他们的提议进行加权平均来解决。但事实是，一个好解释很难在不失去解释能力的前提下发生改变，因而很难与对立的解释混合：对两个解释进行折中，往往比其中任意一个更糟。把两个解释混合在一起创造出一个**更好**的解释，需要额外的创造性行动。这就是为什么好解释是离散的（即由坏解释相互分隔开），也是为什么在对解释进行选择时，我们面临的是离散的选项。

在复杂决策中，创造性阶段后面往往跟着一个机械的汗水阶段，用来敲定解释的细节，这些细节本来不是难以改变的，但可以通过非创造性的方法变得难以改变。例如，当客户询问一座摩天大楼在特定限制条件下可以建多高时，建筑师并不仅仅是根据公式算出这个数字来。决策过程可能以这样的计算**结束**，但开始阶段是创造性的，始于构思怎样用新设计最好地满足客户的优先考虑及限制条件。在此之前，客户必须创造性地决定，这些优先考虑和限制条件应该是什么样的。在这个过程开始时，他们还不清楚自己最终将告知建筑师的所有偏好。同样，选民可能会查看不同政党的政策，甚至可能会为每个问题设一个"权重"来代表其重要性，但在此**之前**，人必须先思考自己的政治哲学，对于不同的问题按自己的政治哲学来说有多重要、不同政党对这些问题可能采取哪些政策等，给出让自己满意的解释。

社会选择理论考虑的"决策"类型，是根据已知、固定、一致的偏好，对已知、固定的选项做出选择。典型例子是一个选民在投票站的选择，不是选择偏向哪位候选人，而是选择在哪个框框里打钩。正如我解释过的，对人类的决策来说，这是一个相当不合适也不准确的模型。事实上，选民是在解释之间选择，而不是框框之间选择。而且，虽然很少有选民会通过亲自参选来影响框框，但所有理性的选民都会对他们个人应该选择哪个框框创造自己的解释。

所以，决策过程并非必定要承受这些天然的不合理——不是因为阿罗的定理或任何其他不可行定理有什么错，而是因为社会选择理论本身是以关于思考和决策由什么组成的错误假设为基础的。这正是芝诺的错误，错误地把一个它**将其命名为**决策的抽象过程当成了有着同样名称的现实过程。

同样，阿罗定理的"独裁者"未必是一般意义上的独裁者。他只是一个代理，社会的决策规则给予他单独做出一项决策、无视其他人偏好的权力。因此，每条需要个人赞同的法律（例如反对强奸或反对非自愿手术的法律）都建立了阿罗定理的技术意义上的某种"独裁"。每个人都是自己身体的独裁者。反对盗窃的法律建立一种对个人财产的独裁。根据自由选举的定义，每个选民都是支配自己选票的独裁者。阿罗定理本身假设，所有参与者都单独控制着他们对决策过程的**贡献**。更普遍地说，合理决策（诸如思想自由、言论自由、容忍异见、个体自决）最重要的条件，全都需要阿罗的数学意义上的"独裁"。他选择这个术语是可以理解的，但这与那种你批评政府就会有秘密警察半夜找上门的独裁毫无关系。

几乎所有的评论者在回应这些悖论和不可行定理时都用了一个错误的而且很说明问题的方式：他们对此感到**遗憾**。这显示了我所指的混乱。**他们希望这些纯数学定理是错的**。他们抱怨说，要是数学允许，我们人类本可以建立一个能做出合理决策的公平社会。但是由于不可能做到，我们剩下能做的只有决定哪些不公平和不合理是我们最喜欢的，把它们供奉在法律里。韦伯斯特写道，分配问题"虽然做不到完美，也必须用尽可能接近完美的方式去进行。如果事物的本质决定了做不到完全准确，也应该采用最接近准确的可行办法"。

但什么样的"完美"会是一个**逻辑矛盾**？逻辑矛盾就是无稽之谈。真理比这更简单：如果你对于公正的概念与逻辑或合理的需求冲突，那么它是不公正的。如果你对于合理的概念与一条数学定理（或者，在这种情况下是许多定理）冲突，那你的合理概念就是不合理的。顽固地坚持逻辑上不可能的价值，不仅必定会在永远也得不到这些价值的狭义意义上招致失败，还会迫使人放弃乐观主义（"所有的恶都是缺乏知识导致的"），从而剥夺人取得进步的手段。盼望某种逻辑上不可能的东西，标志着有更好的东西值得盼望。而且，如果我在第 8 章中的猜想是正确的，一个不可能实现的愿望最终也是**无趣**的。

我们需要一些更好的东西用来盼望，一些不会与逻辑、理性或进步不相容的东西。我们已经见过它。它是政治体系能够持续取得进步的基本条件：波普尔的标准，要求系统能够不用暴力就废除坏政策、罢免坏政府。这就要求放弃把"应该由谁来统治"作为一个评价政治体系的标准。关于分配原则和社会选择理论中所有其他问题的全部争议，传统上都被相关人等放在"应该由谁来统治"的框架里：每个州或每个党应该拥有的正确席位数量是多少？团体（假定它有权支配其子团体和个人）"想要"什么？什么样的制度能使团体获得它"想要"的东西？

因此，让我们用波普尔的标准来重新考虑集体决策。我们不去认真思考那些不证自明但互相不一致的公平、代表性等标准里哪些最不证自明从而可以确立，而是对这些标准以及其他实际或假想的政治体制进行评价，评价依据是它们促进废除坏政策、罢免坏政府的能力。为了做到这一点，它们必须实现对统治者、政策和政治体制本身进行和平的批评性讨论的传统。

说民主过程只是一种询问人们的意见、弄清应该由谁来统治或实施什么政策的方法，任何这样的诠释按前述观点来看都没有抓住事情的要点。选举在一个理性社会里所起的作用，不同于询问先知或祭司、服从国王的命令在早先的社会里所起的作用。民主决策的实质不在于系统在选举过程中做出的选择，而在于在历次选举之间创造出的思想观念。有许多体制的功能是允许对这样的思想观念进行创造、检验、修改和舍弃，选举只是其中之一。他们试图解释世界从而改善世界，在此过程中容易犯错。在个体和群体层面上，他们都在追求真理，或说如果他们是理性的，就应当追求真理。而且，对于这个问题确实存在着一个客观真理。问题是可以解决的。社会不是一场零和博弈：启蒙运动文明发展到今天的程度，并不是靠对财富、选票或其他起初存在争议的东西进行聪明的分配而取得的，而是靠**无中生有**地创造。特别是，选民在选举过程中所做的事，并不是合成一个超级人类即"社会"的决策。他们选择下一步要进行什么样的试验，以及（原则上）哪些试验应该舍弃，因为不再有解释可以说明它们为何最好。政治家和他们的政策就是这些试验。

当一个人用阿罗定理之类的不可行定理去模拟真实决策时，必须相当不切实际地假定，团体中的决策者没有人能说服其他人改变偏好，或者创造出更容易达成共识的偏好。现实情况是，不管是偏好还是选项，在决策过程结束时都无须与过程开始时相同。

为什么他们不干脆……通过在决策的数学模型中加入解释和说服等创造性过程来修补社会选择理论？因为人们不知道怎样对创造性过程建立模型。这样一个模型本身就会**是**一个创造性过程：人工智能。

各种社会选择问题中设想的"公平"条件是类似经验主义的错误观念，它们谈的全都是决策过程的**输入**——谁参与，他们的意见怎样整合形成"团体偏好"。理性分析应该改而重点关注规则和体制怎样有助于**去除**坏政策和坏统治者、创造新方案。

有时这样的分析的确支持一个传统要求，至少是部分支持。例如，团体中的任何成员都不应在代表性方面拥有特权或被剥夺权利，这一点的确很重要。但这并不表示所有的成员都能对答案做出贡献。原因是这样的差别对待会在系统中面对潜在的**批评**巩固一个偏好。在新决策中把所有人偏爱的政策或其中一部分都**包括**进去，是毫无意义的。进步需要的是把经不起批评的观念**排除**掉，防止它们被巩固，并促进新观念的创造。

人们为成比例代表制辩护时经常使用的一个理由是，它会带来联合政府和妥协的政策。但是妥协（各贡献者的政策的混合）不应该享有这么高的声誉。虽然妥协肯定比直接的暴力要强，但正如我解释过的，它们一般都是坏政策。如果谁也不认为一个政策会有效，那它为什么要有效？但这还不是最糟糕的。妥协政策的关键缺陷是，如果这么一个政策得到实施然后失败了，谁也不会从中学到什么，因为本来就没有人同意过这个政策。所以，妥协政府掩护了那些**确实**至少看上去对某些派系有利的潜在解释，使其免于被批评和舍弃。

在大多数采用英国政治传统的国家里，用来选择立法机构成员的体制是，国家的每个区域（或"选区"）在立法机构中都有一个席位，该席位属于该区域获得最多选票的候选人。这称为**多数投票制**（"多数"表示"最多票数"），经常也称为"胜者通吃"制，因为第二名什么都得不到，也不会举行第二轮投票（而其他选举制度为了增强结果的比例性，通常都会考虑这两项）。在多数投票制下，与所得选票比例相比，两个最大的政党通常会得到"过度代表"。而且，它并不能保证避免人口悖论，甚至能在一个党派得票总数高得多的情况下让另一个党派上台。

这些特点经常被人当作论据来反对多数投票制而赞成一种更成比例的体制，不管是字面意义的成比例代表，还是其他能够使选民在立法机构里的代表更成比例的制度，诸如可转让投票制或决胜选举制。然而，根据波普尔的标准，鉴于多数投票制能更有效地去除坏政府和坏政策，这些弱点都微不足道。

让我更明确地追溯一下这种机制的优势。经过一次多数投票选举，通常的结果是得票最多的党派在立法机构中总体上占多数，从而得以单独掌权，所有其他竞选失败的党派都被排除在权力之外。这种情况在成比例代表制度下很罕见，因为旧联盟里的某些党派通常也是新联盟所必需的。所以，多数投票制度的逻辑是，政治家和政党如果不能说服相当一部分人口投票支持他们，就没有机会获得权力。这刺激所有的政党都去寻找更好的解释，或者至少是去说服更多的人接受他们现有的解释，因为一旦失败，他们在下次大选中就会被扔到一边，毫无权力。

在多数投票制中，胜出的解释得以接受批评和检验，因为它们在实施时无须与反对议程中的最重要主张进行混合。同样，获胜的**政治家**也要单独为他们做出的选择负责，因而如果事后这些选择被认为是错的，他们就没找借口的余地了。如果到下次大选的时候，他们对选民的说服力不如从前，那不管怎样，通常都不会有达成交易把他们留在台上的余地。

在成比例体制下，民意的微小变化很少能有什么价值，权力可以轻松地朝与民意相反的方向转移。在权力变化中，最重要的是第三大党派领导人的意见。这不仅保护了这位领导人，还保护了**大多数**在任的政治家和政策，使他们不会因投票而被免去权力。他们失去权力的原因往往是失去党派内部的支持，或者党派之间的联盟发生改变。在这个方面，该体制按波普标准来说完全不及格。在多数投票体制下，就是另外一种情形了。选区选举的胜者通吃特性，以及由此导致的小党派代表程度低，使得整个结果对民意的微小变化很敏感。如果民意稍微偏离执政党，通常就会使它面临完全失去权力的实在危险。

在成比例体制下，存在很强的动机使系统特有的不公平保持下去，甚至随时间推移而变得更严重。例如，如果一个小派别从一个大党中背叛出来，其政策得到实施的机会，可能会比支持者留在原来的政党里时更高。这导致立法机构中小党派林立，反过来又增强了对联盟的需求，包括与小党派的联盟，从而进一步扩大了它们本来就不成比例的权力。在有着世界上最成比例的选举制度的国家——以色列，上述效应已经非常严重，以至于在作者写下本文时，就算最大的两个政党加起来也无法形成整体上的多数。这个系统牺牲了所有其他考虑，专门为比例的公平性着想，然而就算比例本身也不是总能实现：在 1992 年大选中，右翼政府总体获得了多数选票，但左翼政党获得了多数席位。（这是因为，连一个席位都没有拿到的边缘小党大多是右翼党派。）

相比之下，多数投票体制的纠错属性倾向于避免系统在理论上可能遭遇的悖论，并且能在悖论出现时迅速使其消失，因为所有刺激都朝着与悖论相反的方向。例如，在 1926 年的加拿大马尼托巴省，保守党获得了比任何其他党都多一倍以上的选票，却**没有**获得该省分配到的 17 个席位中的任何一个。结果，该党也失去了在全国议会中的权力，尽管它在全国范围内获得的票数也最多。但是，就算是在这样一个罕见、极端的情况下，两个主要党派在议会中的代表不成比例的程度也没有那么大：平均说来，自由党选民在议会中获得的代表人数，是保守党选民的 1.31 倍。然后呢？在下一次大选中，保守党再次在全国范围内获得最多选票，但这一次使它在议会里掌握了总体多数。它的选票增幅是全体选民的 3%，但代表程度增幅是所有席位的 17%，使它的席位份额重回到大致符合比例的状态，并且非常成功地满足了波普尔的标准。

出现这种情况，部分是由于多数投票制的另一个有益特性，那就是选举结果通常差异很小，不仅是票数相差很小，而且政府所有成员都面临着被赶下台的严重威胁。在成比例体制中，选举很少出现以上任一种情况。如果席位数量第三的党派不管怎样都可以把第二大党推上执政党的位置，从而达成一个完全没有人投票赞成过的妥协平台，那为什么要给得票最多的党派分配最多的席位？多数投票制几乎总是会产生这样的情况：投票的微小变化就能在谁组建政府方面产生相对较大的变化（朝着相同方向变化！）。体制越是成比例，所得的政府及其政策因投票而改变的敏感度就越低。

不幸的是，有些政治现象可以比坏选举制度更严重地违背波普尔的标准——例如，根深蒂固的种族划分或各种政治暴力的传统。因此，我无意使有关选举制度的上述讨论成为对多数投票制的全面背书，把它当成唯一真正的民主体制、适合所有情况下的所有政体。在有些情况下，连民主本身都是不切实际的。但在有着启蒙运动传统的先进政治文化里，知识的创造是而且应该是最重要的，认为代议制政府取决于在立法机构成比例代表的观念则毫无疑义地是个错误。

美国政府体制要求参议院以与众议院不同的方式进行代表，**每个州**的代表程度等同，为的是彰显这样一个事实：每个州都是一个独立政治实体，有着自己独特的政治和法律传统。每个州都有权在参议院拥有两个席位，无论人口多少。由于美国各州人口数差别很大（目前人口最多的加利福尼亚州比人口最少的怀俄明州多将近70倍的人口），参议院的分配规则造成了相对于人口比例的巨大偏差，比众议院激烈争论过的偏差还要大得多。然而历史上，选举结束后，很少出现参议院和众议院由不同党派控制的情况。这意味着，在这个巨大的分配和选举过程中发生的事远远不止是"代表"——立法机构忠实地反映人口分布。情况是不是多数投票体制促成的问题解决方式，在于通过说服持续改变选民的**选**

项，以及他们在各选项中的**偏好**？而且观点和偏好是**趋同**的（尽管在表面上不是），这不是指分歧更少（因为解决方案会带来新的问题），而是指创造出共享程度更高的知识。

在科学上，如果一个团体里的科学家一开始有不同的希望和期待，持续就各种相互竞争的理论进行争辩，逐渐在稳定的一连串问题上达成近乎一致（不过一直还有分歧），我们不会感到惊讶。这并不奇怪，因为在这种情况下，有观察到的事实可以用来检验他们的理论。他们在任何特定问题上趋同，都是因为他们都在趋近客观真理。政治上的习惯是对出现的这类趋同进行冷嘲热讽。

但是这是一种悲观看法。在整个西方，有许多哲学知识眼下几乎被所有人看作理所当然，比方说奴隶制是可憎的，妇女应有外出工作的自由，尸体解剖应该是合法的，军队中的晋升不应该取决于肤色，但它们在仅仅几十年前还极具争议，最初被看作理所当然的是与此相反的观点。一个追求真理的成功体制致力于达成广泛的一致或接近一致，也就是民意不会产生决策理论悖论、"人民的意志"有意义的状态。因此，相关各方逐渐消除其立场中的错误、趋向客观真理，使得随时间推移趋于广泛一致成为可能。在满足波普尔标准的同时促进这一过程，比两个相互竞争、支持率接近的党派谁能赢得某次特定的大选更加重要。

关于分配的问题也是一样。自从美国宪法颁布以来，关于"代议制"政府意味着什么的流行概念发生了巨大的变化。例如，承认女性的投票权使选民的数量翻了一倍，并隐含地承认，在此前的每一次选举中，有一半的人口被剥夺了选举权，另一半人口则得到了相对于公平代表来说的过度代表。从数值上看，这种不公平使得几个世纪以来消耗了大量政治精力的席位分配不公都相形见绌。但这是因为，政治体制、美国人民和总体上的西方人民虽然在为了州与州之间几个百分点的代表程度变化吵得不可开交，但也在争论中促成这些重大改善。他们也变得没有争议了。

分配制度、选举制度和其他人类合作体制，很大程度上是设计或演化出来对付日常争议的，为的是在大家对于什么最好的看法存在极大分歧的情况下，拼凑出不用暴力的行事方法。其中最好的方法不仅实施了，还取得了成功，原因是采取了有巨大延伸范围的解决方案（经常是无意中做到的）。因此，应对当前争议变得只是一种达成结果的手段。在民主体制中服从多数，目的应该是在未来接近一致，通过鼓励相关各方抛弃坏的思想观念、猜想更好的思想观念来达成。创造性地**改变选项**，允许人们在现实生活中以不可行定理认为不可能的方式进行合作，并从根本上允许独立的头脑进行选择。

人们对知识主体的增长达成一致，并不意味着争论终结。相反，人类的不一致永远不会比现在更少，这是一件大好事。如果那些体制确实像看上去那样满足人们的期望，使变得更好成为可能，那么总体而言，随着我们从错误观念走向更好的错误观念，人类生活就能够无限改善。

术 语

代议制政府—— 一种政府体制，立法机构的组成或意见反映着人民的组成或意见。

社会选择理论——研究怎样用社会成员的愿意来确定"社会的愿望"、什么样的社会体制能使社会实现其意愿，这样的学问称为社会选择理论。

波普尔标准——良好的政治体制是使以下行动尽可能容易的体制：检

测出统治者或政策是否错误，在它们确实错误时不使用暴力就将其去除。

"无穷的开始"在本章的意义

——涉及创造新选项而不是对现有选项进行权衡的选择。

——符合波普尔标准的政治体制。

小　结

把选择和决策过程想象成按照固定公式在现有选项中进行选择，是一种错误的做法。这忽略了决策的最重要元素，即创造新的选项。良好的政策是很难改变的，因此互相冲突的政策是离散的，不能随意混合。正如理性思维不仅包括对相互竞争的理论的理由进行权衡，还要使用猜想和批评来寻求最佳解释，所以，联合政府不是选举制度的可取目标。选举制度应通过波普尔标准来评价，评价依据是去除坏统治者和坏政策的容易程度。这表明，在先进的政治文化中多数投票制度是好的。

第14章　花儿为什么美丽

我的女儿朱丽叶，当时六岁……指着路边的一些鲜花。我问她对野花有何看法。她给出了一个深思熟虑的回答。"有两点，"她说，"为了让世界美丽，并且帮助蜜蜂为我们做蜂蜜。"我被她的回答感动了，但是对不起，我不得不告诉她，事实并非如此。

——理查德·道金斯，《攀登不可能之山》（1996）

"只要换掉一个音符，就会削弱曲子的美感。要是换掉其中的一段，整个乐曲结构就坍塌了。"这是1979年彼得·谢弗的戏剧《上帝的宠儿》中对莫扎特音乐的描述。这让人想起本书开篇惠勒谈到期待中的基础物理学统一理论时所说的："一种理念，如此简单，如此美丽，以至于当我们……领悟它时，全都会互相说，哪里还会有其他可能呢？"

谢弗和惠勒描述的是同一种属性：很难在保持效用的同时发生改变。在第一种情况下它是审美上的好音乐的属性，第二种情况下是科学上的好解释的属性。而且惠勒在谈到科学理论难于改变的同时，还谈到它是**美丽**的。

科学理论很难改变，是因为它们与客观真理密切对应，后者独立于我们的文化、个人喜好和生物构造。但是，是什么让彼得·谢弗认为，莫扎特的音乐很难改变？我觉得，艺术家和非艺术家之中流行的观点是，艺术标准不存在客观性。俗话说，情人眼里出西施。"这是个口味问题"被当成"这件事没有客观真理"的另一种说法。根据这种观点，艺术标准只不过是时尚、其他文化偶然事件、个人的一时兴起或生物偏好的产物。许多人愿意承认，在科学和数学中，一个想法可能比另一个想法更加客观真实（虽然就像我们看到的那样，有些人连这一点也要否认），但其中多数人坚持认为，不存在一个东西在客观上比另一个更美的情况。数学有它的证明（理论上是这样），科学有它的实验检验。但你如果选择相信莫扎特是一个笨拙而且刺耳难听的作曲家，不管是逻辑还是实验，或者任何其他客观事物，都不会反驳你。

然而，因为这种理由而否定客观的美存在的可能性将是一个错误，因为这只是我在第9章中讨论过的经验主义的遗物，即声称一般意义上的哲学知识不可能存在的断言。确实，人没有办法从科学理论中**推导**出道德准则，同样也不能推导出审美价值。但这并不妨碍审美真理通过解释与物理事实连接在一起，就像道德真理一样。惠勒在那段引文中，几乎就是在宣告这个连接的存在。

事实可以用来批评美学理论，正如它们可以用来批评道德理论。例如，有一种批评说，因为大多数艺术依赖于人类感官的狭隘属性（诸如能感受到哪个范围内的色彩和声音），它们不可能获得任何客观的东西。感官能接收无线电波但无法接收可见光或声波的外星人，其艺术将是我们无法了解的，反之亦然。对这种批评的答复可能是，首先，或许我们的艺术只摸到了可能存在的艺术形式的皮毛，确实很狭隘，但它们是对某种通用事物的初步近似。其次，地球上耳聋的作曲家曾经创造和欣赏伟大的音乐作品，凭什么耳聋的外星人（或者生来耳聋的人类）就不能学会做同样的事——或许只能通过下载一套耳聋作曲家审美理论到他们的脑子里？再次，用射电望远镜研究类星体物理学，与使用人造感官（植入大脑以创造出新的感受性）欣赏外星艺术，两者有什么区别？

经验也可以提供艺术方面的**问题**。我们的祖先拥有眼睛和颜料，这可能导致他们思考怎样使用颜料可以看起来更漂亮。

正如布伦诺斯基指出的，科学发现取决于对特定道德价值观的承诺，这是否可能还意味着欣赏特定形式的美？深刻的真理往往是美的，这是一个事实，它经常被提及，但很少有人去解释。数学家和理论科学家们把这种形式的美称为"优雅"。优雅是解释中的美。它不是多么好或多么真的代称，而是一个解释。诗人约翰·济慈的断言（我认为有讽刺意味）"美即是真，真即是美"[1] 被进化论学者赫胥黎所说的"科学的大悲剧—— 一个美丽的假说被一个丑陋的事实屠杀[2]——不断地在哲学家眼皮底下发生着"所推翻。（他说"哲学家"其实是指"科学家"。）我觉得赫胥黎把这个过程称为大悲剧也有讽刺意味，特别是因为它指的是自然发生论被推翻。不过，有些重要的数学证明和科学定理确实远远谈不上优雅。然而，真理**确实**经常是优雅的，以至于优雅至少可以作为寻找基本真理时的一个有益启发。当一个"美丽的假说"被屠杀时，它的命

---

[1] "美即是真，真即是美"出自济慈于1819年所作的颂诗《希腊古瓮颂》，文学界对这句话的理解存在许多争议。——译注

[2] 赫胥黎的这句话出自他1870年在英国科学促进会所作的报告《生物发生与自然发生》。"美丽的假说"指自然发生论，"丑陋的事实"指意大利人斯帕兰扎尼在1776年发现，如果对烧瓶进行密封和充分加热，瓶中的营养液里就不会长出"小动物"。这是人类第一次在"自然发生"实验中取得反面结果。——译注

运往往不会像自然发生说那样，而是更有可能被一个更美丽的假说所取代。这当然不是巧合，而是自然的一种规律性，它必定有一个解释。

科学和艺术的过程可以看上去相当不同：一个新的艺术创作很少证明一个老的艺术创作是错的；艺术家很少用显微镜观看舞台，或通过方程了解雕塑。然而，科学创造和艺术创作有时确实看起来非常相似。理查德·费曼曾经说过，理论物理学家需要的设备只是一叠纸、一支铅笔和一个废纸篓，有些艺术家工作时的样子酷似这一画面。在打字机发明之前，小说家用的是与这完全相同的设备。

作曲家（如贝多芬）苦苦思索、改了又改，显然是在追求某种他们知道正等着创造出来的东西，显然是要力争达到一个只有经过大量创造性努力和大量失败才能满足的标准。科学家们做的事往往也是一样。在科学和艺术领域都有些特殊的创造者，比如莫扎特和数学家拉马努金，据说他们没有经过任何这样的努力就做出了杰出贡献。但是，就我们对知识创造的了解来看，我们不得不得出结论认为，在这些事例中，努力和失误确实都发生过，只不过是发生在他们的脑子里，别人看不见。

这些相似之处是否只是表面现象？贝多芬认为他废纸篓里的乐谱有**错误**、比他最终将要发表的乐谱要**差**的时候，是不是在欺骗自己？他是不是仅仅在满足文化的武断标准，就像 20 世纪的妇女每年仔细调整她们的裙摆以符合最新的时装潮流？或者是，像这样说真的有意义——贝多芬和莫扎特的音乐远远高于他们石器时代的祖先们敲打猛犸象骨头的音乐，就像拉马努金的数学远远高于符号标记的数学？

贝多芬和莫扎特努力想要达到的**标准**也更好，这是不是一个错觉？是不是不存在所谓的更好？是不是只有"我知道我喜欢什么"，或者传统或权威认为的好？或者是基因让我们倾向于喜欢什么？心理学家渡边茂发现，麻雀更喜欢和谐的音乐而不喜欢不和谐的音乐。人类的艺术鉴赏能力是不是仅此而已？

所有这些理论都假设（很少或完全没有论证），对于每个逻辑上可能的审美标准，都有可能存在比方说一种文化，其中的人会享受符合这个标准的艺术，并被它深切地感动。或者可能存在一种遗传的倾向性，有着同样的特征。但是，如果说只有非常特别的审美标准才可能最终成为任何一种文化的规范，或者成为某些创造新艺术风格的伟大艺术家用毕生时间追求的目标，岂不是听起来有理得多？人们认为自己在改进某个传统时，其实是在做什么，（关于艺术或道德的）文化相对主义对这个问题解释起来非常困难，这种情形相当普遍。

再有就是工具主义的等价说法：艺术是否只不过是为了达到非艺术目的的一种手段？例如，艺术创作可以提供信息——一幅画可以描绘出某些东西，一段音乐可以代表一种情感，但它们的美主要不在内容里，而是在形式中。例如，图 14-1 是一幅无聊的照片。

图14-1　照片1

图 14-2 是内容几乎相同的另一幅照片。

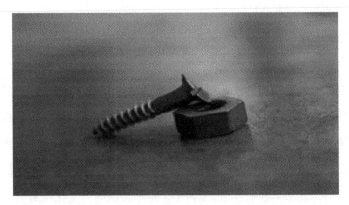

图14-2　照片2

但这幅就有更高的审美价值。可以看出，第二幅照片是有人动过脑筋的结果。在构图、取景、裁剪、用光、聚焦等方面，它都有着由摄影师进行**设计的表象**。但这个设计是为什么呢？与佩利的手表不同，它似乎没有什么功能——只是好像比第一张照片更美。但这有什么意义呢？

美有一个可能的工具性目的，就是**吸引**。一个美丽的事物能够吸引欣赏它的美的人。（对给定观众的）吸引力可以是功能性的，是一个现实的、可进行科学测量的量。艺术品可以导致人们向它移动，在这个意义上，它在字面意义上有着吸引力。画廊的参观者可以在看到一幅画之后久久不愿离去，后来还被这画幅吸引再次来到画廊。人们可能为了听一场音乐会而赶很远的路——等等。如果你看到一幅自己喜欢的艺术作品，这意味着你想详细研究它、关注它，为的是更好地欣赏它。如果你是一个艺术家，在创作一件艺术作品的过程中，看到里面有些东西是你想表达的，那么你是在被一种从未体验过的美所吸引。你在被一件你尚未创作出来的艺术品中的**想法**所吸引。

并非所有的吸引力都与美学有关。当你失去平衡从一根木头上掉下来，那是因为我们都被地球所吸引。这似乎只是拿"吸引力"这个词在玩文字游戏：地球对我们的吸引力不是因为美学欣赏，而是因为物理规律，它对艺术家的影响不会比对土豚多些。红色交通灯可能会导致我们停下来盯着它看，只要它还是红色的。但是，这也不是艺术欣赏，尽管是吸引力。它是机械的。

但是，进行足够详细的分析时，**一切**都是机械的。物理规律统治一切。那么是不是可以得出结论说，美没有其他的客观意义，只是"我们通过大脑中的过程，从而通过物理规律被其吸引"的东西？不能，因为这样说的话，物理世界也会在客观上不存在，因为物理规律决定了科学家或数学家想要把什么称为真实的。然而，如果不谈及数学的客观真理，就无法**解释**数学家做了什么——或者霍夫施塔特的多米诺骨牌做了什么。

新的艺术同新的科学发现一样是不可预测的。这是随机的不可预测，还是更深刻的、知识创造的不可知？换句话说，艺术是不是像科学和数学一样，真的具有创造性？这个问题通常是倒过来问的，因为关于创造性的想法由于各种错误观念还比较混乱。经验主义把科学当成是自动的、非创造性的过程。而艺术虽然被承认有"创意"，但经常被视为科学的对立面，因而是非理性的、随机的、不可解释的——从而是不可评判的、非客观的。但是，如果美**确实是**客观的，那么一个新的艺术作品就像一条新发现的自然规律或数学定理，为这个世界添加了一些不可削减的新东西。

我们盯着红灯看，因为这样做能使我们尽可能地减少延迟，继续我们的旅程。动物可能被其他的动物所吸引，为的是与它交配，或者吃掉它。一旦掠食者咬下了第一口，就会被吸引着再咬另一口——除非食物的口味不好使它退却。这是实实在在的口味问题。这种口味的确是由物理规律以化学规律和生化规律的形式导致的。我们可以猜测，对于因此引发的行为，没有比动物学层次更高的解释，因为这种行为是可预测的，如果不是重复的就是随机的。

艺术并不包含重复。但人类的口味中可能有真正的新意，因为我们是通用解释者，不会简单地服从基因。例如，人类的行事方式经常与可能合理根植于基因中的任何偏好都相反。人们禁食——有时是为了审美原因。人们的行为千差万别，或出于宗教原因，或出于许多其他原因，如哲学或科学上的原因，实用或异想天开的原因。我们天生厌恶待在很高的地方或者跌落下来，然而人们会去玩跳伞——并非不顾这种感觉，而正是因为这种感觉。对这种天生的厌恶感，人们可以把它重新诠释成一幅更大的、有吸引力的图景——他们想要更多这种感觉，想更深入地欣赏它。对跳伞者来说，从我们天生会畏缩的高处看到的景象是美的。整个跳伞活动是美的，其中一部分美正是那种进化出来阻止我们尝试跳伞的感觉。不可避免的结论是：那种吸引力不是天生的，就像一个新发现的物理规律或数学定理的内容不是天生的一样。

难道它是纯文化的？我们追求美，也追求真，两种情形下我们都有可能被欺骗。我们觉得一张脸很美，也许是因为它确实很美，也许仅仅是出于我们的基因与文化的组合效果。一只甲虫被另一只甲虫吸引，你和我可能都觉得另外那只甲虫丑得可怕，但如果你是一名昆虫学家，就不会这么看。人们可以**学着**去把许多东西看成美的或丑的。但是，人们同样也可以学着把假的科学理论看成真的，或者把真的科学理论看成假的，而客观的科学真理确实存在。所以，这仍然没有告诉我们，有没有客观的美。

现在来看，花朵为什么是这样的形状（见图14-3）？因为相关基因进化出来，使花朵对昆虫有吸引力。基因为什么要这样做？因为昆虫拜访花朵时会粘上花粉，然后把花粉带到同一物种的其他花朵上，花粉DNA中的基因就此向四面八方传播。这是如今大多数开花植物仍然在使用的繁殖机制：在昆虫出现之前，地球上没有花。但这套机制之所以能运作，是因为昆虫同时进化出了受花朵吸引的基因。为什么它们会这样？因为花能提供花蜜作为昆虫的食物。就像协调同一物种内雄性与雌性交配行为的基因会协同进化，产生花朵、赋予它们形状和色彩的基因，也与昆虫体内负责识别花蜜最好的花朵的基因协同进化。

图14-3　花朵

在生物协同进化期间，就像在艺术史中一样，**标准**在演变，而且**满足这些标准的手段**也一起在演变。正是这些东西使花拥有如何吸引昆虫的知识，并使昆虫拥有如何识别这些花的知识，以及飞向这些花的习性。

但令人惊讶的是，这些花同样**也吸引人类**。

这个事实太熟悉了，以至于人们很难看到它是多么惊人。但是想想自然界中无数丑得可怕的动物，想想其中那些通过视力找到配偶的都进化得认为那种外表有吸引力。我们不被它们吸引，这一点并不奇怪。掠食者和猎物之间存在一种类似的协同进化，只不过是竞争的而非合作的：每一方都有着进化出来识别对方并使其奔向或逃离对方的基因，而另一方则有着进化出来使其身体在相应背景中很难分辨的基因。这就是为什么老虎的身上有条纹。

偶尔也会碰巧出现这样的情况：在某一物种内进化出的狭隘的吸引力标准产生了一些我们也觉得美的东西，孔雀的尾羽就是一个例子。但这是一种罕见的异常情况。关于什么东西有吸引力，我们与绝大多数物种都没有相同的标准。但对花——大多数的花——来说，我们有相同的标准。有时一片树叶甚至一个水洼也可以是美的，但这种情况同样非常罕见。而花的吸引力总是可靠的。

这是自然界的另一种规律性。对此的解释是什么？为什么花是美丽的？

考虑到科学界（它仍然很经验主义和还原主义）流行的假设，这样说似乎有理：花并不是客观美丽的，它们的吸引力仅仅是一种文化现象。但我觉得经不起推敲。我们对自己从未见过的花、我们的文化从来不知道的花也会觉得美丽，并且对大多数文化里的大多数人来说都是这样。而植物的**根**或树叶对我们就没有同样的吸引力。为什么只有花才有呢？

花与昆虫的协同进化中的一个不寻常之处是，它涉及创造一套复杂的代码或语言，用来在**物种之间**传递信息。这种代码必须复杂，因为基因面临着一个很困难的沟通问题。一方面，代码要容易被合适的昆虫识别；另一方面，代码必须很难被其他物种的花复制，因为如果其他物种能够让同样的昆虫给自己传粉，而无须为其提供需要耗费能量才能生产的花蜜，它们就会拥有选择优势。所以，昆虫里面进化的标准必须有足够的辨别力，能选中正确的花而不是粗糙的模仿；花朵的设计必须不能容易由其他开花物种进化出来使昆虫误认。因此，这两种标准以及达到标准的手段，都必定是难以改变的。

当基因在物种**内部**面临类似问题时，特别是在选择配偶的标准和特点的协同进化中，它们已有一大批共享的遗传知识可以利用。例如，在此类协同进化出现之前，基因组已经包含了识别同一物种其他成员、察觉其特定属性的适应性。而且，配偶寻求的属性起初可能在客观上是有用的，例如长颈鹿脖子的长度。关于长颈鹿脖子进化的一个理论是，它起初是进食方面的一种适应性，但随后通过性别选择继续进化。然而，在关系很远的物种之间，没有此类共享知识可以用来跨越鸿沟。它们必须从零开始。

因此，我的猜测是，要跨越这么大的鸿沟用难以造假的模式发出信号、由难以模仿的算法来识别，做到这一点最容易的方法，就是使用美的**客观**标准。因此，花朵必须创造客观的美，而昆虫必须识别客观的美。于是，唯一能被花朵吸引的物种，就是协同进化出来识别花朵的昆虫——还有人类。

如果的确是这样，就意味着道金斯的女儿关于花儿的看法终究有一部分是正确的。它们的存在**的确**是为了让世界更美；或者，至少美不是意外产生的副作用，而是花儿特地进化得要拥有的东西。并不是有谁特意要让世界更美，而是因为最擅长复制的基因依赖于体现**客观的美**来使自身得到复制。例如，蜂蜜的情况就非常不一样。花朵和蜜蜂之所以很容易制造蜂蜜（成分是糖水），蜂蜜的味道之所以对人类和昆虫一样有吸引力，是因为我们确实共同拥有一种遗产，它可以追溯到我们的共同祖先以及更早的时候，包含了与糖的许多用途以及认识糖的手段有关的许多生物化学知识。

情况会不会是人类觉得花朵或艺术有吸引力的地方确实是客观的，但并不是客观的美？也许它是某种更平凡的东西，就像对鲜艳的色彩、强烈的对比度、对称的形状的喜爱。人们似乎天生喜欢对称。据认为对称是性吸引力的因素之一，还可能有助于帮我们在物理上和概念上对环境中的物体进行分类和整理。因此，这种天生倾向的副作用之一，可能就是喜欢刚好鲜艳又对称的花朵。然而，有些花是白色的（至少在我们看来是白色，它们可能有着我们看不见但昆虫能看见的颜色），但我们仍然觉得它们的形状很美。所有的花都在一定程度上与其背景形成对比（这是用于传递信号的一个先决条件），但浴缸里的一只蜘蛛与背景的对比更强烈，人们并不普遍认为这样的景象是美的。至于对称，蜘蛛也很对称，有些花朵（如兰花）很不对称，但我们不会认为兰花不如蜘蛛有吸引力。所以，我不觉得对称、色彩和对比度是我们看到花朵觉得美丽的全部原因。

这种客观性有一个翻版，那就是自然界中还有一些东西在我们看来是美的，这些东西既不是人类创造力的成果，也不是跨越鸿沟的协同进化的结果，例如夜空、瀑布、日落。花的情况难道不一样？但情况确实不一样。那些东西可能看上去有吸引力，但它们并没有设计表象。它们的情况不像佩利的手表，而像是用太阳来计时。如果不提及计时功能，就无法解释手表为什么是那个样子，因为如果它做得略有不同，无法用来计时。但是正如我所说的，就算太阳系发生改变，太阳仍然可以用来计时。同样，佩利可能觉得一块石头看上去很有吸引力，也许会把它带回家当成一个观赏性的镇纸来用。但他不会坐下来写一本专著，论述任何细节改变会怎样使这块石头失去镇纸的功能，因为本来就不会这样。对夜空、瀑布和几乎所有其他的自然现象也是同理。但花朵确实有着追求美丽的设计表象：如果它们看起来像叶子或根，就会失去它们通用的吸引力，甚至去掉一个花瓣都会降低它的吸引力。

我们知道手表的设计是为了什么，但不知道美丽的设计是为了什么。我们面临的情形就像是，考古学家在一座古墓里发现了一些未知语言的铭文，它们看起来像文字，而不仅是墙壁上毫无意义的痕迹。这有可能是个误解，但它们看起来像是有意刻在那里的。花与此类似，它们看起来像是为了我们称为"美"的目的而进化成这样的，我们可以（不完美地）识别美，但对其性质知之甚少。

在以上讨论的启发下，关于花对人类有吸引力的现象，以及我提到的其他零碎证据，我只能看到一个解释。那就是，我们所说的美分为两种类型。其一是狭隘的类型，局限于一个物种、一种文化或一个个体。另一种与以上全都无关，它是通用的，像物理规律一样客观。创造其中任何一种美都需要知识，但创造第二种美需要有着通用延伸范围的知识。它延伸到各个方面，从花的基因组（它有着竞争性授粉的问题）到人类的头脑（它能把由上述方式产生的花当作艺术来欣赏）。没有什么伟大的艺术——人类的艺术家要比这强得多，这是可以预料的。但它有着难以伪造的、追求美的设计表象。

那么，如果**人类**没有经历过类似的协同进化，为什么会欣赏客观的美？在某个层面上答案很简单，那就是我们是通用解释者，能创造出与任何事物有关的知识。但是我们为什么要特地创造出美学知识？

这是因为我们**确实**与花朵和昆虫面临着同样的问题。跨越两个人之间的鸿沟传递信号，与跨越两个物种之间的鸿沟传递信号是类似的。以知识内容和创新的独立性而论，一个人就像是一个物种。对任何其他物种而言，其所有个体都有着几乎相同的基因编码，根据同样的标准采取行动和被吸引。人类则截然不同，一个人的头脑里的信息量，比任一物种基因组里的信息量还要多，更是远远多于一个人独有的遗传信息。因此人类艺术家是在跨越人与人之间的鸿沟传递信息，这种鸿沟与花朵和昆虫之间的物种鸿沟有着同样大的尺度。他们可以用一些物种特有的标准，但也能实现客观的美。对我们其他所有的知识来说，情况也完全相同：我们能通过由基因或文化决定的预设信息与其他人交流，也可以发明新东西。对于后一种情况，要起到交流的作用，我们最好努力超越狭隘去追求通用真理。或许这也是人类开始超越狭隘追求通用真理的最可能原因。

我觉得，根据该理论可以必然推导出一个有趣的结论：人类的外貌由于受到性别选择的影响，在满足物种特有的美丽标准之余，也满足了客观的美丽标准。在这条路上我们可能还没有走多远，因为我们与猿分家只有几十万年，在外貌上与猿的差别不是很大。但我猜想，等到人类更了解美，就会发现人类与猿的外貌差异中，绝大多数都是朝着使人在客观上比猿更美的方向发展。

两种类型的美，通常被创造出来解决两种类型的问题，可以分别称为纯粹的问题和应用的问题。应用类型的问题是传递信息，通常由创造出狭隘类型的美来解决。人类也有这类问题：例如，计算机的图形用户界面，主要是为了促进该计算机的使用舒适性和效率而创造出来的。有时候，一首诗或一首歌也是为了同样的实用目的而写出来的：增强一个文化的凝聚力，推进一项政治目的，甚至宣传一种饮料。同样，这种目的有时也可以通过创造**客观**的美来达成，但通常用的是狭隘的美，因为创造起来比较容易。

另外一种类型的问题，即纯粹的问题是，在生物学中没有可以类比的事物，它是为了美本身而创造美，包括设立更高的美丽标准，如新的艺术标准或风格。这与纯科学研究类似。这样的科研所需要的头脑与这样的艺术所需要的头脑在本质上是同一种，两者都是在追求能用的客观真理。

我相信，以上两者都在通过寻求好解释来追求通用的客观真理。在涉及故事的艺术形式——也就是小说中，情况尤其如此。正如我在第 11 章中所提到的，一个好故事对它描绘的虚构事件有一个好解释。但这一点适用于所有的艺术形式。对某些艺术形式，特别难用语言对一件特定艺术作品的美进行解释，就算人们知道这个解释是什么也是一样，因为相关知识本身就无法用语言表达——它是**模糊**的。还没有人知道怎样把音乐解释翻译成自然语言。然而如果一段音乐有着"只要换掉一个音符就会削弱曲子的美感"的特性，它就有一个解释，作曲家知道这个解释，欣赏这段音乐的听众也知道。总有一天，它能用言语表达出来。

这与科学和数学之间的差异也没有表面上看起来那么大：诗歌与数学或物理有着同一种属性，那就是它们都开发了一套与普通语言不同的语言，用来有效地描述一些用普通语言描述起来效率非常低的事物。它们做到这一点的途径都是构建普通语言的变种。要理解科学和艺术，必须先理解这些变种。

应用艺术与纯艺术"感觉"起来是一样的。而且，正如我们需要复杂的知识去区分小鸟飞过天空的运动（这是客观发生的）、太阳划过天空的运动（这只是一种主观错觉，由我们的运动导致）和月球的运动（主观和客观皆有），纯粹的艺术和应用的艺术、通用的美和狭隘的美，在我们对事物的主观欣赏中也是混合的。把它们区分开来非常重要。因为只有沿着客观方向，我们才能预期取得无限的进步。其他方向在本质上都是有限的，它们受到我们的基因和现有传统里固有的有限知识约束。

这涉及关于艺术是什么的各种现有理论。古代的美术（例如希腊的美术）起初主要是重现人体和其他物体外形的技艺。这与追求客观的美不一样，原因之一是它能臻于完美（从负面意义上说，它能达到一种无法再有较大改进的状态）。但这也是一种能让艺术家追求纯粹艺术的技艺，艺术家们在古代追求过纯艺术，在文艺复兴时期这一传统复活的时候又开始追求。

关于艺术的目的，存在着功利主义理论。这些理论贬低纯艺术，就像同样的论述贬低科学和数学那样。但是，对于艺术改进由什么构成这个问题，人们别无选择，就像在数学上无法选择何为真何为假。如果有人努力调节自己的科学理论或哲学立场，以适应特定的政治目的或个人偏好，那就完全搞反了。艺术可以**用于**多种目的，但艺术价值并不从属于任何其他事物，也不能从任何其他事物中得来。

同样的批判也适用于认为艺术是自我表达的理论。**表达**是传递已经存在的事物，而艺术的客观进步是创造新事物。而且，自我表达是表达主观事物，而纯艺术是客观的。出于同样的理由，任何只包含自发或机械行为的艺术，例如向画布上泼洒颜料或者腌泡绵羊 [1] 都缺乏

---

[1]　随意泼洒颜料是"行动绘画"画派的一种典型做法，代表艺术家有杰克逊·波洛克等。"腌泡绵羊"指英国艺术家达明安·赫斯特的作品《迷途的羔羊》，是一只泡在福尔马林里的绵羊。——译注

取得艺术进步的手段，因为真正的进步是很难的，每一次成功背后都有许多错误。

如果我是对的，那么艺术的未来将与所有其他类型的知识的未来一样惊人：未来的艺术能创造出美的无限增长。我只能推测，但想必也可以期待新型的统一。当我们更好地理解了优雅到底是什么之后，也许就能找到更好的新办法，用优雅或美来寻求真理。我猜我们将能设计新的感知、新的感受性，能够容纳我们目前在字面意义上无法体会的新型的美。"做一只蝙蝠是什么感觉？"这是由哲学家托马斯·内格尔提出的一个著名问题。（更准确的说法是，如果一个人有了蝙蝠的回声定位感知会是什么感觉？）也许完整的答案是，在未来，发现这会是什么感觉将不是哲学家的任务，而是技术艺术的任务，后者将使我们拥有这种体验本身。

术　语

美学理论——有关美的哲学。

优雅——解释、数学公式等事物中蕴含的美。

明晰的——用文字或符号来表达。

模糊的——非明晰的。

隐含的——以暗示或其他形式包含在其他信息中。

"无穷的开始"在本章的意义

——以下事实：优雅是寻求真理的有益启发。

——为了允许不同的人进行交流而创造客观知识的需要。

小　结

美学中有客观真理。流行的说法认为不可能有客观的美，这是经验主义的遗物。美学真理与实际真理有关系，它们既通过解释互相关联，也因为艺术问题可以从物理事实和情况中突现出来。花在人眼里总是美的，而它们的设计是为一个显然与人类无关的目的进化而来，这一事实显示美是客观的。美的趋同标准，在预先的共享知识不足以提供难以伪造的信号时，解决了创造此类信号的问题。

第15章　文化的进化

存留下来的观念

文化是一整套思想观念，这些观念导致持有它们的人以特定方式行事。我用"观念"一词在这里指代任何能存储在人们大脑中并能影响其行为的信息。在这个意义上，一个国家里共有的价值观，用一种特定语言交流的能力，对一条学术准则的共同了解，对一种特定音乐风格的欣赏，全都是定义文化的"整套观念"。其中有许多是含糊的，事实上所有的观念里都有某些含糊的元素，因为就算是我们有关词语含义的知识，很大程度上也是在我们脑海里说不清的。体育技能（例如骑自行车的能力）包含的含糊内容特别多，就像自由和知识之类的哲学概念一样。明晰与含糊之间并非总是界限分明。例如，一首诗或一则讽刺作品可能在一个主题上很明晰，特定文化的观众无须告知就必定能明白它是在说另一个主题。

世界上主要的文化——包括国家、语言、哲学和艺术运动、社会传统和宗教——都是在几百甚至几千年里逐步创建的。它们大部分的关键观念，包括含糊的观念，都有着从一个人传递给另一个人的悠久历史。这些观念因此成为**谜米**——身为复制因子的观念。

然而，文化会改变。人们在他们的头脑中修改文化理念，有时会把修改过的版本传承下去。无心的修改也是不可避免的，其中一部分是由于直接的错误，一部分是由于含糊的观念很难准确传达，没有办法像下载计算机程序那样把这些观念从一个大脑中直接下载到另一个大脑中。就算是以某种语言为母语的人，也不会对每个词语给出相同的定义。因此，两个人头脑里的文化观念完全相同的情形是极为罕见的，如果有的话。这就是为什么一场政治或哲学运动或一种宗教在创始人死亡之后通常会出现分裂，有时甚至在创始人死亡之前就开始分裂了。该运动最忠实的追随者们往往会震惊地发现，他们对教义的内容"到底"是什么意见不一。如果宗教有一本明确陈述教义的圣书，情况也不会有多大的区别：人们经常为词语的含义和句子的解释发生纠纷。

因此，文化实际上并非由一套完全相同的谜米确定，而是由一套谜米变种确定，这些变种会导致稍有区别的特征行为。有些变种倾向于使拥有它们的人热情地践行或谈论它们，其他变种的这种效果较弱。有些变种比其他变种更容易让潜在接收者在他们的头脑里复制。这些因素和其他一些因素影响着一个谜米的每个变种有多大可能忠实传递下去。少数特殊变种一旦在某个人的头脑里出现，就倾向于在整个文化里传播开来，同时其含义基本不变（含义表现为它们导致的行为）。我们对这类谜米很熟悉，因为悠久的文化是由它们构成的。然而在另一种意义上，它们是一类不寻常的观念，因为大多数观念都是短命的。每个人的头脑都会产生许多想法，但只有很少一部分想法会导致被其他人注意到的行动，这其中又只有很少一部分被其他人复制。所以，绝大多数观念都在一个人的有生之年或更短的时间内就消失了。因此，在一个悠久的文化里，人们的行为部分由迅速消亡的新观念决定，部分由**长寿谜米**决定，后者是连续多次精确复制的特殊观念。

文化研究中的一个根本问题是：是什么使长寿谜米拥有历经多次复制而不改变的特殊能力？另一个问题与本书的主题密切相关，那就是：当这类谜米发生变化时，什么样的条件能使它们变得更好？

认为文化会进化的观念，至少与生物上的进化观念一样久远。但人们为理解文化如何进化所做的努力，大部分建立在对进化的误解的基础上。纳粹之类的法西斯意识形态使用了歪曲或不准确的进化观念（如"适者生存"）来为暴力开脱。但事实上，生物进化中的竞争并不是物种之间的竞争，而是**同一物种内部的基因变种**之间的竞争。这种竞争**能**导致物种之间的暴力或其他竞争，但也能导致物种之间的合作（例如花与昆虫的共生），以及形形色色错综复杂的竞争与合作的结合。

尽管法西斯主义者设想了错误的生物进化理论，但是，把社会与生物圈进行类比往往是指社会很严酷，这一点并非偶然：生物圈本来就是严酷的。它充满了掠夺、欺骗、征服、奴役、饥饿和灭绝。因此，那些认为文化进化是这个样子的人，最终要么反对它（推崇静止不变的社会），要么容忍这类不道德的行为，认为这是必要的或不可避免的。

通过类比进行论证是错误的。虽然任何两种事物之间的任何类比都包含着些微的真理，但人在对什么与什么相似、它们为什么相似有了独立的解释之前，不可能判断出这些真理到底是什么。生物圈—文化类比中的主要危险在于，它会鼓励人以还原主义的方式去思考人类状况，这种方式会抹杀那些对理解人类状况至关重要的高层次差异——例如没头脑与有创意之间、决定论与选择之间、正确与错误之间的差异。这类差异在生物学水平上没有意义。实际上，人们提出生物圈—文化的类比，正是为了推翻一种常识观念，即认为人类是因果关系的能动者，有能力为自身做出道德选择并创造新知识。

正如我将要解释的，虽然生物进化和文化进化是用同一个基本理论来描述的，但其传播、变异和选择的机制全都非常不同。由此产生的"自然历史"也不同。对于生物体、细胞、有性生殖或无性生殖，在文化上都没有相近的类似物。在机制和成果的层面上，基因与谜米要多不同就有多不同。它们只在解释的最低层面上相似，即两者都是把**知识具象化**的**复制因子**，受同样的基本原则制约，这些原则决定了在哪些情况下知识能保存或者不能保存、能改进或者不能改进。

谜米进化

在艾萨克·阿西莫夫1956年所写的经典科幻小说《爱开玩笑的人》中，主角是一位研究笑话的科学家。他发现，虽然大多数人都会不时地说出一些原创的俏皮话，但是他们从来没有发明出一个他认为的成熟笑话，即有情节有笑料的故事。他们每次讲笑话，都只是在重复他们从别人那里听来的笑话。那么，笑话最初是从哪里来的？谁创造了它们？《爱开玩笑的人》给出的虚构答案颇为牵强，在此无须关注。但故事的前提并不荒唐：有些笑话不是由任何人创造的，而是进化出来的，这一点确乎言之有理。

人们互相讲述有趣的故事——有些是虚构的，有些是事实。这些故事并不是笑话，但其中有些变成了谜米：它们足够有趣，使得听众把它们复述给别人听，这其中又有一些人再向别人复述。但人们很少逐字逐句地背诵，也不会保留故事内容的每个细节。因此，一个经常被复述的故事会以不同的版本存在。其中有些版本比别的版本得到更多复述，有时是因为人们觉得它们更有趣。因此，进化的条件已经存在：不准确地复制信息的重复循环，随选择而变化。最终，故事变得有趣到能让人发笑，一个成熟的笑话就进化出来了。

可以想象，一个笑话可以通过本来不是为了更加好笑的变异进化出来。例如，人们听到一个故事时，可能会误听或误解其中的某些方面，或者出于实用原因对其做出修改，在很少一部分情况下，由于纯粹的运气，产生了一个更有趣的故事版本，它可以得到更好的传播。如果一个笑话通过这种方式由一个非笑话进化而来，那么它的确没有作者。另一种可能性是，在这个有趣的故事变成笑话的过程中对它做出修改的大多数人**设计**了他们的贡献，使用他们的创造力有意地让故事变得更好笑。在这些情况下，虽然笑话的确是通过变异和选择而创造出来的，它的滑稽性却是人类创造力的结果。这样，说"没有人创造它"就存在误导，它有许多共同作者，每个人都对成果贡献了创造性的思维。但可能仍然确实没有人理解为什么这个笑话这么好笑，因此，没有人能随意创造出另一个同等质量的笑话。

虽然我们不知道创造性究竟是怎样工作的，但我们确实知道，它本身是在个体的大脑中发生的进化过程，因为它取决于猜想（也就是变异）和批评（为了选择观念）。所以，在大脑内部的某些地方，盲目的变异和选择积累起来，成为更高突现层次上的创造性思维。

谜米的观念遭到很多激烈批评，这些批评在我看来是错误的，它们的大概意思是，谜米是模糊、无意义或带有倾向性的。例如，在古希腊的宗教被压制时，人们仍然在讲述它的神话故事，虽然只是当作虚构小说来讲，那么这些故事仍然是同一批谜米吗，只是导致了新的行为？牛顿定律从拉丁文原文翻译成英语时，导致人们用不同的词语来讲述和书写它们。这还是同一批谜米吗？但事实上，这类问题没有质疑谜米的存在，也没有质疑这个概念的实用性。这就像太阳系中哪些天体可称为"行星"的争议一样。冥王星甚至比我们太阳系里的一些卫星还小，它是不是"真正的"行星？木星是不是真的不是行星，而是一颗未点燃的恒星？这并不重要，重要的是实际存在的事物到底是什么。谜米确实存在，不管我们怎样称呼它们或对其进行分类。就像在基因的基本理论在 DNA 发现之前很久就创立了，如今我们虽然不知道观念怎样储存在头脑里，却确实知道有些观念可以从一个人传递给另一个人，并影响人们的行为。谜米就是这样的观念。

另一条对谜米的批评是，它不同于基因，没有以相同的物理形式存储在每一个持有者身上。但是，正如我所解释的，谜米未必会因此就不可能在对进化来说重要的意义上被"忠实"地传递。认为谜米从一个持有者传递给另一个持有者时仍能保留其特性，这种看法确实是有意义的。

正如基因会成群地共同工作以实现我们认为的单一适应性，也存在着谜米复合体，它由几个观念组成，可视作单一的复杂观念，诸如量子理论或新达尔文主义。因此，如果我们把一个谜米复合体称为一个谜米，是不要紧的。不过，包括谜米在内的观念并不能无限划分成亚谜米，因为达到某个点时，用一个谜米的一部分取代它本身会导致它不能被复制。例如，"2+3=5"不是一个谜米，因为它不包含能使自身被稳定复制的内容，除非是在复制某些有着通用延伸范围的算术理论的情况下，这样的理论如果不同时传递 2+3=5 的知识，就无法传递下去。

被一个笑话逗笑，再去复述这个笑话，都是由笑话造成的行为，但我们往往不知道自己为什么这样做。这个原因客观地存在于谜米里，但我们不知道。我们可以尝试去猜测，但我们的猜测未必是真实的。例如我们可以猜测，某个特定的笑话之所以好笑，是因为它的笑点出人意料。但进一步体验同一个笑话，我们可能会发现再次听到时它仍然很好笑。在这种情况下，我们面临着反直觉（但很常见）的处境，即对自身行为的原因认识有误。

语法规则里也有同样的情况。我们说："I am learning to play *the* piano."（英式英语），但我们从来不说："I am learning to play *the* baseball." 我们知道如何正确地组织这样的句子，但在我们想到语法之前，几乎没有人知道我们遵循的隐含语法规则存在着，更不用说知道这些规则是什么。美式英语的语法规则略有不同，因此，短语 "learning to play piano" 是可以接受的。我们可能好奇这是为什么，可能会猜想因为英国人更喜欢定冠词。但这也不是问题的解释：在英式英语中病人住院是 "in hospital"，在美式英语中是 "in the hospital"。

对普遍意义的谜米来说也是一样的：它们隐含了一些持有者不知道但会导致持有者们行为相似的信息。因此，正如以英语为母语的人会错误地理解他们为什么在一个给定句子中用定冠词 "the"，人们在实践其他谜米时也会错误地解释为什么他们要那样做，甚至对自己也是这样解释。

像基因一样，所有的谜米都包含着如何使自身得到复制的知识（通常是隐含的）。基因中的知识编码在 DNA 链里，谜米中的知识由大脑记住。两种情况下，知识都适应于使自身得到复制，效果比自身几乎所有的变种更加稳定可靠。两种情况下，适应性都是变异与选择交替进行的结果。

然而，复制机制的逻辑在基因和谜米中是非常不同的。在通过分裂进行繁殖的生物体中，要么全部基因被复制到下一代，要么（如果个体未能繁殖的话）没有基因来复制。在有性生殖中，要么随机选自父母双方的一套完整基因来复制，要么没有基因被复制。所有情况下，DNA复制过程都是自动的，基因被不加区别地任意复制。其中一个后果是，一些基因可以复制好几代都不"表达"（造成任何行为）。无论你的父母是否曾经骨折，修复断骨的基因（除非发生不太可能的突变）都会传给你和你的后裔。

谜米所面临的情况完全不同。每个谜米每次被复制时都必须表达成行为。因为（在所有其他谜米创造的环境中）导致复制的正是这个行为，也只有这个行为。这是因为，接收者看不到谜米在持有者脑中的呈现。谜米不能像计算机程序那样下载。它如果不能被践行，就不能被复制。

这样的结果是，谜米必然会交替地体现在两个不同的物理形式中：大脑中的记忆以及行为，如图15-1所示。

图15-1　谜米以大脑形式和行为形式存在，每种形式都被复制到另一个人身上

在每个谜米世代中，这两种形式中的每一种都必须得到复制（具体

说来是转移成另一种形式）。（谜米的"世代"就是指复制给另一个个体的连续情形。）技术可以在谜米的生命周期里添加新的阶段。例如，行为可能是写下某些东西，这就使谜米以第三种物理形式具象化，它可能随后使读到它的人实践其他行为，导致谜米出现在某人的脑子里。但所有的谜米都必须至少有两个物理形式。

相比之下，对基因来说，复制因子只以一种物理形式存在，那就是（生殖细胞里的）DNA链，见图 15-2。虽然它可能被复制到生物体内的其他地方，翻译成 RNA，表达成行为，但后面这些形式都不是复制因子。认为行为可能是复制因子，这样的观念是某种形式的拉马克主义，因为它暗示受环境改造的行为可以遗传下去。

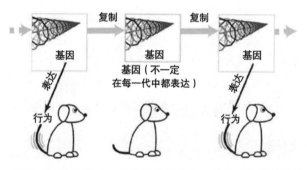

图15-2　基因只以一种物理形式存在，这种形式得到复制

因为谜米有着交替的物理形式，在每一个世代中，它都必须经受两套不同的、可能彼此不相关的选择机制而存留下来。大脑记忆的形式必须导致持有者实施行为，行为的形式必须使新的接收者记住它——并且实施它。

因此，举例来说，虽然宗教规定了某些行为，比如教育自己的孩子接受这个宗教，但仅仅有意愿把一个谜米传递给自己的孩子或其他人，还远远不足以实现意愿。这就是为什么绝大多数创立新宗教的尝试都失败了，即使其创始成员非常卖力地传播。在这类情况下，一个被某些人接受的观念成功地使他们实践了不同的行为，包括产生意愿让自己的孩子或其他人同样去做，但这些行为未能使同一个观念在接收者的头脑中扎下根来。

世界上存在着历史悠久的宗教，这一现象有时被解释为"孩子们容易轻信"或"容易被超自然的故事恐吓"。但这不是真正的解释。绝大多数观念就是不具备说服（或恐吓、哄骗或其他）孩子们或其他人去对他人同样行事的能力。如果创建一个忠实复制的谜米有那么容易，那我们社会里的所有成年人就都会精通代数，因为在他们还是小孩的时候人们曾努力把代数教给他们。准确地说，他们全都会成为熟练的代数教师。

一个观念要想成为一个谜米，它必须包含相当复杂的知识，内容是如何导致人们至少做两件独立的事情：忠实透彻地理解谜米，并且实践它。有些谜米能使自身以极高的保真度复制许多世代，这是它们包含大量知识的标志。

自私的谜米

如果一个基因存在于基因组里，那么在适当的情况出现时，它必定会表达成一种酶，并产生它特有的效果，就像我在第 6 章中描述的那样。如果基因组的其他部分得到了成功的复制，它也不会被抛下。但一个谜米如果仅仅是存在于头脑里，它并不会自动表达成一种行为，谜米必须在同一个头脑里与其他观念竞争这个特权，这些观念包括涉及各种主题的谜米和非谜米。仅仅表达为行为也不会自动使谜米与其他谜米一道复制到接收者那里，它必须与其他人的各种行为以及接收者的思想观念共同竞争接收者的注意力和接受力。除了所有这一切以外，谜米还要面对基因所面对的类似选择，每个谜米都要在人群中与它自己的对手版本竞争，竞争方式可能是包含一些关于有用的功能的知识。

除了上述选择之外，谜米还会发生各种随机和有意的变化，因此它们会进化。在这个程度上，适用于基因的同一个逻辑也适用于谜米：谜米是"自私的"。它们的进化未必有利于持有者或所属的社会，甚至同样未必有利于它们自己，除非是在比其他谜米更好地复制的意义上。（不过现在**大多数**其他谜米都是其对手，不限于自身的变种。）成功的谜米变种能够改变其持有者的行为，使它最擅长在人群中取代其他谜米。该变种可能也会对其持有者、所属的文化或整个物种有利。但如果它对持有者、文化或物种有害，甚至导致它们的毁灭，也仍然能够传播。损害社会的谜米是一种熟悉的现象。你只需要想想你最憎恶的政治观点或宗教，它们的追随者所造成的损害。一些最擅长在人群中传播的谜米对社会有害，已经导致多个社会的毁灭，我将在第 17 章中讨论一个这样的例子。无数的个人因为接受了对他们有害的谜米而受到伤害或死亡，例如荒谬的政治意识形态或危险的狂热。幸运的是，对谜米而言，这并不是故事的全部内容。为了理解故事的剩下部分，我们必须考虑基因用来使自身得到忠实复制的基本策略。

静态社会

正如我已经解释过的，人类的大脑——完全不同于基因组——本身就是一个发生着激烈的变化、选择和竞争的场地。在一个大脑里创造出来的观念，大多数都是为了在想象中对它们进行试验、批评和改变，直到它们符合这个人的偏好。换句话说，谜米的复制本身就包括发生在个人头脑内的进化。有些情况下，可能先要经历成千上万个变异和选择的周期，才会有一个谜米变种得到实践。因此，就算是在一个谜米复制到新的持有者之后，它还没有完成生命周期。它还必须经历一轮选择过程而生存下来，这就是谜米持有者对于要不要实践它的选择。

头脑用来进行这种选择的标准中，有一些本身就是谜米。其中有些是自然产生的观念（通过改变谜米或其他方式产生），从未在其他任何头脑里出现过。在不同的人之间，这种观念可能差异极大，某个给定的谜米能否通过某个特定的人存留下来，它们起着决定性的影响。

由于人接收一个谜米之后能很快就实践和传播它，谜米的一代可以比人类的一代短很多。在谜米的一代里，相关的头脑中就可能发生许多个变异和选择的周期。此外，谜米还可以传递给持有者的亲缘后裔之外的人。这些因素使得谜米进化比基因进化快得多，也是谜米之所以能包含这么多知识的部分原因。因此，人们经常引用的关于地球生命史的一个比喻是误导的，该比喻称在生命存在的一"天"里，人类文明只占到最后的一"秒"。事实上，我们这颗行星上迄今很大一部分进化发生在人类的头脑里，它还只是刚刚开始。生物进化只是一个序言，进化的主要情节是谜米进化。

但是，出于同样的原因，表面看来，谜米复制的可靠性天生就比基因复制的可靠性低得多。由于谜米的隐性内容不能逐字逐句复制，而必须根据持有者的行为来猜测，因此一个谜米在每个持有者头脑中都会发生大量有意的变异，如果有哪个谜米能得到哪怕一次忠实的传递都堪称奇迹。实际上，所有长寿谜米的生存战略都由这个问题主导。

这个问题的另一种表述是，人们思考并尝试改进他们的观念，就会改变这些观念。长寿谜米能够一遍遍经受这种严酷考验而幸存。这怎么可能呢？

启蒙运动之后的西方，是唯一在超过几代人的时间里持续经历快得足以引人注目的变化的社会。短暂的快速变化一直在发生：饥荒、瘟疫和战争来了又走了，特立独行的君王们试图进行激进的改革。这偶尔会迅速造就帝国，或迅速摧毁整个文明。但是，在一个社会存续期间，对其成员来说，生活的所有重要领域几乎都保持不变，他们预期自己死去时，道德观念、个人生活方式、概念框架、技术和经济生产模式仍然与他们出生时一样。而且，如果真的发生了变化，也几乎不会往好的方向变。我把这种社会称为"静态社会"，它们发生变化的时间尺度很大，不会引起其居民的注意。在理解我们这个非同寻常的动态社会之前，必须先理解这种寻常的静态社会。

一个社会要成为静态社会，它所有的谜米必须保持不变，或者变化很慢、难以察觉。从我们这个迅速变化的社会的角度来看，这种静态状况是很难想象的。例如，考虑一个孤立的原始社会，它出于某种原因在许多代人的时间里一直保持不变。为什么？很有可能这个社会里从来没有人想要让它发生变化，因为他们想不到其他的生活方式。然而其成员不能免于疼痛、饥饿、悲伤、恐惧或其他的身心痛苦。他们试图想办法缓解其中一部分痛苦。有些这样的想法是原创的，偶尔会有一个真的有用。它只需要是一个微小的、试验性的改善，例如稍微少花力气打猎或种植粮食的方法，或者制造稍好工具的方法，更好地记录债务或法律的方法，夫妇关系或亲子关系的微小变化，对待社会统治者或神灵的态度略有不同。然后会发生什么？

有这个想法的人可能也想告诉其他人。相信了这个想法的人会发现，它能使生活稍微少些艰辛、野蛮和匮乏。他们会把这个想法告诉家人和朋友，后者再告诉自己的家人和朋友。这个想法会在人的头脑里与其他关于怎样改善生活的想法竞争，其中大多数可能都是错的。为了方便起见，假设这个独特的正确想法碰巧被人们相信了，在社会中传播开来。

这样一来，社会就会变化。它可能变得不多，但这只是一个人思考出来的一个想法导致的改变。把它乘以社会里思考的头脑的数量，以及每个头脑一生中进行的思考的数量，让这种情形持续几代人，结果就是一股呈指数增长的、革命性的力量，使社会的方方面面都发生改变。

但在一个静态社会里，这种无穷的开始永远不会发生。我在这个故事中对一个静态社会的设想完全失败，虽然我仅仅是假设了人们努力改善生活、他们不能完美地传递自己的想法、经受变异和选择的信息会进化。

一个社会要成为静态社会，还必须发生一些其他的事，我的故事没有考虑到的一点是，静态社会有着习俗和法律，也就是禁忌，会阻止他们的谜米发生变化。它们强制实践现有的谜米，禁止实践谜米的变种，压制对现状的批评。但是，单靠这些还不能抑制变化。首先，**没有**一个谜米的实践与上一代完全相同。以完美精度指定可接受行为的所有方面，是不可行的。其次，不可能预先得知对传统行为的哪些微小偏差会带来进一步的变化。最后，一旦某个变异想法开始传播，哪怕是仅仅传给一个人（意味着这个人会偏好该变种），要阻止它继续传播就极其困难。没有哪个社会能够仅仅靠在新想法出现时予以压制而保持静态。

这就是为什么强行维持现状永远只是阻止变化的一个辅助手段，一个扫尾工作。主要手段永远是——而且只能是——毁掉新思想的源泉，即人类创造力。因此，静态社会永远有着把孩子培养得丧失创造力和批评力的传统。这能保证大多数有可能改变社会的新思想根本就不会产生。

如何做到这一点？具体细节变化多端，在此无关紧要，但结果就是，在这样的社会里成长起来的人，获得了一套评价自身和他人的价值观，其效果实际上就是消除独特之处，仅仅寻求与构成社会的重要谜米保持一致。他们不仅实践这些谜米，还认为自己存在的目的就是实践这些谜米。因此，这种社会不仅把服从、虔诚和忠于职守等品质强加于人，社会成员的自我意识也倾注在同样的标准中。人们不知道别的东西。所以，他们以自己在多大程度上服从社会谜米为标准，以此为基础感觉到骄傲或耻辱，并形成他们所有的愿望与观点。

谜米怎么"知道"怎样对人类的思想和行为产生这么复杂的、可复制的影响？它们当然不**知道**，它们并不是有知觉的生物。它们只是隐含了这些知识。它们的知识是怎么来的？是进化而来的。在任何时刻，谜米都以许多变种形式存在，这些变种要经受偏爱**忠实复制**的选择。对于静态社会里的每个长寿谜米，都有成百上千万的变种因为缺少了一点东西而被淘汰，这点东西可能是一点儿额外的信息，或者在阻止竞争对手被想到或被实践方面多出来的一点儿无情的效率，或者心理力量方面的微弱优势，或者任何让它在人群中的传播情况强于对手所需要的东西，或者在它流行起来之后使它被复制和实践的忠实程度更高一点的东西。如果有一个变种碰巧稍微更擅长导致有这些自我复制属性的行为，它很快就会流行起来。一旦流行，又会有许多这个变种的变种出现，它们也面临同样的进化压力。因此，谜米的连续版本积累的知识，使它们能更加稳定地对其人类受害者施加它们独有的损害。就像基因一样，它们也可能带来益处，但就算是这样，也不太可能以最佳方式实现。就像眼睛的基因隐含地"知道"光学定律，静态社会的长寿谜米也隐含地拥有此种人类情形的知识，并利用这些知识无情地绕过它们奴役的人类头脑的防御，利用其弱点。

谈一下时间尺度：根据定义，静态社会并非完全不变。它们在人类能注意到的时间尺度上是静态的，但谜米不能阻止比这更缓慢的变化。因此，静态社会里仍然发生着谜米进化，只不过非常缓慢，大多数社会成员在大多数时间里都注意不到。例如，古生物学家研究旧石器时代的工具时，通过形状确定其年代只能达到几千年级别的精确度，因为当时工具改善的速度不会比这更快。（注意，这个速度还是比生物进化快得多。）研究古罗马或古埃及静态社会的工具时，有可能仅通过工具的技术把年代确定到最接近的世纪。但未来历史学家研究今天的汽车和其他技术产品时，将很容易把年代确定到最接近的十年，对计算机技术则能确定到最接近的一年或更短的时间。

谜米进化倾向于使谜米保持静态，但未必会使整个社会保持静态。同基因一样，谜米并不是为了群体利益而进化。然而，正如基因进化可以造就长久生存的生物体，并为它们带来一些利益，谜米进化有时能造就静态社会，合作使社会保持静态，并通过具象化真理来帮助它们发挥功能，也就不奇怪了。同样不奇怪的是，谜米经常对它们的持有者有用（虽然基本不会是最优方式）。正如生物体是基因的工具，个人被谜米用来达成它们在人群中传播的"目标"。而且，为了做到这一点，谜米有时会带来益处。不过。谜米进化与生物进化的一个区别是，生物体**只不过**是它们所有基因的奴隶，谜米却永远只能控制一个人的部分思想，就算是在最盲从的静态社会里也一样。这就是为什么有人将谜米比喻成**病毒**，后者能控制细胞的部分功能来传播自身。有些病毒只是把自己插进宿主的 DNA，从此除了参与复制之外什么也不做，但谜米与这不同，它**必须**导致宿主产生该谜米独有的行为，利用知识使他们自身得到复制。其他病毒会摧毁宿主的细胞，就像谜米会摧毁持有者：当有人以值得上新闻的方式自杀时，通常会引发一连串的"模仿自杀"。

谜米首要的选择压力是倾向于忠实的复制。但还有压力是，尽可能少地损害持有者的头脑，因为人用头脑来长久生存，从而能尽可能多地实践谜米指定的行为。这推动谜米朝着一个方向发展：使持有者的头脑里产生一种**经过微调**的冲动，理想情况下这种冲动应该刚刚好不足以抑制实践特定谜米（或谜米复合体）的倾向。这样一来，比方说，能够长久存在的宗教使人们恐惧特定的超自然实体，但并不会导致总体上的恐惧和轻信，因为后者会从总体上损害持有者，并使他们更容易受谜米竞争者的影响。因此，进化压力是使心理损害局限在接收者思想的一个相对狭窄的区域里，但扎根牢固，使接收者在考虑偏离该谜米指定的行为时要面临巨大的感情代价。

如果人们没有办法摆脱这种影响，静态社会就形成了：所有重要的行为、人与人之间所有的关系以及所有的思想，全都是为了让这些谜米得到忠实的复制。在谜米**控制**的所有领域都不能进行批评。创新完全不可容忍，也几乎没有人尝试创新。对人类头脑的这种破坏，造就了在我们看来无法想象的静态社会。无数的人们，一代又一代，终其一生希望着他们的痛苦能得到缓解，但他们不仅未能在实现这种希望方面取得进步，而且很大程度上根本就没有去尝试追求进步，甚至没有去想过尝试。即使他们看到机遇，也会拒不接受。我们所有人生来就熟悉的创新精神，在能创造出任何新东西之前就会被系统地消灭。

静态社会涉及——意思是**包含**——防止知识增长的残酷斗争。但其内容还不止于此。如果静态社会里出现了一个迅速传播的想法，没有理由期待它会是正确或有用的。这是我前面关于静态社会的描述中缺失的另一部分。**我假设**变化是朝着好的方向。但其实未必，特别是因为静态社会缺乏批评能力，使人容易受一些错误和有害的想法影响，禁忌不能保护他们免遭这些想法伤害。例如，当 14 世纪黑死病扰乱了欧洲的静态社会时，传播得最快的防疫想法都极其之坏。许多人确信这是世界末日，因此试图在人世间再进行任何改善都是无意义的。许多人杀害犹太人或"女巫"。许多人聚集在教堂和修道院里祈祷（结果无意中促进了疾病的蔓延，该病由跳蚤传播）。一个称为自笞者的邪教组织兴起，其成员致力于鞭笞自己，并宣扬以上所有的手段，以向上帝证明他的子民们知道错了。所有这些想法不仅确实是错的，而且在功能上有害，最终被当局为了恢复稳定而镇压。

然而具有讽刺意味的是，认为任何改变的弊端都会远远大于利益，这种静态社会的典型恐惧在很大程度上是正确的。静态社会确实一直面临着被功能异常的新生谜米损害或毁灭的危险。然而，在黑死病之后，有几个正确并且有用的想法也传播开来，可能对于以一种非同寻常的好方式（通过文艺复兴）终结那个静态社会做出了贡献。

静态社会靠有效地消灭谜米独有的进化来生存，这种进化是进行创造性的改变，以满足持有者的个人偏好。没有这一点，谜米进化就与基因进化更加相似，对两者进行幼稚类比所得出的一些冷酷结论全都适用。静态社会确实倾向于用暴力来解决问题，确实倾向于为社会的"利益"（也就是说，为了防止社会发生变化）而牺牲个人福祉。我在前面说过，相信这种类比的人最终要么鼓吹静态社会，要么纵容暴力和压迫。我们现在可以看到，这两种反应实质上是同一种：压迫是维持静态社会的手段；除非是静态的，否则给定类型的压迫不会长久持续。

　　知识持续呈指数增长的效果一目了然，因此我们可以在没有历史研究的情况下推断，在地球上，当前西方文明之前的所有社会要么是静态的，要么在几代人的时间里就被摧毁了。雅典和佛罗伦萨的黄金时代就是后者的例证，但可能还有许多其他类似的情形。这直接否认了一种被广泛接受的信念，该信念认为原始社会里的个人都很快乐，这种快乐的方式以后再不可能有了，他们不受社会习俗和其他规则约束，可以自由地表达并满足个人的需求和愿望。但原始社会（包括狩猎采集者部落）必定全都是静态社会，因为如果有哪一个不再是静态的，它很快就会不再是原始的，或者因为失去了它独有的知识而毁灭。在后一种情况下，知识增长仍然受到原始暴力的抑制，此类暴力能立即取代该静态社会的制度。一旦暴力促成变化，通常都不会变得更好。由于静态社会如果不能有效扼杀知识增长就不能存在，它们不会给社会成员多少追求幸福的机会。（具有讽刺意味的是，创造知识本身是一种自然的人类需求和愿望，而静态社会"不自然地"压抑它，不管社会有多么原始。）从这样一个社会里的每一个人的角度看，社会抑制创造力的机制会带来灾难性的损害。每个静态社会都必须长期阻止其成员尝试为自己或他人实现任何正面的东西，或者实际上是阻止他们尝试任何东西，除了谜米强制的行为之外。只有通过压制其成员的自我表达、瓦解他们的精神，静态社会才能使自己长生不灭，它的谜米极其适应做到这一点。

动态社会

但是，我们的社会（西方）不是一个静态社会。这是长期生存的动态（指迅速变化）社会唯一已知的实例。它能促成长期、迅速、和平的变化和改善，包括在价值观和目标的广泛共识方面的改善，就像我在第13章中描述的那样，这种能力在历史上是独一无二的。这之所以成为可能，是因为出现了一类完全不同的谜米，尽管它们仍然是"自私"的，却未必对个人有害。

为了解释这些新谜米的性质，让我提出这样一个问题：**在迅速变化的环境中**，什么样的谜米可以导致自己长期被复制？在这样的环境中，人们不断地面临着不可预知的问题和机遇，因此他们的需求和愿望也不可预知地变化着。在这种情况下，谜米怎样才能保持不变？静态社会里的谜米通过有效清除个人的选择来保持不变，人们不能选择要接受哪些观念，也不能选择实践哪些观念。这些谜米还结合起来使社会保持静态，人们所处的环境也就尽可能地相同。但一旦静止被打破，人们有了选择，就会做出选择，选择的一部分依据是他们的个人状况和想法。这种情况下，谜米面临的选择标准在不同的接收者之间有着不可预测的差异，在不同的时候也是。

一个谜米要传给单一的人，只要看上去对这个人有用就行了。要传给不变的环境中一群类似的人，它只需要是一条狭隘真理。但哪种观念最适合使自身不断地被多次接受，被有着不同的、不可预测的目标的许多人接受？**真实**的观念是好的备选方案。但并非所有的真理都可以。它必须看上去对**所有**这些人都有用，因为他们将要选择是否实施它。在这个语境里，"有用"不一定表示在功能上有用，而是指任何使人们愿意接受和实践一个观念的特点，例如有趣、好笑、优雅、容易记、道德正确等。要**看上去**对多种多样不可预测的环境中多种多样的人有效，最好的办法就是**确实**有效。这样一种观念就是最广泛意义上的真理，或者具象化了这样的真理：如果该观念是对事实的断言就确实正确，如果是艺术价值或艺术行为就是美的，如果是道德价值就是客观公正，如果是笑话就是好笑的，等等。

最有机会经历许多代的变化仍能存留下来的观念，是有着延伸的真理——深刻的真理。人容易犯错误，经常会偏好虚假、肤浅、无用或道德错误的观念。但具体偏爱**哪些**虚假观念，人与人之间是不同的，同一个人在不同的时候也不同。环境变化之后，徒有其表的谎言或狭隘的真理想要存留下来只能靠运气。但真实、深刻的观念有客观理由在较长时间里被目的各不相同的人认为有用。例如，牛顿定律有助于建造更好的教堂，但也能用来建造更好的桥梁，或设计更好的火炮。由于这种延伸，它们在许多代的时间里被各种各样的人记住并实践，其中许多人的目标严重对立。这就是那种有机会在迅速变化的社会里成为长寿谜米的观念。

事实上，这类谜米不仅仅**能够**经受迅速变化的批评标准而存留下来，它们还积极地依靠这样的批评来实现自身的忠实复制。它们没有受到强行维持现状或压制批评等手段的保护，因而会遭受批评，但**它们的竞争者**也同样遭受批评，竞争者的表现更差因而未得到实践。如果没有这种批评，正确的想法就不会拥有这种优势，可能会变坏或者废弃。

理性与反理性的谜米

因此，这类通过理性和批评思考创造出来的新型谜米，接下来同样依赖这样的思考来实现自身的忠实复制。所以，我可以称之为**理性谜米**。老式的、静态社会的那类谜米，通过使持有者失去批评能力来生存，我将称之为**反理性谜米**。理性谜米和反理性谜米的性质截然不同，其根源是它们的复制策略在根本上不同。它们相互之间的差别就像它们与基因的差别那样大。

如果某种妖怪有这样一种特性：害怕它的孩子长大以后会让**自己的**孩子也害怕它，那么讲述这种妖怪故事的行为就是一种谜米。假设它是一个理性谜米。然后一代又一代的人会对它进行批评，怀疑故事的真实性。由于实际上没有妖怪，这种谜米可能会进化到灭绝。请注意，它并不"在乎"自己会灭绝。谜米做它们必须做的事情，并没有意图，连关于自身的意图也没有。但它还有其他可能的进化道路。它有可能变成公然的虚构。由于理性谜米必须被看作对持有者有益，那些会引发不愉快情绪的谜米会处于劣势地位，因此它还可能进化得不再引起恐惧，而是倾向于引发比方说愉快的兴奋，或者（假如它选择代表一种真正的危险）为当前探索实用性、为未来探索乐观主义。

现在，假设这是一个反理性的谜米。引发不愉快的情绪将有助于它造成必需的伤害，那就是使听故事的人无法摆脱这种妖怪的念头，并使他们产生根深蒂固的冲动，要去想到和谈论这种妖怪。妖怪的属性越精确地利用人类头脑广泛存在的真实弱点，这种反理性谜米就越能忠实传播。如果该谜米能历经许多代而存留下来，有一点至关重要：它隐含的关于这些弱点的知识是真实而深刻的。但它的表面内容——

关于这种妖怪存在的观念——无须包含真理。相反，妖怪不存在有助于该谜米成为一个更好的复制因子，因为这样的话故事就不受现实威胁的普通属性约束，现实威胁往往是有限的，而且某种程度上可以战胜。如果故事能够削弱乐观主义原则，情形就更是如此。所以，正如理性谜米会朝着深刻真理的方向进化，非理性谜米会向远离深刻真理的方向进化。

像往常一样，把这两种复制策略混在一起不会带来好处。如果一个谜米包含对接收者来说真实而有益的知识，但会使接收者丧失批评该谜米的能力，那么接收者纠正这些知识中的错误的能力会降低，从而减少该谜米传播的忠实程度。而且如果一个谜米依赖于接收者相信它有益的信念，但实际上并无益处，那就会增加接收者抵制它或拒不实践它的可能性。

同样，理性谜米的天然居所是动态社会——差不多是任何动态社会，因为动态社会中的批评传统（乐观地指向解决问题的方向）将压制那些包含的真理略少的谜米变种。而且，迅速的进步将使这些变种面对持续变化的批评标准，仍然只有深刻真实的谜米才有机会生存。出于与此相反的种种原因，反理性谜米的天然居所是静态社会，不是所有的静态社会，而最好是它进化出来的那个社会。因此，每个类型的谜米如果处在大体上**相反**类型的社会里，使自身得到复制的能力就较弱。

启蒙运动

我们的西方社会并不是因为静态社会突然失灵而变成动态的，而是经历了许多代静态社会类型的进化。从静态到动态的转换是在什么时候从什么地方开始的，对此没有明确的界定，但我推测它开始于伽利略的哲学，可能随着牛顿的发现而变得不可逆转。对谜米而言，牛顿定律使自身作为理性谜米得到复制，并且保真度非常高，因为它们在诸多方面都非常有用。这种成功使人很难无视两种影响，一种是人们对自然的理解达到了前所未有的深度这一事实的哲学影响，另一种是实现这一切所用的科学和理性方法的哲学影响。

不管怎样，自牛顿以后，人们无法再忽视这样一个事实，那就是迅速的进步正在发生。（有些哲学家确实试着忽视它，特别是让-雅克·卢梭，但忽视的方式只是辩称理性有害、文明不好、原始生活很幸福。）科学、哲学和政治上雪崩式的进一步改善，彻底消除了恢复停滞的可能性。西方社会将成为无穷的开始，或者被毁灭。今天，西方以外的国家也在迅速变化，有时是出于与邻国作战的迫切需要。他们的文化也无法恢复静态，要么以自己的运作方式变得"西方化"，要么失去所有的知识，从而不复存在——这种两难局面在世界政治中正越来越重要。

即使在西方，今天的启蒙运动也完全未臻于完成。它在少数重要的领域里相对较为先进，在这些领域里，思念观念对批评、实验、选择和变化相当开放。但在许多其他领域里，谜米仍以旧方式复制，通过压制接收者的批评能力、忽视他们的偏好来进行。女孩子们努力表现得像淑女，在身材和外貌方面满足文化定义的标准，男孩子们则竭力表现得强壮，遇到痛苦时不哭。他们在做这些事的时候，全都是在复制古老的"性别刻板化"谜米，这些谜米现在仍是我们文化中的一部分，尽管明确支持这些谜米已经成为一种不太光彩的行为。这些谜米能够防止各种各样关于人应该过什么样的生活的观念在持有者的头脑里留下印象。如果他们的思想偶然想到不被允许的方向，他们就会感觉不安和尴尬，并且会像自古以来宗教人士想到背叛神时一样感觉恐惧和失去自我。他们失去了世界观和批评能力，正好能使他们在适当的时候把下一代养育得具有同样的思维模式和行为。

今天，反理性谜米仍然是我们的文化和个人头脑的重要组成部分，这个事实让我们很难接受。具有讽刺意味的是，我们比早期社会里头脑彻底封闭的人们更难接受这个事实。他们的大部分人生都用在实行复杂仪式上，而不是做出自己的选择、追求自己的目标，这样说他们并不会让他们困扰。相反，一个人的生活在多大程度上被义务、服从权威、虔诚、忠实等掌控，正是人们用来评价自己和他人的标尺。孩子们问为什么自己要实践繁重而看上去没有用的行为时，得到的答案将是"因为是我说的要这样"，将来他们在被自己的孩子问起同样的问题时，也会给出同样的答案，从来没有意识到他们给出了完整的解释。（这是一种有趣的谜米，它的明确内容是真实的，虽然持有者并不相信。）但在今天，由于我们渴求变化，并且对新观念和自我批评采取前所未有的开放态度，我们仍然在很大程度上是反理性谜米的奴隶，这一点就与大多数人的自我形象相冲突。我们大多数人都会承认自己多少有些烦恼，但大体上觉得自己的行为是我们通过自己的决策来决定的，而我们通过对论点和证据进行理性评估所做出的决策符合我们理性的自身利益。这种理性的自我形象本身就是我们社会里新近发展出来的产物，其中许多谜米会明确地推动并隐性地实践以下价值观：理性、思想自由、独立个人的固有价值等。我们会自然而然地以满足这些价值观来解释自我。

这其中显然包含真理，但不是故事的全部内容。只需要看看我们的服装款式和我们装饰屋子的方式，就能找到证据。想一想，如果你穿着睡衣去购物，或是你把你的家漆成蓝色和棕色的条纹，别人会怎么看待你。这暗示了，支配那些就算是客观上无关紧要的风格选择的习俗有多么狭隘，违背这些习俗的社会成本有多大。对于生活中更重要的模式，例如事业、关系、教育、道德、政治观念和民族认同，情况是不是也一样？考虑一下，当一个静态社会逐渐从反理性谜米转向理性谜米时，我们应当**预期**发生什么事。

这种过渡必然是渐进的，因为使一个动态社会保持稳定需要大量的知识。利用一个静态社会里仅有的手段创造知识，也就是说利用少量的创造性和知识、许多错误观念、谜米的盲目进化和反复试验来创造知识，必定会花费时间。

而且，社会在这个过程中要继续发挥它的功能。但理性谜米与反理性谜米共存会使这种转变不稳定。每个类型的谜米都会使人们采取行为去阻碍另一类谜米的忠实复制，非理性谜米需要人们避免批判性地思考他们的选择，而理性谜米需要人们尽可能批判性地思考。这意味着，在我们的社会中，没有谜米能够像非常静态的社会或者完全动态的社会（这种社会迄今还只存在于假设中）里的大多数成功的谜米那样可靠地复制。这导致了我们这个过渡时代特有的一些现象。

此类现象之一是，一些反理性谜米违反常理，朝着理性的方向进化。其中一个例子是从君主专制转变为"君主立宪"，这在一些民主体系里起到了积极作用。由于我说过的不稳定性，这种转变经常失败也不值得奇怪。

另一种现象是在动态社会里形成反理性的亚文化。回想一下，反理性的谜米选择性地压制批评，只造成经过微调的损害。这使得反理性亚文化的成员有可能在其他方面表现得很正常。所以，这类亚文化可以生存很长时间，直到其他领域的延伸偶然导致它们不稳定。例如，种族主义和其他形式的偏见如今几乎完全存在于压制批评的亚文化里。偏见之所以存在，并不是因为它们对持有偏见的人有好处，而是因为这些人使用固定的、非功能性的标准来决定生活中的选择，所以，尽管偏见会对这些人造成伤害却仍然存在。

现今的教育方法仍然与静态社会的教育方法有很多共同之处。虽然现代人嚷嚷着要鼓励批判性思维，但死记硬背的教书方法仍旧存在，通过心理压力反复灌输标准行为模式也仍旧是教育的组成部分，虽然这类做法在明确的理论中已经被全盘或部分抛弃。此外，在学术知识方面，实际上人们仍然理所当然地认为，教育的主要目的是忠实地传授一套标准课程。这样做的后果之一是，人们以缺乏活力的机械方式获取科学知识。由于没有办法批判性地差别对待他们所学的东西，其中大多数人不能有效地把科学和理性的谜米复制到自己的头脑里。于是我们生活在这样一个社会里，人们可以在白天认真地用激光技术数血样里的细胞，晚上则盘腿而坐念念有词，想从大地中汲取超自然能量。

与谜米共生

关于谜米的现有论述忽视了理性复制模式与非理性复制模式之间的首要区别，因而最终漏掉了大多数实际发生的事情，以及这些事为什么会发生。而且，由于谜米最明显的例子是长寿的反理性谜米和短暂随意的一时狂热，这类论述往往是反谜米的，就算它们正式承认最好、最有价值的知识也包含谜米。

例如，心理学家苏珊·布莱克摩尔在她的《谜米机器》一书中，试图用谜米进化为人类状况提供一个基本解释。关于我们这个物种的存在，谜米确实是其解释的一部分，但就像我将在下一章解释的那样，我相信她提出的特定机制不可能出现。不过关键的是，布莱克摩尔在谜米的复制和起源中都贬低了创造性因素。这使她质疑传统叙事中技术进步最好由个人行为来解释的说法。她认为技术进步是谜米进化导致的。她援引历史学家乔治·巴萨拉的书《技术的进化》，否认"英雄发明家的神话"。

但是，作为带来发现的媒介，"进化"与"英雄发明家"的区别只在静态社会中有意义。在静态社会中，大多数变化确实是以我所猜测的笑话进化方式出现的，没有哪个参与者发挥了高度的创造性。但在动态社会里，科学和技术创新通常是创造性地产生的。也就是说，它们以新颖想法的形式出现在个人的头脑里，在这些头脑里取得了很强的适应性。当然，在两种社会里，观念都是从以前的观念中通过变异和选择的过程产生的，这个过程构成了进化。但当进化主要发生在个人的头脑里时，它就不是谜米进化，而是英雄发明家的创造力。

更糟糕的是，对于进步，布莱克摩尔否认存在"朝向任何特定事物的进步"，也就是说，不存在朝向任何客观上更好的事物的进步。她只承认日益增加的复杂性。为什么？因为**生物**进化没有"更好"与"更坏"之分，尽管她自己警告说谜米进化与生物进化不同。她的说法同样在很大程度上适用于静态社会，但不适用于我们的社会。

既然我们的行为有一部分是由我们不知道内容的自治实体造成的，我们应该怎样理解人类独有的突现现象，例如创造性和选择？而且更糟糕的是，既然我们在自身想法、观点和行为的理由方面容易被这些实体系统性地误导，我们应该怎样理解上述现象？

这个问题的基本答案是，我们无须惊讶于自己可能在思想观念上大错特错，就算是关于自身的观念，就算我们强烈感觉自己正确。因此，我们应当对此做出的反应，原则上应该与对其他原因导致错误的可能性的反应相同。我们是易谬的，但通过猜想、批评和寻求好解释，我们可以纠正自己的一些错误。谜米会隐藏自己，但就像视觉盲点一样，没有什么东西能阻止我们结合解释和观察来间接检测到谜米并发现其隐含内容。

例如，一旦我们发现自己在实践某种复杂或狭义的、从一个持有者复制给另一位持有者的行为，就应该心存怀疑。如果我们发现实践这一行为会阻挠我们实现个人目标的努力，或者它表面上的理由消失之后仍然被忠实地继续实践，就应该更加怀疑。如果我们发现自己用坏解释来解释自己的行为，就应该越发怀疑。当然，任何时候我们都有可能注意不到这些东西，或者发现不了它们的真实解释。但在一个所有的恶都源于缺乏知识的世界里，失败不会是永久的。我们起初没能注意到引力的力量不存在，现在我们理解了。归根到底，发现问题更加容易了。

另一种应当引起我们怀疑的东西，是反理性谜米进化**条件**的存在，例如服从权威、静态的亚文化等。任何"因为我说要这样"或"它从没给我带来坏处"的说法，任何"让我们压制对我们的想法的批评，因为这些想法是真实的"的论调，都意味着静态社会的思维。我们应当检查和批评法律、惯例和其他制度，着眼于它们是否会形成反理性谜米进化的条件。避免这些条件是波普尔标准的实质。

从启蒙运动的那一刻起，解释性知识开始承担它那很快就将正常化的功能，成为物理事件最重要的决定性因素。至少它有可能是最重要的决定性因素：我们最好记住，我们试图去做的事情——持续创造知识，是此前从来没有成功过的。确实，从这一刻开始，我们将要尝试实现的所有事物，都是从来没有成功过的。到目前为止，我们已经从永恒状况的受害者（兼执行者）转变成了一段激荡的过渡期里被动的接收者，接收着相对快速的创新所带来的益处。我们现在应该接受和欢庆下一次转变的发生：变成新兴的理性社会中——以及宇宙中——实现进步的积极能动者。

术　语

文化——一组由多人共有的思想观念，导致其持有人的行为在某种形式上相像。

理性谜米——一种思想，依赖于接收者的批评能力实现自身的复制。

反理性的谜米——一种思想，依赖于使接收人失去批评能力实现自身的复制。

静态文化／社会——发生变化的时间尺度很大，超过了其成员能注意到的范围。这类文化由反理性谜米主导。

动态文化／社会——由理性谜米主导的社会。

"无穷的开始"在本章的意义

——生物进化只是一个序言，进化的主要情节是谜米的无限进化。

——静态社会中反理性谜米的进化也是如此。

小　结

文化由谜米组成，谜米会进化。谜米在许多方面与基因相似，但在进化方式上有着深远的差异。最主要的差异是，每个谜米都必须包含自身的复制机制，并且以两种不同的物理形式交替存在：一种思想上的表达，以及一种行为。因此，谜米与基因不同，它在每次复制中经受分别选择，选择标准是它引发行为的能力，以及该行为导致新的接收者采纳该谜米的能力。谜米的持有者通常不知道他们为什么会实践这些谜米，例如，我们实践语法规则的精确程度比我们表述这些规则的精确程度高得多。谜米复制只有两种基本策略：帮助预期的持有者，或者使持有者丧失批评能力。两种类型的谜米——理性谜米和非理性谜米——互相抑制对方的复制，以及总体上抑制对方文化的能力，借此来传播自身。西方文明处于一个不稳定的过渡期，正从包含反理性谜米的稳定、静态社会转向包含理性谜米的稳定动态社会。与传统观念相反，原始社会中的生活难受得无法想象。这些社会要么是静态的，仅仅通过消灭社会成员的创造性并瓦解其精神来生存；要么迅速失去其知识而解体，由暴力取而代之。关于谜米的现有论述忽视了理性与反理性之间的重要差别，因而倾向于隐含地反对谜米。这等于是把西方文明误认为是静态社会，并认为西方社会的公民像静态社会的成员一样，是被谜米压垮的、悲观的受害者。

第16章 创造力进化

在我们的行星上进化出来的无数生物适应性中，只有创造力能够产生科学或数学知识、艺术或哲学。创造力通过它带来的技术和制度，产生了壮观的物理效应，这些效应在人类居住区附近表现得最为明显，但在更远的地方也存在：地球陆地的很大一部分区域已经被用于人类目标。人类的选择（这本身就是创造性的产物之一）决定了要驱除、容忍或培养其他哪些物种，让哪些河流改道，铲平哪些山丘，保护哪些荒野。夜空中一个快速移动的明亮光点可能是一个载人空间站，它比运载任何东西的任何生物适应性都飞得更高、更快。它也可能是一颗卫星，人类用它进行通信，所跨越的距离是生物通信从来没有达到过的，它利用了无线电波和核反应之类的现象，是生物从未利用过的。创造性的独特影响主宰了我们对世界的体验。

现在这些体验包括了快速创新的体验。当你读到我这段话时，我写它所用的计算机将已经过时，那时会有功能更强、制造所需人力更少的计算机出现。人们会写出其他的书，建造新建筑，制造新产品，其中有些东西很快就会被取代，另一些东西存留的时间将比金字塔迄今屹立的

430

时间还要长久。人们会做出惊人的科学发现，其中有些将永远改写教科书。创造力的所有这些结果，促成了一种日新月异的生活方式，它只有在一个长久存在的动态社会里才有可能实现，这样的社会本身就是一种只有用创造性思维才可能实现的现象。

然而，正如我在前一章和第1章里指出的，在我们这个物种的历史中，直到很近的时候，创造力才开始产生这些影响。在史前时代，在一个漫不经心的观察者（比如说一位来自外星文明的探险家）看来，人类进行创造性思考的能力根本不明显。在当时，我们看起来只是无休止地重复着我们在遗传上适应的生活方式，就像生物圈里数以十亿计的所有其他物种一样。我们显然会使用工具，但很多其他物种也会。我们会用符号语言交流，但这也没有什么了不起，连蜜蜂都会。我们会驯养其他物种，但蚂蚁也会。仔细观察会发现，人类语言和人类使用工具的知识通过谜米传递，而非通过基因传递。这一点使我们相当不寻常，但创造力还是不明显：其他几个物种也有谜米。然而它们除了随机的试错之外，没有其他改进谜米的手段。它们也不能经历许多代持续取得改进。如今，把我们与其他物种在极大程度上区分开来的，正是人类用来改进思想观念的创造性。然而在人类存在的大多数时间里，创造性的使用并不明显。

在我们这个物种的前辈身上，创造力应该更加不明显，但它必定已经在那个物种身上进化出来了，否则就不会有我们。事实上，连续发生的、使我们前辈的大脑稍微更有创造性（或者更精确地说，**我们现在认为是创造力**的那种能力更强）的变异带来的优势应该相当大，因为人人都知道，类人猿祖先进化成现代人类的速度按基因进化的标准来说非常快。我们的祖先繁殖后代的速度，必定一直比那些创造新知识的能力略差的表亲们更快。为什么？他们用这些知识来做什么？

如果我们对此没有更多了解，那么自然而然的答案就是，他们就像今天的我们一样运用这些知识来进行创新、理解世界，以改善他们的生活。例如，能够改进石器的人会造出更好的工具，从而获得更好的食物，养活更多子女。他们还可以造出更好的武器，不让对手基因的持有者获得食物和配偶，等等。如果事实是这样，古生物记录应该显示，这样的改进发生在人类世代的时间尺度上。但并非如此。

而且，在创造力进化期间，复制谜米的能力也在进化。据认为，生活在50万年前的直立人中，有一些成员懂得生火。该知识存在于他们的谜米里，而不是基因里。创造力和谜米传播一旦同时存在，就会大大提升对方的进化价值，因为这样的话，任何能改进某些事物的人都有办法把该创新传给所有子孙后代，大大增加了它给相关基因带来的利益。而且，创造力对谜米做出改进的速度，比随机试错要快得多。由于思想观念的价值没有上限，让两种适应性如脱缰野马一样协同进化的条件已经具备了，这两种适应性就是创造力和使用谜米的能力。

然而，这种情景也有问题。上述两种适应性可能确实产生了协同进化，但这种进化背后的驱动力不可能是人们改进思想观念并传给子孙，因为如果是这样的话，他们同样应该能够在人类世代的时间尺度上积累改进。但在农业于1.2万年前诞生之前，每隔成千上万年才会发生一次显著变化。好像创造力方面每个微小的遗传改进都只产生了一次显著革命，然后就没有了，很像今天"人工进化"的实验。但为什么会这样？与今天的人工进化和人工智能研究不同，我们的社会进化出了**真正的创**造力，正是这种能力创造了一股没有尽头的创新之流。

他们的创新能力在迅速增加，但他们几乎没有做出什么创新。这个问题伤脑筋之处不在于这种行为很古怪，而是因为，如果创新如此罕见，那它怎么会对多少有创新能力的个体的繁殖产生明显的效果？每隔成千上万年才会发生一次显著变化，可能意味着人群中最有创造力的个体也做不出多少创新，因而他们更强的创新能力并未产生对他们有利的选择压力。那为什么这种能力的微小改进一直迅速在人群中传播？我们的祖先必定把创造力用在了**某些事物**上，而且经常使用、用到极致，但显然不是用来创新。它还能用来做什么呢？

有一种理论是，创造力进化出来不是为了提供功能优势，它仅仅是通过性选择进化出来的，人们用创造力制造炫耀效果以吸引配偶，比如色彩鲜艳的服装、装饰品、讲故事、谈吐风趣等。求偶时偏爱炫耀效果最有创造性的个体，与满足这种偏好的创造力协同进化，形成进化的螺旋。该理论认为，这就像是雌孔雀的偏好和雄孔雀的尾羽。

但是，创造力不太可能是性选择的目标。它是一种复杂适应性，直到今天我们还无法对它进行人工复制。因此，它应当比色彩或身体部位的大小和形状等属性更难进化出来，据认为后者之中有一些确实在人类和其他许多动物身上通过性选择进化出来了。据我们所知，创造力只进化出来了一次。而且，它的可见效果中大部分是累积的，在任何一个场合，都很难察觉拥有创造力的潜在配偶身上的微小差别，特别是在这种创造力并无实际用途的情况下。（试想一下，在今天通过一次艺术竞赛来察觉人们的艺术能力的微小**遗传**差异会有多难。实际上任何这样的差异都会被其他因素淹没。）所以，与其进化出创造新知识的能力，我们何不进化出五颜六色的头发或指甲，或者无数其他进化起来容易得多、可靠评价起来也容易得多的属性中的某一种？

性选择理论的一个更有说服力的变种是，人们根据社会地位选择配偶，而不是直接青睐创造力。也许最有创造力的人能通过谋略或其他社会操纵手段更有效地获取地位。这可能使他们在具有进化优势的同时不产生任何我们能通过证据看到的进步。然而，所有这类理论仍然需要解释以下问题：既然创造性集中用于其他目的，为什么没有**同样**用于功能性目的？一位通过有创造性的谋略夺取权力的首领，为什么不会想到制造更好的狩猎长矛？一位发明了这种东西的下属为什么不会受到青睐？与此类似，对艺术性的炫耀效果动心的潜在配偶为什么不对实用创新**同样**动心？不管怎样，有些实用创新本身就会帮助发现者制造出更好的炫耀效果。而且创新有时候可以延伸，在一代人里用来制作装饰珠串的新技巧，在下一代人里可能成为制造弹弓的技巧。为什么当初的实用创新这么稀少？

根据前一章的讨论，大家可能会猜想，这是因为人们生活的部落或家族是静态社会，任何明显的创新都可能降低一个人的地位，从而降低这个人作为配偶的条件。那么，人要怎样通过比别人更多地运用创造性来获得地位，同时不会因为违反禁忌而遭人注意？

我认为只有一个办法，那就是比通常标准更忠实地实践该社会的谜米。表现出格外的遵从和顺服，格外强烈地抑制创新。对于这样的突出表现，静态社会只能选择给予奖励。这么说，增强创造性可以帮助人比别人**更少地**创新？这成为一个关键问题，我将在后面谈到。但首先我要谈谈第二个伤脑筋的问题。

怎样复制一种意义？

人们通常认为（比如布莱克摩尔认为），谜米复制的特征是**模仿**。但事情不可能是这样的。一个谜米是一个思想观念，我们不能观察到别人头脑里的观念。我们也没有硬件可以用来把它们像计算机程序那样从一个头脑下载到另一个头脑，也不能像 DNA 分子那样复制它们。因此，我们不可能在字面意义上复制或模仿谜米。我们获取其内容的唯一途径，是通过其持有者的行为（包括他们所说的话以及他们的行为造成的结果，例如文字作品）获取。

谜米复制始终遵循这样一种模式：一个人直接或间接观察谜米持有者的行为，然后（有时是立刻，有时是观察之后许多年），持有者头脑里的谜米出现在这个人自己的头脑里。它们是怎么到达那里的？看上去有点儿像归纳，不是吗？但归纳是不可能的。

在谜米复制的过程中，看上去要对持有者进行模仿。例如我们通过模仿词语发音来学习词语；在别人对我们挥手时模仿所看到的东西，从而学会挥手。因此，表面上（甚至我们内心也这么认为）我们看似在模仿其他人的做法，记住他们说了什么、写了什么。这种常识性的误解甚至得到了事实的印证：我们这个物种现存的亲缘关系最近的动物——类人猿拥有模仿能力（比人类的模仿能力有限得多，但仍然很引人注目）。但是，正如我将要解释的，事实是模仿人的行为、记住他们的话不可能成为人类谜米复制的基础。这些方法在现实中所起的作用很小，其中绝大部分无关紧要。

谜米的获取来得那么自然，以至于人们很难认识到这是一个多么神奇的过程，或者认识到究竟发生了什么。尤其难看到的是，**知识**从何而来。就算是最简单的人类谜米里，也包含着大量知识。当我们学着挥手时，所学到的不仅是这个手势，还有在什么场合挥手合适、怎样挥手、对谁挥手。大部分这些东西都没有人告诉我们，但我们还是学会了。同样，当我们学会一个词语时，所学到的不仅是它的含义，还包括许多隐含的细微之处。我们是怎样获得这些知识的？

不是通过模仿谜米持有者。波普尔讲科学哲学课时，一开始往往要求学生们去"观察"，然后不说话，等着有人问他们应该观察**什么**。他用这种方式来展示经验主义的诸多缺陷之一，该缺陷今天仍然是常识的一部分。他会向学生解释，如果没有预先存在的知识，就不可能进行科学观察，这些知识涉及要去看什么、寻找什么、怎样去看、怎样解释看到的东西。于是他接下来会解释，理论必须先行。理论要靠猜想得来，而不是推演得来。

如果波普尔让他的听众去**模仿**而不仅仅是观察，同样可以说明这一观点。逻辑是一样的：他们应该根据什么样的解释性理论来"模仿"？**模仿谁**？波普尔吗？如果是这样，他们是不是应该走上讲台，把他推到一边，自己站在他刚才站的地方？如果不这样，他们是不是起码应该转过身去面向教室后方，以模仿他的面向？他们是否应该模仿他那浓重的奥地利口音，还是用正常腔调说话，因为波普尔是在用他自己的正常腔调说话？或者他们这会儿什么特别的事也不做，只是在他们自己成为哲学教授时在课堂上进行同样的试验？"模仿波普尔"有无穷多种可能的诠释，每一种都界定了模仿者的一种不同行为。其中许多方式彼此大相径庭。每一种方式都对应一种不同的理论，解释波普尔的头脑里什么想法造成了他被人观察到的行为。

因此，没有"仅仅模仿行为"这回事，更不用说通过模仿行为来发现这些**想法**。在模仿行为**之前**，就必须知道想法。模仿行为不可能是我们获取谜米的方式。

假想中通过模仿导致谜米复制的基因，必然也要指定模仿**谁**。例如布莱克摩尔提出，标准可能是"模仿最好的模仿者"。但这是不可能的，原因同上。在评价别人模仿得有多好之前，必须已经知道或猜测到他们在模仿**什么**（行为的哪些方面，谁的行为），哪些情况算数，怎样评价。

如果行为包括**陈述**谜米，也是一样的。正如波普尔所说的，"人不可能用不会被误解的方式说话"。人们只能陈述明确内容，而这不足以界定谜米或其他事物的含义。就算是最明确的谜米例如法律，也有着隐含内容，如果没有这些内容，谜米就无法得到实践。比方说，许多法律谈到了"合理"，但没有人能把这个属性定义得足够精确，使得来自不同文化的人也能用该定义来裁决罪案。因此，我们肯定不是通过聆听关于"合理"这个词的含义的**陈述**来学到它的意义。但我们确实学到了，而且同一文化中的人学到的含义版本足够相近，法律在此基础上可以实施。

任何情况下，就像我在前一章中谈到的，我们都对自己的行为规则缺乏明确了解。我们对母语口语的规则、含义和模式的了解，在很大程度上是隐性的，然而我们还是能以相当高的保真度把这些规则传给下一代，还包括在新任持有者从未经历过的场合应用这些规则的能力，以及人们明确努力阻止下一代复制的说话模式。

实际情况是，人们需要隐性知识去理解法律和其他明确的陈述，而不是反过来。哲学家和心理学家非常努力地要去发现我们的文化心照不宣地做出的一些假设并使其明确化，包括关于社会体制、人性、对与错、时间与空间、意图、因果关系、自由、必要性等的假设。但我们并不是通过阅读此类研究成果来获得这些假设，而是用完全相反的方式。

在涉及引发行为的理论的先验知识方面，如果没有这种知识就不能模仿行为，那么猿怎么会出了名地能够模仿其他猿的行为？它们有谜米：它们可以观看其他已经知道怎么用新方法打开坚果的猿，从而学会这种方法。为什么猿不会被模仿的含义中无穷的模糊性搞糊涂？就算是鹦鹉也出了名地能模仿其他鹦鹉，它可以记住几十种听到过的声音，并在后来重复这些声音。它们怎么处理模仿的模糊性，知道要模仿什么声音、何时重复这些声音？

它们通过事先拥有相关的隐性理论来处理模糊性。或者不如说，它们的基因知道这些理论。进化把"模仿"的含义的某种隐性定义植入了鹦鹉的基因，对鹦鹉来说，这意味着把满足某些先天标准的声音记下来，在满足另一些先天标准的环境中重复这些声音。这会导致鹦鹉在生理学方面的一个有趣事实：鹦鹉的脑子里必须包含一套翻译系统，分析来自耳朵的神经信号，并输出信号使鹦鹉的声带发出同样的声音。这种翻译需要一些复杂计算，这些计算编码在基因里，而不是在谜米里。据认为这在部分程度上是通过一套基于"镜像神经元"的系统实现的。这些神经元在一只动物做出特定动作时激发，在这只动物看到其他动物做出相同动作时也会激发。人们已经通过实验在有模仿能力的动物身上找到了这些神经元。有些科学家相信人类谜米复制是模仿的复杂形式，他们倾向于认为镜像神经元是理解人类头脑的各种功能的关键所在。不幸的是，这是不可能的。

人们不知道鹦鹉**为什么**会进化出模仿能力。这在鸟类中间是一种很常见的适应性，其作用可能不止一种。但是不管原因是什么，对我们当前谈论的话题来说，重要的是鹦鹉从来不能选择模仿哪种声音、模仿声音时要做什么。门铃声和狗吠声可能会碰巧提供满足天生标准的条件，触发鹦鹉的模仿行为，而且当它们模仿的时候，总是在模仿事物的同一个方面：声音。于是，它解决这种无穷的模糊性的方式就是，根本不做什么选择。它在这些条件下不会忽视狗叫声，也不会模仿狗摇尾巴，因为除了植入其镜像神经元系统的标准，它没有能力想到别的标准。它们没有创造力，并且靠着缺乏创造力来忠实复制声音。这很像人类在静态社会中的情形，除了一个关键区别之外，我下面会解释。

现在想象一下，有一只鹦鹉听过波普尔的课，学会了波普尔喜欢用的一些句子。在某种意义上，它"模仿"了波普尔的部分思想，一名对此感兴趣的学生原则上可以通过听这只鹦鹉讲话来学到这些思想。但鹦鹉只是把谜米从一处传播到另一处，所做的事并不比讲堂里的空气所做的更多。我们不能说鹦鹉获得了这些谜米，因为在这些谜米可能引发的无数行为中，它只会再现其中的一种。这只鹦鹉凭记忆来学习这些声音，它接下来的行为（比如对问题的回应）不会与波普尔相像。它拥有了谜米的声音，但不曾拥有谜米的含义。而含义——即知识——才是复制因子。

鹦鹉对它模仿的声音里的人类含义浑然不知。如果它听到的不是哲学课而是油炸鹦鹉食谱，也会热情地向任何愿意听的人学舌。但它对声音的内容并非浑然不知——它不同于机械的录音机。相反，鹦鹉既不会无差别地记录声音，也不会随机播放声音。它们天生的标准隐含地为它们听到的声音赋予了意义，只不过这种意义永远只是从同一套狭窄的可能性中选择出来的：例如，如果鹦鹉学舌的进化功能是创造出独特的叫声，那么它听到的每个声音要么是可能的独特叫声，要么不是。

类人猿能识别的可能含义比鹦鹉要多得多。其中有些含义相当复杂，以至于人们经常把类人猿的模仿行为错误诠释成与人类相似的认识的证据。例如，如果一只类人猿学到了用石头砸开坚果的新方法，它不会像鹦鹉那样盲目地按固定顺序重复这套动作。砸开坚果所需的动作每次都不一样：类人猿要用石头瞄准坚果；如果坚果滚走了，它可能必须去追赶它，把它捡回来；它必须不停地砸，直到坚果裂开，而不是砸固定的次数；如此种种。在该过程的某些阶段，类人猿的两只手必须合作，每只手完成一项不同的次级任务。在它开始砸坚果之前，必须能够识别出适合砸的坚果；它必须寻找石头，同样地识别出适合用来砸的石头。

这类活动可能看上去依赖于解释——依赖于理解这个复杂行为里的每个动作怎样与其他动作契合以实现整体目的，以及为什么这样。但最近的发现揭示了类人猿怎样能够模仿此类行为而不创造任何解释性知识。进化生理学家和动物行为研究专家理查德·伯恩通过一系列杰出的观察和理论研究显示了，类人猿怎样通过一个他称之为行为解析的过程做到这一点（行为解析类似于语法分析，或人类语言和计算机程序的"解析"）。

人类和计算机把连续的声音流或字符流拆分成单个元素，比如词语，然后把它们看成是由更长的句子或程序里的逻辑连接在一起。同样，在行为解析中（在人类语言解析出现之前，行为解析已经进化了成百上千万年），一只类人猿把它看到的一连串行动拆分成独立元素，对其中每一个元素，它都已经（通过遗传）知道怎样模仿。这些独立元素可能是天生的行为，例如啃咬；也可能是通过试错学到的行为，例如抓住荨麻而不被刺到；也有可能是以前学到的谜米。至于在不知其所以然的情况下用正确方式将这些元素连接在一起，人们已经发现，在每个已知的非人类复杂行为事例中，必要的信息都可以仅仅通过多次观察该行为、寻找简单的统计模式来获取——例如哪些右手动作通常会搭配哪些左手动作，哪些元素经常会被省略。这是一种效率非常低的方法，需要对行为进行大量的观察，而人类可以通过理解其目的来立即模仿这些行为。而且这种方法只允许用少数固定的方案把行为连接起来，因此只有相对简单的谜米能得到复制。类人猿可以立即模仿特定的独立动作，就是那些他们已通过镜像神经元系统获得了先验知识的动作，但它们学习一套涉及动作组合的复杂谜米要花好些年。然而这些谜米（以人类的标准看来只是平凡的简单把戏）有着巨大的价值，类人猿可以运用它们获取那些其他动物不得其门而入的食物来源，谜米进化使它们有能力更快地转向其他食物来源，比基因进化允许的快得多。

所以，一只类人猿（隐含地）知道另一只类人猿在"捡起一块石头"，而没有对这些动作进行无数其他可能的诠释，例如"在一个特定位置捡起一个物体"，因为捡起一块石头是它那套天生的可复制行为之一，而其他可能性不是。当然，情况也完全有可能是类人猿没有能力模仿"在一个特定位置捡起一个物体"的行为。注意，在这方面，类人猿不能模仿声音。它们甚至不能鹦鹉学舌（盲目重复声音），尽管它们拥有一套天生的复杂呼叫声，能够按遗传预先决定的方式发出这些声音、识别这些声音并据此采取行动。它们的行为解析系统没有进化出一套预先决定的翻译机制，用来把听到声音转变成发出同样的声音，因而它们无法模仿其他类人猿的声音。于是，在类人猿由谜米控制的各种行为中都没有特别定制的声音。

因此，在谜米复制的关键方面，模仿其他类人猿与鹦鹉学舌有着相同的逻辑：与鹦鹉一样，类人猿解决模仿时无穷的模糊性的方法，是已经隐含地知道它能够模仿的每个动作的含义。只有对自己能够模仿的动作，它才能把动作与一个意义联系起来，这确定了怎样在不同情形下执行"同样的"动作。类人猿谜米之所以能得到复制，而无须经历从另一只类人猿那里复制知识的不可能步骤，就是通过这种方式实现的。谜米的接收者立即认识到行为中每个元素的意义，它通过统计分析把这些元素联系在一起，而不是通过发现这些元素如何在功能上互相支持而把它们联系在一起。

人类获取人类谜米的做法与此大相径庭。听众在听讲座或孩子在学说话时，他们面临的问题几乎与鹦鹉学舌或类人猿模仿行为完全相反：他们观察到的行为有何含义，这正是他们努力想要发现的东西，而不是预先知道的东西。动作本身，乃至把动作联系起来的逻辑，在很大程度上是次要的，事后往往会被完全忘掉。例如，已经是成年人的我们，根本不记得学说话的时候具体说了什么样的语句。如果一只鹦鹉模仿了波普尔讲课时说的一些话，必然会用他的奥地利口音进行模仿，鹦鹉不可能不带口音模仿说话。但人类的学生很可能无法**带着口音进行模仿**。事实上，学生完全可能通过一堂课掌握了一个复杂谜米，却没有办法复述授课者所说的哪怕一句话，就算是课后马上复述也不行。在这种情况下，学生复制了谜米的含义（也就是它的全部内容），而根本没有模仿任何动作。就像我说的那样，模仿不是人类谜米复制的核心。

假设授课者多次提到一个特定的关键思想，而且每次都用不同的词语和手势来表达它，那鹦鹉（或者类人猿）的任务就比只模仿第一次难多了，学生的任务则容易多了，因为对人类观察者而言，每种不同的表达该思想的方法都会传递更多知识。或者假设授课者总是用同一种会改变含义的方式错误地表述，在最后进行一次更正。鹦鹉会模仿错误的版本，而学生不会。就算是授课者根本没有纠正错误，一位人类听众也很有可能理解授课者头脑中的想法，并且仍然不模仿任何行为。如果其他人对这堂课进行报道，但报道中存在严重误解，一位人类听**众仍然**可能通过解释报道者的误解和授课者的意图来察觉授课者本来是什么意思——就像一位魔术专家就算只听观众对他们看到的东西进行错误的描述，也能知道魔术技巧到底是怎么回事。

人类不去模仿行为，而试图去解释行为——去理解导致行为的想法，这是人类解释世界的一般目标中的一个特例。如果我们成功地解释了某个人的行为，并且认可导致行为的意图，我们就可能表现得与这个人"相似"。但如果我们不认可这些意图，就会表现得与这个人不相似。由于创造解释是我们的第二天性（或者不如说是第一天性），我们很容易把获得谜米的过程误解为"模仿我们看到的"。我们利用解释"看"透了行为，直达其中的含义。鹦鹉模仿特定的声音；类人猿模仿有限的一类特定的、有明确目的的动作。但人类并不会特地模仿任何行为。他们运用猜想、批评和实验来创造对于事物含义的好解释——这些事物包括其他人的行为、自己的行为、世界总体上的行为。如果我们最终表现得与其他人相似，那是因为我们重新发现了同样的思想观念。

这就是为什么观众在课堂上努力消化授课者的谜米时，不会试图面朝讲堂后方，或者以无穷多其他方式中的任何一种来模仿授课者。对于授课者的哪些东西值得模仿，他们拒不接受上述诠释，这不是因为他们像其他动物一样因为遗传的原因想不到这些诠释，而是因为这些诠释是对授课者行为的坏解释，以听众自己的价值观来看是坏思想。

两个难题答案相同

在这一章中，我提出了两个难题。第一个是为什么人类的创造力在几乎没有创新的情况下具有进化优势。第二个是人类谜米怎么可能得到复制，既然它们包含的内容是接收者永远观察不到的。

我认为这两个难题的答案是一样的：复制人类谜米的是创造力；创

造力在进化的过程中被用于**复制谜米**。换句话说，它被用来获取已存在的知识，而不是创造新知识。但**完成这两件事的机制是同一个**，因此，通过获得完成前一件事的能力，我们自动拥有了完成后一件事的能力。这是延伸的一个重要例证，造就了几乎所有的人类独有事物。

获取谜米的人面临着与科学家相同的逻辑挑战。两者都必须发现一个隐藏解释。对前者而言，该解释是其他人头脑中的一个思想观念；对后者而言，是一种规律或一条自然法则。两者谁都不能直接触及这个解释，但都能获取可用来检验解释的证据，对前者是谜米持有者被观察到的行为，对后者是与法则一致的物理现象。

因此，人怎么可能把行为重新翻译成包含其含义的理论，这个难题与科学知识从哪里来的难题是一样的。谜米通过模仿持有者的行为来得到复制，这个错误与经验主义、归纳主义或拉马克主义的错误也是一样的。它们全都需要有一种自动把**问题**翻译成解决方案的方式（类似于行星运动的问题，或者怎样够到高树上的叶子的问题，或者怎样让猎物看不到自己的问题）。换句话说，它们假设环境（其形式是一种观察到的现象，或者比方说一棵很高的树）能"指示"头脑或基因组怎样面对挑战。波普尔写道：

归纳主义或拉马克主义的方法，着眼于来自外界或环境的指令这样一种观念。但批评的或达尔文主义的方法只允许来自内部的指令——来自结构自身内部……

我认为，不来自结构的指令是不存在的。我们并不是通过模仿来发现新事实或新效应，也不是通过观察以归纳方式来推断，也不是由来自环境的其他指示方式来获得。相反，我们用的是试验并消除错误的方法。正如恩斯特·贡布里希所说，"先制作，后匹配"，一个新的试验结构的积极产物先产生出来，再接受淘汰检验。

　　　　　　　　　　　　　　　　——《框架的神话》

　　波普尔也大可以这样写："我们并非通过模仿来**获取新谜米**，也不是通过观察以归纳方式来推断，也不是由对环境的其他模仿方式或者来自环境的其他指示方式来获得。"人类谜米（即含义大部分没有在接收者头脑里预先确定的谜米）的传播只可能是接收者的一种创造性活动。

　　谜米同科学理论一样，不是从任何东西推演而来的。它们由接收者重新创造，是猜想性质的解释，在暂时被采纳之前要经受批评和检验。

　　这种创造性地提出猜想、批评和检验的模式，既然能产生明确的思想观念，也能产生隐含的思想观念。实际上所有的创造力都是这样，因为没有哪种思想观念能够完全明确表达。当我们提出一个明确猜想时，它也拥有隐含元素，不管我们是否意识到其存在。所有的批评也都是这样。

　　因此，就像在通用性的历史中经常发生的那样，人类的通用解释能力并不是为了某种通用功能进化出来的。它进化出来只是为了增加我们的祖先能获取的谜米信息量，加快获取的速度，提高精度。但鉴于进化做到这一点的最容易方式是，通过创造力赋予我们一种进行解释的通用能力，实际上它就是这么做的。认识论的这个事实不仅解决了我提到的两个难题，还从一开始就给出了人类创造力进化的原因，因而也给出了人类这个物种进化的原因。

　　实际情况必定与此类似。在早期的前人类社会里，只有非常简单的谜米，就是类人猿现在拥有的那一类谜米，虽然也许有着更丰富的可模仿的基本行为。这些谜米涉及实用事物，诸如怎样获取用其他方式无法得到的食物。这类知识的价值必定非常高，因而这准备好了现成的位置，供任何能减少复制谜米所需的努力的适应性去占据。创造力是占据这个位置的终极适应性。随着创造性增长，协同进化出了更多的适应性，例如记忆容量增加（用来存储更多谜米），更精细的运动控制，用于处理语言的脑部专门结构。于是，谜米的带宽（能够从一代人传给下一代人的谜米信息量）也增加了。谜米还变得更加复杂和精密。

这就是我们这个物种进化出来的原因和方式，也解释了为什么人类当初进化出来的速度很快。谜米逐渐主导了我们祖先的行为。谜米进化发生了，就像所有的进化一样，它永远是朝着忠实度更高的方向。这意味着越来越反理性。在某个时候，谜米进化实现了静态社会——应该是部落的形式。因此，创造力方面的所有增长始终没有产生出创新之流。创新仍然慢得让人察觉不到，虽然创新的能力正在迅速增长。

就算是在静态社会里，谜米也在进化，这是出于难以察觉的复制错误。它们进化的速度慢得让任何人都注意不到，难以察觉的错误无法被压制。谜米在总体上会朝着更忠实复制的方向进化，就像其他进化一样，从而使社会更加静态。

在这样一个社会中，违背人们对于合理行为的期待会导致人的地位降低，满足这些期待会使地位上升。这些期待可能来自父母、祭司、酋长、潜在的配偶（或者社会中任何控制着交配权的人）——他们大体上也遵从着社会的希望和期待。这些人的观点将决定一个人进食、生存和繁殖的能力，从而决定其基因的命运。

但人怎样去发现其他人的愿望和期待？这些人可能发出命令，但绝不可能具体指定他们期待的每个细节，更不要说关于怎样去实现这些期待的每个细节。一个人被命令做某些事（或被期待做某些事，比方说把这当作一种考虑给予食物或进行交配的条件）的时候，可能会想起曾看到一位已经受尊敬的人是怎样做同一件事的，然后可能努力去模仿这个人。为了有效地做到这一点，人必须理解这样做的意义是什么，然后尽力去实践它。一个人通过复制和遵循他的酋长、祭司、父母或潜在配偶关于人应当为什么而奋斗的标准，就有可能博得这些人的好感。一个人如果能复制整个部落关于什么东西有价值的思想观念，并照此行动，就有可能博得整个部落的好感。

因此，矛盾的是，要在静态社会里生活得好，创造力是必需的——让人的创新精神比其他人**更少**的创造力。知识少得可怜、只有靠压制创新才能生存的原始静态社会，就是这样产生了一种环境，非常有利于更强创新能力的进化。

在那些观察我们祖先的假想外星人看来，在创造力的进化开始之前，一个由拥有谜米的高级类人猿组成的社群，表面上看起来很像那些已经向通用性跳转的后代社群。后者只是拥有多得多的谜米，但使这些谜米忠实复制的机制应该发生了翻天覆地的变化。早期社群里的动物要靠缺乏创造力来复制其谜米，而人类虽然生活在静态社会里，却完全要依靠创造力来复制谜米。

就像所有朝通用性跳转的情形一样，跳转从渐变中突现出来的方式十分有趣，值得认真思考。创造力是**软件**的一种属性。正如我所说的，如果我们知道怎样编写（或进化）人工智能程序，现在就可以在我们的笔记本电脑上运行这样的程序。就像所有软件一样，该程序需要计算机拥有特定的硬件指标，从而能在一定时间内处理一定数量的数据。使创造力能够付诸实践的硬件指标，正好是创造力之前的谜米复制特别青睐的那些。最主要的一个指标应该是记忆容量，一个人能记住的东西越多，能实践的谜米就越多，实践谜米的精确度也越高。但可能还有其他的硬件能力，诸如镜像神经元，它用于模仿比类人猿更多的基本动作，例如语音的基本发音。语言能力的这种硬件辅助与更大的谜米带宽同时进化出来，是自然而然的事。因此，到创造力进化出来的时候，基因与谜米之间应当已经出现了重要的协同进化：基因进化出硬件以支持更多、更好的谜米，谜米进化得接手更多从前属遗传范围的功能，例如对配偶的选择、进食和战斗的方法，等等。因此我推测，创造力程序并非完全是天生的，它是基因与谜米的结合。虽在任何创造性程序出现之前，人类大脑的硬件就已经能够具有创造性（并且有感觉、意识以及其他各种东西）。考虑这段时期内一系列的头脑，最早能够支持创造力的头脑应当需要极其精妙的编程技巧，以便用勉强够用的硬件来实现这种能力。随着硬件升级，创造力的编程变得更容易，直到某个时刻容易得可以由进化轻松完成。我们不知道，在这段走向通用解释者的道路上，到底是什么东西在逐渐增长。如果我们知道的话，我明天就可以编出一个这样的程序。

创造力的未来

在布莱克摩尔和其他人认识到谜米在人类进化中的意义之前，对于到底是什么样的根本原因推动一种看上去很普通的类人猿迅速变成一个能解释和控制宇宙的物种，人们提出了各式各样的猜想。有些人提出是直立行走的适应性，它解放了前肢，结合与四指相对而生的拇指，专门从事操作。有些人提出气候变化青睐那些使我们的祖先更擅长利用多种环境的适应性。此外，就像我说的那样，性选择永远是解释快速进化的一个候补理论。还有"马基雅维利假说"，认为人类智能进化出来是为了预测其他人的行为，从而欺骗他们。还有假说认为，人类智能是类人猿模仿能力的适应性的加强版，我说过了这不可能是真的。不过，布莱尔摩尔的"谜米机器"观念应当是真实的,该观念认为人类头脑是为了复制谜米而进化。它之所以是真的,原因在于,**不管是什么东西触发了任何此类属性的进化,创造力都必须同样进化出来。**因为如果没有人类谜米(解释性谜米),就不可能有人类水平的思想成就;认识论法则指出,如果没有创造力,就不会有这样的谜米。

创造力不仅是人类谜米复制的必要条件,也是充分条件。耳聋、失明和瘫痪的人仍然能够或多或少甚至完全获取和创造人类思想观念。因此,要让人类拥有创造力,直立行走、精细动作控制、把声音解析成词语的能力以及任何其他的适应性都不是功能上必需的,虽然它们可能在为人类进化创造条件方面起到了历史作用。对于理解今天的人类是什么,它们也缺乏哲学上的重要性。今天的人类也就是**人**:创造性的通用解释者。

正是创造力造成了类人猿谜米和人类谜米之间的差异,类人猿谜米需要大量的时间和精力去复制,能够表达的知识本质上很有限,而人类谜米传播起来很容易,其表达能力是通用的。在这个意义上,创造力的开始就是无穷的开始。现在我们还没有办法分辨,创造力在类人猿中间开始进化的可能性有多大。但这个进化一旦开始,就会自动产生选择压力让它继续进行下去,并让其他有利于谜米的适应性随之出现。这种增长应当贯穿了所有的史前静态社会。

现在看来,我在前一章中描绘的静态社会的可怕之处,可以视作宇宙对人类搞的一个可怕的恶作剧。我们的创造力进化出来是为了增加我们能运用的知识,并且立刻有能力产生一条没有尽头的实用创新之流,但它从一开始就被创造力所保存的知识——谜米——所阻碍,无法做到这些。个人为了让自己变得更好而进行的奋斗,从一开始就被一种超级邪恶的机制引上了邪路，使他们的努力朝着完全相反的方向进行，去阻挠一切改进的企图，永远把众生困在粗陋、痛苦的状态中。只有几十万年之后的启蒙运动（天知道此前有过多少次错误的开始），才可能最终使人类能够逃出那种永恒，进入无穷。

术　　语

模仿——复制行为。它不同于人类谜米的复制，后者复制导致行为的知识。

"无穷的开始"在本章的意义

——创造力的进化。

——创造力的功能转变，从忠实保存谜米的原始功能，转向创造新知识的功能。

小　　结

乍看起来，创造力在人类进化过程中不会有用，因为知识的增长过于缓慢，不能使更有创造力的人拥有任何选择优势。这是一个难题。第二个难题是：既然不存在把复杂谜米从一个头脑下载到另一个头脑中的机制，复杂谜米怎么可能存在？复杂谜米并不指向特定的身体动作，而是指向规则。我们能看到动作，但看不到规则，那我们怎样复制规则？我们通过创造力复制它们。这解决了以上两个问题，因为创造力就是为了把谜米保持原样复制下去而进化出来的。这是我们这个物种得以存在的原因。

第17章　不可维持

　　南太平洋上的复活节岛之所以著名，主要是——说白了，**仅仅是**——因为岛上的居民在几百上千年前修建的巨石像。石像的用途不为人知，据认为与某种祖先崇拜的宗教有关联。第一批定居者可能早在公元5世纪左右就抵达此岛。他们建立了一个复杂的石器时代文明，该文明在一千年后突然崩溃。根据一些说法，岛上发生了饥荒、战争，还可能有人类的同类相食。人口下降到原有数量的极小一部分，文化消失了。

　　流行的说法是，复活节岛上的灾难是岛民自己招来的，部分是由于砍伐原先覆盖岛上大部分区域的森林。他们在消灭树木的同时，还消灭了大多数有用的物种。如果你依靠木材建造房屋，或者主要靠吃鱼为生，而渔船和渔网要用木材制作，则上述做法实在不明智。砍伐森林还带来了土壤侵蚀之类的连锁效应，加速破坏岛上居民所依赖的环境。

　　一些考古学家对此抱有异议。例如，特里·亨特的结论是，居民在13世纪才来到岛上，在森林被摧毁(他将此归咎于老鼠，而不是砍伐树木)

期间，他们的文明继续发挥功能，直到与欧洲人接触带来的传染病摧毁了它。不过，在此我不想讨论流行理论是否准确，只想拿它当作一个常见谬误的例证——通过类推来讨论远远不那么狭隘的问题。

离复活节岛最近的人类居住地，是大约 2000 千米之外的皮特凯恩岛（博爱号[1] 上的船员在那场著名的叛乱之后在此避难）。就算以今天的标准来说，这两个岛与其他地区的距离都非常遥远。不过在 1972 年，雅各布·布洛诺夫斯基来到复活节岛，为他那部杰出的电视系列片《人之上升》拍摄取材。他和剧组乘船从加利福尼亚州出发，航行了 1.4 万千米。当时他的身体很差，工作人员是把他抬到拍摄地点的，毫不夸张。但他坚持了下来，因为那些独特的石像对他来说是一个绝好的背景，适合用来传达这部片子的中心思想，该思想也是本书的主题，即我们的文明因为它取得进步的能力而在历史上独一无二。他希望颂扬我们这个文明的价值观和成就，并将后者归功于前者，同时把我们的文明与其他文明进行对比，后者由古代的复活节岛集中体现。

《人之上升》由博物学家大卫·艾登堡委托拍摄，他当时是英国电视频道 BBC2 的主管。四分之一个世纪之后，艾登堡已成为自然历史影片制作领域的元老，他带领另一个摄制组来到复活节岛，拍摄另一部电视系列片《地球的声明》。他也选择了这些面容冷峻的石像作为最后一幕的背景。唉，他传达的思想差不多完全与布洛诺夫斯基背道而驰。

这两位伟大的制作人在一些方面非常相似，包括富有感染力的惊奇感、清晰的表述和人道主义，但他们对这些石像的不同态度，直接昭示

[1] 博爱号是英国海军1787年购买的一艘小型商船，被派往南太平洋塔希提岛执行运输任务。1789年4月28日，博爱号离开塔希提岛后不久，船上爆发叛乱，叛变的船员罢免并放逐船长，驾船前往皮特凯恩岛一带定居，博爱号被烧毁。小说《叛舰喋血记》及同名电影与此事有关。——译注

了他们在哲学上的差异。艾登堡把这些石像称为"令人惊叹的石像……生动地体现了曾经生活在这里的人们所拥有的技术和艺术技巧"。我很怀疑艾登堡到底有没有那么佩服这些岛民的技巧，在其他石器社会里，几千年前就有比这更高明的技巧了。我觉得他是出于礼貌，因为在我们的文化里，对一个原始社会的任何成就都大加赞赏，乃是社交礼节之所需。但布洛诺夫斯基不愿意遵从这种习俗。他说："关于复活节岛，人们经常问：岛上的人是怎么来到这里的？他们来到这里是由于意外，这一点毫无疑问。问题在于，他们为什么不离开？"他可能还会问，为什么其他人没有跟上来与他们做生意（除了复活节岛之外，波利尼西亚的其他岛屿之间贸易非常活跃），或者打劫他们，或者向他们学习？因为他们不知道怎样去做。

至于说石像"生动地体现了……艺术技巧"，布洛诺夫斯基也根本没有提到。对他而言，这些石像只是生动地体现了失败，而不是成功：

关于这些石像（见图 17-1）的关键问题是，他们为什么都**一个模样**？你看到他们坐在那里，就像第欧根尼坐在他的桶里，[1] 用他们空荡荡的眼窝望着天空，看着太阳和星星经过头顶的天空，从来没有试图去理解它们。当荷兰人在 1722 年的复活节星期日发现这个小岛时，他们说这个地方足以成为人间天堂。但它并不是这样。人间天堂不是由这种空洞的重复制品构成的……这些冷冰冰的面孔，渐渐消散的薄雾中的这些呆板的躯体，表明这种文明没能在理性知识的上升之路上迈出第一步。

——《人之上升》（1973）

---

[1]　锡洛普的第欧根尼（约公元前412—前343），古希腊犬儒派哲学家，提倡清心寡欲，反对文明和享受，据称他住在一只木桶里。——译注

图17-1　复活节岛上的石像记录

　　这些石像全都是一个样子，因为复活节岛是一个静态社会。它从来没有迈出人类上升的第一步——无穷的开始。

　　岛上的数百座石像是在几个世纪的时间里陆续建造的，其中处在预定位置上的不到一半。其余的石像，包括最大的一座，都处于不同的完成阶段，有多达10%已经在专门修建的路上进行转运。对此也有许多各不相同的解释，但根据流行理论，这是因为就在他们永远停止建造石像之前，建造速度曾急剧加快。换句话说，当灾难逼近时，岛民们越发不努力去解决问题——因为他们不知道怎样解决——而是为他们的祖先建造更多更大（但基本上不会更好）的纪念碑。那些道路是用什么修建的？树木。

　　在布洛诺夫斯基制作他的纪录片时，关于复活节岛文明是怎样灭亡的，还没有具体的理论。但与艾登堡不同，他对此不感兴趣，因为他去复活节岛的整个目的就是指出我们的文明与另一类文明之间的巨大差异，后者就是与建造那些石像的文明相似的文明。他要传达的思想是，我们与他们不相似。我们迈出了他们未曾迈出的那一步。艾登堡的论述完全以相反的论调为基础：我们与他们相似，正跟随他们的脚步前进。因此，他把复活节岛文明与我们的文明进行了广泛的类比，特征对应特征，危险对应危险。

> 在地球上一个偏远的地方……可以看到关于未来情景的一个警示。当第一批波利尼西亚人到达这里时，他们发现了一个微型世界，这里有充足的资源来维持他们的生存。他们生活得很好……

> —— BBC：《地球的声明》（2000）

一个微型世界，正是这几个字让艾登堡万里迢迢来到复活节岛讲述它的故事。他相信复活节岛是对世界的一个警示，因为它本身就是一个出了问题的微型世界—— 一艘宇宙飞船地球号。它有着"充足的资源"来维持它的人口，就像地球看似有充足的资源来维持我们的生存。（想象一下，要是马尔萨斯知道地球上的资源在 2000 年还被悲观主义者称作是"充足的"，他会多么惊讶。）岛上的居民"生活得很好"，像我们一样。但他们在劫难逃，正如我们如果不改变自己的行为方式也会在劫难逃。如果我们不改变，"未来情景"是这样的：

> 曾经维持他们的古老文化被抛弃，石像倒塌。曾经富饶肥沃的微型世界，变成了荒芜的沙漠。

艾登堡同样为这种古老文化说了好话，说它"维持"了岛民（就像充足的资源维持岛民生存，直到他们无法**可维持**地使用这些资源）。他用石像的倒塌来象征文化的灭亡，仿佛在向我们发出未来灾难的警告；他还重申了他的微型世界比喻，把古代复活节岛的社会和技术与我们今天整个星球上的社会与技术进行比拟。

因此，艾登堡的复活节岛是宇宙飞船地球号的一个变种："富饶肥沃"的生物圈和静态社会的文化知识，**共同维持着**人类的生活。在此背景下，

"维持"是一个含糊得意味深长的词。它的意思可以是向人提供他们所需要的东西，但也可以是防止事物发生变化——这与前者差不多完全相反，因为压制变化通常不是人们所需要的东西。

当前在牛津郡维持人类生活的知识只在第一种意义上维持，它不会使我们每一代人都采取相同的传统生活方式。事实上它在阻止我们这样做。比较一下：如果你的生活方式只是让你建造一座新的巨大雕像，你以后可以完全与从前一样生活。这是**可维持的**。但如果你的生活方式让你发明了一种更高效的耕种方法，或者为一种夺去许多儿童生命的疾病找到疗法，它就是**不可维持的**。本来会死去的儿童活了下来，导致人口增长；同时，他们中间不再需要那么多人去田里耕作。生活再也不会跟从前一样了。你必须让这个解决方案成为生活的一部分，并着手解决它带来的新问题。正是由于这种不可维持性，气候比亚热带的复活节岛恶劣得多的不列颠岛，现有的文明维持的人口密度至少是复活节岛巅峰时期人口密度的三倍之多，生活水平也要高得多。可以说，这个文明拥有知识，知道怎样在曾经覆盖不列颠岛大部分区域的森林消失之后生活得很好。

复活节岛居民的文化在两种意义上都维持着他们。这是一个正常运作的静态社会的重要标志。它为居民们提供了一种生活方式，但也抑制了变化：它维持了他们一代又一代反复实行相同行为的决心。它维持了把森林（在字面意义上）置于石像之下的价值观。它维持了石像的形状以及建造更多石像的无意义工程。

而且，该文化中通过提供人们所需的东西来维持他们的那一部分内容，表现并不特别出色。其他石器社会能够从海中捕鱼、播种谷物，而不是把精力浪费在无休止地建造纪念碑上。而且，如果流行的理论是对的，那么复活节岛的居民在文明崩溃之前就开始死于饥饿。换句话说，该文化就算是在停止供养他们之后，仍然熟练地维持他们实行特定模式的行为，这种熟练是灾难性的。此外，它继续有效地防止人们通过唯一可能有效的方式解决问题，即创造性思维和创新。艾登堡认为这个文化曾经非常有价值，它的毁灭是一个悲剧。布洛诺夫斯基的观点则与我的观点接近，认为既然这个文化从来没有改进过，它能**存续**几百上千年才是一个悲剧，就像所有的静态社会一样。

从复活节岛的历史中得出可怕教训的，不是艾登堡一个人。它已经成为宇宙飞船地球号比喻的一个被广泛援引的版本。但教训背后的类比到底是什么？认为文明依赖于良好的**森林**管理，这种观念的延伸范围极小。但是，生存依赖于良好的**资源**管理，这种广泛诠释差不多等于没说：**任何**物理对象都可能被视作一种"资源"。而且，由于问题是可以解决的，所有的灾难都源于"资源管理不善"。古罗马统治者尤利乌斯·恺撒被刀刺死，[1] 人们可以总结说，他的错误在于"铁管理不谨慎，导致体内的铁过量累积"。确实，如果他成功地使铁远离自己的身体，就不会（刚好）那样死去。但作为对于他怎样死去、为何死去的一个解释，这种说法完全没有抓住重点，十分荒唐。问题的有趣之处不在于刺死他的是什么东西，而是其他政治家怎样密谋用暴力手段除掉他并且获得成功。波普尔式的分析将着眼于如下事实：恺撒采取了严厉手段，使人们无法**不使用**暴力就把他赶下台。他们关注的另一个事实是，恺撒被除掉并未纠正这种压制进步的创新，反而加强了它。为了理解这些事件以及它们更广泛的意义，人们必须理解当时的政治、心理学、哲学，有时还有神学，而

---

[1] 尤利乌斯·恺撒（公元前100—前44年），古罗马帝国末期政治家、军事家，于公元前44年成为终身独裁官。反对恺撒的元老院成员担心他称帝，密谋刺杀了他。——译注

不是去关心刀子。复活节岛的居民可能是因为管理森林不善而遭到惨败，也可能不是。不过，如果他们确实因为森林管理问题而灭亡，相关的解释也不在于他们为什么犯了这种错误——问题是不可避免的——而在于为什么他们未能纠正错误。

我在前面说过，自然规律不可能对进步施加任何约束，第 1 章和第 3 章的论述表明，否认这一点相当于诉诸超自然。换句话说，进步是**可维持的**、无限期的。但是，这要通过采取特定思维方式和行为的人来实现，也就是启蒙运动特有的解决问题和创造问题的那一类思维方式和行为。这需要一个乐观主义的动态社会。

乐观主义的结果之一是，人们希望从失败中吸取教训，不管是自己的失败还是他人的失败。但认为我们的文明要从复活节岛居民在森林管理方面的失败中吸取教训，这种观念并不是根据我们的情形与他们的情形在结构上的任何相似之处推导出来的。因为他们实际上在所有的方面都没有取得进步。没有人指望根据复活节岛居民在医学上的失败来解释我们在治疗癌症方面遇到的困难，或者根据他们在理解夜空方面的失败来解释为什么量子引力理论对我们来说那么难以捉摸。复活节岛居民的错误，包括方法论错误与实际错误，都太过基本，对我们来说无关紧要。他们那糟糕的森林管理——假如这真的是毁灭其文明的原因——只是他们全面缺乏解决问题的能力的一个典型表现。如果我们研究他们那许多微小的成功，要比研究他们完全司空见惯的失败要好得多。如果我们能发现他们的经验法则（例如"石面覆盖"，用于在贫瘠的土壤上种植谷物），可能会找到有价值的历史学和人类学知识片段，甚至可能发现一些有实用价值的东西。但从经验法则中是得不出什么普遍结论的。要是一个原始静态社会的崩溃的细节关系到我们这个开放、动态、科学的社会面临的隐藏危险，那就太让人惊讶了，更不用说关系到我们要怎样应对这些危险。

那些可能拯救复活节岛文明的知识，我们在很多世纪以前就掌握了。六分仪可以让他们探险出海，带回新的树种和新的思想观念。更多的财富以及书面文化，可以让他们能从一场灾难性的瘟疫中恢复过来。但最重要的是，如果他们知道了我们的一些解决问题的思路，比如科学观念的雏形，将能更好地解决各种各样的问题。这些知识不能保证让他们安居乐业，就像对我们不能保证一样。然而，他们的文明由于缺乏一些我们早就发现的东西而毁灭了，这个事实不能成为对我们的"未来情况"的不祥"警示"。

这种以知识为基础解释人类事件的方法，遵循了本书的总体观点。我们知道，要实现任何不被物理规律禁止的物理转变（例如再造森林）都只是一个知道怎样去做的问题。我们知道，发现怎样去做是一个寻求好解释的问题。我们还知道，一次特定的追求进步的努力是否会成功，是高度不可预测的。事后追溯时可以判断出来，但无法预先知道。这样我们就明白了为什么炼金术士从来不能成功地进行嬗变：因为他们必须先懂得一点核物理学，而当时不可能有人懂这些。他们所取得的进步（这些进步促进了化学科学的诞生）很大程度上取决于炼金术士个人的**想法**，手边有哪些化学物质可用之类的因素并不重要。地球上几乎所有的人类居住区域，都存在着无穷的开始的条件。

生物地理学家贾雷德·戴蒙德在他的《枪炮、细菌与钢铁》一书中表达了相反的观点。他提出了他所谓的"终极解释"来说明人类历史在不同的大洲为什么如此不同。特别是，他试图解释为什么是欧洲人出航征服美洲、大洋洲和非洲，而不是反过来。在戴蒙德看来，历史事件中的心理学、哲学和政治在历史的大河中只不过是短暂的涟漪。历史进程与人类的思想和决策无关。具体来说，他认为，地球上的各大洲有不同的天然资源——不同的地理、植物、动物和微生物——抛开细节不谈，这一点解释了整个历史，包括人类创造出哪些思想观念、做出哪些决策，以及政治、哲学、刀剑和所有其他的东西。

例如，对于为什么美洲在欧洲人到来之前从未发展出技术文明，他的解释中有一部分是说，这是因为美洲缺乏适合驯养成驮畜的动物。

羊驼（见图 17-2）原产于南美洲，自史前时代就被用作驮畜，因此戴蒙德指出，它们不是整个大陆的本地物种，只是安第斯山脉的本地物种。安第斯山脉为什么没有产生技术文明？印加帝国为什么没有发生启蒙运动？戴蒙德的看法是，由于其他的生物地理因素不利于这些事物产生。

共产主义思想家弗雷德里希·恩格斯对历史提出了相同的终极解释，并同样提出了羊驼的限制性。他在 1884 年写道：

图17-2　羊驼

东大陆……差不多有着一切适于驯养的动物……而西大陆，即美洲，在一切适于驯养的哺乳动物中，只有羊驼一种，并且只是在南部某些地方才有……由于自然条件的这种差异，两个半球上的居民，从此以后，便各自循着自己独特的道路发展……

——《家庭、私有制和国家的起源》

弗雷德里希•恩格斯，根据卡尔•马克思的笔记

但既然羊驼在其他地方也可以有用，为什么它**一直**"只是在南部某些地方才有"？恩格斯没有谈到这个问题。但戴蒙德认识到，这个问题"迫切需要解释"。因为除非羊驼没有输出到其他地方的原因本身就是生物地理原因，否则戴蒙德的"终极解释"就是错的。于是他提出了一个生物地理原因：他指出，一个不适合羊驼生存的炎热低地环境，把安第斯山脉与可能将羊驼用于农业的中美洲高原分隔开来。

但是我们又要问，为什么这样一个区域会成为阻碍驯养羊驼传播开来的屏障？商人来往于南美洲和中美洲之间已有几个世纪，他们可能会走陆路，也肯定走过海路。只要有长距离的贸易存在，思想就不必要在一路上每个地方都有用才能传播。正如我在第 11 章中所说的，知识有着独特的能力，可以瞄准一个遥远目标，让它发生翻天覆地的变化，而在它与目标之间的空间里不产生什么影响。那么，其中一些商人带几头羊驼到北方去卖，需要什么？需要的只是这么一个想法：想象力的一次跳跃，猜想如果一种东西在这里有用，那么它可能在那里也有用。还有承担投机风险与物质风险的魄力。波利尼西亚的商人们就是这样做的。他们走得更远，跨越了一道更难对付的天然屏障，携带的货物里包括活的牲畜。为什么没有南美洲商人想过要把羊驼卖到中美洲去？我们可能永远也不会知道——但这为什么一定要与地理有关？他们可能只是

太习惯了自己做生意的方式。也许动物的新用途是犯忌讳的。也许有人尝试过这样的贸易，但每次都纯粹因为运气不好而失败了。但是，其中原因不管是什么，都不会是炎热地区形成了一道物理屏障，因为它没有形成屏障。

这些都是狭隘的考虑。从大局来看，阻碍羊驼传播的**只可能**是人类的思想和观点。如果安第斯人有波利尼西亚人的眼界，羊驼可能会传播到美洲各地。如果古代波利尼西亚人没有这样的眼界，他们可能从一开始就不会定居在波利尼西亚，生物地理解释就会把大洋的屏障当成这种现象的"终极解释"。如果波利尼西亚人更擅长远距离贸易，他们可能会把马从亚洲运到他们的岛上，然后运到南美洲——这一壮举可能不比汉尼拔把大象运过阿尔卑斯山[1]更令人佩服。如果古希腊启蒙运动能够持续下去，雅典人也许会率先定居在太平洋岛屿上，**他们**就会成为"波利尼西亚人"。或者，如果早期的安第斯人能找到办法繁殖出作战用的巨型羊驼，他们可能会在任何人想到驯养马之前就骑着羊驼去探索和征服，南美洲的生物地理学者将会解释说，他们的祖先之所以能够殖民全世界，是因为其他的大陆没有羊驼。

而且，美洲并不是总缺少大型四足动物。当第一批人类到达美洲时，有很多"大型动物"物种很常见，包括野马、猛犸象、乳齿象和其他象科成员。有些理论认为，人类捕猎使这些动物灭绝了。如果那些猎人中间有一个人有不同的想法，想在杀死这些野兽之前骑一骑它，会发生什么事？几代人之后，这种大胆猜想产生的连锁效应可能会造成这样的局面：骑着马和猛犸象的勇士部族如潮水一般通过阿拉斯加涌回旧大陆，

---

[1] 公元前218年，在第二次布匿战争中，迦太基统帅汉尼拔在冬季带着步兵、骑兵和战象翻越阿尔卑斯山，攻打罗马本土。不过战象在翻越过程中损失严重，只剩下几头。——译注

重新征服它。他们的后代会把这归功于大型动物的地理分布，但真正的原因应该是某个猎人头脑里的某个想法。

在史前时代早期，人口数量很小，知识是狭隘的，改变历史的想法几千年才会产生一个。在那时候，一个谜米想要传播，只有靠一个人观察到身边的一个人在实践它，并且（由于文化的静态性）就算是这样也很少能传播开来。所以在那时候，人类行为与其他动物的行为相似，大部分的事情确实可以用生物地理学来解释。但是，抽象语言、解释、高于最低生存水平的财富、远距离贸易之类的发展，全都有潜力突破狭隘，从而使思想观念具有因果力。到历史开始被记录下来的时候，它早已成为思想观念的历史，远胜于作为其他任何事物的历史——虽然不幸的是，当时的思想观念仍然主要是自残的、反理性的那一类。在此后的历史中，再坚持用生物地理学来解释全部的历史，就需要很大的奉献精神了。

关于人类事物的机械性再阐释，通常不仅缺少解释能力，在道德上也是错误的，因为它们实质上否认了参与者的人类属性，只把他们和他们的思想当作自然环境的副作用。戴蒙德说，他写《枪炮、细菌和钢铁》一书的主要原因是，除非人们确信欧洲人的相对成功是出于生物地理学因素，否则他们总是会受到**种族主义**解释的诱惑。不过，这本书的读者们是不会同意的，我相信！如果戴蒙德研究一下古代雅典、文艺复兴、启蒙运动——所有这些通过抽象思想体现因果关系精髓的事物，他也会看不到有什么办法能将这些事件归因于思想观念和人类，而会理所当然地认为，要放弃对事件进行一种还原主义的、非人类化的再诠释，就必须采用另一种同样的再诠释。

在现实中，斯巴达和雅典之间的差异，或萨沃纳罗拉与洛伦佐·美第奇之间的差异，与他们的基因全无关系；东印度群岛居民与英国国民之间的差异也是如此。他们全都是人——通用解释者和建造者，但他们的**思想观念**不同。引发启蒙运动的也不是自然环境。说我们所处的自然环境是思想观念的**产物**，要准确得多。原始自然环境虽然充满证据因而也充满机遇，但里面一个思想观念也没有。只有知识能把自然环境转变成资源，只有人类能创造解释性知识，从而创造出称为"历史"的人类独有行为。

植物、动物和矿物之类的物理资源提供了机会，可能会激发新的思想观念，但它们从来不能创造观念，也不能让人拥有特定的观念。它们还会引发问题，但不会阻止人们找到解决这些问题的方法。火山喷发之类的重大自然事件可能会彻底消灭一个古代文明，不管受害者们想什么都没有用，但这种事是特例。通常，如果有人类能幸存下来思考，就有思维方式可以让他们改善自己的处境，然后进一步改善。不幸的是，正如我解释的，也有思维方式可以阻止所有这样的改善。因此，自文明开始以来以及更早的时候，进步的主要机遇和主要障碍都仅仅由思想观念组成。它们是整个历史的决定性因素。马、羊驼、燧石或铀的原始分布状况只能影响到细节，并且只能在人类对于怎样使用这些东西有了想法**之后**才能产生影响。思想观念和决策的影响几乎完全决定了哪些生物地理因素会影响今后的人类历史，会造成什么样的影响。

对一个静态社会来说，存续一千年是很长的一段时间。我们记得有些古代的大型中央集权帝国持续的时间比这更长，但这是一种选择效应：大多数静态社会都没有留下记录，它们必定要短命得多。一个很自然的猜测就是，其中大多数社会在面临第一个需要创造出全新行为模式的挑战时就毁灭了。复活节岛在地理位置上与世隔绝，自然环境相对适宜居住，这些因素可能帮助这个静态社会维持了较长的寿命。如果它面临着自然和其他社会的更多考验，将不会存在那么久。但就算是这些因素也仍然在很大程度上是人类因素，而不是生物地理因素，如果岛上居民知道怎样去进行远距离航海，该岛就不会"与世隔绝"。同样，复活节岛有多么"适宜居住"，取决于居民们知道什么。如果移民们懂得的生存技巧与我一样少得可怜，那他们在岛上连第一个星期都撑不过去。另一方面，如今有数千人生活在复活节岛上而不会饿死，并且没有森林——虽然目前他们在造林，因为他们想这么做，也知道怎么去做。

　　复活节岛文明崩溃了，因为人类不可能不遇到新问题，而静态社会在面临新问题时本质上是不稳定的。在南太平洋的其他岛屿——包括皮特凯恩岛上，也有文明兴起并衰落。这是该地区内历史全貌的一部分。而且从全局来看，上述现象的原因是，这些文明都面临他们没能解决的问题。复活节岛居民没能航行离岛，就像罗马人没能解决政府和平更替的问题。如果复活节岛上确实发生了森林灾难，它也不是打垮岛上居民的原因。真正的原因是，他们长期未能解决森林灾难带来的问题。如果这个问题没有终结他们的文明，最终还会有其他问题来终结他们的文明。把他们的文明维持在那种静态的、痴迷于建造石像的状态中，从来都不是一种可供他们选择的方案。他们唯一能够选择的是，文明要么痛苦地突然终结，毁掉他们那少得可怜的知识里的绝大部分，要么慢慢改变，变得更好。要是他们知道该怎么改变，可能就会选择后者。

　　我们不知道复活节岛文明在阻止进步的过程中犯下了什么样的可怕错误。但显然它的崩溃并没有使任何事物得到改善。事实上，暴政崩溃永远不足以带来改善。要持续创造知识，还要依靠特定类型的思想观念，特别是乐观主义，以及与之相关的批评传统。这类传统必须包含并保护一些社会和政治体制，在这样的社会中，人们会容忍一定程度上的异见和背离规范，教育实践不会完全扼杀创造力。这些事物中没有一样是能够轻易实现的。西方文明是实现这些东西的当前结果，这也是为什么它已经拥有了避免复活节岛式灾难所需的东西，就像我说的那样。如果它确实面临危机，这必定是某种其他危机，如果它崩溃了，将是以别的方式崩溃；如果它需要拯救，将必须用它自己独有的方式来拯救。

1971 年，当时我还在上中学，参加了一次为高中生举办的题为"人口、资源、环境"的讲座，主讲人是人口学家保罗·埃利希。我不记得我预先想到过会在讲座上听到什么（在那之前我根本没听说过"环境"这个概念），但我完全没料到他会如此华丽大胆地直接展示悲观主义。埃利希直截了当地向他年轻的听众们描述了他们将要继承的人间地狱。好几种不同的资源灾难已经迫在眉睫，其中一些已经无法回避、为时已晚。在 10 年内，最多 20 年内，就会饿死数以十亿计的人。原材料会耗尽：当时正在进行中的越南战争，是为了争夺该地区的锌、橡胶和石油而进行的背水一战。（请注意，他的这个生物地理学解释多么漫不经心地排除了政治分歧导致冲突这一事实。）美国内地城市当时面临的困境，犯罪率上升，精神疾病，全都是一场巨大灾难的部分表现。埃利希把这一切都归结为人口过剩、污染和无节制地使用有限的资源：我们建造了太多的发电站、工厂、矿山、集约化农场，经济增长太快，远远超过了地球可以维持的限度。而且最糟糕的是，人太多了，这是所有其他不幸的根本原因。在这方面，埃利希步马尔萨斯的后尘，犯了同样的错误：根据对一个过程的**预言**来对另一个过程进行**预测**。于是他计算出，美国就算维持它在 1971 年的生活水平，也要把人口减少四分之三，减少到5000 万人——这当然不可能及时完成。他说，全球人口过剩 7 倍，连澳大利亚也快要接近它能维持的人口上限，等等。

教授跟我们谈的是他的研究领域，当时我们没有什么根据可以质疑他的话。然而，不知道为什么，我们事后的谈话不像是一群刚刚被夺走未来的学生会谈的。我不知道其他人怎样，但我记得自己是在什么时候变得不再担忧。讲座结束时，一个女孩问了埃利希一个问题，具体细节我已经忘了，但问题的形式是"如果我们在几年之内解决了（埃利希描述的问题之一）会怎么样？这难道不会影响你的结论吗？"埃利希的回答非常干脆：我们怎么可能解决呢？（他不知道。）而且，就算我们能解决，这除了短暂地推迟灾难到来的时间，还能有什么用？**到时候**我们又该怎么办？

放心啦！当我意识到埃利希的预言等于是说"如果我们停止解决问题，就会大难临头"，我就不再觉得他的预言有多么让人震惊了，因为怎么可能会是别的样子呢？那个女孩就很有可能去解决她问到的那个问题，**以及**接下来产生的问题。不管怎样，肯定有人解决了那个问题，因为预定会在 1991 年降临的灾难还没有成为现实。埃利希预言的其他情景也没有成为现实。

埃利希认为，他在调查一颗行星的物理资源，预测其下降速度。事实上他是在预言未来知识的内容。他设想了一个只能运用 1971 年的最佳知识的未来，隐含地假设今后只能解决一批数量很少并且迅速减少的问题。而且，他用"资源枯竭"来表述问题，忽视了解释的人类水平，从而错过了他试图预测的事物所有重要的决定性因素，也就是：相关的人和体制是否拥有解决问题所需要的东西？或者更宽泛地说，解决问题需要**什么**？

几年后，一位学习环境科学（这在当时还是一个新学科）的研究生向我解释，**彩色电视机**是我们的"消费社会"即将崩溃的一个预兆。为什么呢？他解释说，首先，它毫无意义。电视机全部的功能都可以同样由黑白电视机来完成，花费几倍的成本去加上色彩，仅仅是"炫耀性消费"。这个词是经济学家索尔斯坦·凡勃伦在1902年杜撰出来的，比黑白电视机的诞生还要早20多年，它指的是为了向邻居炫耀而想要新物品。我的同事说，通过科学地分析资源限制条件，可以证明我们现在已经达到炫耀性消费的极限。彩色电视机所用的阴极射线管需要用元素**铕**来制造屏幕上的红色荧光粉。铕是地球上最稀有的元素之一，全球所有已探明储量只够制造几亿台彩色电视机。用完之后，电视机又会变回黑白的。但是更糟糕的是，想想看这意味着什么。从此以后世界上会有两种人：拥有彩色电视机的人和没有彩色电视机的人。对于其他正在消耗的东西，情形也是一样的。世界将有着永久的等级差别，精英们囤积最后的资源，过着华丽耀眼的生活，与此同时，为了在最后的年月里维持这种幻想的状态，所有其他人都必须在死气沉沉的怨恨中辛苦劳作。情况就这样发展下去，这是噩梦中的噩梦。

我问他怎么知道人们不会发现新的铕。他反问我，我怎么知道会发现，而且就算发现了，**然后**我们要怎么办呢？我问他，他怎么知道不用铕就无法生产彩色阴极射线管，他向我保证说这不可能，因为能有一种元素具有人们需要的属性已经是奇迹了。毕竟，大自然为什么要提供那些属性能对我们提供便利的元素呢？

我不得不承认这一点。元素的种类并不多，每一种元素只有几个能级可以用来发光。毫无疑问，物理学家们已经评估过它们了。如果最终结论是除铕之外没有其他办法可以制造彩色电视机，那就是没有其他办法。

然而，红色荧光粉的"奇迹"让我深感困惑。如果自然仅仅提供一对合适的能级，它为什么要**刚好**提供一对？我当时没有听说过微调问题（这在当时是个新问题），但这个问题的费解之处与它一样。实时传递精确的图像，是人们自然而然想做的事，就像快速旅行一样。如果物理规律禁止这样做，就像禁止超光速旅行那样，就没有什么好奇怪的。如果它们允许这样做，但只有人们知道怎么做才行，也很正常。但它们**刚好**允许这样做，就是一种经过微调的巧合。为什么物理规律会划下这样一条线，与一个碰巧对人类有技术重大影响的位置如此接近？这就好比地球的中心离宇宙的中心只有几千米一样，看上去违反了平庸原则。

更让人困惑的是，就像真正的微调问题一样，我的同事认为存在**许多**这样的巧合。他的全部观点就是，彩色电视机只是一种现象的代表体现，该现象在许多技术领域里同时发生：最终极限正在迫近。我们为了达到看彩色肥皂剧这么无聊的目标，正在消耗最稀有的稀土元素的最后库存，同样地，所有看似进步的事物，其实都只是在疯狂开采地球上最后的资源。他相信，20 世纪 70 年代是历史上一个独特而可怕的时期。

他在一个方面是正确的：直到今天，人们都没有发现其他生产红色荧光粉的方法。然而当我写下这一章的时候，眼前就有一个超级好的计算机显示器，它里面一个铕原子都没有。它的像素是完全由普通元素构成的液晶，也不需要阴极射线管。就算它需要阴极射线管也没关系，现在人们已经开采出足够多的铕，可供让地球上每个人都拥有十几个使用铕的显示屏，而且铕的探明储量比这还要多出几倍。

就在我那悲观的同事唾弃彩色电视技术、认为它无用而且注定要失败的时候，乐观的人们在发现制造彩色电视机的新方法，以及它们的新用途——他只花了五分钟去思考彩色电视机实现黑白电视机现有功能的能力，就排除了这些新用途。但对我来说，值得注意的不是他那失败的预言及其根本错误，也不是因为噩梦不曾发生而产生的轻松感，而是关于人是什么的两种观念之间的明显差异。在悲观主义的观念看来，人是浪费者，他们取得珍贵的资源，疯狂地将它们转换成没有用的彩色图像。这种说法对静态社会来说是**正确**的，那些石像才是无用而且注定要失败的，就像我同事心目中的彩色电视机——将我们的社会与复活节岛的"古老文化"进行比较之所以完全错误，就是因为这一点。在乐观主义的观念看来（事实证明这种观念是正确的，人们没有预料到这一点），人类是问题的解决者，能创造出不可维持的解决方法，并带来新的问题。悲观地看，人的这种独特能力是一种疾病，其治疗手段是可维持性。乐观地看，可维持性是一种疾病，其治疗手段是人类。

从那时起，出现了多种全新的工业，利用着伟大的创新浪潮，对其中许多行业——从医疗成像到视频游戏、桌面出版、自然纪录片（如艾登堡的作品），事实都证明彩色电视技术非常有用。而且，完全没有出现黑白电视机与彩色电视机用户之间永久的等级差异，黑白电视技术现在实际上已经过时了，阴极射线管电视机也是。现在的彩色显示器非常便宜，可以作为营销手段随杂志免费赠送。所有这些技术都没有在人群中制造分裂，它们本质上崇尚平等，把以前阻止人们获得信息、观点、艺术和教育的许多根深蒂固的障碍扫荡一空。

反对马尔萨斯观点的乐观主义者往往热衷于强调，所有的恶都源于缺乏知识，而问题是可以解决的，他们在这一点上很正确。对于灾难的预言（比如我前面描述的那些灾难）确实彰显了这样一个事实，那就是预言式思维方式不管看上去可能多么有道理，都是错误的，而且本质上带有偏见。不过，预期**问题**总是会得到及时解决以避免灾难，同样是错误的。事实上，马尔萨斯主义者更深刻、危险的错误在于，他们声称有办法**避免**资源配置灾难（也就是说可维持性）。这种观点也否认了我建议大家刻在石头上的另一条伟大真理：**问题是不可避免的。**

一个解决方案有可能在一段时期内、用于某种狭隘用途时不遇到问题，但没有办法事先确认哪些问题会有这样一个解决方案。因此，除了保持静态以外，没有办法防止新解决方案带来不可预见的问题。但静态本身是不可维持的，历史上的每个静态社会就是证明。马尔萨斯不会知道，不起眼的、当时刚刚被人们发现的铀元素，最终会关系到文明的生死存亡，就像我的同事不会知道，在他有生之年，彩色电视机将会每天都在挽救生命。

因此，没有哪种资源战略能够预防灾难，正如没有哪种政治体制能够只带来好领导和好政策，也没有一种科学方法能只带来正确理论。但确实有些思想观念**会导致**灾难，众所周知，其中之一就是认为可以科学地规划未来。在以上三种情况下，唯一合理的策略是根据它们的纠错能力来评价体制、资源和方法：废除坏政策，罢免坏领导，淘汰坏解释，从灾难中恢复过来。

例如，在 20 世纪的进步带来的巨大胜利中，有一项是抗生素的发现，它终结了自古以来造成痛苦和死亡的多种瘟疫和地方性疾病。然而几乎是从一开始，那些批评"所谓的进步"的人就说，由于耐药病原体的进化，这一胜利可能是暂时的。这一点经常被放在更广大的意义上，用来控诉启蒙运动的狂妄自大。这种观点认为，在与细菌和它们的武器（也就是进化）对抗的战争中，我们只要输掉一场战斗就会大难临头，因为我们其他的"所谓的进步"，诸如廉价的全球航空旅行、全球贸易、大量的城市，使我们在全球传染病面前比过去更加脆弱，这样一场传染病的毁灭性可能超过黑死病，甚至可能导致人类灭绝。

但是**所有**的胜利都是暂时的。因此，用这个事实来把进步重新诠释为"所谓的进步"，属于坏哲学。依赖特定的抗生素是不可维持的，这一事实只能用来控诉某些人的观点，他们期待一种可维持的生活方式。但事实上不存在这样的东西，只有进步是可维持的。

预言式的做法只能看到有可能**推迟**灾难的方法，也就是提高可维持性的方法：大幅减少和分散人口，使出行变得困难，抑制不同地理区域之间的接触。一个这样做的社会，没有能力负担研发抗生素的科学研究。该社会的成员会希望他们的生活方式能替代抗生素保护他们，但是请注意，人们尝试这种生活方式时，它没能预防黑死病。它也不能治愈癌症。

预防和拖延战术是有用的，但在可行的未来战略中，它们只能占一小部分。问题是不可避免的，当预防和拖延战术失败时，生存迟早要依赖于对抗问题的能力。显然，我们需要努力寻求治疗方法，但只能针对已经了解的疾病做这种努力。所以，我们要有能力去处理未曾预见、无法预见的失败。为此，我们需要一个庞大而充满活力的科研共同体，它对寻求解释和解决问题有兴趣。我们需要有财富来为它提供资金支持，还需要有技术能力把它的发现付诸实践。

气候变化问题也是如此，该问题目前有很大争议。我们面临的前景是，技术产生的二氧化碳排放将使大气平均温度升高，其有害影响包括干旱、海平面上升、农业破坏、部分物种灭绝。预测认为，气温上升的这些有害影响超过了有利影响，后者包括粮食产量上升、总体上促进植物生长、冬季死于低温的人数减少。目前，人们还等待着最强大的超级计算机对地球气候的模拟结果，以及经济学家们关于这些计算结果意味着下个世纪经济会怎样的预测，来决定意在减少二氧化碳排放的数以万亿美元计的资金，以及大量的法律和体制变化。根据以上讨论，我们应该注意到与该争议及其背后的问题有关的几件事。

首先，到目前为止我们还是很幸运的。不管流行的气候模型准确度如何，有一点在物理规律上是没有争议的，并且无需任何超级计算机或复杂模型就能得出结论，那就是，这样的排放**必然**将**最终**导致使气温上升，后者最终将是有害的。那么考虑一下：如果相关参数略有不同，灾难到来的时刻是 1902 年（凡勃伦的年代），当时的二氧化碳排放已经比启蒙运动之前高了几个数量级。那么，灾难会在任何人能预见到它或者知道是怎么回事之前发生。海平面会上升，农业会被破坏，数以百万计的人开始死去，还会有更糟糕的事接踵而来。那时的重大问题不会是怎样预防这场灾难，而是怎样应对。

他们那时候没有超级计算机。由于巴贝奇的失败和科学界的错误判断——也许最重要的是，由于他们缺乏财富——他们完全不具备自动计算的关键技术。机械式计算器和满屋子的计算人员是不够的。但更糟糕的是，他们几乎没有大气物理学家。事实上，当时各种各样的物理学家加起来，人数也只是今天专门研究气候变化的物理学家的零头。从社会的角度看，物理学家在 1902 年是一种奢侈品，就像彩色电视机在 20 世纪 70 年代是一种奢侈品。但是，要从灾难中恢复过来，社会需要更多的科学知识、更多更好的技术，也就是说更多的财富。例如，在 1900 年，建造海堤以保护一个低地岛屿的海岸，所需要的资源非常庞大，只有那些大量集中了廉价劳动力或巨额财富的岛屿才负担得起，就像荷兰那样，由于造堤技术，该国大部分人口已经生活在低于海平面的地区。

这个挑战很容易通过自动化来应对，但当时的人们没有能力用这种方式来处理它。那时候所有相关的机器都动力不足、性能不可靠、价格奇高，也不可能大批量生产。为了在巴拿马修建一条运河付出的巨大努力刚刚失败，[1] 牺牲了成千上万的人，损失了大量金钱，原因是技术和科学知识准备不充分。而且，当时的世界总体上拥有的财富以今天的标准看来少得可怜，这加重了上述问题。今天，几乎任何沿海国家都完全有能力进行海岸防御工程，为寻找海平面上升的其他解决方案多争取了几十年时间。

如果一个解决方案都没找到，我们**到时候**该怎么办？这是一个类型完全不同的问题，它引出了我对气候变化争议的第二个观察，那就是，虽然超级计算机模拟是在（有条件地）**预测**，经济展望就几乎纯粹是**预言**。因为我们可以预期，未来人类应对气候变化的能力，将在很大程度上取决于他们在创造新知识处理问题方面有多么成功。所以，将预测与预言进行比较，将导致同样的老错误。

再假设那场灾难在 1902 年已经降临，想想科学家们将会对 20 世纪的二氧化碳排放做出什么样的预测。他们假设能源消耗将大致像过去一样呈指数增长（这个假设是靠不住的），估算由此导致的排放量增长。但这个估算没有把核能的效果包括在内，也不可能包括，因为当时放射性本身还只是刚刚被发现，要到 20 世纪中叶才会被用来发电。但容我假设他们不知何故就是能预见到这一点。那么他们可能会修改对二氧化碳的预测，得出结论说，排放量很容易在世纪末恢复到 1902 年的水平以下。但这只是因为他们无法预见到反核能运动，该运动使核能在成为重要减排因素之前就停止了扩张（具有讽刺意味的是，用

---

[1]　1881年，法国实业家、苏伊士运河工程领导者斐迪南·德·雷赛布主持第一次巴拿马运河修建工程。由于设计失误、管理不善、热带病侵袭等原因，工程于1889年宣告失败。其间，疾病和事故导致约2.2万人死亡。——译注

的是环境方面的理由）。如此种种。人类的新想法（包括好的和坏的）这个不可预测的因素，一次又一次使科学预测变得无用。现在对下一个世纪的预测也必定是这样，而且更加是这样。这引出了我对当前争议的第三个观察。

人们目前还不是非常清楚大气温度对二氧化碳浓度有多敏感，即给定的浓度增幅会导致气温上升多少摄氏度。这个数字在政治上很重要，因为它关系到这个问题有多紧迫，敏感度高意味着紧迫度高，敏感度低则相反。不幸的是，这导致政治争论被一个次要问题所主导：迄今的升温在多大程度上是"人类的"（由人类造成的）。这就好比人们在争论应对下一次飓风的最佳准备措施时，大家一致认为只需要准备应对由人类造成的飓风。各方似乎都觉得，假如事实表明气温的**随机**浮动将要导致海平面上升、破坏农业、毁灭物种等，那么我们的最佳方案就是微笑着忍受。或者如果升温有三分之二由人类造成，我们就不应该去减缓另外三分之一的升温的影响。

试图预测我们对下个世纪环境的影响，然后让所有的决策都围绕着这个预测来优化，这样做是行不通的。我们无从知道要削减多少排放量，或者减排会产生何种影响，因为我们无从知道未来的发现，这些发现会使我们今天的某些行为显得很明智，有些则适得其反，还有些无关紧要；也无从知道纯粹的幸运会怎样给我们提供帮助或拖后腿。使可预见的问题推迟发生的战术可能会有用，但它们不能替代如下做法，并且相对于该做法必须居于次要地位：增强我们在事件以出乎意料的方式发生**之后**进行干预的能力。如果二氧化碳导致变暖的发展没有出乎我们的意料，也会有别的事是这样的。

我们确实没有预见到全球变暖的灾难。我之所以称其为灾难，是因为流行理论认为，我们的最佳选择是通过大笔花钱和在全世界范围内严厉约束行为来阻止二氧化碳排放，随便用什么合理标准来看，这都已经是一场灾难了。我说人们没有预见到它，是因为我们现在认识到它在1971年我去听那个讲座的时候已经开始了。埃利希确实告诉我们，气候的迅速变化很快就会摧毁农业，但他当时说的变化是全球**变冷**，由烟雾和超音速飞机凝结的尾迹造成。当时已有科学家提出了气体排放导致变暖的可能性，但埃利希认为这不值得一提。他对我们说，证据表明总体的变冷趋势已经开始，该趋势将持续下去，带来毁灭性的后果，虽然长期而言它可以因为工业的"热污染"而逆转（与我们重点关注的全球变暖相比，热污染的影响要弱许多）。

常言道，预防即治疗。但是只有知道了要预防什么，才能够进行预防。任何防范措施都无法规避我们没有预见到的问题。为了准备应对这些问题，我们别无他法，只能靠增强我们在事情出问题时把它带回正确轨道的能力。试图永远靠纯粹的运气来避免坏结果，只会注定让我们以失败告终，没有复苏的手段。

世界正忙着讨论几乎不惜代价地强制减排的计划，但人们本应该更多地讨论降低温度的计划，或者是在更高气温下繁荣发展的计划，而且不应该不惜代价，而要高效低价。已经有了一些这样的计划，比如通过多种手段消除大气中的二氧化碳，在海洋上空产生更多的云来反射阳光，促使水生生物吸收更多的二氧化碳。目前这方面的研究投入还非常少。超级计算机、国际条约和巨额金钱都没有专注在这方面。在人类应对气候变暖问题或类似问题的努力中，这类方案并不是核心。

这样做很危险。目前还没有重要迹象表明我们会退回到可维持的生活方式，但仅仅这种渴望就是危险的。我们会渴望什么？强行把未来世界变成我们心目中的样子，无休止地重复我们的生活方式、误解和错误。但如果我们改而进行一趟没有尽头的创造和探险旅程，其中每一步在被下一步补救之前都是不可维持的，如果这成为我们的社会中流行的价值观和渴望，那么人之上升——即无穷的开始将至少成为可维持的，如果不是稳如泰山的话。

术　语

人之上升——无穷的开始。此外，雅各布·布洛诺夫斯基的《人之上升》是本书的灵感源泉之一。

维持——这个词有两个几乎是相反的但经常被混淆的含义：为人们提供他们所需要的东西，或防止事物发生改变。

"无穷的开始"在本章的意义

——拒绝把（表面上的）可维持性当作一种渴望，或者对计划的约束条件。

小　结

静态社会最终失败，是因为它们无法迅速创造知识的特性必定会把一些问题变成灾难。因此，把这类社会与今天西方的技术文明进行比拟是错误行为。戴蒙德对不同社会的不同历史所做的"终极解释"是错的：历史是思想的历史，不是生物地理学的机械影响的历史。预防可预见灾难的战略最终必将失败，而且对不可预见的灾难连讨论一下都做不到。为了防备不可预见的灾难，我们需在科学技术方面取得迅速进步，还需要尽可能多的财富。

第18章 开 始

"这是地球。它不是人类永远和唯一的家园，只是一场无尽冒险的起点。你需要做的是做出决定（去终结静态的社会）。这个决定必须由你来做。"

（有了这个决定之后，）终结到来，永恒的终结。——然后就是无穷的开始。

——艾萨克·阿西莫夫：《永恒的终结》（1955）

第一个测量地球周长的人，是公元前 3 世纪的天文学家昔勒尼的埃拉托色尼。他的测量结果非常接近 40 000 千米的实际值。在历史上大多数时候，人们一直认为这个距离非常巨大，但启蒙运动使这种观念逐渐改变，如今我们觉得地球很小。这主要是由两个原因造成的，一个是天文学，它发现了超级巨大的天体，与之相比，我们的星球确实小得不可思议；另一个原因是各种各样的技术，它们使全球旅行和通信成为家常便饭。地球相对于宇宙和相对于人类行动的尺度都变小了。

因此，对于宇宙的**地理学**以及我们在宇宙中的地位，流行的世界观已经摆脱了一些狭隘的错误观念。我们知道，对这个以前看来极为巨大的球体，人类已经探索了几乎它表面上所有的地方。但我们还知道，在宇宙中还有很多地方有待探索（在地球表面的陆地和海洋之下也是），比任何人想象的还要多得多，对这些地方我们仍然存在着狭隘的错误观念。

然而，在理论知识方面，流行的世界观还没有跟上启蒙运动价值观的脚步。由于预言的谬误和偏见，有一个顽固假设仍然存在，它认为我们现有的理论已经达到了可知事物的极限，或者非常接近这个极限——我们**即将到达终点**，或者正在途中。正如经济学家大卫·弗里德曼所说的，大多数人相信，比他们自己的收入高一倍的收入足以让任何理智的人满意，超过这一数量的钱不会带来什么实质好处。不仅财富如此，科学知识也是如此：很难想象我们所了解的东西比现在多出一倍会是什么情形，所以如果我们试图对此进行预言，就会发现我们所描述的只是现有知识之后的一丁点儿东西。连费曼在这方面都犯了一个不寻常的错误，他写道：

我觉得，今后一千年都肯定不会再有什么新奇事物了。现有情形不会一直持续下去，让我们不断地发现越来越多的新规律。如果确实能发现，这么多的一层又一层会令人厌倦……我们很幸运地生活在一个仍然能做出发现的年代。这就像发现美洲一样，你只能发现它一次。

——《物理规律的特性》（1965）

除了别的之外，费曼还忘了，自然的"规律"这个概念本身并不是一成不变的。正如我在第5章中提到的，在牛顿和伽利略之前，这个概念与现在不一样，它可能还会再次改变。解释的层次的概念在20世纪才出现，它今后也可能发生变化，假如我在第5章中做出的猜测正确的话。我的猜测是，存在着一些基本规律，相对于微观物理学，它们看上去是突现的。更普遍地说，大多数基础发现一直以来不仅包括新解释，还要运用新的解释模式，它们今后也将一直如此。至于说令人厌倦，这种说法只是在预言，评判问题的标准进化得不像问题本身那样快，但这只是想象力的失败，除此之外没有什么好说的。就算是费曼也无法回避这样一个事实：未来还不可想象。

在未来，我们必须一遍又一遍地摆脱这种狭隘主义。某个层次的知识、财富、计算机性能或物理尺度，在某个瞬间看来庞大得不可思议，但后来会显得少得可怜。而我们永远也不会达到一种没有问题的状态。就像无穷旅馆的客人一样，我们永远不会"到达终点"。

"到达终点"有两个版本。在凄凉的版本中，知识被自然规律或超自然意志束缚着，进步是暂时的阶段。虽然这种思想按我的定义是彻底的悲观主义，它的名字却是花样繁多，其中包括"乐观主义"，对于过去的大多数世界观，它都是其中的一部分。在乐观的版本中，所有剩下的无知都会很快被消除，或局限于无足轻重的领域。这种思想在形式上是乐观的，但越是仔细探究，它实际上就会显得越悲观。例如在政治方面，空想社会主义者们承诺，有限数量的已知改变就能让人类状况臻于完善。众所周知，这种想法是通往教条主义和专制的不二法门。

在物理学方面，想象一下，假如拉格朗日说的"世界体系只能被发现一次"是正确的，或者迈克尔逊关于1894年所有仍未发现的物理学只是"小数点后第六位"的说法是正确的。他们声称自己**知道**，今后所有对"世界体系"之下的事物感到好奇的人们，都只会是在徒劳地探究不可理解的东西；如果任何人对某个反常事物感到奇怪，怀疑某些基本解释包含错误观念，也都会是错的。

如果是这样,迈克尔逊的未来——也就是我们的现在——将极度缺乏解释性知识,缺乏到我们无法想象的程度。他当时已经知道的许多现象,如引力、化学元素的性质、太阳的光辉,都还没有得到解释。他声称,这些现象将永远只是事实或经验法则,人们会记住它们,但永远不会理解它们,也不会通过研究它们获得什么成果。对1894年存在的基础知识来说,它的每一个这样的前沿都是一道屏障,屏障之外的东西都是不能解释的。不会有原子内部结构之类的东西,不会有时间和空间的动力学,不会有宇宙学这样的学科,不会有引力或电磁方程的解释,不会有物理学与计算理论之间的关联……世界的最深**结构**将是一个不可解释的、以人类为中心的边界,刚好与1894年的物理学家们认为他们理解的边界重合。在边界以内,没有什么东西(比方说引力的作用力)会变成重大错误。

迈克尔逊当时开设的实验室再也不会做出什么非常重要的发现。在那里学习的每一代学生,都不会致力于比他们的老师更深入地理解世界,他们能向往的东西莫过于模仿老师——或者充其量为某个小数点后第六位已知的常数找到小数点后第七位。(但是怎样去找呢?如今最灵敏的科学仪器是根据1894年之后做出的发现研制的。)他们的世界体系将永远是不可知的海洋上一个微小、冰冻的解释之岛。迈克尔逊的"物理科学的基本规律和事实"不会像在现实中那样成为无穷地进一步理解世界的开始,而将成为理性在该领域里的垂死挣扎。

我怀疑,不论是拉格朗日还是迈克尔逊都不会觉得自己悲观。但他们的预言都意味着人类命中注定要陷入一种悲惨境地:**不管你做什么都不会进一步理解世界**。偏巧,他们本人都做出了足以让他们取得进步的发现,这种进步的可能性正是他们所否认的。他们本该追求这一进步,难道不是吗？但没有人能在自己感到悲观的领域里还能拥有创造力。

我在第 13 章末尾说过，值得追求的未来，应该是我们从错误观念向更好的（错误更少的）错误观念进步的未来。我经常想，假如我们从一开始就把理论称为"错误观念"，而不是在发现了新理论之后才把原来的理论称为错误观念，人们也许能更好地理解科学的本质。这样我们就可以说，爱因斯坦的引力错误观念是牛顿错误观念的改进版本，后者又是开普勒错误观念的改进版本。新达尔文主义进化错误观念是达尔文错误观念的改进版本，后者又是拉马克错误观念的改进版本。如果人们这样思考，也许就都会记得，科学从来不要求一贯正确或最终定论。

更实用地强调上述真理的方式也许是，把知识（所有知识，不仅是科学知识）增长表述成**从问题到更好的问题**的持续过渡，而不是从问题到解决方案，或从理论到更好的理论。这是我在第 1 章中强调的有关"问题"的积极概念。由于爱因斯坦的发现，我们现在的物理学问题比爱因斯坦本人的问题体现了更多的知识。他的问题立足于牛顿和欧几里得的发现，今天的物理学家们关注的大多数问题立足于 20 世纪的物理学发现，如果没有这些发现的话，这些问题就会成为无法理解的神秘事物。

对数学来说也是如此。虽然数学定理存在一段时间后很少会被证明为**假**，但数学家对基本原理的理解确实会加深。有些抽象概念起初被人们单独研究，但现在被当成更广泛的抽象概念的某些方面，或者以未曾预见的方式与其他抽象概念发生关联。因此，数学上的进步也是从问题过渡到更好的问题，就像其他领域的进步一样。

不管从哪个意义上说，认为我们的知识或其基础"即将到达终点"，这种狂妄都与乐观主义和理性格格不入。不过，全面乐观始终是很罕见的，预言式谬论的诱惑力很强，但总有例外。苏格拉底公开宣称自己极度无知。波普尔则写道：

> 我相信，努力了解世界是值得的，就算在努力过程中发现自己所知甚少……我们大家也许还应该记住，虽然我们在各种零星所知方面有所不同，但在无穷的无知中都是平等的。

——《猜想与反驳》（1963）

无穷的无知是知识存在无穷潜力的必要条件。拒绝接受我们"即将到达终点"的观点，是避免教条主义、停滞和专制的必要条件。

1996 年，记者约翰·霍根的著作《科学的终结：在科学时代的暮色中审视知识的极限》引起了轩然大波。他在这本书中提出，所有基础科学领域里的终极真理——或者至少是人类头脑能够掌握的部分——都已经在 20 世纪被发现了。

霍根写道，他原来也认为"科学是没有终结的，甚至是无限的"。但他后来被一系列（我所称的）错误观念和坏论述说服，相信了与此相反的观点。他的基本错误观念是经验主义。他认为，科学与非科学领域（如文学批评、哲学和艺术）的区别在于，科学有能力客观地"解决问题"（通过将理论与实际情形进行比较），而其他领域对任何问题都只能产生多种互不兼容的诠释。他在两方面都是错的。就像我在这整本书中所解释的，在所有这些领域里都存在有待发现的客观真理，而都不存在最终结论或一贯正确。

从来自"后现代"文学批评的坏哲学那里，霍根接受了一种故意混淆的做法，将哲学与技术里可能存在的两种"模糊性"混为一谈。第一种是多种真实含义的"模糊性"，要么是作者有意为之，要么是由于思想观念的延伸而在。第二种是刻意的含糊、混淆、模棱两可或自相矛盾。第一种模糊性是深刻思想的属性，第二种则是深刻愚蠢的属性。把两者混为一谈，就是把最糟糕的艺术和哲学的特质归咎于最优秀的艺术和哲学。因为，根据这种看法，读者、观众和批评家可以对第二种模糊性赋予任何他们选择的含义，坏哲学宣称所有的知识都同样真实：所有的含义都是平等，没有哪种含义是客观真实的。于是，人要么陷入完全的虚无主义，要么认为**所有的**"模糊性"都是相关领域里的有益事物。霍根选择了后者，他把艺术和哲学划分成"反讽的"领域，因为同一陈述有多种互相矛盾的含义而具有讽刺意味。

然而，与后现代主义不同的是，霍根认为，在所有领域中，科学和数学是耀眼的例外，只有它们有能力产生非反讽的知识。但他得出结论说，也存在着**反讽的科学**——不能"解决问题"的科学，因为它们本质上是哲学或艺术。反讽的科学**能够**无穷无尽地持续下去，但这正是因为它不能解决任何问题；它永远发现不了客观真理。它仅有的价值存在于旁观者的眼中。因此，根据霍根的观点，未来属于反讽的知识。客观知识已经到达了它的终极边界。

霍根考察了基础科学中一些悬而未决的问题，认定它们全都要么是"反讽的"，要么不是根本性的，用以支持他的论点。但只要有他的前提，就会不可避免地得出这样的结论。考虑一下任何可成为根本性进步的未来发现会有什么样的前途。我们不知道它具体是什么，但坏哲学原则上已经可以把它分割成一条新的经验法则和一个新的"诠释"（或解释）。新的经验法则不可能是根本性的，它只会是另一个等式，只有受过训练的专家才能分辨它与旧等式之间的差异。新"诠释"按定义将只是纯哲学，因此必定是"反讽的"。通过这种方法，人们可以把任何潜在的进步抢先诠释成非进步。

霍根自己正确地指出，以前的预言失败不能证明他的预言是错误的。迈克尔逊对 19 世纪成就的看法错误，与拉格朗日对 17 世纪成就的看法错误，这些事实并不意味着霍根对 20 世纪成就的看法也是错的。然而，我们现有的科学**知识**恰巧包含了大量深刻的根本性问题，数量多得在历史上罕见。我们所知甚少并且极其无知，这一点在此前的人类思想史上从来没有这么明显过。因此，霍根的悲观主义不仅是预言错误，还与现有知识相抵触，这一点颇不寻常。例如，现今的基础物理学面临的问题情形与 1894 年有着完全不同的结构。尽管当时的物理学家认识到了一些现象和理论问题，我们现在将它们视作革命性的解释即将到来的预兆，但其重要性在当时并不清晰。那时人们很难把这些预兆与终将被现有解释厘清的反常现象区分开来，也很难将它们与"小数点后第六位"的调整或公式的微小变动区分开来。但今天我们没有理由否认，我们的问题中有一些是根本性的。我们最好的理论显示，它们自身与它们要解释的事实之间存在着重大差异。

最显眼的例证之一是，当前的物理学有**两个**基本的"世界体系"——量子理论和广义相对论，它们在根本上不一致。对于这种不一致性（称为量子引力问题），有许多描述方式，分别对应许多经过尝试但未获成功的解决建议。其中一方面是离散与连续之间自古以来的紧张关系。我在第 11 章中描述的解决方式，即一个有着不同离散属性的粒子的可互换实例构成的连续云，只有在时空本身是连续的情况下才成立。但如果时空受到云的引力影响，就会获得离散属性。

在宇宙学领域，在《科学的终结》问世后几年就出现了革命性进步，此后不久我就写了《真实世界的脉络》。当时在所有可行的宇宙理论中，宇宙膨胀都在引力影响下逐渐放慢，这一趋势在大爆炸的初始爆炸之后就开始了，并将永远持续下去。宇宙学家们当时正努力判断，宇宙膨胀速率是否足以使宇宙永远膨胀下去（就像超过了逃逸速度的抛射物），尽管它在放缓；还是说宇宙最终会在一场"大坍塌"中再次坍缩。人们认为只有这两种可能。我在《真实世界的脉络》中讨论了这两种可能性，因为它们与以下问题有关：一台计算机在宇宙的有生之年里能够执行的计算步骤，其数量是否有上限？如果有，那么物理学也会使人类能创造的知识总量——以计算形式进行的知识创造——具有上限。

大家首先想到的是，只有在不会再坍缩的宇宙里，才有可能进行无限的知识创造。然而分析表明实际情形正好相反：在不断膨胀的宇宙里，居民会没有能量可用。但宇宙学家弗兰克·提普勒发现，在特定类型的再坍缩宇宙里，大坍塌的奇点适合执行我们在无穷旅馆中用过的越来越快的伎俩：在奇点到来之前，受到引力坍缩本身不断增强的潮汐作用，可以在有限时间里完成无穷长的计算步骤序列。那时宇宙中的居民最终必须把人格上传到计算机里，这些计算机由类似纯粹潮汐的东西组成。对这些居民来说，宇宙将是永生的，因为在宇宙坍缩的过程中，他们的思考速度能无穷无尽地加快，同时把记忆存储在更小体积里，使访问时间可以无穷无尽地缩短。提普勒将这样的宇宙称为"终点宇宙"。当时的观察证据，与认为真实宇宙属于这种类型的理论一致。

目前宇宙学中正在发生的一小部分变革是，观测结果排除了终点模型。证据（包括一系列对遥远星系超新星的杰出研究）迫使宇宙学家们得出一个出人意料的结论，那就是宇宙不仅将永远膨胀下去，而且一直在**加速膨胀**。有东西在抵消宇宙的引力。

我们不知道那是什么。由于还没有发现一个好解释，这个未知原因被称为"暗能量"。对于它可能是什么，人们提出了几种说法，其中包括仅仅造成加速表象的效应。但目前表现最好的假说是，引力方程中还有一项，爱因斯坦于 1915 年提出了这样一个形式的项，但后来抛弃了它，因为他认识到自己对这个项的解释是坏的。20 世纪 80 年代，人们把这个项作为量子场论的一个可能效应再次提出，但仍然没有哪个解释其物理意义的理论好到可以预测其数量级之类的东西。暗能量的性质和效应问题不是细枝末节，也没有什么东西显示它是深不可测的永恒奥秘。宇宙学作为一门基本完善的科学，也不过如此。

在遥远的未来，人们有可能利用暗能量，为永不停息的知识创造提供能量，具体情况取决于暗能量到底是什么。由于要跨越前所未有的遥远距离去收集这种能量，计算将会变慢。就像终点宇宙的居民注意不到加快一样，这个宇宙里的居民们注意不到变慢，因为他们也要以计算机程序的形式存在，其计算步骤的总量是无限的。因此，暗能量排除了知识无限增长的一种可能，却会为另一种可能提供字面意义上的动力。

新宇宙模型描述的宇宙在空间维度上是无限的。因为大爆炸发生在有限的时间以前，而且光速有限，我们将永远只能看到无限空间中有限的一部分，但这部分会不停地扩大下去。直到永远。因此，最终会有越来越不可能的现象进入我们的视野。当我们看到的事物总量达到现在的100 万倍时，就会看到空间里存在着那些发生概率为百万分之一的事物，就像我们今天看到的那样。一切在物理上可能的事物都将展现出来：自发产生的手表，长得刚好像威廉·佩利的小行星，和所有的一切。根据目前流行的理论，所有这些事物**今天就存在着**，但与我们的距离太远，它们发出的光远远不能到达我们这里——目前还不能。

光在传播的过程中会变得暗淡，每个单位区域里的光子减少了。这意味着，要在更遥远的距离上探测一个给定对象，需要更大的望远镜。所以，我们能够看到多远的现象——或说多么不可能的现象，也许是有极限的，除非是某一类现象：无穷的开始。具体说来，任何以无限的方式开拓宇宙的文明，最终都将到达我们所在的位置。

因此，单一的无限空间，可以扮演微调巧合的人择解释所提出的无穷多个宇宙的角色。它可以通过某种方式把这个角色扮演得更好：如果一个文明能够诞生的概率不为零，则空间中必定有无穷多个这样的文明，它们最终会相遇。如果它们能从理论上估算此类文明产生的概率，就可以检验人择原理。

此外，人择原理不仅不需要所有这些平行宇宙[1]，还可以不需要物理规律的变种。回忆一下第6章，物理学中出现的所有数学函数都属于一个相对狭窄的类别——**解析函数**。它们有一个引人注目的性质：一个解析函数只要有一个点不为零，它在整个范围内就只能以孤立的点通过零。因此，"存在一个理论物理学家的概率"以物理常数的函数表达时，情形正是如此。我们对这个函数几乎一无所知，但确实知道它对至少一组常数来说不为零，那就是我们的常数。因此我们还知道，它对几乎任何常数值来说都不为零。对于几乎所有常数值的集合来说，它可能都微小得难以想象，但不管怎样，不为零。因此，几乎不管常数取什么值，我们这一个宇宙里就会存在无穷多的天体物理学家。

不幸的是，到了这里，微调的人择解释就把自己抵消了：不管有没有微调都存在天体物理学家。因此，人择原理在新宇宙学里比在旧宇宙

---

[1] 容我提醒读者，这些推测成分很强的平行宇宙与量子多重宇宙里的宇宙或历史毫无关系，有大量证据表明量子多重宇宙的存在。严格地说，标准人择解释假定了无穷多个量子多重宇宙。——原注

学里更加不能解释微调，从而也不能解决费米问题"他们在哪里"。它有可能成为解释中必不可少的一部分，但永远无法独立解释任何东西。而且，就像我在第8章解释的那样，任何涉及人择原理的理论都必须提供一种量度来定义一个事物无穷集里的概率。人们还不知道在一个空间无限的宇宙里怎么做到这一点，宇宙学家们目前相信我们就生活在这样一个宇宙里。

　　这个问题的影响范围不止于此。例如，关于多重宇宙，有一种所谓的"量子自杀论"。假设你想中彩票，你买了一张彩票，然后设置一台机器，假如你没有中奖，机器会自动杀死你。于是，在所有你醒来的历史中，你都是赢家。如果没有挚爱亲友哀悼你，或者你有其他理由不想让大多数历史因你永远的死亡而受影响，你就通过该论点支持者所说的"主观确定性"安排了不劳而获。然而，这种应用概率的方式并不是像通常方式那样直接来自量子理论，它还需要另一个假设，即人在决策的时候应当无视那些决策者不存在于其中的历史。这与人择原理非常接近。人们对这类情况的概率论也不甚了解，不过我猜想这个假设是错的。

　　所谓的模拟论中有一个相关假设，该理论最有力的支持者是哲学家尼克·博斯特伦。这个假设是，在遥远的未来，我们所知的整个宇宙都将用计算机多次模拟（也许是为了科学或历史学研究的目的），有可能是无穷多次。因此，我们所有的实例几乎都在这些模拟中，而不是在原来的世界中。这样，我们就几乎肯定是生活在模拟中，说起来是这样。但这样把"大多数实例"与"几乎肯定"等同起来，真的能行吗？

　　为了稍微了解为什么这样不行，考虑一个实验。想象一下，假设物理学家发现空间实际上像酥皮点心一样分为许多层，每一处的层数各不相同，有些地方层与层分离，它们的内容也随之分离。不过，每层的内容都是一样的。于是，我们移动的时候，我们的实例在分离和融合，虽然我们感觉不到。假设伦敦所在的空间有一百万层，牛津只有一层，我在这两个城市之间频繁来往，有一天醒来时忘了自己在哪个城市。天黑着。我要不要赌自己更有可能在伦敦，就因为我在伦敦醒来的实例数量比在牛津多出一百万倍？我觉得还是不要的好。在这种情况下，对自身的实例数量进行计数，显然无助于判断需要用于决策的概率。我们应当对历史计数，而不是对实例计数。在量子理论中，物理规律告诉我们怎样通过量度来对历史计数。对于多重模拟，我不觉得有什么好论点可以用来对历史计数：它是一个开放的问题。但我不觉得，把对我的模拟重复一百万次能在任何意义上使我"更可能"身为模拟而不是原件。假如一台计算机用来在存储设备中代表一个比特信息的电子数量是另一台计算机的一百万倍，我是不是更有可能存在于前一台计算机而不是后一台"里面"？

　　模拟论引发的另一个问题是：我们所知的宇宙在未来真的会被频繁模拟吗？这样会不会不道德？今天存在的世界里有着巨大的痛苦，任何进行这种模拟的人都要为再创造这些痛苦而负责。或者他们不用负责？一种感受性的两个相同实例，与一个实例是一回事吗？如果是的话，创造这类模拟就不会不道德——不会比阅读一本关于过去痛苦的书更不道德。但在这种情况下，一个人的两个模拟要有多大差异，才能在道德方面算成是两个人？对此我也没有很好的答案。我猜想，只有能够产生人工智能的解释性理论才能回答这些问题。

　　还有一个与此相关但更尖锐的道德问题。用一台强大的计算机，用量子随机发生器随机把每个比特设为 0 或 1（意味着 0 和 1 在历史上发生的量度相等）。这时，计算机存储器里所有可能的内容都存在于多重宇宙中，因此必定有这样的历史存在：计算机中包含一个人工智能程序——事实上是所有可能状态下所有可能的人工智能程序，达到计算机存储器所能容纳的上限。其中有一些程序与你非常相似，生活在一个与你的实际环境大体相近的虚拟现实环境中。（如今的计算机没有足够的存储容量来精确现实环境，但正如我在第 7 章中所说的，我确信它们模拟一个人绰绰有余。）也有一些人处在各种可能的痛苦状态中。那么我的问题是：启动计算机、让它在不同历史中同时执行所有这些程序，是不是错误的？是不是真的有人犯下最恶劣的罪行？还是说这样做仅仅是不明智而已，因为包含这种痛苦的所有历史的量度非常小？它是否清白无辜且无关紧要？

　　人择型推理还有一个更靠不住的例子，那就是**世界末日论**。它假设典型的人类大约处于所有人类序列的中途，试图据此估计我们这个物种的预期寿命。根据该假设我们应当预期，从过去到将来能够出现的人类总数，将是迄今已经出现过的人类总数的两倍。这当然是预言，仅仅出于这个原因，它就不可能成为一个有效论点，但让我来简短讨论一下它本身。首先，如果人类总数会是无穷大，这个说法就根本不适用，因为在那种情况下，每个得以出现的人类都将生活在序列的极早期。这意味着，我们处于无穷的开始。

　　此外，一个人的一生是多久？疾病和衰老很快就会被治愈——在今后几个一生的时间里肯定能实现。技术还将能为大脑的状态创建备份，在人死之后把备份上传到有着相同躯体的全新空白大脑里，由此避免凶杀或事故造成的死亡。一旦这种技术出现，人们就会觉得不频繁备份**自己**是极其愚蠢的，比在今天不频繁备份电脑要愚蠢得多。就算没有别的原因，仅仅是进化就能保证人们这样做，因为那些不备份自己的人会逐渐绝种。因此，只会有一种结果：对全人类来说非常不道德，因为当前这一代将是最后几代寿命短暂的人之一。这样的话，如果我们这个物种的寿命无论如何都是有限的，知道了从过去到将来能够出现的人类总数，也无助于确定寿命的上限，因为它不能告诉我们，在预言中的灾难到来之前，有潜力永生的未来人类能活多久。

数学家弗农·维格在1993年写了一篇有影响力的文章，题为《即将到来的技术奇点》。他在这篇文章中估计，大约30年内，人类就不可能预测未来的技术——这一事件被简称为"技术奇点"。维格把技术奇点的到来与人工智能的成就联系在一起，接下来的讨论完全围绕这一点来进行。我当然**希望**人工智能到时候能实现，但还没有看到我所说的必须先行的理论进步有实现的迹象。另一方面，我觉得没有理由单把人工智能看作一项突破现有模式的技术：我们已经有数十亿个人了。

技术奇点理论的大多数支持者认为，人工智能突破出现后不久，就能建造出**超级人类头脑**，然后就会像维格所说的那样，"人类的时代结束了"。但我对人类头脑通用性的讨论排除了这种可能性。由于人类已经是通用解释者和通用建造者，他们已经能够突破他们狭隘的起源，也就不存在超级人类头脑之类的东西。将来只会有进一步的自动化，使现有类型的人类思考速度加快，工作记忆容量更大，把"汗水"阶段委托给（非人工智能的）自动装置。在计算机和其他机械领域已经发生了许多类似的事，人类财富也得到了普遍增长，使能把时间花在思考上的人类数量增加了许多倍。确实可以预期这种情形会持续下去。例如，将来会有更加有效的人机接口，毫无疑问将以大脑附加组件的形式达到高潮。但互联网搜索之类的任务绝不会由速度超快的人工智能承担，不会让它们带有创造性地去扫描数以十亿计的页面、判断其中的含义，因为它们不会想干这样的事，就像人类不想一样。人工科学家、数学家和哲学家们也不会想要运用人类天生无力理解的概念或论点。通用性暗示着，在每个重要的意义上，人类和人工智能都完全对等。

同样，人们往往认为技术奇点是一个前所未有的动荡和危险的时刻，因为创新的速度太快，人类无法应对。但这是一种狭隘的错误观念。在启蒙运动的最初几个世纪里，人们一直觉得不断加快的迅速创新快要失控了。但我们应对和享受技术、社会、生活方式、道德规范等变革的能力也在增强，曾经妨碍变革的一些反理性谜米弱化或灭绝了。在未来，时间脚步加快和大脑附加组件及人工智能计算机的生产能力增加等因素导致变革加快时，我们应对这些事物的能力也将以相同或更快的速度增长：如果每个人的思考速度都突然快了一百倍，没有人会因此觉得匆忙。因此我认为，把技术奇点当成某种不连续性，这样的概念是错误的。知识将继续呈现指数增长或以更快速度增长，这就够惊人了。

经济学家罗宾·汉森提出，人类历史上已经出现过几个技术奇点，例如农业革命和工业革命。可以说，根据该定义，连早期的启蒙运动也是一个技术奇点。谁能料到，一个目睹了英国内战 [1]（宗教狂热与绝对君权之间的一场血腥斗争）和 1651 年宗教狂热取得胜利的人，也会看到一个以自由和理性为主要特征的社会和平地诞生？例如，英国皇家学会成立于 1660 年，这个进展在一代人以前是难以想象的。罗伊·波特认为英国启蒙运动始于 1688 年，即"光荣革命"之时，由此开始

---

[1] 英国内战是1642年至1651年间英国保皇派与议会派之间的一系列政治和军事冲突，议会派的主力是清教徒。1688年的光荣革命是一场不流血政变，议会废黜詹姆斯二世，邀请其女玛丽二世和女婿威廉三世共治英国，并确立了议会权力超过君主权力的君主立宪制。——译注

了一个以宪政为主的社会，还有许多其他理性改革，是流行世界观这场深刻而惊人的迅速变迁的一部分。

而且，对于不同的现象，科学预测变得无能为力的时间点是不同的。对每一个现象来说，这个时间点是知识创造可能开始对人试图预测的东西产生显著影响的时刻。由于我们对此的估计也会是这样，我们必须真正理解，我们**所有的**预测都隐含着这样一个附带条件——"除非知识创造介入其中"。

有一些解释的确延伸到遥远的未来，远远超出多数其他不可预测事物的视界，其中之一就是这个事实本身，另一个是解释性知识的无限潜力——本书的主题。

试图预测任何超出视界的东西都是徒劳的（这是预言），但**想知道**这些东西不是徒劳。好奇心引发猜想，其中包含推测，后者并不是不理性的。事实上，它至关重要。每一个使未来变得不可预测的、极难预见的新想法都始于推测。每个推测都始于问题：与未来有关的、也可以是超越预测范围的问题——并且是有解决方案的问题。

在了解物理世界方面，我们的处境与埃拉托色尼在了解地球方面的处境非常相似。他能用很高的精度进行测量，而且对地球的某些方面非常了解，比仅仅几个世纪以前他的祖先们所知的多得多。他必定已经知道了诸如地球各地区季节之类的事物，虽然他没有证据。但他还**知道**，大多数存在的事物不仅超出了他在物理上可以到达的范围，也远远超出他的理论知识范围。

我们还不能像埃拉托色尼测量地球一样准确地测量宇宙。我们也**知道**自己有多么无知。例如，我们由通用性知道，人工智能可以通过编写计算机程序来实验，但我们不知道怎样去编写（或进化出）正确的程序。

我们不知道感受性是什么，也不知道创造力怎样起作用，虽然我们所有人体内都有着感受性和创造力的活例子。我们在几十年前就知道了遗传密码，但不知道它为什么有着那样的延伸。我们知道，物理学两个最深奥的流行理论必定都是错误的。我们知道，人具有根本重要性，但不知道我们是否属于其中一员：我们可能会失败或放弃，宇宙中其他地方产生的智慧生物可能成为无穷的开始。还有我提到过的所有诸如此类的问题和许多其他问题。

惠勒曾经想象，在铺满地板的纸上写出所有可能是物理学终极规律的方程，然后：

站起来，看看所有这些方程，有的方程也许比别的方程更有希望。伸出手指命令它们"飞！"，没有一个方程会长出翅膀飞起来，或在天空中飞翔。然而，宇宙在"飞翔"。

——C.W. 密斯那、K.S. 索恩和 J.A. 惠勒：《万有引力》（1973）

我们不知道为什么宇宙在"飞翔"。那些在物理现实中得到具象化的规律与没有具象化的规律之间有什么差异？对一个人进行的一个计算机模拟（出于通用性的原因，它必定就是一个人）与该模拟的一份记录（它不可能是一个人）之间有什么差异？两个相同的模拟同时存在时，是存在两套感受性还是仅有一套？道德观是两套还是一套？

我们的世界比埃拉托色尼的世界更大、更统一、更复杂、更美丽，我们对这个世界的理解和控制程度，在他看来就像神明一般。然而，这个世界对我们而言与对他而言是同样的神秘和开放。我们只是在各处点燃了几支蜡烛。我们可以蜷缩在它们狭隘的光芒中，直到视野范围之外的什么东西消灭我们，但也可以反抗。我们已经看到，我们并非生活在一个毫无意义的世界里。物理规律有意义：世界是可解释的。

存在着更高水平的突现以及更高水平的解释。数学、道德和美学中极为抽象的概念对我们来说是可理解的。有着巨大延伸范围的思想是有可能出现的。但世界上还有许多东西对我们而言没有意义，将来也不会有意义，除非我们找到纠正它们的办法。死亡没有意义。停滞没有意义。无尽的无意义之中一个有意义的气泡也没有意义。世界最终是否有意义，取决于人——与我们相似的人——选择怎样去思考和行动。

很多人厌恶各种各样的无穷。但有些事情我们别无选择。只有一种思维方式有能力取得进步或者长久生存，那就是通过创造力和批评寻求好解释的方式。我们要面对的东西，无论如何都是无穷。我们能选择的只有：是无穷的无知还是无穷的知识，是错误还是正确，是死亡还是生存。

参考书目

推荐阅读

[1]Jacob Bronowski, The Ascent of Man (BBC Publications, 1973)

[2]Jacob Bronowski, Science and Human Values (Harper & Row, 1956)

[3]Richard Byrne, 'Imitation as Behaviour Parsing', Philosophical

[4]Transactions of the Royal Society B358 (2003)

[5]Richard Dawkins, The Selfish Gene (Oxford University Press, 1976)

[6]David Deutsch, 'Comment on Michael Lockwood, "'Many Minds' Interpretations of Quantum Mechanics"', British Journal for the Philosophy of Science 47, 2 (1996)

[7]David Deutsch, The Fabric of Reality (Allen Lane, 1997)

[8]Karl Popper, Conjectures and Refutations (Routledge, 1963)

[9]Karl Popper, The Open Society and Its Enemies (Routledge, 1945)

延伸阅读

[1]John Barrow and Frank Tipler, The Anthropic Cosmological Principle (Clarendon Press, 1986)

[2]Susan Blackmore, The Meme Machine (Oxford University Press, 1999)

[3]Nick Bostrom, 'Are You Living in a Computer Simulation?',

Philosophical Quarterly 53 (2003)

[4]David Deutsch, 'Apart from Universes', in S. Saunders, J. Barret t, A.

[5]Kent and D. Wallace, eds., Many Worlds?: Everett, Quantum Theory, and Reality (Oxford University Press, 2010)

[6]David Deutsch, 'It from Qubit', in John Barrow, Paul Davies and Charles Harper, eds., Science and Ultimate Reality (Cambridge University Press, 2003)

[7]David Deutsch, 'Quantum Theory of Probability and Decisions', Proceedings of the Royal Society A455 (1999)

[8]David Deutsch, 'The Structure of the Multiverse', Proceedings of the Royal Society A458 (2002)

[9]Richard Feynman , The Character of Physical Law (BBC Publications, 1965)

[10]Richard Feynman, The Meaning of It All (Allen Lane, 1998)

[11]Ernest Gellner, Words and Things (Routledge & Kegan Paul, 1979)

[12]William Godwin, Enquiry Concerning Political Justice (1793)

[13]Douglas Hofstadter, Gödel, Escher, Bach: An Eternal Golden Braid (Basic Books, 1979)

[14]Douglas Hofstadter, I am a Strange Loop (Basic Books, 2007)

[15]Bryan Magee, Popper (Fontana, 1973)

[16]Pericles, 'Funeral Oration'

[17]Plato, Euthyphro

[18]Karl Popper, In Search of a Better World (Routledge, 1995)

[19]Karl Popper, The World of Parmenides (Routledge, 1998)

[20]Roy Porter, Enlightenment: Britain and the Creation of the Modern World (Allen Lane, 2000)

[21]Martin Rees, Just Six Numbers (Basic Books, 2001)

[22]Alan Turing, 'Computing Machinery and Intelligence', Mind, 59, 236 (October 1950)

[23]Jenny Uglow, The Lunar Men (Faber, 2002)

[24]Vernor Vinge, 'The Coming Technological Singularity', Whole Earth Review, winter 1993

索　引

译后记

少年时读过一篇科幻小说，大意是某人特别崇拜莎士比亚，带了一批莎翁剧本穿越时空去寻找偶像，不料真正的莎士比亚是个毫无才气的卑劣小人，令他大失所望。结局是莎士比亚发现了穿越者留下的剧本，拿来抄袭，成了一代文豪。

我当时困惑地想"那么这些剧本到底是谁写的呢"，那些触动了不同时代不同地域万千观众心灵的语句和故事，不太可能自发产生。我不觉得我们这个物理世界具备了实现"无限只猴子在无限的时间里随机敲打键盘写出莎士比亚全集"的条件。就算把穿越者和抄袭者放在不同的平行宇宙里，也仍需要回答作品最初来源的问题。

模仿《无穷的开始：世界进步的本源》这本书的说法，莎士比亚剧作体现了知识、创造力和客观的美。探寻这些东西的来源和本性，对充满好奇心的头脑有着特殊意义。

我没有系统地学过科学哲学，起初很犹豫要不要接下这本书的翻译工作。但大致浏览之后，发现它不是我想象中的枯燥论述，而是一场令人难以抗拒的思想风暴。它起源于一位物理学家的头脑，席卷了一些我思索过但不得要领的问题，同时揭示了一些我从未想到的问题，这些问题都带着某种"终极"色彩，可能会从根本上影响我看待现实世界的方式。对我而言，仔细研读一本外文书的最好途径，就是翻译它。

翻译过程是一次艰辛而刺激的旅行，我的思维跟着作者在不同的世界之间飞跃，时常体会到"哪里还会有其他可能呢"的惊喜，也时常因为背景知识不足而茫然无力。例如，旁观苏格拉底在梦中与赫尔墨斯谈论波普尔认识论时，我高兴得直拍桌子；看到佛罗伦萨的乐观主义被扑杀时，我心情难以平静，抓住朋友喋喋不休；但对于"物理世界是一个量子多重宇宙"，我实在不敢说自己理解了多少，只能说尽最大努力用中文重新表述了原文的内容。

感谢本书共同译者张韵的辛勤工作。虽然我们在翻译过程中竭尽全力，但难免还会存在一些疏漏之处，但愿这些错误不会对读者的思想旅程造成明显干扰。

王艳红

2014 年 9 月 22 日